高等数学（下）

主　编　张　谋　王开荣　蒋卫生
主　审　穆春来

重庆大学出版社

内容提要

本书着重于学生数学素养的培养，系统性地对微积分进行讲解.基本概念、基本原理、基本方法及应用，渐次展开，强调直观性，注重可读性，尽力保证整个体系的完整性、可溯性，激发学生利用所学分析问题、解决问题的创造性.

本书分上、下两册，上册内容包括极限论、导数与微分、微分学的基本定理及其应用、不定积分、定积分、定积分的应用；下册内容包括向量代数与空间解析几何、多元函数微分学及其应用、重积分、曲线积分与曲面积分、无穷级数、微分方程.

本书可作为高等学校非数学专业，尤其是理工类各专业高等数学教材.

图书在版编目（CIP）数据

高等数学.下/张谋，王开荣，蒋卫生主编.—重庆：重庆大学出版社，2016.2
ISBN 978-7-5624-9363-1

Ⅰ.①高…　Ⅱ.①张…②王…③蒋…　Ⅲ.①高等数学—高等学校—教材　Ⅳ.①013

中国版本图书馆 CIP 数据核字（2015）第 172292 号

高等数学（下）

主　编　张　谋　王开荣　蒋卫生
主　审　穆春来
策划编辑：杨粮菊
责任编辑：文　鹏　　版式设计：杨粮菊
责任校对：贾　梅　　责任印制：张　策

*

重庆大学出版社出版发行
出版人：易树平
社址：重庆市沙坪坝区大学城西路 21 号
邮编：401331
电话：（023）88617190　88617185（中小学）
传真：（023）88617186　88617166
网址：http://www.cqup.com.cn
邮箱：fxk@cqup.com.cn（营销中心）
全国新华书店经销
POD：重庆书源排校有限公司

*

开本：787mm×1092mm　1/16　印张：17.5　字数：437千
2016 年 2 月第 1 版　　2016 年 2 月第 1 次印刷
ISBN 978-7-5624-9363-1　定价：39.00 元

前言

数学,简而言之,是研究数量关系和空间形式的科学.

在现实世界中,数与形,如影随形,随处可见.数学已经渗透到了社会生活的方方面面,数学已经成为了人类文化的重要组成部分,数学素养已是现代社会每一个公民应该具备的基本素养.

高等数学,作为高校工科、理科及经济管理等专业的一门重要必修基础课程,它承担着为学生开拓视野、打下基础、培养能力的重要任务.大学期间"高等数学"课程的学习是数学文化的传承、数学素养培养的关键阶段.通过高等数学的学习,学者得到的不仅仅是相关知识的积累以及利用知识分析问题、解决问题能力的提高,最重要的是严密的逻辑思维能力、严谨的工作作风、踏踏实实的工作态度的培养.

"高等数学"教材在国内已有很多版本,其内容和体系已相当成熟.但随着社会的进步、科技的迅猛发展,高校院系越来越多、越分越细,各个院系、专业对数学要求的侧重点都有所不同,这就对高等数学教材提出了更高的要求.

本教材由重庆大学数学与统计学院具有丰富教学经验的一线教师编写,参考了国内外有关教材,博采众家之长,调研了建筑类院系的实际需求,本着培养学生的创新思维,为后续课程奠定扎实的理论基础和应用基础的目的而编写了本教材.本教材的主要特色如下:

1.对经典的微积分理论系统地进行介绍,其产生脉络清晰可见,保证了整个系统的完整性、可溯性,能激发学者利用所学分析问题、解决问题时的思辨性、创造性.

2.充分强调基础理论的重要性,基本概念、基本性质、基本方法,详尽地加以阐述,辅以几何直观以使其形象化.

3.习题的设置遵循了循序渐进、渐次展开的原则,分为习题、总复习题,以使不同层次、不同需求的同学都能学有所得.

本书上册由魏曙光副教授和杨木洪讲师担任主编.第1

章、第 2 章、第 3 章及其习题由魏曙光副教授编写;第 4 章、第 5 章、第 6 章及其习题由杨木洪讲师编写;下册由张谋副教授、王开荣教授及蒋卫生副教授、阴文革讲师编写,其中第 7 章、第 8 章及其习题由蒋卫生编写,第 9 章、第 10 章及其习题由王开荣编写,第 11 章、第 12 章及其习题由张谋、阴文革编写.

本书由重庆大学数学与统计学院院长、博士生导师穆春来教授审定.

由于时间有限,加之编者水平有限,书中缺点和错误在所难免,恳请广大同行、读者批评指正.

编 者

2015 年 9 月

目录

第 7 章
向量代数与空间解析几何

在平面解析几何中,通过建立直角坐标系,把平面上的点 $M(x,y)$ 与有序数组 (x,y) 一一对应,从而可以用代数方法来研究几何问题. 空间解析几何也是按照类似的方法建立起来的. 平面解析几何的知识对学习一元函数微积分是不可缺少的,同样,空间解析几何的知识对学习多元函数微积分也是必要的.

本章首先介绍三维空间直角坐标系和三维空间中的向量及其代数运算,然后以向量为工具研究空间的直线与平面,最后讨论一般的空间曲面与曲线等.

7.1 空间直角坐标系与向量

7.1.1 空间直角坐标系

17 世纪以来,由于航海、天文、力学、经济、军事、生产的发展,以及初等几何和初等代数的迅速发展,促进了解析几何的建立,并被广泛应用于数学的各个分支. 在解析几何创立以前,几何与代数是彼此独立的两个分支. 解析几何的建立第一次真正实现了几何方法与代数方法的结合,使"数"与"形"统一起来,这是数学发展史上的一次重大突破. 这主要归功于法国数学家笛卡尔.

在中学已介绍了平面直角坐标系,并用坐标方法解决了一些平面解析几何问题. 下面建立三维空间直角坐标系.

在空间任意选定一点 O,过 O 点作三条相互垂直且具有相同单位长度的数轴,三条数轴的正向要符合右手规则,即右手握住 z 轴,大拇指指向 z 轴的正向,其余四个手指从 x 轴的正方向以 $\frac{\pi}{2}$ 角度转向 y 轴的正方向,这就构成了**空间直角(右手)坐标系**,如图 7.1 所示.

称点 O 为坐标原点,三条数轴依次记为 x 轴、y 轴、z 轴,统称为坐标轴. 由两条坐标轴所决定的平面称为**坐标面**,它们两两相互垂直,分别简称为 xOy 面、yOz 面、zOx 面. 三张坐标面把空间分为八个部分,每个部分称为**卦限**,分别用大写罗马数字 Ⅰ、Ⅱ、…、Ⅷ表示,如图 7.2 所示. 在 xOy 平面之上,yOz 平面之前,zOx 平面之右的卦限称为第 Ⅰ 卦限. 在 xOy 平面上方的其余三个卦限按逆时针方向依次称为第Ⅱ卦限、第Ⅲ卦限和第Ⅳ卦限. 在 xOy 平面下方的四个卦限，规定第Ⅴ卦限在第Ⅰ卦限之下，其余三个卦限也按逆时针方向依次称为第Ⅵ卦限、第Ⅶ卦限、第Ⅷ卦限.

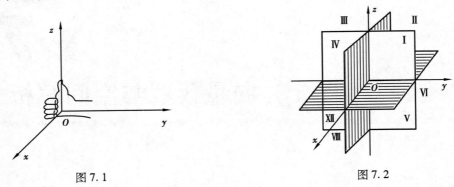

图 7.1   图 7.2

设 M 是空间任意一点，过 M 点分别作三张与 x 轴、y 轴、z 轴垂直的平面，这三张平面与 x 轴、y 轴、z 轴的交点分别为 P、Q、R，如图 7.3 所示. 点 P、Q、R 在相应的坐标轴上的坐标依次为 x、y、z，于是空间点 M 唯一确定了一个有序数组 (x,y,z). 反之，对给定的有序数组 (x,y,z)，若在 x 轴、y 轴和 z 轴上分别取坐标为 x、y、z 的点 P、Q、R，过点 P、Q、R 分别作垂直于 x 轴、y 轴和 z 轴的三张平面，这三张平面有且仅有唯一的交点 M，因而有序数组 (x,y,z) 唯一对应于空间一点 M. 这样，通过空间直角坐标系，空间点 M 与有序数组 (x,y,z) 之间就建立起了一一对应的关系. 有序数组 (x,y,z) 称为点 M 的**坐标**，并把点 M 记为 $M(x,y,z)$，其中第一个数 x 称为**横坐标**，第二个数 y 称为**纵坐标**，第三个数 z 称为**竖坐标**.

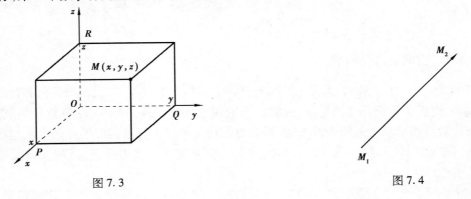

图 7.3   图 7.4

7.1.2 向量及其线性运算

(1) 向量的概念

在自然界中经常会遇到两种量，其中一种，如长度、时间、温度、质量、密度等，当选定度量单位之后，仅用一个实数就能完全把它表示出来. 这种只有大小的量，称为**数量**. 另一种量，如质点的位移、力、速度、力矩等，它是由大小和方向来刻画的量. 这种既有大小又有方向的量，称为**向量**.

由于向量既有大小又有方向，因此在数学上，可以把向量和空间中的有向线段等同起来，即把向量定义为有向线段. 有向线段的长度表示向量的大小，有向线段的方向表示向量的方向. 这是 1846 年爱尔兰数学家哈密顿创立的. 如图 7.4 所示,以 M_1 为起点、M_2 为终点的有向线段所表示的向量记为 $\overrightarrow{M_1M_2}$. 为了方便,除利用起点和终点来表示向量外,还可用一个黑体字母或一个字母上面加箭头来表示向量,例如 $\boldsymbol{a},\boldsymbol{r},\boldsymbol{v},\boldsymbol{F}$ 或 $\vec{a},\vec{r},\vec{v},\vec{F}$.

向量的大小叫做**向量的模**,向量 $\boldsymbol{a},\vec{a},\overrightarrow{M_1M_2}$ 的模分别记为 $|\boldsymbol{a}|、|\vec{a}|、|\overrightarrow{M_1M_2}|$. 模为 1 的向量称为**单位向量**. 模为 0 的向量称为**零向量**,记作 **0**. 零向量的方向不定,也可以说是任意的.

如果两个向量大小相等、方向相同,称这两个向量为**相等向量**. 与起点无关的向量称为**自由向量**. 也就是说,自由向量可以在空间中自由平行移动. 或者可以说,自由向量的起点可以放在空间中的任何位置. 如无特别声明,今后讨论的向量都是自由向量.

称与向量 $\boldsymbol{a}$ 大小相等方向相反的向量为 $\boldsymbol{a}$ 的**负向量**,记为 $-\boldsymbol{a}$,如图 7.5 所示. 显然,$-\boldsymbol{a}$ 的负向量就是 $\boldsymbol{a}$,即 $-(-\boldsymbol{a})=\boldsymbol{a}$. 如果两个非零向量的方向相同或相反,则称这两个向量**平行或共线**(即将两个平行向量的起点放在同一点时,它们的终点和公共的起点就在一条直线上),记为 $\boldsymbol{a}//\boldsymbol{b}$. 规定零向量与任何向量都平行. 将两个非零向量 $\boldsymbol{a}$ 与 $\boldsymbol{b}$ 平移使起点重合,这时两向量所在射线之间的夹角 $\theta(0\leqslant\theta\leqslant\pi)$ 称为向量 $\boldsymbol{a}$ 与 $\boldsymbol{b}$ 的夹角,记为 $(\hat{\boldsymbol{a},\boldsymbol{b}})$. 当 $(\hat{\boldsymbol{a},\boldsymbol{b}})=0$ 或 π 时,$\boldsymbol{a}$ 与 $\boldsymbol{b}$ 平行.

(2)向量的线性运算

1)向量的加法

作为施工技术及施工管理人员,必须了解各结构和构件的受力情况,及其在这些力的作用下会发生怎样的破坏等. 而结构和构件往往会受到多个力的作用,因此要考虑这些力的合力. 合力的数学表示便是向量的加法. 由物理学知道,求两个力的合力用的是平行四边形法则,类似地可定义两个向量的加法.

对于任何两个向量 $\boldsymbol{a}$、$\boldsymbol{b}$,在它们之间可以规定一种运算,称为加法. 我们通过两种方式来规定这种运算,即三角形法则和平行四边形法则.

定义 7.1　设有两个向量 $\boldsymbol{a}$ 和 $\boldsymbol{b}$,平移向量 $\boldsymbol{b}$,使 $\boldsymbol{b}$ 的起点与 $\boldsymbol{a}$ 的终点重合,此时从 $\boldsymbol{a}$ 的起点到 $\boldsymbol{b}$ 的终点的向量 $\boldsymbol{c}$ 称为向量 $\boldsymbol{a}$ 与 $\boldsymbol{b}$ 的和,记作 $\boldsymbol{a}+\boldsymbol{b}$,即

$$\boldsymbol{c}=\boldsymbol{a}+\boldsymbol{b}.$$

上述作出两向量和的方法叫做向量加法的**三角形法则**,如图 7.6 所示. 三角形法则的实际背景是:设一质点从 O 出发,经过位移 $\boldsymbol{a}$,到达 A,再由 A 出发,经过位移 $\boldsymbol{b}$ 到达 C,其结果相当于直接从 O 出发到达 C 所移动的位移 $\boldsymbol{a}+\boldsymbol{b}$. 因此,三角形法则的物理意义是位移的合成.

图 7.5　　　　　　　　　　　　　　图 7.6

另外,我们还可以用**平行四边形法则**定义向量的加法,如图 7.7 所示:当非零向量 $\boldsymbol{a}$ 与 $\boldsymbol{b}$ 不平行时,平移向量使 $\boldsymbol{a}$ 与 $\boldsymbol{b}$ 的起点重合,以 $\boldsymbol{a}$、$\boldsymbol{b}$ 为相邻两边作平行四边形,从公共起点 O 到对角点 C 的向量定义为向量 $\boldsymbol{a}$ 与 $\boldsymbol{b}$ 的和 $\boldsymbol{a}+\boldsymbol{b}$.

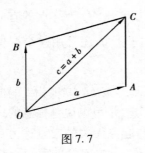

图 7.7

平行四边形法则的实际背景可以看作力的合成或速度的合成.

显然,这两种法则定义的向量的加法是一致的.

若两个向量 a、b 在同一直线上(或者平行),则它们的和规定为:

（i）若 a、b 同向,其和向量的方向就是 a、b 的共同方向,其模为 a 的模与 b 的模之和.

（ii）若 a、b 反向,其和向量的方向为 a、b 中较长向量的方向,其模为 a、b 中较大的模与较小的模之差.

向量的加法运算满足下列运算规律:

交换律:$a+b=b+a$;

结合律:$(a+b)+c=a+(b+c)$.

这是因为,按向量加法的规定(三角形法则),从图 7.6 可见:

$$a+b=\overrightarrow{OA}+\overrightarrow{AC}=\overrightarrow{OC}=c;$$
$$b+a=\overrightarrow{OB}+\overrightarrow{BC}=\overrightarrow{OC}=c.$$

所以符合交换律. 对于结合律,按加法的规定,先作 $a+b$ 再加上 c,即得 $(a+b)+c$;如果用 a 与 $b+c$ 相加,则得同一结果,所以符合结合律.

多个向量,如 a、b、c、d 首尾相接,则从第一个向量的起点到最后一个向量的终点的向量就是它们的和 $a+b+c+d$,如图 7.8 所示.

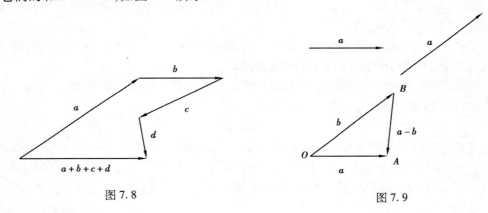

图 7.8 图 7.9

2)向量的减法

向量的减法是作为向量加法的逆运算而引入的.

定义 7.2 向量 a 与 b 的负向量 $-b$ 的和,称为**向量 a 与 b 的差**,即

$$a-b=a+(-b).$$

由向量减法的定义,我们从同一起点 O 作有向线段 $\overrightarrow{OA}$,$\overrightarrow{OB}$ 分别表示 a,b,则

$$a-b=\overrightarrow{OA}-\overrightarrow{OB}=\overrightarrow{OA}+(-\overrightarrow{OB})$$
$$=\overrightarrow{OA}+\overrightarrow{BO}=\overrightarrow{BO}+\overrightarrow{OA}=\overrightarrow{BA}.$$

也就是说,若向量 a 与 b 的起点放在一起,则 a,b 的差向量就是以 b 的终点为起点,以 a 的终点为终点的向量.特别地,当 $b=a$ 时,有 $a-a=a+(-a)=\mathbf{0}$.

3）数与向量的乘法

定义 7.3　设 λ 是一个实数，a 是一个向量，向量 a 与实数的乘积记作 λa，λa 定义为一个向量：

（ⅰ）$|\lambda a| = |\lambda| \cdot |a|$；

（ⅱ）当 $\lambda > 0$ 时，λa 与 a 同方向；当 $\lambda < 0$ 时，λa 与 a 反方向；当 $\lambda = 0$ 时，$\lambda a = 0$，即 λa 为零向量，这时它的方向可以是任意的. 特别地，当 $\lambda = \pm 1$ 时，有

$$1a = a, (-1)a = -a.$$

由上述定义，当 a 是零向量时，λa 也是零向量.

向量与数的乘积符合下列运算规律：

结合律：$\lambda(\mu a) = \mu(\lambda a) = (\lambda\mu)a$；

分配律：$(\lambda+\mu)a = \lambda a + \mu a, \lambda(a+b) = \lambda a + \lambda b$.

利用向量与数的乘积，任一非零向量 a 还可以表示为

$$a = |a|a^0,$$

其中 a^0 表示与 a 同方向的单位向量. 由此得到

$$a^0 = \frac{1}{|a|}a, \text{记为} \quad a^0 = \frac{a}{|a|}.$$

该过程称为非零**向量的单位化**.

由于 λa 与 a 平行，因此我们常用向量与数的乘积来说明两个向量的平行关系.

定理 7.1　设向量 $a \neq 0$，那么向量 b 与 a 平行的充分必要条件是：存在唯一的实数 λ 使得 $b = \lambda a$.

证明　条件的充分性是显然的，下面证明条件的必要性.

设 $a // b$. 取 $|\lambda| = \dfrac{|b|}{|a|}$，当 b 与 a 同向时 $\lambda > 0$，b 与 a 反方向时 $\lambda < 0$，即有 $b = \lambda a$. 这是因为此时 λa 与 b 同向，且

$$|\lambda a| = |\lambda| \cdot |a| = \frac{|b|}{|a|} \cdot |a| = |b|.$$

再证明数 λ 的唯一性. 设 $b = \lambda a$，又设 $b = \mu a$，两式相减，便得

$$(\lambda-\mu)a = \mathbf{0} \text{ 即 } |\lambda-\mu| \cdot |a| = 0.$$

因为 $a \neq \mathbf{0}$，故 $|\lambda-\mu| = 0$，即 $\lambda = \mu$.

上述定理可以写成更一般的形式：两个向量 a、b 平行的充分必要条件是存在不同时为零的实数 λ_1、λ_2 使得 $\lambda_1 a + \lambda_2 b = \mathbf{0}$.

向量的加法、减法及数乘向量运算统称为**向量的线性运算**，$\lambda a + \mu b$ 称为 a, b 的一个线性组合（$\lambda, \mu \in \mathbf{R}$）.

例 7.1　试用向量证明三角形的中位线定理：三角形两边中点的连线平行于第三边且等于第三边长度的一半.

证明　如图 7.10 所示，设 D 是 AB 的中点，E 是 AC 的中点，则

$$\overrightarrow{AD} = \frac{1}{2}\overrightarrow{AB}, \overrightarrow{AE} = \frac{1}{2}\overrightarrow{AC}.$$

因为
$$\overrightarrow{DE} = \overrightarrow{AE} - \overrightarrow{AD} = \frac{1}{2}(\overrightarrow{AC} - \overrightarrow{AB}) = \frac{1}{2}\overrightarrow{BC},$$

所以
$$\overrightarrow{DE} \ // \ \overrightarrow{BC} \ \text{且} \ |\overrightarrow{DE}| = \frac{1}{2}|\overrightarrow{BC}|.$$

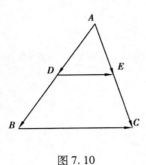

图 7.10

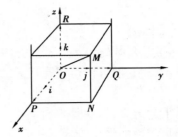

图 7.11

7.1.3　向量的坐标表示及其在坐标表示下的线性运算

（1）向量的坐标表示

为了用坐标表示向量，我们需要将向量放在空间直角坐标系中进行研究.

分别作三个与 x 轴，y 轴，z 轴正向相同的单位向量，依次记为 i、j、k，如图7.11所示. 如果将向量的起点移到坐标原点，则这个向量就称为向径. 向径是由终点所唯一确定的. 反之，任给空间一点 M，也能唯一确定一个向径，因此空间点 M 与向径之间构成一一对应关系. 设点 M 的坐标为 (x, y, z)，由向量的数乘知：向径 $\overrightarrow{OP} = xi$、$\overrightarrow{OQ} = yj$、$\overrightarrow{OR} = zk$，如图7.11所示. 由向量的加法法则可知

$$\overrightarrow{OM} = \overrightarrow{OP} + \overrightarrow{PN} + \overrightarrow{NM}$$
$$= \overrightarrow{OP} + \overrightarrow{OQ} + \overrightarrow{OR} = xi + yj + zk.$$

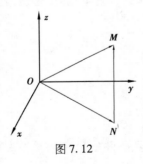

图 7.12

从而
$$\overrightarrow{OM} = xi + yj + zk.$$

称上式为向径 $\overrightarrow{OM}$ 的**坐标分解式**. 而表达式中 i、j、k 前面的系数 x，y，z 其实就是向量 $\overrightarrow{OM}$ 的终点的坐标，故 (x, y, z) 称为向径 $\overrightarrow{OM}$ 的**坐标表示**.

设 $a = \overrightarrow{NM}$ 是一个起点为 $N(x_1, y_1, z_1)$、终点为 $M(x_2, y_2, z_2)$ 的向量，如图7.12所示，由向量的加法，得：

$$\overrightarrow{NM} = \overrightarrow{OM} - \overrightarrow{ON}$$
$$= (x_2 i + y_2 j + z_2 k) - (x_1 i + y_1 j + z_1 k)$$
$$= (x_2 - x_1)i + (y_2 - y_1)j + (z_2 - z_1)k.$$

因此向量 $a = \overrightarrow{NM}$ 的坐标为 $(x_2 - x_1, y_2 - y_1, z_2 - z_1)$.

（2）向量在坐标表示下的线性运算

利用向量的坐标，可以得到向量的代数运算表达式.

设　$a = a_x i + a_y j + a_z k, b = b_x i + b_y j + b_z k$，则

$$a \pm b = (a_x i + a_y j + a_z k) \pm (b_x i + b_y j + b_z k)$$

$$= (a_x \pm b_x)\boldsymbol{i} + (a_y \pm b_y)\boldsymbol{j} + (a_z \pm b_z)\boldsymbol{k}$$
$$= (a_x \pm b_x, a_y \pm b_y, a_z \pm b_z);$$
$$\lambda\boldsymbol{a} = \lambda(a_x\boldsymbol{i} + a_y\boldsymbol{j} + a_z\boldsymbol{k}) = \lambda a_x\boldsymbol{i} + \lambda a_y\boldsymbol{j} + \lambda a_z\boldsymbol{k} = \{\lambda a_x, \lambda a_y, \lambda a_z\}.$$

利用向量数乘的坐标还可判断两个向量是否平行.

设 $\boldsymbol{a} = (a_x, a_y, a_z)$，$\boldsymbol{b} = (b_x, b_y, b_z) \neq \boldsymbol{0}$，则由定理 7.1，$\boldsymbol{a} /\!/ \boldsymbol{b}$ 的充分必要条件是存在 $\lambda \in \mathbf{R}$，使 $\boldsymbol{b} = \lambda\boldsymbol{a}$，即

$$\frac{a_x}{b_x} = \frac{a_y}{b_y} = \frac{a_z}{b_z}.$$

这里若 $b_x = 0$（或 $b_y = 0$ 或 $b_z = 0$），应相应地理解为 $a_x = 0$（或 $a_y = 0$ 或 $a_z = 0$）.

7.1.4　向量的模、方向角、投影

(1) 向量的模与两点间的距离公式

设 $\boldsymbol{r} = (x, y, z)$，作 $\overrightarrow{OM} = \boldsymbol{r}$，如图 7.11 所示，有

$$\boldsymbol{r} = \overrightarrow{OM} = \overrightarrow{OP} + \overrightarrow{OQ} + \overrightarrow{OR}.$$

按勾股定理可得

$$|\boldsymbol{r}| = |\overrightarrow{OM}| = \sqrt{|\overrightarrow{OP}|^2 + |\overrightarrow{OQ}|^2 + |\overrightarrow{OR}|^2}.$$

再由 $\overrightarrow{OP} = x\boldsymbol{i}$，$\overrightarrow{OQ} = y\boldsymbol{j}$，$\overrightarrow{OR} = z\boldsymbol{k}$，有 $|\overrightarrow{OP}| = |x|$，$|\overrightarrow{OQ}| = |y|$，$|\overrightarrow{OR}| = |z|$，于是得到模的坐标表示式

$$|\boldsymbol{r}| = \sqrt{x^2 + y^2 + z^2}.$$

设有点 $A(x_1, y_1, z_1)$ 和点 $B(x_2, y_2, z_2)$，则点 A 与 B 间的距离 $|AB|$ 就是向量 $\overrightarrow{AB}$ 的模. 由

$$\overrightarrow{AB} = \overrightarrow{OB} - \overrightarrow{OA} = (x_2, y_2, z_2) - (x_1, y_1, z_1)$$
$$= (x_2 - x_1, y_2 - y_1, z_2 - z_1),$$

即得点 A 与 B 间的距离公式：

$$|\overrightarrow{AB}| = |AB| = \sqrt{(x_2 - x_1)^2 + (y_2 - y_1)^2 + (z_2 - z_1)^2}.$$

(2) 向量的方向角

定义 7.4　向量 $\boldsymbol{a} = (a_x, a_y, a_z)$ 与 x 轴、y 轴、z 轴的正方向所成的夹角 α、β、γ 称为向量 $\boldsymbol{a}$ 的**方向角**. 根据两向量夹角的定义，有

$$0 \leqslant \alpha \leqslant \pi, 0 \leqslant \beta \leqslant \pi, 0 \leqslant \gamma \leqslant \pi.$$

方向角的余弦 $\cos\alpha$、$\cos\beta$、$\cos\gamma$ 称为向量 $\boldsymbol{a}$ 的**方向余弦**.

将向量 $\boldsymbol{a} = (a_x, a_y, a_z)$ 的起点平移至原点 O，这样向量 $\boldsymbol{a}$ 与向径相对应，如图 7.13 所示. 利用向径与三个坐标轴之间的关系可得向量 $\boldsymbol{a}$ 的三个方向余弦为

$$\cos\alpha = \frac{a_x}{\sqrt{a_x^2 + a_y^2 + a_z^2}}, \cos\beta = \frac{a_y}{\sqrt{a_x^2 + a_y^2 + a_z^2}}, \cos\gamma = \frac{a_z}{\sqrt{a_x^2 + a_y^2 + a_z^2}}.$$

由上述三个式子，任一非零向量 $\boldsymbol{a}$ 的方向余弦满足：

$$\cos^2\alpha + \cos^2\beta + \cos^2\gamma = 1.$$

单位向量 $\boldsymbol{a}$ 的坐标，就是其方向余弦，即 $\boldsymbol{a} = (\cos\alpha, \cos\beta, \cos\gamma)$.

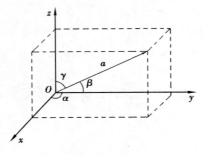

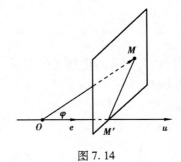

图 7.13   图 7.14

（3）向量在轴上的投影

定义 7.5　设点 O 以及单位向量 e 确定了 u 轴,任给向量 r,作 $\overrightarrow{OM}=r$,再过点 M 作与 u 轴垂直的平面交 u 轴于点 M'（点 M' 称为点 M 在 u 轴上的投影）,则向量 $\overrightarrow{OM'}$ 称为向量 r 在 u 轴上的**分向量**. 记 $\overrightarrow{OM'}=\lambda e$,则数 λ 称为向量 r 在 u 轴上的**投影**,记作 $\mathrm{Prj}_u r$ 或 $(r)_u$,如图 7.14 所示.

按此定义,向量 a 在直角坐标系 $Oxyz$ 中的坐标 a_x,a_y,a_z 就是向量 a 在三条坐标轴上的投影,即

$$a_x=\mathrm{Prj}_x a,\ a_y=\mathrm{Prj}_y a,\ a_z=\mathrm{Prj}_z a,$$

或记作

$$a_x=(a)_x,\ a_y=(a)_y,\ a_z=(a)_z.$$

易证,向量的投影具有与坐标相同的性质:

性质 1　$(a)_u=|a|\cos\varphi$（即 $\mathrm{Prj}_u a=|a|\cos\varphi$）,其中 φ 为向量 a 与 u 轴的夹角;

性质 2　$(a+b)_u=(a)_u+(b)_u$（即 $\mathrm{Prj}_u(a+b)=\mathrm{Prj}_u a+\mathrm{Prj}_u b$）;

性质 3　$(\lambda a)_u=\lambda(a)_u$（即 $\mathrm{Prj}_u(\lambda a)=\lambda\mathrm{Prj}_u a$）.

例 7.2　设 $a=(2,1,1),b=(3,-4,-2)$. 求 $a+b$、$a+b$ 方向上的单位向量 e^0 及其方向余弦.

解　$a+b=(2+3,1-4,1-2)=(5,-3,-1)$.

$$e^0=\frac{a+b}{|a+b|}=\frac{(5,-3,-1)}{\sqrt{5^2+(-3)^2+(-1)^2}}=\left(\frac{5}{\sqrt{35}},-\frac{3}{\sqrt{35}},-\frac{1}{\sqrt{35}}\right).$$

方向余弦为 $\cos\alpha=\dfrac{5}{\sqrt{35}}$,$\cos\beta=-\dfrac{3}{\sqrt{35}}$,$\cos\gamma=-\dfrac{1}{\sqrt{35}}$.

例 7.3　已知两点 $A(x_1,y_1,z_1)$ 和 $B(x_2,y_2,z_2)$ 以及实数 $\lambda\neq-1$,在直线 AB 上求一点 M,使 $\overrightarrow{AM}=\lambda\overrightarrow{MB}$.

解　设所求点为 $M(x,y,z)$,则

$$\overrightarrow{AM}=(x-x_1,y-y_1,z-z_1),\ \overrightarrow{MB}=(x_2-x,y_2-y,z_2-z).$$

依题意,有 $\overrightarrow{AM}=\lambda\overrightarrow{MB}$,即

$$(x-x_1,y-y_1,z-z_1)=\lambda(x_2-x,y_2-y,z_2-z),$$

$$(x,y,z)-(x_1,y_1,z_1)=\lambda(x_2,y_2,z_2)-\lambda(x,y,z),$$

$$(x,y,z)=\frac{1}{1+\lambda}(x_1+\lambda x_2,y_1+\lambda y_2,z_1+\lambda z_2).$$

于是
$$x = \frac{x_1 + \lambda x_2}{1 + \lambda}, y = \frac{y_1 + \lambda y_2}{1 + \lambda}, z = \frac{z_1 + \lambda z_2}{1 + \lambda}.$$

注　例7.3 中的点 M 称为有向线段 $\overrightarrow{AB}$ 的**定比分点**. 当 $\lambda = 1$，点 M 是有向线段 $\overrightarrow{AB}$ 的**中点**，其坐标为

$$x = \frac{x_1 + x_2}{2}, y = \frac{y_1 + y_2}{2}, z = \frac{z_1 + z_2}{2}.$$

习题 7.1

1. 求点 $A(-3, 2, -1)$ 关于各坐标面与坐标轴对称点的坐标.

2. 求点 $A(-4, 3, 5)$ 在坐标面与坐标轴上的投影点的坐标.

3. 已知三个力 $F_1 = 5i + 2j - 7k$，$F_2 = 3i + 6j + 4k$，$F_3 = 12i + j + 15k$，求它们的合力 F.

4. 求证：以点 $A(4, 3, 1)$、$B(7, 1, 2)$、$C(5, 2, 3)$ 为顶点的三角形是等腰三角形.

5. 已知向量 $a = 5i + \lambda j - k$ 与 $b = -i + 2j + \mu k$ 平行，求 λ 与 μ 的值.

6. 用向量方法证明：对角线互相平分的四边形是平行四边形.

7. 从点 $A(2, -1, 7)$ 沿向量 $a = (8, 9, -12)$ 的方向取线段长 $|AB| = 34$，求 B 点坐标.

8. 在 $\triangle ABC$ 中，$\angle C = \frac{\pi}{6}$，$\angle A = \frac{\pi}{3}$，$|AB| = 2$，求 $\overrightarrow{AC}$，$\overrightarrow{BC}$，$\overrightarrow{AB}$ 在 $\overrightarrow{AB}$ 上的投影.

9. 设 $a = (1, 1, 1)$，(1) 求 a 的方向余弦；(2) 问 a 是否为单位向量？

10. 一向量与 x, y 轴夹角相等为 α，与 z 轴夹角为 2α，试确定该向量的方向.

7.2　向量的乘法运算

向量的乘法运算包括向量的数量积、向量积及混合积.

7.2.1　数量积

(1) 数量积的定义

由物理学知道，一质点在恒力 F 的作用下，由 A 点沿直线移到 B 点，若力 F 与位移向量 $\overrightarrow{AB}$ 的夹角为 θ，则力 F 所做的功为

$$W = |F| \cdot |\overrightarrow{AB}| \cdot \cos \theta.$$

功是一个数量，它由力与位移唯一确定. 像这样由两个向量各自的长度和它们夹角的余弦之积的情形，不仅在物理学中而且在各种科学技术中也是经常出现的. 为此，把向量的这种运算抽象出来，就得到两个向量数量积的定义.

定义 7.6　设有向量 a 与 b，称数量 $|a||b|\cos(\hat{a, b})$ 为向量 a 与 b 的**数量积**，记为 $a \cdot b$，即

$$a \cdot b = |a||b|\cos(\hat{a, b}). \tag{7.1}$$

9

两个向量的数量积也叫向量的**点积**或**内积**.

由数量积的定义,力 $\boldsymbol{F}$ 做的功为力 $\boldsymbol{F}$ 与位移 $\boldsymbol{s}$ 的数量积,即 $W=\boldsymbol{F}\cdot\boldsymbol{s}$.

(2)数量积的性质与运算规律

数量积有下列基本性质和运算规律:

(ⅰ)设 $\boldsymbol{a},\boldsymbol{b}$ 为非零向量,则 $\cos(\overset{\wedge}{\boldsymbol{a},\boldsymbol{b}})=\dfrac{\boldsymbol{a}\cdot\boldsymbol{b}}{|\boldsymbol{a}||\boldsymbol{b}|}$;

(ⅱ)$\boldsymbol{a}\perp\boldsymbol{b}\Leftrightarrow\boldsymbol{a}\cdot\boldsymbol{b}=0$,其中 $\boldsymbol{a}\perp\boldsymbol{b}$ 表示向量 $\boldsymbol{a}$ 与 $\boldsymbol{b}$ 垂直;

(ⅲ)设 $\boldsymbol{a}$ 是任意向量,则 $\boldsymbol{a}\cdot\boldsymbol{a}=|\boldsymbol{a}|^2$;

(ⅳ)当 $\boldsymbol{a}\neq\boldsymbol{0}$ 时,$\boldsymbol{a}\cdot\boldsymbol{b}=|\boldsymbol{a}|\mathbf{Prj}_a\boldsymbol{b}$;当 $\boldsymbol{b}\neq\boldsymbol{0}$ 时,$\boldsymbol{a}\cdot\boldsymbol{b}=|\boldsymbol{b}|\mathbf{Prj}_b\boldsymbol{a}$;

(ⅴ)交换律:$\boldsymbol{a}\cdot\boldsymbol{b}=\boldsymbol{b}\cdot\boldsymbol{a}$;

(ⅵ)结合律:$\lambda(\boldsymbol{a}\cdot\boldsymbol{b})=(\lambda\boldsymbol{a})\cdot\boldsymbol{b}=\boldsymbol{a}\cdot(\lambda\boldsymbol{b})$;

(ⅶ)分配律:$\boldsymbol{a}\cdot(\boldsymbol{b}+\boldsymbol{c})=\boldsymbol{a}\cdot\boldsymbol{b}+\boldsymbol{a}\cdot\boldsymbol{c}$.

上述性质和运算规律的证明较简单,请读者自己给出证明. 由性质(ⅱ)、(ⅲ)有

$$\boldsymbol{i}\cdot\boldsymbol{i}=\boldsymbol{j}\cdot\boldsymbol{j}=\boldsymbol{k}\cdot\boldsymbol{k}=1,\boldsymbol{i}\cdot\boldsymbol{j}=\boldsymbol{j}\cdot\boldsymbol{k}=\boldsymbol{k}\cdot\boldsymbol{i}=0. \tag{7.2}$$

例 7.4 已知 $|\boldsymbol{a}|=2$,$|\boldsymbol{b}|=3$,$(\overset{\wedge}{\boldsymbol{a},\boldsymbol{b}})=\dfrac{2}{3}\pi$,求 $\boldsymbol{a}\cdot\boldsymbol{b}$,$(\boldsymbol{a}-2\boldsymbol{b})\cdot(\boldsymbol{a}+\boldsymbol{b})$,$|\boldsymbol{a}+\boldsymbol{b}|$.

解 由两向量的数量积定义有

$$\boldsymbol{a}\cdot\boldsymbol{b}=|\boldsymbol{a}||\boldsymbol{b}|\cos(\overset{\wedge}{\boldsymbol{a},\boldsymbol{b}})=2\times3\times\cos\frac{2}{3}\pi=2\times3\times\left(-\frac{1}{2}\right)=-3.$$

$$\begin{aligned}(\boldsymbol{a}-2\boldsymbol{b})\cdot(\boldsymbol{a}+\boldsymbol{b})&=\boldsymbol{a}\cdot\boldsymbol{a}+\boldsymbol{a}\cdot\boldsymbol{b}-2\boldsymbol{b}\cdot\boldsymbol{a}-2\boldsymbol{b}\cdot\boldsymbol{b}\\&=|\boldsymbol{a}|^2-\boldsymbol{a}\cdot\boldsymbol{b}-2|\boldsymbol{b}|^2=2^2-(-3)-2\times3^2=-11.\end{aligned}$$

$$\begin{aligned}|\boldsymbol{a}+\boldsymbol{b}|^2&=(\boldsymbol{a}+\boldsymbol{b})\cdot(\boldsymbol{a}+\boldsymbol{b})=\boldsymbol{a}\cdot\boldsymbol{a}+\boldsymbol{a}\cdot\boldsymbol{b}+\boldsymbol{b}\cdot\boldsymbol{a}+\boldsymbol{b}\cdot\boldsymbol{b}\\&=|\boldsymbol{a}|^2+2\boldsymbol{a}\cdot\boldsymbol{b}+|\boldsymbol{b}|^2=2^2+2\times(-3)+3^2=7.\end{aligned}$$

因此

$$|\boldsymbol{a}+\boldsymbol{b}|=\sqrt{7}.$$

(3)数量积的坐标表达式

设有两个向量

$$\boldsymbol{a}=a_x\boldsymbol{i}+a_y\boldsymbol{j}+a_z\boldsymbol{k},\boldsymbol{b}=b_x\boldsymbol{i}+b_y\boldsymbol{j}+b_z\boldsymbol{k}.$$

由式(7.2.2)及运算规律,有

$$\begin{aligned}\boldsymbol{a}\cdot\boldsymbol{b}&=(a_x\boldsymbol{i}+a_y\boldsymbol{j}+a_z\boldsymbol{k})\cdot(b_x\boldsymbol{i}+b_y\boldsymbol{j}+b_z\boldsymbol{k})\\&=a_xb_x(\boldsymbol{i}\cdot\boldsymbol{i})+a_xb_y(\boldsymbol{i}\cdot\boldsymbol{j})+a_xb_z(\boldsymbol{i}\cdot\boldsymbol{k})\\&\quad+a_yb_x(\boldsymbol{j}\cdot\boldsymbol{i})+a_yb_y(\boldsymbol{j}\cdot\boldsymbol{j})+a_yb_z(\boldsymbol{j}\cdot\boldsymbol{k})\\&\quad+a_zb_x(\boldsymbol{k}\cdot\boldsymbol{i})+a_zb_y(\boldsymbol{k}\cdot\boldsymbol{j})+a_zb_z(\boldsymbol{k}\cdot\boldsymbol{k})\\&=a_xb_x+a_yb_y+a_zb_z.\end{aligned}$$

即两个向量的数量积等于它们对应坐标的乘积的和:

$$\boldsymbol{a}\cdot\boldsymbol{b}=a_xb_x+a_yb_y+a_zb_z. \tag{7.3}$$

由数量积定义及坐标表达式,可得两个非零向量夹角余弦的计算公式为

$$\cos(\overset{\wedge}{\boldsymbol{a},\boldsymbol{b}})=\frac{\boldsymbol{a}\cdot\boldsymbol{b}}{|\boldsymbol{a}||\boldsymbol{b}|}=\frac{a_xb_x+a_yb_y+a_zb_z}{\sqrt{a_x^2+a_y^2+a_z^2}\sqrt{b_x^2+b_y^2+b_z^2}}. \tag{7.4}$$

记 a 与 b 的方向角分别为 $\alpha_1, \beta_1, \gamma_1$ 和 $\alpha_2, \beta_2, \gamma_2$，则上式可写为

$$\cos(\overset{\wedge}{a,b}) = \cos\alpha_1\cos\alpha_2 + \cos\beta_1\cos\beta_2 + \cos\gamma_1\cos\gamma_2. \tag{7.5}$$

这个公式表达了 a 与 b 的方向余弦与它们的夹角的关系. 由性质（ ii ）及式（7.3）即可得下面的定理：

定理 7.2　两个向量垂直的充分必要条件是 $a \cdot b = a_xb_x + a_yb_y + a_zb_z = 0$.

另外，利用坐标表示式及性质（ iv ），我们得到投影的计算公式

$$\mathrm{Prj}_a b = \frac{a \cdot b}{|a|} = \frac{a_xb_x + a_yb_y + a_zb_z}{|a|}, \mathrm{Prj}_b a = \frac{a \cdot b}{|b|} = \frac{a_xb_x + a_yb_y + a_zb_z}{|b|}. \tag{7.6}$$

例 7.5　已知 $|a| = 2, |b| = 5, (\overset{\wedge}{a,b}) = \dfrac{2}{3}\pi$，问：系数 λ 为何值时，向量 $\lambda a + 17b$ 与 $3a - b$ 垂直.

解　$0 = (\lambda a + 17b) \cdot (3a - b)$

$$= 3\lambda|a|^2 - \lambda|a||b|\cos\frac{2}{3}\pi + 5|a||b|\cos\frac{2}{3}\pi - 17|b|^2$$

$$= 17\lambda - 680.$$

所以 $\lambda = \dfrac{680}{17} = 40$.

例 7.6　已知 $a = (6, -3, 2), b = (1, 2, -2)$，求

（1）与 a 同方向的单位向量 a^0；

（2）a 在 b 上的投影 $\mathrm{Prj}_b a$；

（3）a 与 b 的夹角 θ.

解（1）$|a| = \sqrt{6^2 + (-3)^2 + 2^2} = 7$，所以 $a^0 = \dfrac{1}{7}(6, -3, 2)$；

（2）$\mathrm{Prj}_b a = \dfrac{a \cdot b}{|b|} = \dfrac{6 \times 1 + (-3) \times 2 + 2 \times (-2)}{\sqrt{1^2 + 2^2 + (-2)^2}} = -\dfrac{4}{3}$；

（3）$\cos\theta = \dfrac{a \cdot b}{|a||b|} = -\dfrac{4}{21}$，所以 $\theta = \pi - \arccos\dfrac{4}{21}$.

例 7.7　设 $a + b + c = 0, |a| = 1, |b| = 2, |c| = 3$，求 $a \cdot b + b \cdot c + c \cdot a$.

解　由 $a + b + c = 0$ 得

$$a \cdot (a + b + c) = a^2 + a \cdot b + a \cdot c = 0,$$

$$b \cdot (a + b + c) = a \cdot b + b^2 + b \cdot c = 0,$$

$$c \cdot (a + b + c) = a \cdot c + b \cdot c + c^2 = 0,$$

代入 $|a| = 1, |b| = 2, |c| = 3$，三式相加，得

$$2(a \cdot b + b \cdot c + c \cdot a) = -14.$$

所以 $a \cdot b + b \cdot c + c \cdot a = -7$.

7.2.2　向量积

（1）向量积的定义

在研究物体转动问题时，不仅要考虑这物体所受的力，还要分析这些力产生的力矩. 下面

举例说明表达力矩的方法.

设点 O 为一根杠杆 L 的支点. 有一个力 F 作用于这杠杆上 P 点处, F 与 $\overrightarrow{OP}$ 的夹角为 θ. 由力学规定, 力 F 对支点 O 的力矩是一个向量 M, 它的模为

$$|M| = |\overrightarrow{OP}| |F| \sin \theta,$$

M 的方向垂直于 $\overrightarrow{OP}$ 与 F 所决定的平面, M 的指向是按右手法则从 $\overrightarrow{OP}$ 以不超过 π 的角转向 F 来确定的, 即当右手的四个手指从 $\overrightarrow{OP}$ 以不超过 π 的角转向 F 握拳时, 大拇指的指向就是 M 的指向, 如图 7.15 所示.

这里舍弃此例的具体力学含义, 抽象出向量积的定义.

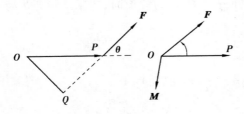
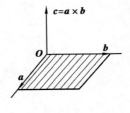

图 7.15　　　　　　　　　　图 7.16

定义 7.7　设有向量 a 与 b, 作向量 c 使得:

（ⅰ）c 的大小为 $|c| = |a| |b| \sin(\hat{a,b})$;

（ⅱ）c 垂直于 a 与 b 确定的平面, 且 a、b、c 符合右手法则, 如图 7.16 所示. 则称向量 c 为向量 a 与 b 的**向量积**, 记为 $a \times b$, 即 $c = a \times b$.

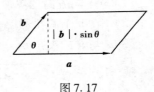

图 7.17

向量 a 与 b 的向量积也称为它们的**外积**或**叉积**.

向量积的模的几何意义是: 向量积 $a \times b$ 的模 $|a \times b|$ 等于以向量 a 与 b 为邻边的平行四边形的面积, 如图 7.17 所示.

（2）向量积的性质与运算规律

向量积具有下列基本性质和运算规律:

（ⅰ）设 a 是任意向量, 则 $a \times a = 0$;

（ⅱ）$a // b \Leftrightarrow a \times b = 0$;

（ⅲ）负交换律: $a \times b = -b \times a$;

（ⅳ）分配律: $(a+b) \times c = a \times c + b \times c$; $c \times (a+b) = c \times a + c \times b$;

（ⅴ）结合律: $\lambda(a \times b) = (\lambda a) \times b = a \times (\lambda b)$.

略去上述性质和运算规律的证明. 由性质有:

$$i \times j = k, j \times k = i, k \times i = j, j \times i = -k, k \times j = -i, i \times k = -j,$$
$$i \times i = 0, j \times j = 0, k \times k = 0 \tag{7.7}$$

（3）向量积的坐标计算公式

设 $a = a_x i + a_y j + a_z k, b = b_x i + b_y j + b_z k$. 由向量积的运算规律及式 (7.7), 得

$$\begin{aligned}
a \times b &= (a_x i + a_y j + a_z k) \times (b_x i + b_y j + b_z k) \\
&= a_x i \times (b_x i + b_y j + b_z k) + a_y j \times (b_x i + b_y j + b_z k) + a_z k \times (b_x i + b_y j + b_z k) \\
&= a_x b_x (i \times i) + a_x b_y (i \times j) + a_x b_z (i \times k)
\end{aligned}$$

$$+ a_y b_x (\boldsymbol{j} \times \boldsymbol{i}) + a_y b_y (\boldsymbol{j} \times \boldsymbol{j}) + a_y b_z (\boldsymbol{j} \times \boldsymbol{k})$$
$$+ a_z b_x (\boldsymbol{k} \times \boldsymbol{i}) + a_z b_y (\boldsymbol{k} \times \boldsymbol{j}) + a_z b_z (\boldsymbol{k} \times \boldsymbol{k});$$
$$= (a_y b_z - a_z b_y)\boldsymbol{i} + (a_z b_x - a_x b_z)\boldsymbol{j} + (a_x b_y - a_y b_x)\boldsymbol{k}.$$

所以,

$$\boldsymbol{a} \times \boldsymbol{b} = (a_y b_z - a_z b_y)\boldsymbol{i} + (a_z b_x - a_x b_z)\boldsymbol{j} + (a_x b_y - a_y b_x)\boldsymbol{k}.$$

为便于记忆, $\boldsymbol{a} \times \boldsymbol{b}$ 常写为行列式的形式:

$$\boldsymbol{a} \times \boldsymbol{b} = \begin{vmatrix} \boldsymbol{i} & \boldsymbol{j} & \boldsymbol{k} \\ a_x & a_y & a_z \\ b_x & b_y & b_z \end{vmatrix}.$$

例 7.8　已知点 $A(2,-1,2)$, $B(1,2,-1)$, $C(3,2,1)$, 求

(1) 垂直于点 A、B、C 所在平面的单位向量 $\boldsymbol{n}^0$;

(2) $\triangle ABC$ 的面积.

解　(1) 由向量积的定义知, $\boldsymbol{n} = \pm \overrightarrow{AB} \times \overrightarrow{AC}$ 是同时垂直于 $\overrightarrow{AB}$ 和 $\overrightarrow{AC}$ 的向量, 也就是垂直于点 A、B、C 所在平面的向量.

因为 $\overrightarrow{AB} = (-1,3,-3)$, $\overrightarrow{AC} = (1,3,-1)$, 所以

$$\boldsymbol{n} = \pm \overrightarrow{AB} \times \overrightarrow{AC} = \pm \begin{vmatrix} \boldsymbol{i} & \boldsymbol{j} & \boldsymbol{k} \\ -1 & 3 & -3 \\ 1 & 3 & -1 \end{vmatrix}$$
$$= \pm \left(\begin{vmatrix} 3 & -3 \\ 3 & -1 \end{vmatrix} \boldsymbol{i} - \begin{vmatrix} -1 & -3 \\ 1 & -1 \end{vmatrix} \boldsymbol{j} + \begin{vmatrix} -1 & 3 \\ 1 & 3 \end{vmatrix} \boldsymbol{k} \right)$$
$$= \pm (6\boldsymbol{i} - 4\boldsymbol{j} - 6\boldsymbol{k}).$$

将向量 $\boldsymbol{n}$ 单位化得:

$$\boldsymbol{n}^0 = \pm \frac{\boldsymbol{n}}{|\boldsymbol{n}|} = \pm \frac{1}{\sqrt{22}}(3, -2, -3).$$

(2) 所求三角形面积为

$$S_{\triangle ABC} = \frac{1}{2} |\overrightarrow{AB} \times \overrightarrow{AC}| = \frac{1}{2}\sqrt{6^2 + (-4)^2 + (-6)^2} = 2\sqrt{22}.$$

7.2.3　混合积

定义 7.8　设有三个向量 $\boldsymbol{a}$、$\boldsymbol{b}$、$\boldsymbol{c}$, 先作向量积 $\boldsymbol{a} \times \boldsymbol{b}$, 再作向量 $\boldsymbol{a} \times \boldsymbol{b}$ 与向量 $\boldsymbol{c}$ 的数量积, 得到的数 $(\boldsymbol{a} \times \boldsymbol{b}) \cdot \boldsymbol{c}$, 称为向量 $\boldsymbol{a}$、$\boldsymbol{b}$、$\boldsymbol{c}$ 的**混合积**, 记为 $[\boldsymbol{a}\ \boldsymbol{b}\ \boldsymbol{c}]$, 即

$$[\boldsymbol{a}\ \boldsymbol{b}\ \boldsymbol{c}] = (\boldsymbol{a} \times \boldsymbol{b}) \cdot \boldsymbol{c}.$$

混合积的几何意义:

设 V 为以 $\boldsymbol{a}$、$\boldsymbol{b}$、$\boldsymbol{c}$ 为邻边的平行六面体的体积, 如图 7.18 所示, 有:

$$V = |[\boldsymbol{a}\ \boldsymbol{b}\ \boldsymbol{c}]| = |(\boldsymbol{a} \times \boldsymbol{b}) \cdot \boldsymbol{c}| = |\boldsymbol{a} \times \boldsymbol{b}||\text{Prj}_{\boldsymbol{a} \times \boldsymbol{b}} \boldsymbol{c}|,$$

即, 混合积 $[\boldsymbol{a}\ \boldsymbol{b}\ \boldsymbol{c}]$ 的绝对值等于以 $\boldsymbol{a}$、$\boldsymbol{b}$、$\boldsymbol{c}$ 为邻边所做成的平行六面体的体积.

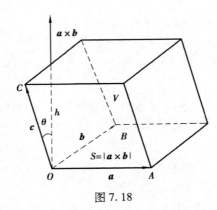

图 7.18

混合积具有下述性质:

（ⅰ）轮换性:$[\boldsymbol{a}\ \boldsymbol{b}\ \boldsymbol{c}]=[\boldsymbol{b}\ \boldsymbol{c}\ \boldsymbol{a}]=[\boldsymbol{c}\ \boldsymbol{a}\ \boldsymbol{b}]$;

（ⅱ）负轮换性:$[\boldsymbol{a}\ \boldsymbol{b}\ \boldsymbol{c}]=-[\boldsymbol{b}\ \boldsymbol{a}\ \boldsymbol{c}]=-[\boldsymbol{a}\ \boldsymbol{c}\ \boldsymbol{b}]=-[\boldsymbol{c}\ \boldsymbol{b}\ \boldsymbol{a}]$.

根据混合积的几何意义容易得到下面的定理.

定理 7.3 三个向量 $\boldsymbol{a}$、$\boldsymbol{b}$、$\boldsymbol{c}$ 共面的充分必要条件是 $[\boldsymbol{a}\ \boldsymbol{b}\ \boldsymbol{c}]=0$.

混合积的坐标表示式:

设向量 $\boldsymbol{a}=(a_x,a_y,a_z)$,$\boldsymbol{b}=(b_x,b_y,b_z)$,$\boldsymbol{c}=(c_x,c_y,c_z)$. 则

$$\boldsymbol{a}\times\boldsymbol{b}=\begin{vmatrix} \boldsymbol{i} & \boldsymbol{j} & \boldsymbol{k} \\ a_x & a_y & a_z \\ b_x & b_y & b_z \end{vmatrix}=\begin{vmatrix} a_y & a_z \\ b_y & b_z \end{vmatrix}\boldsymbol{i}-\begin{vmatrix} a_x & a_z \\ b_x & b_z \end{vmatrix}\boldsymbol{j}+\begin{vmatrix} a_x & a_y \\ b_x & b_y \end{vmatrix}\boldsymbol{k}.$$

所以,混合积的坐标表示式为

$$(\boldsymbol{a}\times\boldsymbol{b})\cdot\boldsymbol{c}=\begin{vmatrix} a_y & a_z \\ b_y & b_z \end{vmatrix}c_x-\begin{vmatrix} a_x & a_z \\ b_x & b_z \end{vmatrix}c_y+\begin{vmatrix} a_x & a_y \\ b_x & b_y \end{vmatrix}c_z=\begin{vmatrix} a_x & a_y & a_z \\ b_x & b_y & b_z \\ c_x & c_y & c_z \end{vmatrix}.$$

例 7.9 判断四个点 $A(1,0,1)$,$B(4,4,6)$,$C(2,2,3)$,$D(-1,1,2)$ 是否在同一平面上.

解 因为 $\overrightarrow{AB}=(3,4,5)$,$\overrightarrow{AC}=(1,2,2)$,$\overrightarrow{AD}=(-2,1,1)$,

$$\overrightarrow{AB}\cdot(\overrightarrow{AC}\times\overrightarrow{AD})=\begin{vmatrix} 1 & 2 & 2 \\ -2 & 1 & 1 \\ 3 & 4 & 5 \end{vmatrix}=5\neq0.$$

所以四个点 $A(1,0,1)$,$B(4,4,6)$,$C(2,2,3)$,$D(-1,1,2)$ 不在同一平面上.

例 7.10 求以点 $A(1,1,1)$、$B(3,4,4)$,$C(3,5,5)$ 及 $D(2,4,7)$ 为顶点的四面体 $ABCD$ 的体积.

解 四面体 $ABCD$ 的体积 V 是以 $\overrightarrow{AB}$、$\overrightarrow{AC}$、$\overrightarrow{AD}$ 为相邻三棱的平行六面体体积的 $1/6$. 而 $\overrightarrow{AB}=(2,3,3)$,$\overrightarrow{AC}=(2,4,4)$,$\overrightarrow{AD}=(1,3,6)$.

故

$$V_{ABCD}=\frac{1}{6}|(\overrightarrow{AB}\times\overrightarrow{AC})\cdot\overrightarrow{AD}|=\frac{1}{6}\begin{Vmatrix} 2 & 3 & 3 \\ 2 & 4 & 4 \\ 1 & 3 & 6 \end{Vmatrix}=\frac{1}{6}\times6=1.$$

至此,我们研究了向量的各种运算. 需要指出的是,它们的结果有的是向量,有的是数量. 在进行向量组合运算时,必须考虑每步运算结果是数量还是向量,以防出现没有意义的表达式. 例如,$a \cdot (b+c)$ 是数量,$a \times (b+c)$ 是向量,而表达式 $(a \cdot b)+c$、$\dfrac{a}{b}$ 均无意义.

习题 7.2

1. 已知向量 $a = i+2j-k$,$b = -i+j$,求 $a \cdot b$、$a \times b$ 及 a 与 b 夹角的正弦与余弦.

2. 已知向量 a 与 b 的夹角为 $\theta = \dfrac{3\pi}{4}$,且 $|a| = \sqrt{2}$,$|b| = 3$,求 $|a-b|$.

3. 在空间直角坐标系中,设三点 $A(5,-4,1)$,$B(3,2,1)$,$C(2,-5,0)$. 证明:$\triangle ABC$ 是直角三角形.

4. 若 $a = 4m-n$,$b = m+2n$,$c = 2m-3n$,式中 $|m| = 2$,$|n| = 1$,又 $(m,n) = \dfrac{\pi}{2}$. 化简表达式 $a \cdot c+3a \cdot b-2b \cdot c+1$.

5. 设 $|a| = 3$,$|b| = 4$ 且 $a \perp b$,求 $|(a+b) \times (a-b)|$.

6. 求以向量 $a = (1,-1,0)$,$b = (0,-2,1)$ 为相邻两边的四边形的面积和对角线的长度.

7. 设 $A = 2a+3b$,$B = a-b$,其中 $|a| = 1$,$|b| = 2$,$(\overset{\wedge}{a,b}) = \dfrac{\pi}{3}$,求

(1)向量 A 在向量 B 上的投影;

(2)以 A 和 B 为邻边的平行四边形的面积.

8. 已知 a、b、c 垂直,且 $|a| = 1$,$|b| = 2$,$|c| = 3$,求 $u = a+b+c$ 的长度,及向量 u 与 b 的夹角.

9. 已知 $|a| = 3$,$|b| = 26$,$|a \times b| = 72$,求 $a \cdot b$.

10. 用向量方法证明正弦定理:$\dfrac{a}{\sin A} = \dfrac{b}{\sin B} = \dfrac{c}{\sin C}$.

11. 设向量 a_1,a_2,a_2 两两垂直,符合右手规则. 已知 $|a_1| = 4$,$|a_2| = 2$,$|a_3| = 3$,计算 $(a_1 \times a_2) \cdot a_2$.

12. 证明如下结论:

(1)若 $a \times b+b \times c+a \times c = 0$,则向量 a、b、c 共面;

(2)若 $a \times b = c \times d$,$a \times c = b \times d$,则向量 $a-d$ 与 $b-c$ 共线.

7.3　平面与直线

本节将以向量为工具,建立空间中平面和直线的方程,并利用平面和直线的方程讨论平面与平面、直线与直线、直线与平面之间的位置关系.

7.3.1 平面的方程

(1)平面的点法式方程

法向量: 与平面垂直的非零向量称为该平面的**法向量**, 记为 $n = (A, B, C)$. 显然, λn(λ 为任意非零实数)都是 π 的法向量. 平面的法向量与平面内的每一个向量都垂直.

由立体几何知识知道, 过一个定点 $M_0(x_0, y_0, z_0)$ 且垂直于一个非零向量 $n = (A, B, C)$ 有且只有一个平面 π.

下面推导平面 π 的方程.

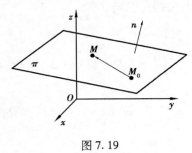

图 7.19

如图 7.19 所示, 设平面 π 过点 $M_0(x_0, y_0, z_0)$, 其法向量为 $n = (A, B, C)$. 设 $M(x, y, z)$ 是 π 上的任意一点, 所谓建立平面 π 的方程, 就是寻求 π 上动点 M 的坐标 x, y, z 之间的一个关系式, 使得当且仅当 M 在此平面上时, 其坐标满足该关系式. 向量 $\overrightarrow{M_0M} = (x-x_0, y-y_0, z-z_0)$ 在平面 π 上, 且 $\overrightarrow{M_0M}$ 必与 $n = (A, B, C)$ 垂直. 而

$$\overrightarrow{M_0M} \perp n \Leftrightarrow \overrightarrow{M_0M} \cdot n = 0,$$

所以, 有

$$A(x - x_0) + B(y - y_0) + C(z - z_0) = 0. \tag{7.8}$$

反之, 若 M 不在平面 π 上, 则 $\overrightarrow{P_0P}$ 与 n 不垂直, 从而式(7.8)不成立, 故点 M 的坐标 x, y, z 不满足方程(7.8). 因此方程(7.8)就是过点 M_0 且以 n 为法向量的平面 π 的方程. 称方程(7.8)为**平面 π 的点法式方程**.

例 7.11 求过点 $P_1(1, 1, -1)$、$P_2(-2, -2, 2)$ 和 $P_3(1, -1, 2)$ 的平面方程.

解 因为向量 $\overrightarrow{P_1P_2}$, $\overrightarrow{P_1P_3}$ 在所求平面上, 故该平面的法向量垂直于 $\overrightarrow{P_1P_2}$ 和 $\overrightarrow{P_1P_3}$.

于是所求平面的法向量 n 可取为 $n = \overrightarrow{P_1P_2} \times \overrightarrow{P_1P_3}$. 又

$$\overrightarrow{P_1P_2} = (-3, -3, 3), \quad \overrightarrow{P_1P_3} = (0, -2, 3),$$

所以

$$n = \overrightarrow{P_1P_2} \times \overrightarrow{P_1P_3} = \begin{vmatrix} i & j & k \\ -3 & -3 & 3 \\ 0 & -2 & 3 \end{vmatrix} = -3i + 9j + 6k.$$

故平面方程为

$$-3(x-1) + 9(y-1) + 6(z+1) = 0, \quad 即 \quad x - 3y - 2z = 0.$$

(2)平面的一般式方程

平面的点法式方程(7.8)可以改写成

$$Ax + Bx + Cz + D = 0 \tag{7.9}$$

其中 A, B, C 不全为零且 $D = -Ax_0 - By_0 - Cz_0$. 反过来, 方程(7.9)可以表示一张空间平面. 事实上, 可取满足方程(7.9)的一组数 x_0, y_0, z_0, 即有

$$Ax_0 + By_0 + Cz_0 + D = 0. \tag{7.10}$$

由式(7.9)-式(7.10), 得

$$A(x-x_0)+B(y-y_0)+C(z-z_0)=0.$$

可见方程(7.9)是过点 $M_0(x_0,y_0,z_0)$ 并以 $\boldsymbol{n}=(A,B,C)$ 为法向量的平面方程. 方程(7.9)称为**平面的一般式方程**.

例如,方程 $3x-4y+z+9=0$ 表示一个平面,它的法向量为 $\boldsymbol{n}=(3,-4,1)$.

在平面的一般式方程中有 4 个常数 A、B、C、D,若其中有一个或几个为零,方程所表示的平面在空间有着特殊的位置:

（ⅰ）当 $D=0$ 时,方程(7.9)变为 $Ax+By+Cz=0$,表示通过原点的平面;

（ⅱ）当 A、B、C 中有一个为零时,方程(7.9)表示平行于某条坐标轴的平面. 如当 $A=0$ 时,方程变为 $By+Cz+D=0$,表示**平行于 x 轴的平面**,此时平面的法向量 $\boldsymbol{n}=(0,B,C)$ 与 x 轴垂直.

（ⅲ）当 A,B,C 中有两个为零时,方程(7.9)表示**平行于某坐标平面**的平面. 如当 $A=B=0$ 时,方程(7.9)变为 $Cz+D=0$,此时,$\boldsymbol{n}=(0,0,C)$ 平行于 z 轴,所以方程 $Cz+D=0$ 表示平行于 xOy 面的平面.

例 7.12　求过两点 $A(3,0,-2)$,$B(-1,2,4)$ 且与 x 轴平行的平面方程.

解　由于所求平面与 x 轴平行,故可设其方程为

$$by+cz+d=0.$$

又因为点 $A(3,0,-2)$,$B(-1,2,4)$ 在所求平面上,所以 $\begin{cases} -2c+d=0, \\ 2b+4c+d=0. \end{cases}$ 解得 $b=-3c,d=2c$.

将其代入上述方程并化简得所求平面的方程为

$$-3y+z+2=0.$$

（3）平面的截距式方程

设平面的一般方程为

$$Ax+By+Cz+D=0,$$

且 $ABCD\neq0$. 则上式可化为

$$\frac{x}{a}+\frac{y}{b}+\frac{z}{c}=1, \tag{7.11}$$

其中 $a=-\dfrac{A}{D},b=-\dfrac{B}{D},c=-\dfrac{C}{D}$. 方程(7.11)称为**平面的截距式方程**,而 a、b、c 分别称为平面在 x 轴、y 轴、z 轴上的截距,如图 7.20 所示.

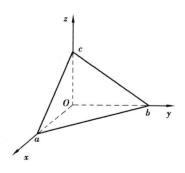

图 7.20

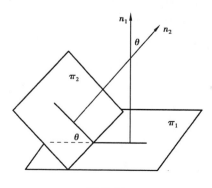

图 7.21

17

7.3.2 平面与平面的位置关系

两个平面之间的位置关系有三种:平行、重合和相交.下面根据两个平面的方程来讨论它们之间的位置关系.

(1)两平面的夹角

定义7.9 两平面法向量之间的夹角 θ(通常取锐角)称为这**两平面的夹角**,如图7.21所示.

设有两个平面 π_1 与 π_2,它们的方程分别为

$\pi_1:A_1x+B_1y+C_1z+D_1=0(A_1,B_1,C_1$ 不同时为零),

$\pi_2:A_2x+B_2y+C_2z+D_2=0(A_2,B_2,C_2$ 不同时为零),

则它们的法向量分别为 $\boldsymbol{n}_1=(A_1,B_1,C_1)$ 和 $\boldsymbol{n}_2=(A_2,B_2,C_2)$.由向量夹角余弦公式,平面 π_1 与 π_2 夹角的余弦为

$$\cos\theta=\frac{|\boldsymbol{n}_1\cdot\boldsymbol{n}_2|}{|\boldsymbol{n}_1|\cdot|\boldsymbol{n}_2|}=\frac{|A_1A_2+B_1B_2+C_1C_2|}{\sqrt{A_1^2+B_1^2+C_1^2}\sqrt{A_2^2+B_2^2+C_2^2}}.$$

由此得两平面平行、重合、垂直和相交的充要条件:

(i) $\pi_1/\!/\pi_2\Leftrightarrow\boldsymbol{n}_1/\!/\boldsymbol{n}_2\Leftrightarrow\dfrac{A_1}{A_2}=\dfrac{B_1}{B_2}=\dfrac{C_1}{C_2}$;

(ii)两平面重合 $\Leftrightarrow\dfrac{A_1}{A_2}=\dfrac{B_1}{B_2}=\dfrac{C_1}{C_2}=\dfrac{D_1}{D_2}$;

(iii) $\pi_1\perp\pi_2\Leftrightarrow\boldsymbol{n}_1\perp\boldsymbol{n}_2\Leftrightarrow A_1A_2+B_1B_2+C_1C_2=0$;

(iv)两平面相交 $\Leftrightarrow A_1,B_1,C_1$ 与 A_2,B_2,C_2 不成比例.

例7.13 求两平面 $x-y+2z-6=0,2x+y+z-5=0$ 之间的夹角.

解 两平面的法向量分别为 $\boldsymbol{n}_1=(1,-1,2),\boldsymbol{n}_2=(2,1,1)$,则两平面夹角 θ 的余弦为

$$\cos\theta=\frac{|1\times2+(-1)\times1+2\times1|}{\sqrt{1^2+(-1)^2+2^2}\sqrt{2^2+1^2+1^2}}=\frac{1}{2},$$

所以 $\theta=\dfrac{\pi}{3}$.

(2)点到平面的距离

设 $P_0(x_0,y_0,z_0)$ 是平面 $\pi:Ax+By+Cz+D=0$ 外的一点,如图7.22所示,求点 P_0 到平面 π 的距离.

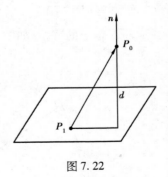

图7.22

在平面 π 上任意取一辅助点 $P_1(x_1,y_1,z_1)$,则点 P_0 到平面 π 的距离 d 为向量 $\overrightarrow{P_1P_0}=(x_0-x_1,y_0-y_1,z_0-z_1)$ 在平面法向量 $\boldsymbol{n}=(A,B,C)$ 上投影的绝对值,注意到点 $P_1(x_1,y_1,z_1)$ 在平面 π 上,所以

$$d=|\operatorname{Prj}_n\overrightarrow{P_1P_0}|=\frac{|\overrightarrow{P_1P_0}\cdot\boldsymbol{n}|}{|\boldsymbol{n}|}$$

$$=\frac{|(x_0-x_1,y_0-y_1,z_0-z_1)\cdot(A,B,C)|}{\sqrt{A^2+B^2+C^2}}$$

$$= \frac{\left| Ax_0 + By_0 + Cz_0 - (Ax_1 + By_1 + Cz_1) \right|}{\sqrt{A^2 + B^2 + C^2}}$$

$$= \frac{\left| Ax_0 + By_0 + Cz_0 + D \right|}{\sqrt{A^2 + B^2 + C^2}}.$$

故点 P_0 到平面 π 的距离为

$$d = \frac{\left| Ax_0 + By_0 + Cz_0 + D \right|}{\sqrt{A^2 + B^2 + C^2}}. \tag{7.12}$$

例 7.14　求两个平行平面 $x-y+3z+1=0$ 与 $x-y+3z-5=0$ 间的距离.

解　在平面 $x-y+3z+1=0$ 上任取一点,如取点 $P(-1,0,0)$,则 P 点到另一平面的距离即为两平行平面间的距离. 所以

$$d = \frac{\left| -1 \times 1 - 5 \right|}{\sqrt{1^2 + (-1)^2 + 3^2}} = \frac{6}{\sqrt{11}} = \frac{6}{11}\sqrt{11}.$$

7.3.3　空间直线的方程

(1)直线的一般方程

空间直线可看作两张不平行平面 π_1 和 π_2 的交线,如图 7.23 所示. 因此,可用通过直线 L 的任意两平面方程联立来表示直线方程.

设两张平面的方程分别为

$$\pi_1 : A_1 x + B_1 y + C_1 z + D_1 = 0,$$
$$\pi_2 : A_2 x + B_2 y + C_2 z + D_2 = 0,$$

其中 $n_1 = (A_1, B_1, C_1)$,$n_2 = (A_2, B_2, C_2)$ 不平行,则交线 L 的方程就是

$$\begin{cases} A_1 x + B_1 y + C_1 z + D_1 = 0, \\ A_2 x + B_2 y + C_2 z + D_2 = 0. \end{cases} \tag{7.13}$$

式(7.13)称为**空间直线的一般方程**.

注　$n_1 \times n_2$ 是式(7.13)确定的直线 L 的一个法向量.

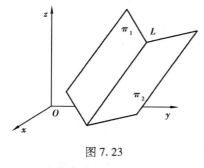

图 7.23

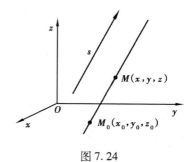

图 7.24

(2)直线的点向式方程与参数方程

空间直线的位置是由直线上的一点和与直线平行的一个向量完全确定的. 我们将与直线平行的非零向量称为该直线的**方向向量**,记为 $s=(m,n,p)$,而 s 的三个分量 m,n,p 称为该直线的一组**方向数**,方向向量 s 的方向余弦称为该**直线的方向余弦**,如图 7.24 所示. 显然,若 s

是直线 L 的一个方向向量,则 λs (λ 为任意非零实数) 都是 L 的方向向量.

已知直线 L 过点 $M_0(x_0, y_0, z_0)$,它的一个方向向量 $s = (m, n, p)$,下面求直线 L 的方程.

设 $M(x, y, z)$ 为直线 L 上任意一点,则向量 $\overrightarrow{M_0M} = (x-x_0, y-y_0, z-z_0)$ 在直线上,因此有 $\overrightarrow{M_0M} /\!/ s$,由两向量平行的充要条件可知

$$\frac{x-x_0}{m} = \frac{y-y_0}{n} = \frac{z-z_0}{p}, \tag{7.14}$$

方程组 (7.14) 称为**直线的点向式方程** (或**对称式方程**).

注 (ⅰ) 因为 s 是非零向量,所以它的方向数 m, n, p 不全为零. 若某些分母为零,其分子也理解为零. 例如,当 $m = 0$ 时,为保持方程的对称形式,式 (7.14) 仍写为

$$\frac{x-x_0}{0} = \frac{y-y_0}{n} = \frac{z-z_0}{p},$$

但理解为

$$\begin{cases} x-x_0 = 0 \\ \dfrac{y-y_0}{n} = \dfrac{z-z_0}{p}. \end{cases}$$

当 $m = n = 0$, $p \neq 0$ 时,式 (7.14) 应理解为 $\begin{cases} x = x_0 \\ y = y_0. \end{cases}$

(ⅱ) 在直线的点向式方程 (7.14) 中,令方程等于 t (t 为实参数),即

$$\frac{x-x_0}{m} = \frac{y-y_0}{n} = \frac{z-z_0}{p} = t,$$

得

$$\begin{cases} x = x_0 + mt \\ y = y_0 + nt \cdot \\ z = z_0 + pt \end{cases} \tag{7.15}$$

称方程 (7.15) 为**直线的参数式方程**.

例 7.15 求过点 $M(1, 1, 1)$ 且与直线 $L: \begin{cases} x - 2y + z = 0 \\ 2x + 2y + 3z - 6 = 0 \end{cases}$ 平行的直线方程.

解 记 $n_1 = (1, -2, 1)$, $n_2 = (2, 2, 3)$,分别为过直线 L 的两平面的法向量,设所求直线的方向向量是 s,由题意知,方向向量 s 可取为

$$s = n_1 \times n_2 = \begin{vmatrix} i & j & k \\ 1 & -2 & 1 \\ 2 & 2 & 3 \end{vmatrix} = -8i - j + 6k.$$

由式 (7.14) 知,所求直线方程为 $\dfrac{x-1}{-8} = \dfrac{y-1}{-1} = \dfrac{z-1}{6}$.

例 7.16 已知直线过两已知点 $M_1(x_1, y_1, z_1)$, $M_2(x_2, y_2, z_2)$,求直线的方程.

解 可取 $\overrightarrow{M_1M_2}$ 作为直线的方向向量,即 $s = \overrightarrow{M_1M_2} = (x_2-x_1, y_2-y_1, z_2-z_1)$,由式 (7.14) 知,过已知两点的直线方程为

$$\frac{x-x_1}{x_2-x_1} = \frac{y-y_1}{y_2-y_1} = \frac{z-z_1}{z_2-z_1}. \tag{7.16}$$

注　式(7.16)也称为**直线的两点式方程**.

例 7.17　将直线方程 $\begin{cases} 2x-3y-z+3=0 \\ 4x-6y+5z-1=0 \end{cases}$ 化为点向式方程及参数方程.

解　先求直线上的一点 $M_0(x_0,y_0,z_0)$,取 $y=0$,解方程 $\begin{cases} 2x-z=-3 \\ 2x+5z=1 \end{cases}$ 得直线上的点 $M_0(-1,$ $0,1)$.

而该直线的一个方向向量 $\boldsymbol{s}$ 可取为 $\boldsymbol{n}_1\times\boldsymbol{n}_2$. 其中,$\boldsymbol{n}_1=(2,-3,-1)$,$\boldsymbol{n}_2=(4,-6,5)$ 分别为过已知直线的两平面的法向量,所以

$$\boldsymbol{s}=\boldsymbol{n}_1\times\boldsymbol{n}_2=\begin{vmatrix} \boldsymbol{i} & \boldsymbol{j} & \boldsymbol{k} \\ 2 & -3 & -1 \\ 4 & -6 & 5 \end{vmatrix}=-21\boldsymbol{i}-14\boldsymbol{j}.$$

由方程(7.14)可得,已知直线的点向式方程为

$$\frac{x+1}{3}=\frac{y}{2}=\frac{z-1}{0}.$$

令上式等于 t,可得已知直线的参数方程为

$$\begin{cases} x=-1+3t \\ y=2t \\ z=1 \end{cases}.$$

例 7.18　求过点 $P_0(3,1,-2)$ 及直线 $L:\dfrac{x-4}{5}=\dfrac{y+3}{2}=\dfrac{z}{1}$ 的平面方程.

解　因为直线 L 的方向向量为 $\boldsymbol{s}=(5,2,1)$ 且过点 $P_1(4,-3,0)$,所以所求平面的法向量为 $\boldsymbol{n}=\boldsymbol{s}\times\overrightarrow{P_0P_1}=(8,-9,-22)$. 故所求平面为

$$8x-9y-22z-59=0.$$

例 7.19　求过点 $P(1,2,1)$ 且与直线 $L_1:\begin{cases} x+2y-z+1=0 \\ x-y+z-1=0 \end{cases}$ 和 $L_2:\begin{cases} 2x-y+z=0 \\ x-y+z=0 \end{cases}$ 都平行的平面的方程.

解　L_1 方向向量 $\boldsymbol{s}_1=\begin{vmatrix} \boldsymbol{i} & \boldsymbol{j} & \boldsymbol{k} \\ 1 & 2 & -1 \\ 1 & -1 & 1 \end{vmatrix}=\boldsymbol{i}-2\boldsymbol{j}-3\boldsymbol{k}=(1,-2,-3)$,

L_2 方向向量 $\boldsymbol{s}_2=\begin{vmatrix} \boldsymbol{i} & \boldsymbol{j} & \boldsymbol{k} \\ 2 & -1 & 1 \\ 1 & -1 & 1 \end{vmatrix}=-\boldsymbol{j}-\boldsymbol{k}=(0,-1,-1)$.

于是所求平面法向量为 $\boldsymbol{n}=\boldsymbol{s}_1\times\boldsymbol{s}_2=(-1,1,-1)$,故所求平面为

$$-x+y-z+D=0.$$

又因为所求平面过点 $P(1,2,1)$,得 $D=0$. 所求平面的方程为 $-x+y-z=0$.

7.3.4　直线与直线、直线与平面的位置关系

(1)空间中两条直线位置关系的判定
空间中两条直线的位置关系可以用两条直线的方程构成的方程组的解来确定.

设两条直线 L_1 与 L_2 的方程为

$$L_1 : \frac{x-x_1}{m_1} = \frac{y-y_1}{n_1} = \frac{z-z_1}{p_1}, \text{方向向量 } s_1 = (m_1, n_1, p_1),$$

$$L_2 : \frac{x-x_2}{m_2} = \frac{y-y_2}{n_2} = \frac{z-z_2}{p_2}, \text{方向向量 } s_2 = (m_2, n_2, p_2).$$

由它们的方程构成的方程组为

$$\begin{cases} \dfrac{x-x_1}{m_1} = \dfrac{y-y_1}{n_1} = \dfrac{z-z_1}{p_1}, \\ \dfrac{x-x_2}{m_2} = \dfrac{y-y_2}{n_2} = \dfrac{z-z_2}{p_2}. \end{cases}$$

（ⅰ）若方程组有两组解（从而有无穷组解），则 L_1 与 L_2 重合；

（ⅱ）若方程组只有一组解，则 L_1 与 L_2 相交，且方程组的解即为 L_1 与 L_2 的交点坐标；

（ⅲ）若方程组无解，且 $s_1 /\!/ s_2$，即 $s_1 \times s_2 = \boldsymbol{0}$，则 L_1 与 L_2 平行；

（ⅳ）若方程组无解，且 $s_1 \times s_2 \neq \boldsymbol{0}$，则 L_1 与 L_2 为异面直线.

注 取向量 $\boldsymbol{a} = (x_2 - x_1, \quad y_2 - y_1, \quad z_2 - z_1)$，由混合积的几何意义，$L_1$ 与 L_2 为异面直线的充要条件是 $(s_1 \times s_2) \cdot \boldsymbol{a} \neq 0$. 根据向量积的模的几何意义和混合积的几何意义，易知异面直线 L_1 与 L_2 的距离为 $d = \left| \dfrac{(s_1 \times s_2) \cdot \boldsymbol{a}}{|s_1 \times s_2|} \right|$.

（2）两直线的夹角

两直线方向向量的夹角 θ（通常取锐角）称为**两直线的夹角**.

设两直线方程为

$$L_1 : \frac{x-x_1}{m_1} = \frac{y-y_1}{n_1} = \frac{z-z_1}{p_1} \text{ 及 } L_2 : \frac{x-x_2}{m_2} = \frac{y-y_2}{n_2} = \frac{z-z_2}{p_2},$$

方向向量分别为 $s_1 = (m_1, n_1, p_1), s_2 = (m_2, n_2, p_2)$，由数量积的性质（ⅰ），有

$$\cos\theta = \frac{|s_1 \cdot s_2|}{|s_1||s_2|} = \frac{|m_1 m_2 + n_1 n_2 + p_1 p_2|}{\sqrt{m_1^2 + n_1^2 + p_1^2}\sqrt{m_2^2 + n_2^2 + p_2^2}}.$$

从两向量垂直与平行的充要条件，即可得到：

$$L_1 /\!/ L_2 \Leftrightarrow s_1 /\!/ s_2 \Leftrightarrow \frac{m_1}{m_2} = \frac{n_1}{n_2} = \frac{p_1}{p_2};$$

$$L_1 \perp L_2 \Leftrightarrow s_1 \perp s_2 \Leftrightarrow m_1 m_2 + n_1 n_2 + p_1 p_2 = 0.$$

注 （ⅰ）若 $L_1 /\!/ L_2$，规定 L_1 与 L_2 的夹角为 0；

（ⅱ）对于异面直线，可把这两条直线平移至相交状态，此时，它们的夹角称为异面直线的夹角.

例 7.20 证明 $L_1 : \dfrac{x}{2} = \dfrac{y+3}{3} = \dfrac{z}{4}$ 和 $L_2 : \begin{cases} x - y - 3 = 0 \\ 3x - y - z - 4 = 0 \end{cases}$ 是两异面直线，并求它们的距离.

解 （1）直线 L_1 与 L_2 的方向向量分别为

$$s_1 = (2, 3, 4) \text{ 和 } s_2 = (1, -1, 0) \times (3, -1, -1) = (1, 1, 2),$$

故不平行，也不重合；

再验证两直线没有交点，将 L_1 写成参数式：$x = 2t, y = -3 + 3t, z = 4t$，代入 L_2 的两个平面方

程中,得

$$\begin{cases} 2t - (-3 + 3t) - 3 = 0, \\ 2(2t) - (-3 + 3t) - 4t - 4 = 0. \end{cases}$$

上述方程组无解,故两直线不相交,所以 L_1 与 L_2 是两异面直线.

（2）取直线 L_1 上的点 $A(0, -3, 0)$ 和直线 L_2 上的点 $B(0, -3, -1)$. 计算得

$$d = \left| \frac{(s_1 \times s_2) \cdot \overrightarrow{AB}}{|s_1 \times s_2|} \right| = \left| \frac{(2, 0, -1) \cdot (0, 0, -1)}{|(2, 0, -1)|} \right| = \frac{\sqrt{5}}{5}.$$

注 也可以根据混合积 $(s_1 \times s_2) \cdot \overrightarrow{AB} = 1 \neq 0$ 判别 L_1 与 L_2 是两异面直线.

（3）直线与平面的位置关系

1）直线与平面的位置关系的判定

在空间中,直线与平面的位置关系有三种:直线在平面内,直线与平面平行,直线与平面相交,它们的位置关系可以根据联立直线与平面方程构成的方程组解的情况来判定.

设直线 $L: \dfrac{x-x_0}{m} = \dfrac{y-y_0}{n} = \dfrac{z-z_0}{p}$,平面 $\pi: Ax+By+Cz+D=0$,将其联立起来的方程组为

$$\begin{cases} \dfrac{x - x_0}{m} = \dfrac{y - y_0}{n} = \dfrac{z - z_0}{p}, \\ Ax + By + Cz + D = 0. \end{cases}$$

（ⅰ）若方程组有无穷组解,则 L 在 π 内;

（ⅱ）若方程组无解,则 $L /\!/ \pi$;

（ⅲ）若方程组只有一组解,则 L 与 π 相交,方程组的解即为 L 与 π 的交点坐标.

注 还可以根据直线的方向向量 s 与平面的法向量 n 的关系来判定直线与平面的位置关系,即

若 $s \cdot n = 0$,即 $s \perp n$ 时,则 L 在 π 内或 $L /\!/ \pi$;

若 $s \cdot n \neq 0$,即 s 与 n 不垂直时,则 L 与 π 相交.

2）直线与平面的夹角

一条直线 L 和它在平面 π 上的投影直线的夹角 φ（通常取锐角）称为**直线 L 与平面 π 的夹角**,如图 7.25 所示.

设 $s = (m, n, p)$, $n = (A, B, C)$ 分别是直线 L 的方向向量和平面 π 的法向量,且 L 与 π 的法向量的夹角为 $(\overset{\wedge}{s, n})$, L 与 π 的夹角为 φ,则 $\varphi = \dfrac{\pi}{2} - (\overset{\wedge}{s, n})$.

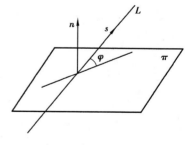

图 7.25

由两向量夹角的余弦公式,有

$$\sin \varphi = \sin \left(\frac{\pi}{2} - (\overset{\wedge}{s, n}) \right)$$

$$= \cos(\overset{\wedge}{s, n}) = \frac{|s \cdot n|}{|s||n|} = \frac{|Am + Bn + Cp|}{\sqrt{m^2 + n^2 + p^2} \sqrt{A^2 + B^2 + C^2}}.$$

故直线与平面的夹角的正弦为

$$\sin \varphi = \frac{|Am + Bm + Cp|}{\sqrt{m^2 + n^2 + p^2} \sqrt{A^2 + B^2 + C^2}}. \tag{7.17}$$

注 若图 7.25 中直线 L 的方向取 s 的反方向,类似可得公式(7.17).

由两向量平行与垂直的充要条件,即可得到:

$$L // \pi \Leftrightarrow s \perp n \Leftrightarrow Am + Bn + Cp = 0;$$

$$L \perp \pi \Leftrightarrow s // n \Leftrightarrow \frac{A}{m} = \frac{B}{n} = \frac{C}{p}.$$

例 7.21 求直线 L 与平面 π 的交点与夹角,其中

$$L : \frac{x-1}{1} = \frac{y+2}{-2} = \frac{z}{2}, \pi : x + 4y - z + 1 = 0.$$

解 为求直线 L 与平面 π 的交点,先将 L 的方程写成参数方程:

$$x = 1 + t, y = -2 - 2t, z = 2t.$$

设 $P(x, y, z)$ 是直线 L 与平面 π 的交点,则它的坐标应同时满足 L 与 π 的方程. 将 L 的参数方程中的 x, y, z 的表达式代入平面 π 的方程,得

$$1 + t + 4(-2 - 2t) - 2t + 1 = 0.$$

解得 $t = -\dfrac{2}{3}$. 再将 $t = -\dfrac{2}{3}$ 代入直线 L 的参数方程,从而得交点 P 的坐标:

$$x = \frac{1}{3}, y = -\frac{2}{3}, z = -\frac{4}{3}.$$

又因为 L 的方向向量为 $s = (1, -2, 2)$,π 的法向量是 $n = (1, 4, -1)$,所以 L 与 π 之间的夹角

$$\varphi = \arcsin \frac{|1 \times 1 + 4 \times (-2) + (-1) \times 2|}{\sqrt{1^2 + 4^2 + (-1)^2} \cdot \sqrt{1^2 + (-2)^2 + 2^2}} = \arcsin \frac{1}{\sqrt{2}} = \frac{\pi}{4}.$$

例 7.22 一直线过点 $P_0(2, -1, 3)$ 与直线 $L_1 : \dfrac{x-1}{2} = \dfrac{y}{-1} = \dfrac{z+2}{1}$ 相交,且与平面 $\pi : 3x - 2y + z + 5 = 0$ 平行,求此直线的方程.

解 所求直线在过 P_0 且与 π 平行的平面 $\pi_1 : 3x - 2y + z - 11 = 0$ 上.

易求得 L_1 与 π_1 交点为 $P_1\left(\dfrac{29}{9}, -\dfrac{10}{9}, -\dfrac{8}{9}\right)$. 于是所求直线过点 P_0 和 P_1,从而

$$9 \overrightarrow{P_0 P_1} = (11, -1, -35)$$

为其方向向量. 于是其方程为

$$\frac{x-2}{11} = \frac{y+1}{-1} = \frac{z-3}{-35}.$$

7.3.5 平面束

设两张不平行的平面 π_1 和 π_2 相交成一条直线 L,过直线 L 的所有平面的集合称为由直线 L 所确定的**平面束**,如图 7.26 所示.

设空间直线 L 的一般方程为

$$L : \begin{cases} \pi_1 : A_1 x + B_1 y + C_1 z + D_1 = 0 \\ \pi_2 : A_2 x + B_2 y + C_2 z + D_2 = 0 \end{cases}$$

方程

$$\lambda(A_1 x + B_1 y + C_1 z + D_1) + \mu(A_2 x + B_2 y + C_2 z + D_2) = 0 \tag{7.18}$$

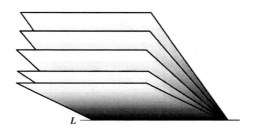

图 7.26

称为过直线 L 的**平面束方程**,其中 λ、μ 为参数,且不同时为 0.

注 (ⅰ)对任意不同时为 0 的 λ、μ,方程(7.18)确定一个平面. 且对 L 上任一点 (x_0, y_0, z_0),x_0, y_0, z_0 必同时满足 π_1 和 π_2 的方程,因而也满足方程(7.18). 这就是说,L 上任一点 (x_0, y_0, z_0) 都在方程(7.18)确定的平面上,即直线 L 在该平面上.

(ⅱ)设平面 π 过直线 L,则 π 的法向量 n 与 π_1、π_2 的法向量 n_1、n_2 在同一平面上,从而存在 λ, μ 使得 $n = \lambda n_1 + \mu n_1$. 所以平面 π 的方程可以写成(7.18)的形式.

(ⅲ)由于 λ 和 μ 不同时为 0,我们经常将(7.18)写成
$(A_1 x + B_1 y + C_1 z + D_1) + \lambda(A_2 x + B_2 y + C_2 z + D_2) = 0$,或者
$\lambda(A_1 x + B_1 y + C_1 z + D_1) + (A_2 x + B_2 y + C_2 z + D_2) = 0$.
利用平面束方法处理直线或平面的某些问题,常常会使问题得以简化.

例 7.23 求直线 $L: \begin{cases} 2x - 4y + z = 0 \\ 3x - y - 2z - 9 = 0 \end{cases}$ 在平面 $\pi: 4x - y + z + 1 = 0$ 上的投影直线方程.

解 直线 L 在平面 π 上的投影直线 L' 是指平面 π_1 与平面 π 的交线,其中 π_1 为过 L 且与 π 垂直的平面.

先求平面 π_1 的方程.

因为平面 π_1 过已知直线 L,设过 L 的平面束方程为
$$(2x - 4y + z) + \lambda(3x - y - 2z - 9) = 0,$$
即 $$(2 + 3\lambda)x + (-4 - \lambda)y + (1 - 2\lambda)z - 9\lambda = 0.$$
而平面 π 的法向量为 $n = (4, -1, 1)$,因此应有
$$4 \cdot (2 + 3\lambda) + (-1) \cdot (-4 - \lambda) + 1 \cdot (1 - 2\lambda) = 0.$$

解得 $\lambda = -\dfrac{13}{11}$,代入平面束方程,即得平面 π_1 的方程
$$17x + 31y - 37z + 117 = 0.$$
因此,直线 L 在平面 π 上的投影直线方程为
$$\begin{cases} 17x + 31y - 37z + 117 = 0 \\ 4x - y + z + 1 = 0 \end{cases}.$$

例 7.24 在过直线 $L: \begin{cases} x - y + z - 7 = 0 \\ -2x + y + z = 0 \end{cases}$ 的所有平面中,找出平面 π,使点 $(1, 1, 1)$ 到它的距离最长.

解 设过 L 的平面束方程为
$$(x - y + z - 7) + \lambda(-2x + y + z) = 0,$$

即 $\qquad (1-2\lambda)x+(-1+\lambda)y+(1+\lambda)z-7=0.$

要使 $\quad d^2(\lambda)=\left.\dfrac{\big|(1-2\lambda)x+(-1+\lambda)y+(1+\lambda)z-7\big|^2}{(1-2\lambda)^2+(-1+\lambda)^2+(1+\lambda)^2}\right|_{(x,y,z)=(1,1,1)}$

$\qquad\qquad =\dfrac{36}{(1+2\lambda)^2+(-1+\lambda)^2+(1+\lambda)^2}$ 为最长，

即使 $(1-2\lambda)^2+(-1+\lambda)^2+(1+\lambda)^2=6\left(\lambda-\dfrac{1}{3}\right)^2+\dfrac{7}{3}$ 为最小，得 $\lambda=\dfrac{1}{3}$，故所求平面 π 的方程为

$$x-2y+2z-21=0.$$

习题 7.3

1. 写出下列各平面的方程：

(1) 过点 $M_1(1,1,1)$ 和 $M_2(0,2,1)$，且平行于向量 $\boldsymbol{a}=(2,0,1)$.

(2) 过点 $(2,5,-1)$ 且平行于向量 $\boldsymbol{a}_1=(10,3,1)$ 和 $\boldsymbol{a}_2=(2,4,5)$.

(3) 通过点 $P(4,-3,-2)$ 且垂直于平面 $x+2y-z=0$ 和 $2x-3y+4z-5=0$.

(4) 过点 $(1,0,1)$，在 Oy 轴和 Oz 轴上的截距分别为 3 和 -1.

(5) 与平面 $2x-5y-3z+6=0$ 平行，且距离为 $\sqrt{38}$.

2. 证明：过点 $P_0(x_0,y_0,z_0)$、$P_1(x_1,y_1,z_1)$ 及 $P_2(x_2,y_2,z_2)$ 的平面方程为

$$\begin{vmatrix} x-x_0 & y-y_0 & z-z_0 \\ x_1-x_0 & y_1-y_0 & z_1-z_0 \\ x_2-x_0 & y_2-y_0 & z_2-z_0 \end{vmatrix}=0.$$

3. 求平面 $3x-6y-2z-15=0$ 与 $2x+y-2z-5=0$ 的夹角 θ.

4. 求点 $P(1,1,3)$ 到平面 $3x+2y+6z-6=0$ 的距离.

5. 将直线 $L:\begin{cases} x+2y-3z-4=0 \\ 3x-y+5z+9=0 \end{cases}$ 化为对称式方程和参数式方程.

6. 求过点 $(1,1,1)$ 且与平面 $2x-y-3z=0$ 及 $x+2y-5z=1$ 都平行的直线方程.

7. 确定 λ 使直线 $\dfrac{x-1}{1}=\dfrac{y+1}{2}=\dfrac{z-1}{\lambda}$ 与直线 $\dfrac{x+1}{1}=\dfrac{y-1}{1}=\dfrac{z}{1}$ 相交.

8. 求直线 $\begin{cases} x+y+3z=0 \\ x-y-z=0 \end{cases}$ 和平面 $x-y-z+1=0$ 之间的夹角.

9. 在平面 $\pi:x+y+z+1=0$ 内，求一直线，使它通过直线 $L:\begin{cases} y+z+1=0 \\ x+2z=0 \end{cases}$ 与平面 π 的交点，且与直线 L 垂直.

10. 设 L_1,L_2 为两条共面直线，L_1 的方程为 $\dfrac{x-7}{1}=\dfrac{y-3}{2}=\dfrac{z-5}{2}$，$L_2$ 通过点 $(2,-3,-1)$，且与 x 轴正向夹角为 $\dfrac{\pi}{3}$，与 z 轴正向夹锐角，求 L_2 的方程.

11. 设 P_0 是直线 L 外的一点，P 是 L 上任意一点，L 的方向向量为 $\boldsymbol{s}$. 证明：点 P_0 到直线 L

的距离为 $d = \dfrac{|\overrightarrow{P_0 P} \times s|}{|s|}$. 利用该公式计算点 $P_0(-3,4,0)$ 到直线 $\dfrac{x-3}{2} = \dfrac{y-1}{-1} = \dfrac{z-1}{2}$ 的距离.

12. 试求点 $P(-1,2,0)$ 在平面 $x+y+3z+5=0$ 上的投影点的坐标.

13. 求点 $P(1,-4,5)$ 在直线 $L: \begin{cases} y-z+1=0 \\ x+2z=0 \end{cases}$ 上的投影点的坐标.

14. 问直线 $\dfrac{x-1}{2} = \dfrac{y-2}{3} = \dfrac{z}{1}$ 与直线 $\dfrac{x+5}{-3} = \dfrac{y-6}{2} = \dfrac{z-12}{6}$ 是否相交？若相交,求这两条直线所在的平面.

15. 求过点 $(3,1,-2)$ 且通过直线 $\dfrac{x-4}{5} = \dfrac{y+3}{2} = \dfrac{z}{1}$ 的平面方程.

16. 一平面过平面 $\pi_1: x+5y+z=0$ 和 $\pi_2: x-z+4=0$ 的交线,且与平面 $\pi_3: x-4y-8z+12=0$ 成 $\dfrac{\pi}{4}$ 角,求其方程.

17. 证明:直线 $\begin{cases} x+y+z-1=0 \\ x-y+z+1=0 \end{cases}$ 不在平面 $x+y+z=0$ 上,并求该直线在平面上的投影直线方程.

7.4　空间曲面与曲线

本节介绍一般的空间曲面与曲线,主要讨论:如何根据曲面 Σ 上点的几何特征建立曲面的方程 $F(x,y,z)=0$ 以及怎样由给定的曲面方程 $F(x,y,z)=0$ 画出它的图形;空间曲线的方程表示及其在坐标面上的投影.

7.4.1　曲面

(1)曲面方程的概念

定义 7.10　如果曲面 Σ 与方程 $F(x,y,z)=0$ 之间存在如下关系:

（ⅰ）曲面 Σ 上的点的坐标都满足方程 $F(x,y,z)=0$,

（ⅱ）不在曲面 Σ 上的点的坐标都不满足方程 $F(x,y,z)=0$,则称方程 $F(x,y,z)=0$ 是曲面 Σ 的方程,而曲面 Σ 称为方程 $F(x,y,z)=0$ 的图形,如图7.27所示.

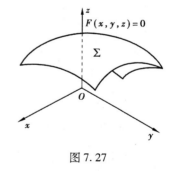

图 7.27

像在平面解析几何中把平面曲线当作动点轨迹一样,在空间解析几何中,我们常把曲面看作一个动点按照某个规律运动而成的轨迹.

运用这个观点,我们来建立球面方程.

例 7.25　建立球心在点 $M_0(x_0,y_0,z_0)$,半径为 R 的球面的方程.

解　一方面,设 $M(x,y,z)$ 是球面上任意一点,则 $|MM_0|=R$,代入点的坐标,依题意得到,即

$$\sqrt{(x-x_0)^2+(y-y_0)^2+(z-z_0)^2}=R,$$

两边平方得

$$(x-x_0)^2+(y-y_0)^2+(z-z_0)^2=R^2.$$

另一方面，设 $M(x,y,z)$ 不在球面上，则 $|MM_0| \neq R$，(x,y,z) 不满足上述方程. 故上述方程是球心在点 $M_0(x_0,y_0,z_0)$、半径为 R 的球面的方程.

另外，将上述球面方程式展开得

$$x^2 + y^2 + z^2 - 2x_0x - 2y_0y - 2z_0z + x_0^2 + y_0^2 + z_0^2 - R^2 = 0.$$

令 $A = -2x_0, B = -2y_0, C = -2z_0, D = x_0^2 + y_0^2 + z_0^2 - R^2$，则有

$$x^2 + y^2 + z^2 + Ax + By + Cz + D = 0.$$

此式称为**球面的一般式方程**，它是一个关于 x,y,z 的二次方程. 由球面的一般式方程可知：平方项 x^2,y^2,z^2 的系数都相同；且不含 xy,yz,zx 项. 特别地，当球心在坐标原点时，球面方程为

$$x^2 + y^2 + z^2 = R^2.$$

用方程来表示曲面，就是把曲面的几何性质代数化，通过对方程性质的研究获悉曲面的性质，反之亦然. 下面介绍几种常见曲面及其方程.

（2）两类特殊的曲面：柱面和旋转面

1）柱面

定义 7.11 设有动直线 L 沿定曲线 C 作平行于定直线 d 移动而形成的曲面称为**柱面**. 动直线 L 称为柱面的**母线**，定曲线 C 称为柱面的**准线**.

显然，柱面由它的准线和母线完全确定，但其准线并不唯一，也不一定是平面曲线.

下面讨论准线在坐标面上，母线平行于相应坐标轴的柱面的方程.

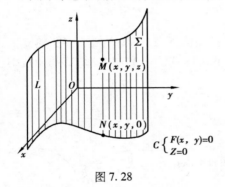

图 7.28

（ⅰ）准线是 xOy 面上的曲线 $C: \begin{cases} F(x,y) = 0 \\ z = 0 \end{cases}$，母线平行于 z 轴的柱面方程是

$$F(x,y) = 0.$$

事实上，一方面，设 $M(x,y,z)$ 是柱面上的任一点，过 M 作平行于 z 轴的直线，交 xOy 面于点 $N(x,y,0)$. 点 N 必定在准线 C 上，于是 $N(x,y,0)$ 坐标满足准线 C 的方程. 从而点 M 的坐标满足方程 $F(x,y) = 0$. 另一方面，若空间一点 $M(x,y,z)$ 的坐标满足方程 $F(x,y) = 0$，由于 $F(x,y) = 0$ 不含 z，所以点 $M(x,y,z)$ 必在过准线 C 上点 $N(x,y,0)$ 而平行于 z 轴的直线上，即点 $M(x,y,z)$ 必在柱面上.

（ⅱ）准线是 xOz 面上的曲线 $C: \begin{cases} F(x,z) = 0 \\ y = 0 \end{cases}$，母线平行于 y 轴的柱面方程是

$$F(x,z) = 0.$$

（ⅲ）准线是 yOz 面上的曲线 $C: \begin{cases} F(y,z) = 0 \\ x = 0 \end{cases}$，母线平行于 x 轴的柱面方程是

$$F(y,z) = 0.$$

例 7.26 下面的方程表示怎样的曲面？

$(1) x^2 + y^2 = a^2$；$(2) x^2 = 2y$；$(3) -\dfrac{x^2}{a^2} + \dfrac{z^2}{b^2} = 1$.

解 （1）$x^2 + y^2 = a^2$ 缺 z 坐标，该方程表示母线平行于 z 轴的圆柱面，如图 7.29 所示；

（2）$x^2 = 2y$ 缺 z 坐标，该方程表示母线平行于 z 轴的抛物柱面，如图 7.30 所示；

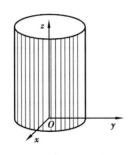

图 7.29

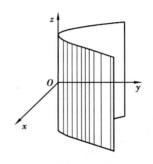

图 7.30

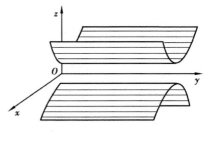

图 7.31

（3）$-\dfrac{x^2}{a^2}+\dfrac{z^2}{b^2}=1$ 缺 y 坐标,该方程表示母线平行于 y 轴的双曲柱面,如图 7.31 所示.

2）旋转曲面

定义 7.12　平面曲线 C 绕该平面内的一条定直线 l 旋转而生成的曲面称为**旋转曲面**,平面曲线 C 称为旋转曲面的**母线**,定直线 l 称为旋转曲面的**轴**.

旋转面的应用十分广泛. 如卫星地面站天线,许多车床加工的零件等都是旋转曲面. 旋转面不仅具有许多实用特性,而且还便于加工制作.

下面讨论母线在坐标面上、相应坐标轴为轴的旋转曲面的方程.

设 $C:\begin{cases}F(y,z)=0\\x=0\end{cases}$ 是 yOz 平面内的一条曲线,将曲线 C 绕 z 轴旋转一周得到一张旋转曲面,如图 7.32 所示,其方程为

$$F(\pm\sqrt{x^2+y^2},z)=0.$$

事实上,一方面,在旋转曲面上任取一点 $M(x,y,z)$,假设曲线 C 上的点 $N(0,y_1,z_1)$ 绕 z 轴旋转时经过 M 点,则 M 与 N 之间的坐标有关系:竖坐标相等 $z=z_1$ 且它们到 z 轴的距离相等 $\sqrt{x^2+y^2}=|y_1|$. 注意到点 $N(0,y_1,z_1)$ 在曲线上,从而有 $F(y_1,z_1)=0$,所以 x,y,z 满足方程 $F(\pm\sqrt{x^2+y^2},z)=0$. 另一方面,不在曲面上的点 $M(x,y,z)$,其坐标一定不满足方程,所以该方程就是曲线 C 绕 z 轴旋转而成的旋转曲面的方程.

注　由方程可以看出,yOz 平面上的曲线 $C:\begin{cases}F(y,z)=0\\x=0\end{cases}$ 绕 z 轴旋转而形成的旋转曲面,其方程是在 C 的平面坐标方程中 z 保持不变而将 y 换成 $\pm\sqrt{x^2+y^2}$ 得到的.

类似地,可得曲线 $C:\begin{cases}F(y,z)=0\\x=0\end{cases}$ 绕 y 轴旋转形成旋转曲面的方程为

$$F(y,\pm\sqrt{x^2+z^2})=0.$$

同理,zOx 坐标面上的曲线 $\begin{cases}G(z,x)=0\\y=0\end{cases}$ 分别绕 z 轴与 x 轴旋转而生成的旋转曲面的方程分别是

$$G(z,\pm\sqrt{x^2+y^2})=0 \text{ 和 } G(\pm\sqrt{y^2+z^2},x)=0.$$

xOy 坐标面上的曲线 $\begin{cases} H(x,y)=0 \\ z=0 \end{cases}$ 分别绕 x 轴与 y 轴旋转而生成的旋转曲面的方程分别是

$$H(x,\ \pm\sqrt{y^2+z^2})=0 \text{ 和 } H(\pm\sqrt{z^2+x^2},y)=0.$$

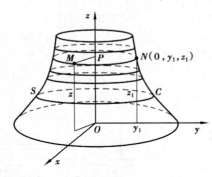

图 7.32

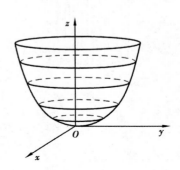

图 7.33

注 一个方程是否表示旋转曲面,只需看方程中是否含有两个变量的平方和. 例如方程 $\frac{x^2}{b^2}+\frac{y^2}{b^2}+\frac{z^2}{c^2}=1$ 中含变量 x 和 y 的平方和,所以它表示 yOz 平面内的椭圆 $\frac{y^2}{b^2}+\frac{z^2}{c^2}=1$ 绕 z 轴旋转所得到的旋转曲面,或者 xOz 平面内的椭圆 $\frac{x^2}{b^2}+\frac{z^2}{c^2}=1$ 绕 z 轴旋转所得到的旋转曲面.

例 7.27 求 yOz 平面上的抛物线 $y^2=z$ 绕 z 轴旋转而成的旋转曲面的方程.

解 在方程 $y^2=z$ 中,保持 z 不变,将 y 换作 $\pm\sqrt{x^2+y^2}$,所以旋转曲面的方程为

$$x^2+y^2=z.$$

称其为旋转抛物面,如图 7.33 所示.

例 7.28 将 xOz 坐标面上的双曲线

$$\frac{x^2}{a^2}-\frac{z^2}{c^2}=1$$

分别绕 z 轴和 x 轴旋转一周,求所生成的旋转曲面的方程.

解 绕 z 轴旋转所生成的旋转曲面称为旋转单叶双曲面,它的方程为

$$\frac{x^2+y^2}{a^2}-\frac{z^2}{c^2}=1.$$

绕 x 轴旋转所生成的旋转曲面称为旋转双叶双曲面,它的方程为

$$\frac{x^2}{a^2}-\frac{y^2+z^2}{c^2}=1.$$

例 7.29 直线 L 绕另一条与 L 相交的直线旋转一周,所得的旋转曲面称为**圆锥面**. 两直线的交点称为圆锥面的**顶点**,两直线的夹角 $\alpha\left(0<\alpha<\frac{\pi}{2}\right)$ 称为圆锥面的**半顶角**. 试建立顶点在坐标原点,旋转轴为 z 轴,半顶角为 α 的圆锥面方程.

解 在 yOz 平面上取直线 L,L 与 z 轴的交点为坐标原点,与 z 轴正方向的夹角为 α,则直线方程为

$$z=y\cot\alpha.$$

因为 z 轴是旋转轴,则在直线方程中保持 z 不变,将 y 换作 $\pm\sqrt{x^2+y^2}$,就得到圆锥面方

程为

$$z = \pm \sqrt{x^2 + y^2} \cot \alpha.$$

令 $a = \cot \alpha$，并对上式两边平方，则有

$$z^2 = a^2 (x^2 + y^2).$$

这就是所求的圆锥面方程，如图 7.34 所示.

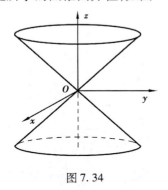

图 7.34

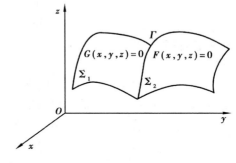

图 7.35

7.4.2 空间曲线

（1）空间曲线的一般式方程

空间曲线 Γ 可以看成是过 Γ 的两张空间曲面 Σ_1 和 Σ_2 的交线，如图 7.35 所示.

设空间曲面 Σ_1 和 Σ_2 的方程分别是 $F(x,y,z) = 0$ 和 $G(x,y,z) = 0$，则空间曲线 Γ 的方程是

$$\begin{cases} F(x,y,z) = 0 \\ G(x,y,z) = 0 \end{cases}. \tag{7.19}$$

方程组（7.19）称为**空间曲线 Γ 的一般式方程**.

例 7.30 下列方程组各表示什么样的曲线？

$$(1) \begin{cases} x^2+y^2+z^2=R^2 \\ z=0 \end{cases}; \quad (2) \begin{cases} x^2+y^2=R^2 \\ z=0 \end{cases}; \quad (3) \begin{cases} x^2+y^2+z^2=R^2 \\ x^2+y^2=R^2 \end{cases}.$$

解 它们都表示 xOy 面上以原点为圆心，以 R 为半径的圆，如图 7.36（a）、（b）、（c）所示.

由例 7.30 可知，表示曲线的一般式方程并不唯一.

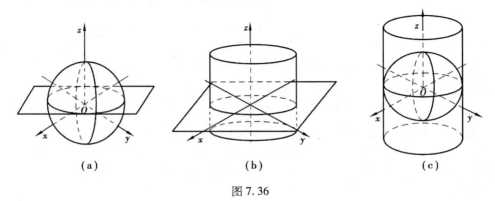

| (a) | (b) | (c) |

图 7.36

(2)曲线的参数方程

空间曲线除了可用一般式方程表示外,还可以用参数式方程来表示,也就是说,把曲线看成是动点 $M(x,y,z)$ 依某个参数 t 运动的轨迹,即

$$\begin{cases} x = x(t) \\ y = y(t) , (\alpha \leqslant t \leqslant \beta). \\ z = z(t) \end{cases} \tag{7.20}$$

当 t 在 $[\alpha,\beta]$ 内变化时,由方程组(7.20)所描绘出的点的轨迹就是空间曲线. 所以方程组(7.20)称为空间**曲线的参数方程**.

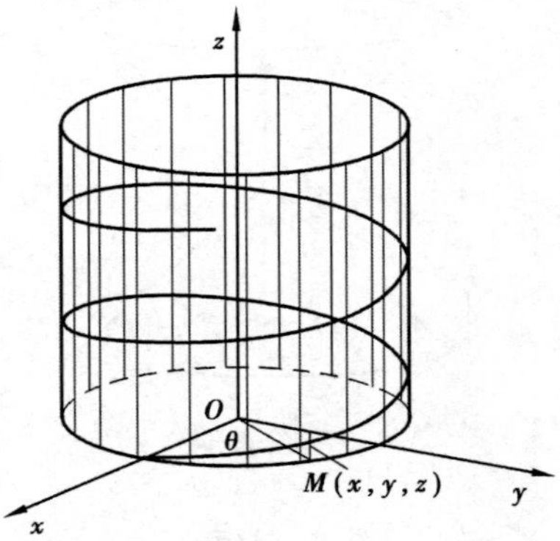

例7.31 空间一动点从 $A(\alpha,0,0)$ 出发,它一方面以角速度 ω 作绕 z 轴的圆周运动,同时又以速度 v 作沿 z 轴的正方向的等速直线运动. 求此动点 M 轨迹的方程.

解 取时间 t 为参数,设 $t=0$ 时,动点位于点 $A(\alpha,0,0)$ 处. 经过时间 t,动点由点 $A(a,0,0)$ 运动到点 $M(x,y,z)$. 该动点沿 z 轴方向发生了位移 vt,同时沿圆柱面转过了角度 ωt,如图 7.37 所示. 故动点 M 轨迹的方程为

图 7.37

$$\begin{cases} x = a \cos \omega t \\ y = a \sin \omega t, 0 \leqslant t < +\infty \\ z = vt \end{cases}$$

这条曲线称为**螺旋线**.

若令参数 $\omega t = \theta$,并记 $b = \dfrac{v}{\omega}$,则上式可写为 $\begin{cases} x = a \cos \theta \\ y = a \sin \theta. \\ z = b\theta \end{cases}$

例7.32 试建立准线为空间曲线 $\varGamma: \begin{cases} F(x,y,z) = 0 \\ G(x,y,z) = 0 \end{cases}$,母线平行于方向向量 $s = (m,n,p)$ 的柱面方程.

解 设 $M(X,Y,Z)$ 是柱面上的任一点. 通过点 M 的母线的参数方程为

$$L: \begin{cases} x = X + mt \\ y = Y + nt. \\ z = Z + pt \end{cases}$$

设其与 $\varGamma$ 的交点所对应的参数为 t_0,则交点坐标为 $(X+mt_0, Y+nt_0, Z+pt_0)$. 于是

$$\begin{cases} F(X + mt_0, Y + nt_0, Z + pt_0) = 0 \\ G(X + mt_0, Y + nt_0, Z + pt_0) = 0 \end{cases}.$$

从上式消去 t_0,就得到柱面上任一点满足的关系式,即所求柱面的方程.

例7.33 试建立空间曲线 $\varGamma: \begin{cases} x = x(t) \\ y = y(t) \\ z = z(t) \end{cases}$ 绕坐标轴旋转所得旋转曲面的方程.

解 先建立 $\varGamma$ 绕 z 轴旋转所得旋转曲面的方程.

设 $M(x,y,z)$ 是旋转面上的任一点,且是 Γ 上的点 $N(x_1,y_1,z_1)$ 旋转得到的. 设 N 对应的参数为 t_0,则

$$z = z_1 = z(t_0),$$

且 $M(x,y,z)$ 到 z 轴的距离与 $N(x_1,y_1,z_1)$ 到 z 轴的距离相等,即

$$x^2 + y^2 = x_1^2 + y_1^2 = x^2(t_0) + y^2(t_0).$$

综合上述两个方程,即得 (x,y,z) 满足方程组

$$\begin{cases} x^2 + y^2 = x^2(t_0) + y^2(t_0) \\ z = z(t_0) \end{cases}.$$

从上述方程组中消去 t_0,即得所求旋转曲面的方程.

类似可得 Γ 绕 x 轴、y 轴旋转所得旋转曲面的方程.

(3)空间曲线在坐标面上的投影

设有空间曲线 Γ,以曲线 Γ 为准线、母线平行于 z 轴的柱面,称为曲线 Γ 关于 xOy 坐标面的**投影柱面**. 此投影柱面与 xOy 坐标面的交线 Γ',称为空间曲线 Γ 在 xOy 坐标面上的**投影曲线**(简称**投影**),如图 7.38 所示.

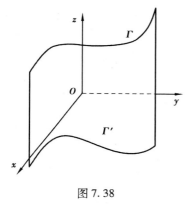

图 7.38

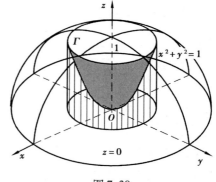

图 7.39

下面讨论空间曲线 Γ:

$$\begin{cases} F(x,y,z) = 0 \\ G(x,y,z) = 0 \end{cases} \tag{7.21}$$

在各坐标面上的投影曲线方程.

(ⅰ)消去方程(7.21)中的变量 z,得母线平行于 z 轴的柱面的方程,即投影柱面方程:

$$H(x,y) = 0.$$

所以

$$\begin{cases} H(x,y) = 0 \\ z = 0 \end{cases}$$

表示空间曲线 Γ 在 xOy 坐标面上的投影曲线.

(ⅱ)消去方程(7.21)中的变量 x,所得方程 $R(y,z) = 0$ 表示曲线 Γ 关于 yOz 坐标面的投影柱面方程,方程组

$$\begin{cases} R(y,z) = 0 \\ x = 0 \end{cases}$$

表示曲线 Γ 在 yOz 坐标面的投影曲线方程.

（ⅲ）消去方程（7.21）中的变量 y，所得方程 $T(x,z)=0$ 表示曲线 Γ 关于 zOx 坐标面的投影柱面方程，方程组

$$\begin{cases} T(x,z)=0 \\ y=0 \end{cases}$$

表示曲线 Γ 在 zOx 坐标面的投影曲线方程.

例 7.34　求曲线 $\Gamma:\begin{cases} z=\sqrt{2-x^2-y^2} \\ z=x^2+y^2 \end{cases}$ 在 xOy 面上的投影.

解　首先消去曲线方程中的变量 z，得投影柱面方程

$$x^2+y^2=1$$

再与 xOy 平面的方程联立，得曲线 Γ 在 xOy 平面的投影曲线方程为

$$\begin{cases} x^2+y^2=1 \\ z=0 \end{cases}（图7.39）.$$

例 7.35　求曲面 $z=\sqrt{4-x^2-y^2}$ 与 $z=\sqrt{3(x^2+y^2)}$ 所围成的空间区域在 xOy 面上的投影区域 D.

解　消去 z，得 $\sqrt{4-x^2-y^2}=\sqrt{3(x^2+y^2)}$，化简后得投影柱面方程：$x^2+y^2=1$. 于是投影曲线方程为 $\begin{cases} x^2+y^2=1 \\ z=0 \end{cases}$，而投影区域 D 为 $\begin{cases} x^2+y^2\leqslant 1 \\ z=0 \end{cases}$.

习 题 7.4

1. 求球心在点 $M_0(-1,-3,2)$，且过点 $M_1(-1,-1,1)$ 的球面方程.

2. 指出下列方程所表示的曲面，并作图：

(1) $x^2+z^2=R^2$；　　　　　　(2) $x^2+z^2=y^2$；

(3) $y^2=2z$；　　　　　　　　(4) $x^2+y^2=2Rx(R>0)$；

(5) $(z+4)^2=x^2+y^2$；　　　　(6) $\dfrac{x^2}{a^2}-\dfrac{z^2}{b^2}=1$；

(7) $\dfrac{x^2}{a^2}+\dfrac{z^2}{b^2}=1$.

3. 指出下列方程在平面直角坐标系和空间直角坐标系中分别表示什么样的几何图形：

(1) $y=x+1$；　　　　　　　　(2) $x^2+y^2-2x=0$；

(3) $x^2-y^2=0$；　　　　　　　(4) $y=2$.

4. 说明下列旋转曲面是怎样形成的，并画出图形：

(1) $\dfrac{x^2}{4}+\dfrac{y^2}{9}+\dfrac{z^2}{9}=1$；　　　　(2) $x^2-\dfrac{y^2}{4}+z^2=1$；

(3) $x^2-y^2-z^2=1$；　　　　　(4) $(z-a)^2=x^2+y^2$.

5. 画出下列曲线的图形：

(1) $\begin{cases} z=\sqrt{9-x^2-y^2} \\ x=y \end{cases}$；　　　(2) $\begin{cases} 2x+3y+2z=6 \\ x=1 \end{cases}$.

6. 将下列曲线方程化为参数式方程：

(1) $\begin{cases} x^2+y^2+z^2=4 \\ y=x \end{cases}$;

(2) $\begin{cases} (x-1)^2+(y-1)^2+(z-1)^2=4 \\ z=0 \end{cases}$.

7. 指出下列参数式方程所表示的曲线：

(1) $\begin{cases} x=\cos 2t \\ y=\sin 2t \\ z=2\pi t \end{cases}$,

(2) $\begin{cases} x=1 \\ y=\cos\theta \\ z=\sin\theta \end{cases}$.

8. 求曲线 $\begin{cases} 2x^2+y^2+z^2=16 \\ x^2-y^2+z^2=0 \end{cases}$ 关于 zOx 平面及 yOz 平面上的投影柱面方程及投影曲线方程.

9. 求曲线 $\begin{cases} y^2-z^2=1 \\ x=0 \end{cases}$ 在 xOy 平面上的投影.

10. 求空间区域 $x^2+y^2+z^2 \leqslant R^2$ 与 $x^2+y^2+(z-R)^2 \leqslant R^2$ 的公共部分在 xOy 坐标面上的投影区域.

7.5 二次曲面

在空间解析几何中，三元方程 $F(x,y,z)=0$ 表示一张空间曲面. 若方程是一次的，它表示的是一次曲面，也叫平面；若方程是二次的，则它表示的曲面为**二次曲面**. 这里介绍几种常见的二次曲面.

对于一般的三元二次方程 $F(x,y,z)=0$ 所表示的曲面形状，已难以用描点法得到，我们采用**截痕法**：用坐标面和平行于坐标面的平面去截曲面，考察其交线（即截痕）的形状，然后加以综合，以了解曲面的全貌. 下面用截痕法来讨论几个常见的二次曲面.

7.5.1 椭球面

方程

$$\frac{x^2}{a^2}+\frac{y^2}{b^2}+\frac{z^2}{c^2}=1, (a>0, b>0, c>0)$$

所表示的曲面称为**椭球面**，其中 a,b,c 为椭球面的**半轴**.

由方程可知，椭球面关于三个坐标面、三个坐标轴以及原点是对称的，且该椭球面位于 $x=\pm a, y=\pm b, z=\pm c$ 所围成的长方体内.

如果用平行于 xOy 面的平面 $z=h(|h|\leqslant c)$ 去截椭球面，所得截痕为：

$$\begin{cases} \frac{x^2}{a^2}+\frac{y^2}{b^2}=1-\frac{h^2}{c^2}, \\ z=h. \end{cases}$$

它表示平面 $z=h$ 上的椭圆，当 $h=0$ 时，得到 xOy 面上的一个椭圆.

随着 $|h|$ 逐渐增大，椭圆会逐渐缩小；当 $|h|=c$ 时椭圆缩为一个点.

当 $|h|>c$ 时，平面 $z=h$ 与椭球面无交点.

类似的，用平行于 yOz 面及 zOx 面的平面去截椭球面，可得到相应的结果.

综上讨论,就可以画出椭球面的图形,如图 7.40 所示.

如果 $a=b=c$,则椭球面方程变为 $x^2+y^2+z^2=a^2$,它表示球心在原点,半径为 a 的球面.

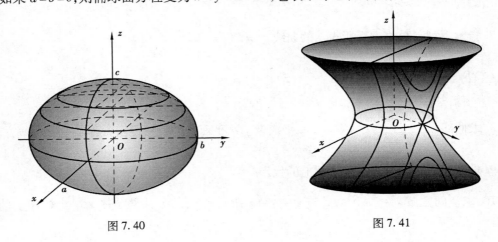

图 7.40   图 7.41

7.5.2 双曲面

(1)单叶双曲面

方程

$$\frac{x^2}{a^2} + \frac{y^2}{b^2} - \frac{z^2}{c^2} = 1,(a>0,b>0,c>0)$$

所表示的曲面称为**单叶双曲面**,其中 a,b,c 称为**单叶双曲面的半轴**,如图 7.41 所示.

由方程可知,单叶双曲面关于 yOz 和 zOx 是对称的.

用平行于 xOy 面的平面 $z=h$ 去截椭球面,所得截痕为:

$$\begin{cases} \dfrac{x^2}{a^2} + \dfrac{y^2}{b^2} = 1 + \dfrac{h^2}{c^2}, \\ z = h. \end{cases}$$

这是平面 $z=h$ 上的一个椭圆,它的中心在 z 轴上;当 $h=0$ 时,截痕为 xOy 面上的一个椭圆.当 $|h|$ 逐渐增大时,椭圆逐渐增大.所以单叶双曲面可以在空间无限伸展.

用平行于 zOx 的平面 $y=k(|k|<b)$ 去截曲面,截痕是双曲线

$$\begin{cases} \dfrac{x^2}{a^2} - \dfrac{z^2}{c^2} = 1 - \dfrac{k^2}{b^2}, \\ y = k. \end{cases}$$

当 $|k|<b$ 时,双曲线的实轴平行于 x 轴,虚轴平行于 z 轴,有

$$\begin{cases} \dfrac{x^2}{a\left(1 - \dfrac{k^2}{b^2}\right)} - \dfrac{z^2}{c^2\left(1 - \dfrac{k^2}{b^2}\right)} = 1, \end{cases}$$

当 $|k|>b$ 时,双曲线的实轴平行于 z 轴,虚轴平行于 x 轴,有

$$-\frac{x^2}{a^2\left(\dfrac{k^2}{b^2} - 1\right)} + \frac{z^2}{c^2\left(\dfrac{k^2}{b^2} - 1\right)} = 1$$

$$y = k.$$

当 $k=0$ 时,截痕为 zOx 面上的双曲线

$$\begin{cases} \dfrac{x^2}{a^2} - \dfrac{z^2}{c^2} = 1, \\ y = 0. \end{cases}$$

当 $k=\pm b$ 时,方程变为

$$\frac{x^2}{a^2} - \frac{z^2}{c^2} = 0$$

即

$$\frac{x}{a} - \frac{z}{c} = 0 \ \text{与} \ \frac{x}{a} + \frac{z}{c} = 0.$$

这是平面 $y=b$ 或 $y=-b$ 上的两条相交直线. 当截面为 $y=b$ 时,两条直线的交点为 $(0,b,0)$;当截面为 $y=-b$ 时,两条直线的交点为 $(0,-b,0)$.

类似地,可讨论用与 yOz 面平行的平面 $x=m$ 去截曲面的情形.

综上所述,可以绘出单叶双曲面的图形,如图 7.41 所示.

（2）双叶双曲面

方程

$$-\frac{x^2}{a^2} - \frac{y^2}{b^2} + \frac{z^2}{c^2} = 1 \quad (a > 0, b > 0, c > 0)$$

所表示的曲面称为**双叶双曲面**,其中 a,b,c 称为**双叶双曲面的半轴**.

用上面介绍的截痕法可以得到双叶双曲面的图形,如图 7.42 所示.

类似地,方程 $\dfrac{x^2}{a^2} - \dfrac{y^2}{b^2} - \dfrac{z^2}{c^2} = 1$ 与方程 $-\dfrac{x^2}{a^2} + \dfrac{y^2}{b^2} - \dfrac{z^2}{c^2} = 1$ 所确定的曲面也都是双叶双曲面.

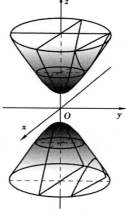

图 7.42

7.5.3　抛物面

（1）椭圆抛物面

方程

$$\frac{x^2}{2p} + \frac{y^2}{2q} = z \,(p \ \text{与} \ q \ \text{同号})$$

所表示的曲面称为**椭圆抛物面**.

用截痕法可以得到椭圆抛物面的图形,如图 7.43 所示.

（2）双曲抛物面

由方程

$$-\frac{x^2}{2p} + \frac{y^2}{2q} = z \,(p \ \text{与} \ q \ \text{同号})$$

所表示的曲面称为**双曲抛物面或马鞍面**.

同样可用截痕法对法对方程进行讨论,当 $p>0,q>0$ 时,曲面的形状如图 7.44 所示.

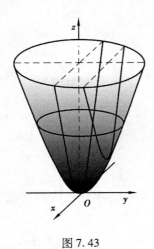

图 7.43

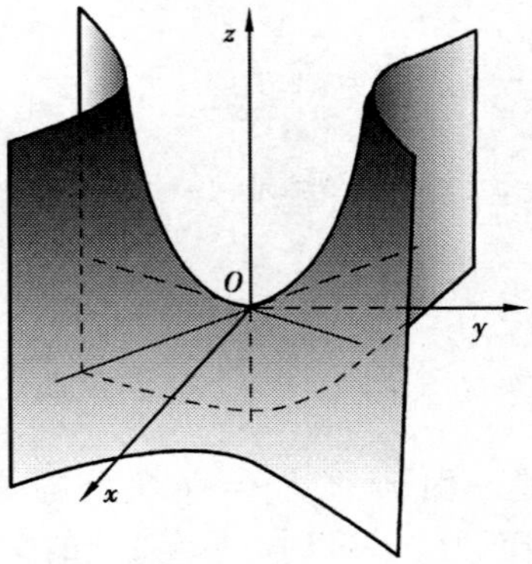

图 7.44

习 题 7.5

画出下列各曲面所围成的立体的图形：

(1) $3x+6y+4z-12=0$，$x=0$，$y=0$，$z=0$；

(2) $y=\sqrt{1-x^2}$，$x-y=0$，$x-\sqrt{3}y=0$，$z=0$，$z=3$；

(3) $x-1=x^2+y^2$，$z=3$；

(4) $x=0$，$y=0$，$z=0$，$x^2+y^2=R^2$，$y^2+z^2=R^2$.

习 题 7

1. 选择题

(1) 设非零向量 a 与 b 不平行，$c=(a\times b)\times a$，则（　　）.

    A. $c=0$ B. $(\overset{\wedge}{b,c})<\dfrac{\pi}{2}$ C. $b\perp c$ D. $(\overset{\wedge}{b,c})>\dfrac{\pi}{2}$

(2) 设向量 a,b 满足 $|a-b|=|a+b|$，则必有（　　）.

    A. $a-b=0$ B. $a+b=0$ C. $a\cdot b=0$ D. $a\times b=0$

(3) 对任何三个向量 a,b,c，总有（　　）.

    A. $(a\cdot b)c=a(b\cdot c)$ B. $(a\times b)\cdot c=a\cdot(b\times c)$

    C. $a\cdot(b\times c)=b\cdot(a\times c)$ D. $(a\times b)\times c=a\times(b\times c)$

(4) 两平面 $x-2y-z=3$，$2x-4y-2z=5$ 各自与平面 $x+y-3z=0$ 的交线是（　　）.

    A. 相交的   B. 平行的   C. 异面的   D. 重合的

(5) 曲面 $x^2+y^2+z^2=a^2$ 与 $x^2+y^2=2az(a>0)$ 的交线是（　　）.

    A. 抛物线   B. 双曲线   C. 圆周   D. 椭圆

（6）直线 $\dfrac{x+3}{-2}=\dfrac{y+4}{-7}=\dfrac{z}{3}$ 与平面 $4x-2y-z=3$ 的关系是（　　）.

　　A. 平行, 但直线不在平面上　　　　　　B. 直线在平面上

　　C. 垂直相交　　　　　　　　　　　　　D. 相交但不垂直

（7）直线 $\begin{cases}5x+y-3z-7=0\\2x+y-3z-7=0\end{cases}$ 是（　　）.

　　A. 垂直 yOz 平面　　　　　　　　　　B. 在 yOz 平面内

　　C. 平行 x 轴　　　　　　　　　　　　D. 在 xOy 平面内

（8）曲面 $z=\sqrt{x^2+y^2}$ 是（　　）.

　　A. zOx 平面上曲线 $z=x$ 绕 z 轴旋转而成的旋转曲面

　　B. zOy 平面上曲线 $z=|y|$ 绕 z 轴旋转而成的旋转曲面

　　C. zOx 平面上曲线 $z=x$ 绕 x 轴旋转而成的旋转曲面

　　D. zOy 平面上曲线 $z=|y|$ 绕 y 轴旋转而成的旋转曲面

（9）方程 $\dfrac{x^2}{4}+y^2=z^2$ 表示的是（　　）.

　　A. 锥面　　　　　B. 椭球　　　　　　C. 双曲面　　　　D. 双曲线

（10）双曲面 $x^2-\dfrac{y^2}{4}-\dfrac{z^2}{9}=1$ 与 yOz 平面（　　）.

　　A. 交于一双曲线　　　　　　　　　　　B. 交于一对相交直线

　　C. 不交　　　　　　　　　　　　　　　D. 交于一椭圆

（11）方程 $x^2+\dfrac{y^2}{9}-\dfrac{z^2}{25}=-1$ 是（　　）.

　　A. 单叶双曲面　　　　　　　　　　　　B. 双叶双曲面

　　C. 椭球面　　　　　　　　　　　　　　D. 双曲抛物面

2. 填空题

（1）设 $a=(2,1,-1)$, 向量 b 与 a 平行, 且 $a\cdot b=3$, 则 $b=$_____.

（2）设 $|a|=1$, $|a\times b|=\sqrt{3}$, $a\cdot b=1$, 则 $|b|=$_____.

（3）已知 $|a|=8$, $|b|=2$, $(\overset{\wedge}{a,b})=\dfrac{\pi}{3}$, 则 $|2a-3b|=$_____.

（4）设 $|a|=3$, $|b|=5$, 且 $a\cdot b=-9$, 则 $|a\times b|=$_____.

（5）设 a,b,c 均为非零向量, 满足 $c=a\times b$, $b=c\times a$, 则 $|a+b+c|=$_____.

（6）设 $a=\sqrt{3}(1,-1,2)$, $b=(2,-1,3)$, 则 $|(4a-3b)\times(8a-5b)|=$_____.

（7）设向量 a,b,c 满足 $a+b+c=0$, 且 $|a|=3$, $|b|=4$, $|c|=5$, 则 $|a\times b+b\times c+c\times a|=$_____.

（8）已知点 $A(6,6,-1)$, 点 $B(-2,-6,3)$, 则 $\overrightarrow{AB}$ 与 xOy 面交点的坐标是_____.

（9）已知点 $M_1(1,-1,2)$, $M_2(3,3,1)$, $M_3(3,1,3)$ 在平面 π 上, n 是 π 的单位法向量, 且 n 与 z 轴成锐角, 则 $n=$_____.

（10）若平面 $x+2y-kz=1$ 与平面 $y-z=3$ 成 $\dfrac{\pi}{4}$ 角, 则 $k=$_____.

（11）直线 $\begin{cases}x+2y-z-2=0\\x+y-3z-7=0\end{cases}$ 的方向余弦为_____.

（12）要使直线 $\dfrac{x-a}{3}=\dfrac{y}{-2}=\dfrac{z+1}{a}$ 在平面 $3x+4y-az=3a-1$ 内，则 $a=$ _____.

3. 证明：四边形各相邻边中心的连线构成一个平行四边形.

4. 设正六边形 $ABCDEF$ 的中心为 O，P 为 EF 的中点，设 $\overrightarrow{AB}=\boldsymbol{a}$，$\overrightarrow{BC}=\boldsymbol{b}$，$\overrightarrow{CD}=\boldsymbol{c}$. 试用向量 $\boldsymbol{a}$、$\boldsymbol{b}$、$\boldsymbol{c}$ 表示 $\overrightarrow{OP}$ 及 $\overrightarrow{EO}$.

5. 一平面过 z 轴，且与平面 $2x+y-\sqrt{5}z-7=0$ 的夹角为 $\dfrac{\pi}{3}$. 求此平面方程.

6. 试确定 k 的值，使平面 $kx+y+z+k=0$ 与 $x+ky+kz+k=0$：
（1）互相垂直；　　　　（2）互相平行；　　　　（3）重合.

7. 求过平面 $4x-y+3z-1=0$ 和 $x+5y-z+2=0$ 的交线且过点 $P(1,1,1)$ 的平面.

8. 过点 $A(1,0,7)$ 作直线，使它平行于平面 $3x-y+2z-15=0$ 且和直线 $\dfrac{x-1}{4}=\dfrac{y-3}{2}=\dfrac{z}{1}$ 相交，求此直线方程.

9. 求平行于直线 $\dfrac{x+2}{8}=\dfrac{y-1}{7}=\dfrac{z-4}{1}$ 且与两条直线 $\dfrac{x+3}{2}=\dfrac{y-5}{3}=\dfrac{z}{1}$ 及 $\dfrac{x-10}{5}=\dfrac{y+7}{4}=\dfrac{z}{1}$ 都相交的直线方程.

10. 设一直线过点 $(2,-1,2)$ 且与两条直线 $L_1:\dfrac{x-1}{1}=\dfrac{y-1}{0}=\dfrac{z-1}{1}$、$L_2:\dfrac{x-2}{1}=\dfrac{y-1}{1}=\dfrac{z+3}{-3}$ 同时相交. 求此直线的方程.

11. 设直线 $L:\begin{cases}x+y+b=0\\x+ay-z-3=0\end{cases}$ 在平面 π 上，而平面 π 过点 $(1,-2,5)$ 且垂直于直线 $\dfrac{x-3}{2}=\dfrac{y-1}{-4}=\dfrac{z-2}{-1}$，求 a,b 的值.

12. 求 $L_1:\begin{cases}3x+4y-19=0\\y+3z+2=0\end{cases}$ 与 $L_2:\begin{cases}9x+2y+14=0\\x+z-2=0\end{cases}$ 的公垂线方程，即与 L_1 和 L_2 同时垂直相交的直线方程.

13. 求直线 $L:\dfrac{x-1}{1}=\dfrac{y}{1}=\dfrac{z-1}{-1}$ 在平面 $\Pi_1:x-y+2z-1=0$ 上的投影直线 L_0 的方程，并求直线 L_0 绕 y 轴旋转一周所产生的曲面的方程.

14. 求直线 $\dfrac{x-1}{2}=\dfrac{y-1}{0}=\dfrac{z}{1}$ 绕 x 轴旋转所产生的旋转曲面方程，并求该曲面和平面 $x=1$ 及 $x=2$ 所围成的立体的体积.

15. 求直线 $L_1:\dfrac{x-3}{2}=\dfrac{y-1}{3}=\dfrac{z+1}{1}$ 绕直线 $L_2:\begin{cases}x=2\\y=3\end{cases}$ 旋转一周的曲面方程.

16. 求曲线 $\begin{cases}x^2+y^2+z^2=8\\x+z=1\end{cases}$ 在三个坐标面上的投影方程.

第 **8** 章
多元函数微分法及其应用

上册所讨论的函数只含有一个自变量,这种函数称为一元函数. 但在实际问题中,常要涉及多方面的因素,反映在数学上需要考虑一个变量依赖于多个变量的关系. 涉及多个自变量的函数称为**多元函数**. 一元函数的多数概念和定理都能相应地推广到多元函数上来,并且有些概念和定理还能得到进一步的发展. 这种推广,从数学角度来看,不仅是可能的,从实际应用来说,也是必需的. 尽管多元函数微分学与一元函数的微分学有许多共同点,但是二者之间也有一些差异. 因此,我们在学习多元函数微分学时,要经常将二者之间的相关概念、定理以及处理问题的方法进行比较. 这样,既有助于理解和掌握多元函数微分学的概念、定理和计算方法,也有助于复习和巩固一元函数的相关知识.

本章以讨论二元函数的微分学为主. 对于二元以上的多元函数的微分学,其与二元函数的微分学只有形式上的不同,没有本质的区别.

8.1　多元函数的基本概念

8.1.1　平面点集

在解析几何中,在平面上引入直角坐标系之后,平面上的点可以用坐标(x,y)来表示. 坐标平面上满足某种条件P的点所构成的集合,称为平面点集,并记作
$$E = \{(x,y):(x,y) \text{ 满足条件 } P\}.$$
下面介绍平面上的一些特殊点集.

(1) 邻域

$$E_1 = \{(x,y):(x-x_0)^2+(y-y_0)^2<r^2\} \text{ 和 } E_2 = \{(x,y):|x-x_0|<r,|y-y_0|<r\}$$

分别称为以点$P_0(x_0,y_0)$为中心的r圆邻域和r方邻域,都记为$U(P_0,r)$,如图 8.1 所示.

这两种邻域只是形式的不同,没有本质的区别. 这是因为以点P_0为中心的圆邻域内总存在以点P_0为中心的方邻域;反之亦然. 以后所说的"点P_0为中心的r邻域"或"$U(P_0,r)$",可以是圆邻域,也可以是方邻域,但多数情况下用圆邻域来考虑相关问题. 当不需要明确指出邻域半径r时,点P_0为心的邻域也可记为$U(P_0)$.

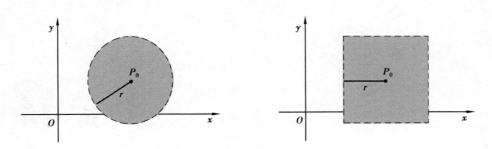

图 8.1

（2）去心邻域

$$\{(x,y):0<(x-x_0)^2+(y-y_0)^2<r^2\}\ \text{和}\ \{(x,y):|x-x_0|<r,|y-y_0|<r,(x,y)\neq(x_0,y_0)\}$$

称为以点 $P_0(x_0,y_0)$ 为中心的 r 去心邻域，记为 $\mathring{U}(P_0,r)$. 当不需要明确指出邻域半径 r 时，点 P_0 为中心的去心邻域也可记为 $\mathring{U}(P_0)$.

有了邻域的概念之后，我们就可以用邻域来描述平面上的点与点集之间的关系.

（3）内点

设 D 为一平面点集，对于点 P_0，如果存在 P_0 的某个 r 邻域 $U(P_0,r)$，使得这个邻域完全被包含在 D 内，即 $U(P_0,r)\subset D$，则称点 P_0 是 D 的**内点**，如图 8.2 所示.

（4）边界点

设 D 为一平面点集，P_1 为一点，不论 P_1 是否属于 D，如果在 P_1 的任何一个邻域内既有属于 D 的点，也有不属于 D 的点，则 P_1 称为 D 的**边界点**. D 的边界点的全体称为 D 的**边界**，如图 8.2 所示.

（5）外点

设 D 为一平面点集，对于点 P_2，如果存在点 P_2 的某个邻域 $U(P_2)$，使得 $U(P_2)\cap D=\varnothing$，则称 P_2 为 D 的**外点**，其中 $\varnothing$ 表示空集，如图 8.2 所示.

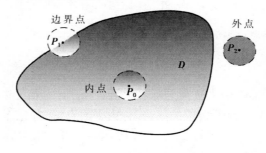

图 8.2

（6）聚点

设 D 为一平面点集，不论 P 是否属于 D，如果对于任意给定的正数 ε，点 P 的去心邻域 $\mathring{U}(P,\varepsilon)$ 内总有 D 中的点，则称 P 是 D 的**聚点**.

注 D 的内点一定包含在 D 中，D 的外点一定不包含在 D 中，但边界点和聚点有可能包含在 D 中，也有可能不包含在 D 中. 例如 $(0,0)$ 和 $(4,0)$ 都是 $D=\{(x,y):0<x^2+y^2\leqslant16\}$ 的聚点，也是边界点，前者不包含在 D 中，但后者却包含在 D 中.

(7)开集

若平面点集 D 的每一点都是它的内点,则称 D 为开集.

(8)闭集

若平面点集 D 的所有聚点都属于 D,则称 D 为闭集.

(9)连通集

如果点集 D 内的任意两点都能用全属于 D 的折线连接起来,则称 D 为**连通集**,如图 8.3 所示.

图 8.3

(10)区域

连通的开集称为**开区域**,简称**区域**. 区域连同它的边界称**闭区域**.

(11)有界集与无界集

设 E 是平面点集,如果存在一个以原点为心的圆盘 D,使 $E \subset D$,则称 E 为**有界集**,否则称为**无界集**.

例如:$E_1 = \{(x,y):x^2+y^2<1\}$ 是有界的连通的开集,是有界区域;

$\qquad E_2 = \{(x,y):x^2+y^2 \geqslant 1\}$ 是无界的连通的闭集,是无界闭区域;

$\qquad E_3 = \{(x,y):0<x^2+y^2 \leqslant 16\}$ 是连通的非开非闭的有界区域.

8.1.2　二元函数的概念

(1)二元函数的概念

不论在数学的理论问题中还是在实际问题中,许多量的变化不只由一个因素决定,而是由多个因素决定. 例如平行四边形的面积 A 由它的相邻两边的长 x 和宽 y 以及夹角 θ 所确定,即 $A = xy \sin \theta$;圆柱体体积 V 由底半径 r 和高 h 所决定,即 $V = \pi r^2 h$.

撇开以上各例的具体内容,只研究它们在数量上的共同之处,便抽象出二元函数的定义:

定义 8.1　设 D 是 $\mathbf{R}^2$ 的一个子集,$\mathbf{R}$ 是实数集,f 是一个对应法则. 如果对 D 中的每一点 $P(x,y)$,通过对应法则 f,在 $\mathbf{R}$ 中有唯一的一个 z 与它对应,则称 f 是定义在 D 上的一个二元函数,它在点 $P(x,y)$ 的函数值是 z,并记此值为 $f(x,y)$,即 $z = f(x,y)$. 点集 D 称为函数 f 的定义域,(x,y) 称为自变量,z 称为因变量. 而 $\{z=f(x,y):(x,y) \in D\}$ 称为函数 f 的值域. 通常还把点 P 的坐标 x 与 y 称为 f 的自变量,而把 z 称为因变量.

二元函数在点 $P(x_0,y_0)$ 取得的函数值记为

$$z \Big|_{\substack{x=x_0 \\ y=y_0}}, z \Big|_{(x_0,y_0)}, f(x_0,y_0) \text{ 或 } f(P).$$

例 8.1　求下列函数的定义域:

$(1) z=\dfrac{\arcsin(x^2+y^2)}{\sqrt{x-y}}$；$(2) u=\sqrt{2az-x^2-y^2-z^2}+\arcsin\dfrac{x^2+y^2}{z^2}$.

解　（1）由题意知，x,y 应满足不等式组：

$$\begin{cases} x-y>0 \\ x^2+y^2\leqslant 1 \end{cases}.$$

故所求定义域为

$$D=\{(x,y):x>y,x^2+y^2\leqslant 1\}.$$

（2）由题意知，x,y,z 应满足不等式组：

$$\begin{cases} x^2+y^2+(z-a)^2\leqslant a^2 \\ x^2+y^2\leqslant z^2 \end{cases}.$$

故所求定义域为

$$D=\{(x,y,z):x^2+y^2+(z-a)^2\leqslant a^2,x^2+y^2\leqslant z^2\}.$$

注　求二元函数的定义域，与一元函数类似. 根据分式的分母不能等于零，偶数次根内的函数非负，对数的真数大于零，三角函数及反三角函数定义域的要求等，得到不等式组，从而求得二元函数的定义域.

例 8.2　已知 $f(x+y,x-y)=x^2-y^2+\varphi(x+y)$ 且 $f(x,0)=x$，求 $f(x,y)$ 的表达式.

解　令 $u=x+y,v=x-y$，则 $x=\dfrac{1}{2}(u+v),y=\dfrac{1}{2}(u-v)$.

$$f(u,v)=\frac{1}{4}(u+v)^2-\frac{1}{4}(u-v)^2+\varphi(u)=uv+\varphi(u),$$

即 $f(x,y)=xy+\varphi(x)$. 因为 $f(x,0)=x$，所以 $\varphi(x)=x$.

故 $f(x,y)=x(y+1)$.

（2）二元函数的图形

设函数 $z=f(x,y)$ 的定义域为 D，取 $P(x,y)\in D$，对应的函数值为 $z=f(x,y)$，于是有序实数组 (x,y,z) 确定了空间的一点 $M(x,y,z)$. 当 (x,y) 遍取 D 中的一切点时，得到一个空间点集

$$E=\{(x,y,z):z=f(x,y),(x,y)\in D\}.$$

该点集 E 称为函数 $z=f(x,y)$ 的图形，如图 8.4 所示. f 的定义域 D 便是该点集 E 在 xOy 平面上的投影.

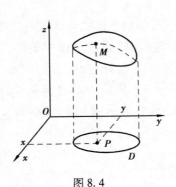

图 8.4

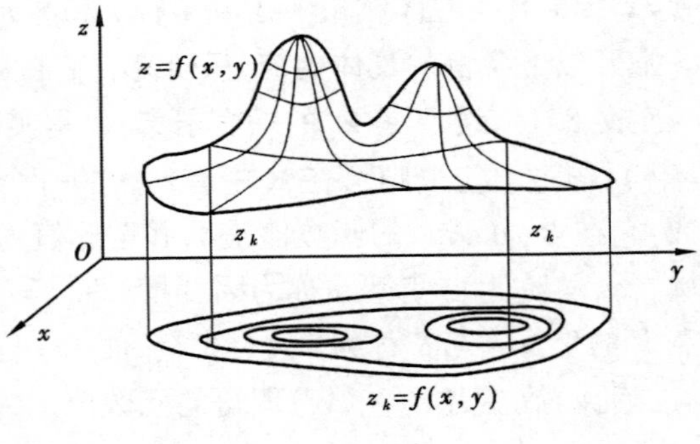

图 8.5

为了直观地理解二元函数的几何意义，引入等值线的概念.

函数 $z=f(x,y)$ 在几何上表示一张空间曲面,它与平面 $z=c$（c 为常数）的交线在 xOy 平面上的投影称为函数 $z=f(x,y)$ 的一个等值线. 即 xOy 面上的曲线

$$f(x,y) = c$$

称为**等值线**.

如果把曲面 $z=f(x,y)$ 想象为一座山峰,在 $z_k=f(x,y)$ 上的每一点 (x,y) 处山的高度都是 z_k,因而 $z_k=f(x,y)$ 也叫**等高线**,如图 8.5 所示.

8.1.3　n 元函数

大家知道,数轴上的点与实数一一对应,全体实数构成的集合记为 **R**;平面上的点与二元有序实数对 (x,y) 是一一对应的,全体二元有序实数对构成的集合记为 $\mathbf{R}^2$;空间中的点与三元有序实数组 (x,y,z) 是一一对应的,全体三元有序实数组构成的集合记为 $\mathbf{R}^3$.

一般地,n 元有序实数组 $(x_1,x_2,\cdots,x_n)$ 的全体构成的集合称为 n **维空间**,记成 $\mathbf{R}^n$,即

$$\mathbf{R}^n = \{(x_1,x_2,\cdots,x_n):x_i \in \mathbf{R},i=1,2,\cdots,n\},$$

其中 n 为一确定的自然数. 将每个 n 元有序实数组 $(x_1,x_2,\cdots,x_n)$ 称为 n **维空间 $\mathbf{R}^n$** 中的一个**点**或 n **维向量**,其中数 x_i 称为该点（或 n 维向量）的**第 i 个坐标**或**第 i 个分量**.

$\mathbf{R}^n$ 中两点 $P_1=(x_1,x_2,\cdots,x_n)\in\mathbf{R}^n$,$P_2=(y_1,y_2,\cdots,y_n)\in\mathbf{R}^n$ 之间的距离,规定为

$$\sqrt{(x_1-y_1)^2 + (x_2-y_2)^2 + \cdots + (x_n-y_n)^2}.$$

显然,当 $n=1,2,3$ 时,上述规定与数轴上、平面直角坐标系及空间直角坐标系中两点之间的距离公式是一致的.

由于 n 维空间中线性运算和距离的引入,前面平面点集所叙述的一系列概念就可以平行地推广到 $\mathbf{R}^n$ 中去了.

仿照二元函数的定义,可定义三元以及三元以上的函数.

若 D 为 $\mathbf{R}^n$ 中的点集,且有某个对应法则 f,使 D 中每一点 $P(x_1,x_2,\cdots,x_n)$ 都有唯一的一个实数 z 与之对应,则称 f 为定义在 D 上的 n 元函数（或称 f 为 $D\subset\mathbf{R}^n$ 到 $\mathbf{R}$ 的一个映射）,记作 $z=f(x_1,x_2,\cdots,x_n)$.

8.1.4　多元函数的极限

(1) 二重极限

一元函数的极限与连续是一元函数微积分的基础. 同样的,多元函数的极限与连续,也是多元函数微积分的基础. 给出二元函数极限的定义,n 元函数极限定义可以以此类推.

定义 8.2　设二元函数 $z=f(x,y)$（或 $z=f(P)$）在点 $P_0(x_0,y_0)$ 的去心邻域内有定义,如果对于任意给定的正数 ε,相应地总存在着一个正数 δ,使得对任意

$$P(x,y) \in \mathring{U}(P_0,\delta),\ \text{即}\ 0 < \sqrt{(x-x_0)^2+(y-y_0)^2} < \delta\ (\text{或}\ 0 < |P-P_0| < \delta),$$

都有

$$|f(x,y)-A| = |f(P)-A| < \varepsilon$$

成立,其中 A 为常数,则称常数 A 为函数 $f(x,y)$ 当 $(x,y)\to(x_0,y_0)$（或 $f(P)$ 当 $P\to P_0$）时的极限,记作

$$\lim_{(x,y)\to(x_0,y_0)} f(x,y) = A,\ \lim_{\substack{x\to x_0\\y\to y_0}} f(x,y) = A \quad \text{或} \lim_{P\to P_0} f(P) = A.$$

为了区别于一元函数极限,常把二元函数极限称作**二重极限**. 当 (x,y) 趋向于无穷远时,$f(x,y)$ 的极限可以类似定义. 关于二元函数的极限概念,也可类似地推广到 n 元函数 $f(x_1,x_2,\cdots,x_n)$ 上去.

注 （i）$\lim\limits_{\substack{x\to x_0\\y\to y_0}} f(x,y)=A \Leftrightarrow f(x,y)=A+\alpha(x,y)$,其中 $\lim\limits_{\substack{x\to x_0\\y\to y_0}}\alpha(x,y)=0$;

（ii）极限定义中满足不等式 $0<\sqrt{(x-x_0)^2+(y-y_0)^2}<\delta$ 的点 $P(x,y)$ 都要满足 $|f(x,y)-A|<\varepsilon$,是指不论动点 $P(x,y)$ 以什么样的方式趋近于定点 $P_0(x_0,y_0)$ 时,这些点所对应的函数值 $f(x,y)$ 都趋于同一常数 A. 因此,如果动点 $P(x,y)$ 在沿某几种特殊的方式趋近于定点 $P_0(x_0,y_0)$ 时,$f(x,y)$ 趋于同一常数 A,不能断定 $f(x,y)$ 的极限存在;但是,如果点 $P(x,y)$ 以不同的方式趋近于 $P_0(x_0,y_0)$ 时,函数 $f(x,y)$ 趋近于不同的值,则可以肯定 $\lim\limits_{(x,y)\to(x_0,y_0)} f(x,y)$ 不存在.

由上述的注记,根据二重极限定义,若重极限存在,则它沿任何路径的极限都应存在且相等,若:（i）某个特殊路径的极限不存在;（ii）或某两个特殊路径的极限不等;（iii）或用极坐标法说明极限与极角有关,则可判定二重极限不存在.

例 8.3 设函数 $f(x,y)=\dfrac{2x^2\sin y}{x^2+y^2}$. 证明:$\lim\limits_{(x,y)\to(0,0)} f(x,y)=0$.

证明 此函数除点 $O(0,0)$ 外均有定义. 因为

$$|f(x,y)-0|=\left|\frac{2x^2\sin y}{x^2+y^2}\right|\leqslant|2\sin y|\leqslant2|y|<2\sqrt{(x-0)^2+(y-0)^2}.$$

所以,对任意给定的实数 $\varepsilon>0$,可取 $\delta=\dfrac{\varepsilon}{2}$,使得当 $P(x,y)\in\mathring{U}(O,\delta)$ 时,即

$$0<\sqrt{(x-0)^2+(y-0)^2}<\frac{\varepsilon}{2}$$

时,有

$$|f(x,y)-0|<2\delta<\varepsilon,$$

故 $\lim\limits_{(x,y)\to(0,0)} f(x,y)=0$.

例 8.4 讨论二元函数 $f(x,y)=\dfrac{x^2y^2}{x^4+y^4}$ 当 $(x,y)\to(0,0)$ 时是否存在极限.

解 当点 $P(x,y)$ 沿着直线 $y=kx$ 趋于原点 $(0,0)$ 时,有

$$\lim_{\substack{(x,y)\to(0,0)\\y=kx}} f(x,y)=\lim_{x\to0} f(x,kx)=\frac{k^2}{1+k^4}.$$

于是,当点 $P(x,y)$ 沿着直线 $y=kx$ 趋于原点 $(0,0)$ 时,极限值与直线的斜率 k 有关. 当沿着不同斜率 k 的直线趋于原点时,对应的极限值不同. 因此所讨论二元函数的极限不存在.

二元函数极限的四则运算法则、无穷小量运算法则、夹逼定理等均与一元函数类似.

由于二重极限的定义中动点 $P(x,y)$ 趋向于 $P_0(x_0,y_0)$ 的方式是任意的,因而比一元函数的极限要复杂得多. 不过,有些二元函数的极限可以通过变量替换化为一元函数的极限,而用一元函数求极限的方法来解决.

例 8.5 求下列极限:$(1)\lim\limits_{\substack{x\to+\infty\\y\to+\infty}}\left(\dfrac{xy}{x^2+y^2}\right)^{x^2}$;$(2)\lim\limits_{\substack{x\to\infty\\y\to a}}\left(1+\dfrac{1}{xy}\right)^{\frac{x^2}{x+y}}$,$(a\neq0$ 常数$)$.

解　（1）因为 $x^2+y^2 \geqslant 2xy>0$，所以有 $0< \dfrac{xy}{x^2+y^2} \leqslant \dfrac{1}{2}$.

从而 $0< \left(\dfrac{xy}{x^2+y^2} \right)^{x^2} \leqslant \left(\dfrac{1}{2} \right)^{x^2}$，注意到 $\lim\limits_{x\to\infty}\left(\dfrac{1}{2} \right)^{x^2}=0$，由夹逼定理，得

$$\lim_{\substack{x\to+\infty \\ y\to+\infty}} \left(\frac{xy}{x^2+y^2} \right)^{x^2} = 0.$$

（2）原式 $= \lim\limits_{\substack{x\to\infty \\ y\to a}} \left[\left(1+\dfrac{1}{xy} \right)^{xy} \right]^{\frac{x^2}{xy(x+y)}}$，而 $\lim\limits_{\substack{x\to\infty \\ y\to a}} \left(1+\dfrac{1}{xy} \right)^{xy} \xrightarrow{\text{令} t=xy} \lim\limits_{t\to\infty} \left(1+\dfrac{1}{t} \right)^{t} = \mathrm{e}$，又 $\lim\limits_{\substack{x\to\infty \\ y\to a}} \dfrac{x^2}{xy(x+y)} =$

$\lim\limits_{\substack{x\to\infty \\ y\to a}} \dfrac{1}{y\left(1+\dfrac{y}{x} \right)} = \dfrac{1}{a}$，所以原式 $= \mathrm{e}^{\frac{1}{a}}$.

（2）二次极限

在极限 $\lim\limits_{\substack{x\to x_0 \\ y\to y_0}} f(x,y)$ 中，两个自变量同时以任何方式趋于 x_0,y_0，这种极限也称为重极限（二重极限）.此外，我们还要讨论当 x,y 先后相继地趋于 x_0 与 y_0 时 $f(x,y)$ 的极限.这种极限称为累次极限（二次极限），其定义如下：

定义 8.3　对任一固定的 y，当 $x\to x_0$ 时，$f(x,y)$ 的极限存在，即 $\lim\limits_{x\to x_0} f(x,y)=\varphi(y)$，而 $\varphi(y)$ 在 $y\to y_0$ 时的极限也存在并等于 A，亦即 $\lim\limits_{y\to y_0}\varphi(y)=A$，那么称 A 为 $f(x,y)$ 先对 x，再对 y 的二次极限，记为

$$\lim_{y\to y_0} \lim_{x\to x_0} f(x,y) = A.$$

同样可定义先 y 后 x 的二次极限：$\lim\limits_{x\to x_0} \lim\limits_{y\to y_0} f(x,y)$.

上述两类极限统称为累次极限.

例 8.6　设

$$f(x,y) = \begin{cases} x\sin\dfrac{1}{y}+y\sin\dfrac{1}{x}, & x\neq0,y\neq0 \\ 0, & x=0 \text{ 或 } y=0 \end{cases}.$$

证明 $f(x,y)$ 在原点 $(0,0)$ 的二重极限存在，但两个二次极限不存在.

证明　由 $0\leqslant|f(x,y)|\leqslant|x|+|y|$，得 $\lim\limits_{\substack{x\to0 \\ y\to0}}f(x,y)=0$（两边夹）；

又因为极限 $\lim\limits_{y\to0}\sin\dfrac{1}{y}$ 不存在，所以 $f(x,y)$ 的累次极限不存在.

例 8.7　证明例 8.4 中的 $f(x,y)$ 在原点 $(0,0)$ 的两个二次极限存在且相等，但二重极限不存在.

证明　易知 $\lim\limits_{x\to0}\lim\limits_{y\to0}f(x,y)=\lim\limits_{y\to0}\lim\limits_{x\to0}f(x,y)=0$，于是 $f(x,y)$ 在原点 $(0,0)$ 的两个二次极限存在且相等.但由例 8.4 知 $\lim\limits_{\substack{x\to0 \\ y\to0}}f(x,y)$ 不存在.

例 8.8　设 $f(x,y)=\dfrac{x^2-y^2}{x^2+y^2}$，$(x,y)\neq(0,0)$.计算 $f(x,y)$ 在原点 $(0,0)$ 的二次极限.

解　$\lim\limits_{x\to0}\lim\limits_{y\to0}f(x,y)=\lim\limits_{x\to0}\lim\limits_{y\to0}\dfrac{x^2-y^2}{x^2+y^2}=\lim\limits_{x\to0}\dfrac{x^2}{x^2}=1$.同理可解得 $\lim\limits_{y\to0}\lim\limits_{x\to0}f(x,y)=-1$.

上面诸例说明:二次极限存在与否和二重极限存在与否没有一定的关系.但在某些条件下,它们之间会有一些联系.

定理8.1 设(1)二重极限$\lim\limits_{\substack{x\to x_0\\y\to y_0}}f(x,y)=A$;(2)$\forall y,y\neq y_0,\lim\limits_{x\to x_0}f(x,y)=\varphi(y)$.则$\lim\limits_{y\to y_0}\varphi(y)=$

$\lim\limits_{y\to y_0}\lim\limits_{x\to x_0}f(x,y)=A.$

我们略去定理8.1的证明.定理8.1说明,在重极限与一个累次极限都存在时,它们必相等,但并不意味着另一累次极限存在(请读者举例说明).

推论8.1 设(1)$\lim\limits_{\substack{x\to x_0\\y\to y_0}}f(x,y)=A$;(2)$\forall y,y\neq y_0,\lim\limits_{x\to x_0}f(x,y)$存在;(3)$\forall x,x\neq x_0,\lim\limits_{y\to y_0}f(x,$

$y)$存在;则$\lim\limits_{y\to y_0}\lim\limits_{x\to x_0}f(x,y),\lim\limits_{x\to x_0}\lim\limits_{y\to y_0}f(x,y)$都存在,并且等于二重极限$\lim\limits_{\substack{x\to x_0\\y\to y_0}}f(x,y).$

推论8.2 若累次极限$\lim\limits_{x\to x_0}\lim\limits_{y\to y_0}f(x,y)$与$\lim\limits_{y\to y_0}\lim\limits_{x\to x_0}f(x,y)$存在但不相等,则重极限$\lim\limits_{\substack{x\to x_0\\y\to y_0}}f(x,y)$

必不存在.

8.1.5 多元函数的连续性

有了多元函数极限的概念后,就可以定义多元函数的连续性.

定义8.4 设二元函数$z=f(P)=f(x,y)$在点$P_0(x_0,y_0)$的一个领域内有定义,如果

$$\lim\limits_{P\to P_0}f(P)=f(P_0),即\lim\limits_{\substack{x\to x_0\\y\to y_0}}f(x,y)=f(x_0,y_0),$$

则称函数$z=f(P)$在P_0点连续.P_0称为$z=f(P)$的连续点.另外,若$z=f(P)$在区域D内任一点都连续,则称$z=f(P)$在D内连续.对闭区域来说,除了要求$f(P)$在区域的内点连续外,对区域的边界点P_0,则要求对任意给定的$\varepsilon>0$,能找到$\delta>0$,使$|P-P_0|<\delta$,且P为闭区域上的点时,恒有$|f(P)-f(P_0)|<\varepsilon.$

二元函数的不连续点称为二元函数的**间断点**.

注 二元函数的连续性还可以用全增量来定义,即设$\Delta z=f(x_0+\Delta x,y_0+\Delta y)-f(x_0,y_0)$,若$\lim\limits_{\substack{x\to x_0\\y\to y_0}}\Delta z=0$,则称$z=f(x,y)$在$P_0(x_0,y_0)$点连续.

例如函数$\dfrac{e^{xy}\cos y}{1+x^2+y^2}$在整个$xOy$面内都连续;而函数$f(x,y)=\dfrac{ye^{\frac{1}{x^2}}}{y^2e^{\frac{2}{x^2}}+1}$当$(x,y)\to(0,0)$时极

限不存在,所以该函数在点$O(0,0)$不连续.又如函数$z=\dfrac{xy}{y^2+x^2-1}$在圆周$y^2+x^2=1$上无定义,所以该圆周上各点都是函数的间断点.而函数$f(x,y)=\ln(x^2+y^2)$在全平面上只有一个间断点$O(0,0)$.

同样可定义三元及三元以上的多元函数的连续性和间断点.

根据极限运算法则可以证明:

(i)多元连续函数的和、差、积、商(在分母不为零处)均为连续函数;

(ii)多元连续函数的复合函数也是连续函数.

考虑一个变量x或y的基本初等函数,将它们当成二元函数,如

$$C,x^a,y^a,a^x,a^y,\sin x,\sin y,\cdots$$

称为**二元基本初等函数**.

将二元基本初等函数经过有限次的四则运算和有限次的复合运算而得到的、能用一个解析式表示的多元函数称为**二元初等函数**.

例如,$x+3y^3$、$\dfrac{x-y}{1+x^2}$、e^{2xy}、$\sin(x^2+y^2+z)$ 等都是多元初等函数.

与一元函数一样,**一切二元初等函数在其定义区域内是连续的**. 因而函数在连续点处的极限值就等于该点处的函数值.

例 8.9　求:$(1)\ \lim\limits_{(x,y)\to(1,0)}\dfrac{\ln(x+e^y)}{\sqrt{x^2+y^2}}$;$(2)\ \lim\limits_{(x,y)\to(0,0)}\dfrac{\sqrt{xy+1}-1}{xy}$.

解　(1)因为函数 $f(x,y)=\dfrac{\ln(x+e^y)}{\sqrt{x^2+y^2}}$ 是初等函数,$(1,0)$ 是连续点,故极限

$$\lim\limits_{(x,y)\to(1,0)}\frac{\ln(x+e^y)}{\sqrt{x^2+y^2}}=\left.\frac{\ln(x+e^y)}{\sqrt{x^2+y^2}}\right|_{(1,0)}=\ln 2.$$

$$(2)\ \lim\limits_{(x,y)\to(0,0)}\frac{\sqrt{xy+1}-1}{xy}=\lim\limits_{(x,y)\to(0,0)}\frac{(\sqrt{xy+1}-1)(\sqrt{xy+1}+1)}{xy(\sqrt{xy+1}+1)}$$

$$=\lim\limits_{(x,y)\to(0,0)}\frac{1}{\sqrt{xy+1}+1}=\frac{1}{2}.$$

例 8.10　函数 $f(x,y)=\begin{cases}(1+xy)^{\frac{1}{x+y}}, & x+y\neq 0\\ 0, & x+y=0\end{cases}$ 在 $(0,0)$ 点是否连续?

解　令 $y=-x+x^3$,则

$$\lim\limits_{(x,y)\to(0,0)}(1+xy)^{\frac{1}{x+y}}=\lim\limits_{x\to 0}(1-x^2+x^4)^{\frac{1}{x^3}}=\lim\limits_{x\to 0}\left[(1-x^2+x^4)^{\frac{1}{x^4-x^2}}\right]^{\frac{x^4-x^2}{x^3}}.$$

又因为 $\lim\limits_{x\to 0}(1-x^2+x^4)^{\frac{1}{x^4-x^2}}=e$,但 $\lim\limits_{x\to 0}\dfrac{x^4-x^2}{x^3}$ 不存在. 所以 $\lim\limits_{(x,y)\to(0,0)}(1+xy)^{\frac{1}{x+y}}$ 不存在,从而函数 $f(x,y)$ 在 $(0,0)$ 点不连续.

与一元函数一样. 在有界闭区域上连续的二元函数有如下性质:

定理 8.2　设 $f(x,y)$ 在有界闭区域 D 上连续,则

(ⅰ)$f(x,y)$ 在 D 上一定取到最大值和最小值;

(ⅱ)$f(x,y)$ 在 D 上有界;

(ⅲ)$f(x,y)$ 必定取得介于函数最大值与最小值之间的任何值.

习题 8.1

1. 判定下列平面点集中哪些是开集、闭集、区域、有界集、无界集? 并指出集合的边界.

(1) $\{(x,y)\mid x\neq 0,y\neq 0\}$;

(2) $\{(x,y)\mid 1<x^2+y^2\leqslant 4\}$;

(3) $\{(x,y)\mid y>x^2\}$;

(4) $\{(x,y)\mid x^2+(y-1)^2\geqslant 1$ 且 $x^2+(y-1)^2\leqslant 4\}$.

2. 求下列各函数的定义域：

(1) $z=\sqrt{1-\dfrac{x^2}{a^2}-\dfrac{y^2}{b^2}}$; $\qquad$ (2) $z=\ln(xy)$;

(3) $z=\dfrac{y}{x}\arctan\dfrac{y}{1+x^2+y^2}$; $\qquad$ (4) $u=\arcsin\left(\dfrac{\sqrt{x^2+y^2}}{z}\right)$.

3. 设 $f(x+y,x-y)=x^2y+y^2$,求 $f(x,y)$.

4. 设 $f(x,y)=\mathrm{e}^x\cos y,g(x,y)=\mathrm{e}^x\sin y$,证明： $f^2(x,y)-g^2(x,y)=f(2x,2y)$.

5. 设 $z=xf\left(\dfrac{y}{x}\right)$,其中 $x\neq0$,如果当 $x=1$ 时, $z=\sqrt{1+y^2}$,试确定 $f(x)$ 及 z .

6. 求下列二元函数的极限：

(1) $\lim\limits_{\substack{x\to0\\y\to0}}\dfrac{3y^3+2yx^2}{x^2-xy+y^2}$; $\qquad$ (2) $\lim\limits_{\substack{x\to0\\y\to0}}\dfrac{xy\mathrm{e}^x}{4-\sqrt{16+xy}}$;

(3) $\lim\limits_{\substack{x\to0\\y\to0}}\dfrac{x^2y^{7/3}}{x^4+y^4}$; $\qquad$ (4) $\lim\limits_{\substack{x\to0\\y\to0}}\dfrac{(x^2+y^2)x^2y^2}{1-\cos(x^2+y^2)}$;

(5) $\lim\limits_{\substack{x\to0\\y\to0}}\dfrac{x^2+y^2}{|x|+|y|}$; $\qquad$ (6) $\lim\limits_{\substack{x\to0\\y\to0}}\dfrac{y\sin2x}{\sqrt{xy+1}-1}$;

(7) $\lim\limits_{\substack{x\to0\\y\to1}}(1+x\mathrm{e}^y)^{\frac{2y+x}{x}}$; $\qquad$ (8) $\lim\limits_{\substack{x\to0\\y\to0}}(x^2+y^2)^{x^2y^2}$;

(9) $\lim\limits_{\substack{x\to0\\y\to0}}\dfrac{1-\sqrt{x^2y+1}}{x^3y^2}\sin(xy)$; $\qquad$ (10) $\lim\limits_{\substack{x\to+\infty\\y\to+\infty}}(x^2+y^2)\mathrm{e}^{-x-y}$.

7. 证明下列极限不存在：

(1) $\lim\limits_{\substack{x\to0\\y\to0}}\dfrac{x^2-y^2}{x^2+y^2}$; $\qquad$ (2) $\lim\limits_{\substack{x\to0\\y\to0}}\dfrac{(x+y)^2}{x^2+y^2}$.

8. 求函数 $f(x,y)=\begin{cases}x\sin\dfrac{1}{y},&y\neq0\\0,&y=0\end{cases}$ 的间断点.

9. 讨论函数 $f(x,y)=\begin{cases}\dfrac{xy^2}{x^2+2y^4},&(x,y)\neq(0,0)\\0,&(x,y)=(0,0)\end{cases}$ 在点 $(0,0)$ 处的连续性.

10. 证明函数 $f(x,y)=\begin{cases}\dfrac{x^2y}{x^4+y^2},&x^2+y^2\neq0\\0,&x^2+y^2=0\end{cases}$ 在原点 $(0,0)$ 沿每一条射线 $x=t\cos\theta,y=t\sin\theta$

$(0\leqslant t<+\infty)$ 连续,但它在 $(0,0)$ 点不连续.

11. 设函数 $f(x,y)=\begin{cases}\dfrac{2xy}{x^2+y^2},&x^2+y^2\neq0\\0,&x^2+y^2=0\end{cases}$,试证明：对任意固定的 y_0 ,一元函数 $f(x,y_0)$ 处处

连续(同样一元函数 $f(x_0,y)$ 也处处连续),但二元函数 $f(x,y)$ 在点 $(0,0)$ 处不连续.

12. 试叙述二元函数 $f(x,y)$ 在点 (x_0,y_0) 处的连续性与一元函数 $f(x,y_0)$ 及 $f(x_0,y)$ 在 (x_0,y_0) 处连续性的关系,并证明你的结论.

8.2　偏导数

8.2.1　一阶偏导数

（1）一阶偏导数的定义及计算

一元函数的导数概念刻画了函数对自变量的变化率,是研究函数性质的重要工具. 同样,研究二元函数的性质也需要一元函数导数这样的概念. 由于二元函数有两个独立的自变量,对研究函数的性态造成不便. 不过仍然可以考虑二元函数对其中的某一个变量的变化率,即只考虑其中的一个自变量比如 x,而把另一个自变量 y 固定,这样 $f(x,y)$ 就是变量 x 的一元函数,函数对 x 的导数就称为二元函数 $f(x,y)$ 对 x 的**偏导数**.

定义 8.5　设函数 $z=f(x,y)$ 在点 (x_0,y_0) 的某邻域内有定义. 固定 $y=y_0$,若一元函数 $f(x,y_0)$ 在 x_0 可导,即极限

$$\lim_{\Delta x \to 0} \frac{f(x_0 + \Delta x, y_0) - f(x_0, y_0)}{\Delta x} \tag{8.1}$$

存在,则称此极限为函数 $z=f(x,y)$ 在点 (x_0,y_0) **对 x 的偏导数**,记作

$$\left. \frac{\partial f}{\partial x} \right|_{(x_0,y_0)} 、 \frac{\partial f(x_0,y_0)}{\partial x} 、 f_x(x_0,y_0) 、 \left. \frac{\partial z}{\partial x} \right|_{(x_0,y_0)} \text{ 或 } z_x(x_0,y_0).$$

类似地,固定 $x=x_0$,若一元函数 $f(x_0,y)$ 在 y_0 可导,即极限

$$\lim_{\Delta y \to 0} \frac{f(x_0, y_0 + \Delta y) - f(x_0, y_0)}{\Delta y} \tag{8.2}$$

存在,则称此极限为函数 $z=f(x,y)$ 在点 (x_0,y_0) **对 y 的偏导数**,记作

$$\left. \frac{\partial f}{\partial y} \right|_{(x_0,y_0)} 、 \frac{\partial f(x_0,y_0)}{\partial y} 、 f_y(x_0,y_0) 、 \left. \frac{\partial z}{\partial y} \right|_{(x_0,y_0)} \text{ 或 } z_y(x_0,y_0).$$

如果函数 $z=f(x,y)$ 在点 (x_0,y_0) 对 x 与对 y 的偏导数都存在,则称函数 $z=f(x,y)$ 在点 (x_0,y_0) **可偏导**.

如果函数 $z=f(x,y)$ 在区域 D 内的每一点 (x,y) 处对 x 的偏导数都存在,则此偏导数仍然是关于变量 x 和 y 的二元函数,称为函数 $f(x,y)$ 的**偏导函数**,记作

$$f_x(x,y) 、 f'_1(x,y) 、 \frac{\partial f}{\partial x} 、 z_x \text{ 或 } \frac{\partial z}{\partial x}.$$

同样可定义函数 $z=f(x,y)$ 对 y 的偏导函数,记作

$$f_y(x,y) 、 f'_2(x,y) 、 \frac{\partial f}{\partial y} 、 z_y \text{ 或 } \frac{\partial z}{\partial y}.$$

由偏导数的定义可知,偏导数 $f_x(x_0,y_0)$、$f_y(x_0,y_0)$ 分别就是偏导函数 $f_x(x,y)$ 和 $f_y(x,y)$ 在点 (x_0,y_0) 处的函数值. 在不致引起混淆时,也把偏导函数简称为偏导数.

注　（ⅰ）符号 $\frac{\partial}{\partial x}, \frac{\partial}{\partial y}$ 专用于偏导数算符,是一个整体.

（ⅱ）在上述定义中讨论 f 在点 (x_0,y_0) 关于 x（或 y）的偏导数,f 至少在 $\{(x,y) \mid y=y_0,$

$|x-x_0|<\delta\}$（或$\{(x,y)\,|\,x=x_0,\,|y-y_0|<\delta\}$）上有定义.

（iii）二元函数的偏导数概念可类似推广到三元及以上的多元函数上. 例如,对三元函数 $u=f(x,y,z)$ 可定义偏导数 $f_x(x,y,z)$、$f_y(x,y,z)$ 及 $f_z(x,y,z)$.

（iv）由偏导数的定义可知,求多元函数的偏导数从本质上说就是求相应的一元函数的导数. 因此,求多元函数对某变量的偏导数时,只需把这个量看成是变量,而其余的变量看成是常量,然后应用一元函数的求导公式和求导法则对函数求导即可.

例 8.11 求二元函数 $z=x^3\cos 2y$ 的偏导数.

解 把 y 看作常数,得 $\dfrac{\partial z}{\partial x}=3x^2\cos 2y$;

把 x 看作常数,得 $\dfrac{\partial z}{\partial y}=-2x^3\sin 2y$.

例 8.12 求三元函数 $u=\cos(x+y^2-e^z)$ 的偏导数.

解 把 y 和 z 看作常数,得 $\dfrac{\partial u}{\partial x}=-\sin(x+y^2-e^z)$;

把 x,z 看作常数,得 $\dfrac{\partial u}{\partial y}=-2y\sin(x+y^2-e^z)$;

把 x,y 看作常数,得 $\dfrac{\partial u}{\partial z}=e^z\sin(x+y^2-e^z)$.

例 8.13 设函数 $f(x,y)=e^{xy}\sin\pi y+(x-1)\arctan\sqrt{\dfrac{x}{y}}$,求偏导数 $f_x(1,1)$ 和 $f_y(1,1)$.

解 将 $y=1$ 代入已知函数 $f(x,y)$,则已知函数变为 $f(x,1)=(x-1)\arctan\sqrt{x}$. 对 x 求导,得 $f_x(x,1)=\arctan\sqrt{x}+\dfrac{x-1}{2\sqrt{x}(1+x)}$. 所以,$f_x(1,1)=\arctan 1=\dfrac{\pi}{4}$.

同理,将 $x=1$ 代入已知函数 $f(x,y)$,则已知函数变为 $f(1,y)=e^y\sin\pi y$.
对 y 求导,得 $f_y(1,y)=e^y(\sin\pi y+\pi\cos\pi y)$. 所以 $f_y(1,1)=-\pi e$.

注 如果只求 $z=f(x,y)$ 在某点 (x_0,y_0) 的偏导数,不必先求出该函数在任一点 (x,y) 的偏导数,而是先代入 $x=x_0$ 或 $y=y_0$ 后,再对 y 或 x 求偏导数.

例 8.14 设函数 $f(x,y)=\begin{cases}\dfrac{2xy}{x^2+y^2}, & x^2+y^2\neq 0\\[2mm] 0, & x^2+y^2=0\end{cases}$,求 $f(x,y)$ 的偏导数.

解 当点时 $(x,y)\neq(0,0)$,有

$$f_x(x,y)=\frac{2y(x^2+y^2)-2xy\cdot 2x}{(x^2+y^2)^2}=\frac{2y(y^2-x^2)}{(x^2+y^2)^2}.$$

$$f_y(x,y)=\frac{2x(x^2+y^2)-2xy\cdot 2y}{(x^2+y^2)^2}=\frac{2x(x^2-y^2)}{(x^2+y^2)^2}.$$

当时 $(x,y)=(0,0)$,按定义有

$$f_x(0,0)=\lim_{\Delta x\to 0}\frac{f(\Delta x,0)-f(0,0)}{\Delta x}=\lim_{\Delta x\to 0}\frac{0}{\Delta x}=0.$$

$$f_y(0,0)=\lim_{\Delta y\to 0}\frac{f(0,\Delta y)-f(0,0)}{\Delta y}=\lim_{\Delta y\to 0}\frac{0}{\Delta y}=0.$$

注 像本题这样的"分域"函数,只能用定义来求在"分域点"处的偏导数.

（2）偏导数的几何意义

从偏导数定义知,偏导数 $f_x(x_0,y_0)$ 是一元函数 $f(x,y_0)$ 在 $x=x_0$ 处的导数,故由一元函数 $y=f(x)$ 导数的几何意义可知:

偏导数 $f_x(x_0,y_0)$ 在几何上表示曲线 $\begin{cases} z=f(x,y) \\ y=y_0 \end{cases}$ 在点 $(x_0,y_0,f(x_0,y_0))$ 处的切线对 x 轴的斜率,即 $f_x(x_0,y_0)=\tan\alpha$. 同理,偏导数 $f_y(x_0,y_0)$ 在几何上表示曲线 $\begin{cases} z=f(x,y) \\ x=x_0 \end{cases}$ 点 $(x_0,y_0,f(x_0,y_0))$ 处的切线对 y 轴的斜率,即 $f_y(x_0,y_0)=\tan\beta$,如图 8.6 所示.

三元及三元以上函数的偏导数没有像二元函数那样明显的几何意义.

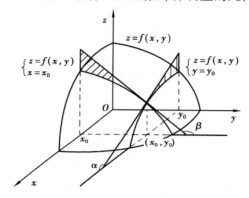

图 8.6

（3）多元函数连续与可偏导的关系

多元函数可偏导但不一定连续,多元函数连续也不一定可偏导.

事实上,二元函数在一点处连续是指极限值等于函数值,由 8.1 节知道,二重极限是全面极限,是指动点 (x,y) 沿任意路径趋于定点 (x_0,y_0) 时,函数 $f(x,y)$ 都趋于 $f(x_0,y_0)$；二元函数的偏导数 $f_x(x_0,y_0)$、$f_y(x_0,y_0)$ 存在,只能说明相应的两个一元函数 $f(x,y_0)$、$f(x,y)$ 分别在点 $x=x_0$、$y=y_0$ 连续. 但这只能说明,当动点 (x,y) 沿指定路径 $y=y_0$ 和 $x=x_0$ 趋于定点 (x_0,y_0) 时,$f(x,y)$ 趋于 $f(x_0,y_0)$,并不能说明动点 (x,y) 沿任意路径趋于定点 (x_0,y_0) 时,函数 $f(x,y)$ 都趋于 $f(x_0,y_0)$. 因此,尽管函数的两个偏导数都存在,也不能保证函数 $f(x,y)$ 在点 (x_0,y_0) 连续.

如例 8.14,函数 $f(x,y)=\begin{cases} \dfrac{2xy}{x^2+y^2}, & x^2+y^2\neq 0 \\ 0, & x^2+y^2=0 \end{cases}$ 在点 $(0,0)$ 可偏导,然而取直线路径 $y=kx$ 知,该函数在点 $(0,0)$ 处极限不存在,所以函数不连续. 此例说明,函数可偏导但不连续.

例 8.15　函数 $f(x,y)=|x|+|y|$ 在 $(0,0)$ 处是否连续? 在 $(0,0)$ 处的一阶偏导数 $f_x(0,0)$、$f_y(0,0)$ 是否存在?

解　因为 $\lim\limits_{\substack{x\to 0 \\ y\to 0}} f(x,y)=\lim\limits_{\substack{x\to 0 \\ y\to 0}}(|x|+|y|)=0=f(0,0)$,所以 $f(x,y)$ 在 $(0,0)$ 处连续.

又因为 $\lim\limits_{\Delta x\to 0}\dfrac{f(0+\Delta x,0)}{\Delta x}=\lim\limits_{\Delta x\to 0}\dfrac{|\Delta x|}{\Delta x}$ 不存在,所以 $f(x,y)$ 在 $(0,0)$ 处的一阶偏导数 $f_x(0,0)$ 不存在,同样 $f_y(0,0)$ 不存在.

此例说明,函数不可偏导但连续.

8.2.2 高阶偏导数

通常把$\frac{\partial z}{\partial x}=f_x(x,y)$和$\frac{\partial z}{\partial y}=f_y(x,y)$称为函数$z=f(x,y)$在区域$D$内的**一阶偏导数**. 如果两个偏导函数$f_x(x,y)$、$f_y(x,y)$在区域$D$内仍可偏导,则称这些偏导数为函数$z=f(x,y)$的**二阶偏导数**. 类似可定义更高阶的偏导数. 按求导的次序有四个二阶偏导数,它们分别是

$$\frac{\partial}{\partial x}\left(\frac{\partial z}{\partial x}\right)=\frac{\partial^2 z}{\partial x^2}=f_{xx}(x,y);\qquad \frac{\partial}{\partial y}\left(\frac{\partial z}{\partial x}\right)=\frac{\partial^2 z}{\partial x \partial y}=f_{xy}(x,y);$$

$$\frac{\partial}{\partial x}\left(\frac{\partial z}{\partial y}\right)=\frac{\partial^2 z}{\partial y \partial x}=f_{yx}(x,y);\qquad \frac{\partial}{\partial y}\left(\frac{\partial z}{\partial y}\right)=\frac{\partial^2 z}{\partial y^2}=f_{yy}(x,y).$$

通常把二阶偏导数$\frac{\partial^2 z}{\partial y \partial x}$、$\frac{\partial^2 z}{\partial x \partial y}$称为**混合偏导数**.

例 8.16 设函数$z=\arctan\frac{y}{x}$,求$\frac{\partial^2 z}{\partial x \partial y}$,$\frac{\partial^2 z}{\partial y \partial x}$.

解 $\frac{\partial z}{\partial x}=\frac{1}{1+\left(\frac{y}{x}\right)^2}\cdot\frac{-y}{x^2}=\frac{-y}{x^2+y^2}$、$\frac{\partial z}{\partial y}=\frac{1}{1+\left(\frac{y}{x}\right)^2}\cdot\frac{1}{x}=\frac{x}{x^2+y^2}$,

$$\frac{\partial^2 z}{\partial x \partial y}=\frac{\partial}{\partial y}\left(\frac{-y}{x^2+y^2}\right)=\frac{(-1)\cdot(x^2+y^2)-(-y)\cdot(0+2y)}{(x^2+y^2)^2}=\frac{y^2-x^2}{(x^2+y^2)^2},$$

$$\frac{\partial^2 z}{\partial y \partial x}=\frac{\partial}{\partial x}\left(\frac{x}{x^2+y^2}\right)=\frac{1\cdot(x^2+y^2)-x\cdot(2x+0)}{(x^2+y^2)^2}=\frac{y^2-x^2}{(x^2+y^2)^2}.$$

例 8.17 设$f(x,y)=\begin{cases}\dfrac{x^3 y}{x^2+y^2}, & x^2+y^2\neq 0,\\ 0, & x^2+y^2=0.\end{cases}$,求$f_{xy}(0,0)$、$f_{yx}(0,0)$.

解 它的一阶偏导数为

$$f_x(x,y)=\begin{cases}\dfrac{x^4 y+3x^2 y^3}{(x^2+y^2)^2}, & x^2+y^2\neq 0,\\ 0, & x^2+y^2=0.\end{cases}$$

$$f_y(x,y)=\begin{cases}\dfrac{x^5-x^3 y^2}{(x^2+y^2)^2}, & x^2+y^2\neq 0,\\ 0, & x^2+y^2=0.\end{cases}$$

进而求f在$(0,0)$处关于x和y的两个不同顺序的混合偏导数,得

$$f_{xy}(0,0)=\lim_{\Delta y\to 0}\frac{f_x(0,\Delta y)-f_x(0,0)}{\Delta y}=\lim_{\Delta y\to 0}\frac{0}{\Delta y}=0,$$

$$f_{yx}(0,0)=\lim_{\Delta x\to 0}\frac{f_y(\Delta x,0)-f_y(0,0)}{\Delta x}=\lim_{\Delta x\to 0}\frac{\Delta x}{\Delta x}=1.$$

由例 8.16 知,两个混合偏导数相等,即混合偏导数与函数对自变量求导的次序无关,但例 8.17 又告诉我们不尽然. 那么在什么条件下,混合偏导数与对变量求导的次序无关呢? 下面的定理可回答这个问题.

定理 8.3 如果函数$z=f(x,y)$的两个二阶混合偏导数$\frac{\partial^2 z}{\partial x \partial y}$,和$\frac{\partial^2 z}{\partial y \partial x}$在区域$D$内连续,则

在该域内成立

$$f_{xy}(x,y)=f_{yx}(x,y).$$

定理 8.3 表明,如果混合偏导数 $f_{xy}(x,y)$ 和 $f_{yx}(x,y)$ 在某区域 D 内连续,则混合偏导数 f_{xy} (x,y) 和 $f_{yx}(x,y)$ 与求偏导数的次序无关. 这一结果可推广到更高阶的偏导数.

利用定理 8.3 在求函数的高阶偏导数时,为简化计算,可以选择方便的求导次序. 问题是在没有求出某阶的全部混合偏导数之前,怎样预先知道它们都连续呢? 当函数及其偏导数都是初等函数时,根据"初等函数在其定义域的区域上是连续的"这一性质可预先作出判断.

关于高阶偏导数的存在性与连续性,我们引入一种记号. 若函数 $z=f(x,y)$ 在区域 D 内存在直到 n 阶的所有偏导数,并且所有这些偏导数都在区域 D 内连续,则称这样的函数为 D 内的 $C^{(n)}$ 类函数,记作 $f(x,y)\in C^{(n)}(D)$.

例 8.18　设函数 $z=x\ln(x^2+y^2)$,求函数的二阶偏导数 $\dfrac{\partial^2 z}{\partial x\partial y}$.

解　函数 $z=x\ln(x^2+y^2)$ 及各阶偏导数仍是初等函数,且在 $(x,y)\neq(0,0)$ 处均有意义,因而各阶偏导数在 $(x,y)\neq(0,0)$ 时都连续,于是,$\dfrac{\partial^2 z}{\partial x\partial y}=\dfrac{\partial^2 z}{\partial y\partial x}$.

先求 $\dfrac{\partial z}{\partial y}$,得 $\dfrac{\partial z}{\partial y}=\dfrac{2xy}{x^2+y^2}$;

再求 $\dfrac{\partial^2 z}{\partial y\partial x}$,得 $\dfrac{\partial^2 z}{\partial x\partial y}=\dfrac{\partial^2 z}{\partial y\partial x}=\dfrac{2y(x^2+y^2)-4x^2 y}{(x^2+y^2)^2}=\dfrac{2y(y^2-x^2)}{(x^2+y^2)^2}$.

例 8.19　设静电场中的位函数为 $u=\dfrac{1}{r}$,其中 $r=\sqrt{x^2+y^2+z^2}$,证明:位函数 $u=\dfrac{1}{r}$ 满足拉普拉斯方程

$$\frac{\partial^2 u}{\partial x^2}+\frac{\partial^2 u}{\partial y^2}+\frac{\partial^2 u}{\partial z^2}=0.$$

证明　$\dfrac{\partial u}{\partial x}=\dfrac{\partial}{\partial r}\left(\dfrac{1}{r}\right)\cdot\dfrac{\partial r}{\partial x}=-\dfrac{1}{r^2}\cdot\dfrac{x}{\sqrt{x^2+y^2+z^2}}=-\dfrac{x}{r^3}.$

由于函数 u 对于变量 x、y、z 是对称的,因而把上式中的 x 与 y 或 z 互换,即得

$$\frac{\partial u}{\partial y}=-\frac{y}{r^3},\qquad\frac{\partial u}{\partial z}=-\frac{z}{r^3}.$$

所以

$$\frac{\partial^2 u}{\partial x^2}=-\frac{1}{r^3}+\frac{3x}{r^4}\cdot\frac{x}{r}=-\frac{1}{r^3}+\frac{3x^2}{r^5}.$$

同理,

$$\frac{\partial^2 u}{\partial y^2}=-\frac{1}{r^3}+\frac{3y^2}{r^5},\qquad\frac{\partial^2 u}{\partial z^2}=-\frac{1}{r^3}+\frac{3z^2}{r^5}.$$

故

$$\frac{\partial^2 u}{\partial x^2}+\frac{\partial^2 u}{\partial y^2}+\frac{\partial^2 u}{\partial z^2}=-\frac{3}{r^3}+\frac{3(x^2+y^2+z^2)}{r^5}=-\frac{3}{r^3}+\frac{3}{r^3}=0.$$

拉普拉斯方程在电工学、热传导学等学科中有着重要的应用,常用来研究某些物理量的分布规律.

习题 8.2

1. 设 $f(x,y)=x+(y-1)\arcsin\sqrt{\dfrac{x}{y}}$，求 $f'_x(x,1)$。

2. 证明：$f(x,y)=\begin{cases}\dfrac{xy^2}{x^2+y^4}, & (x,y)\neq(0,0)\\ 0, & (x,y)=(0,0)\end{cases}$ 在点 $(0,0)$ 不连续，但存在一阶偏导数。

3. 求下列函数的偏导数：

(1) $u=(xy)^z$；   (2) $u=\arctan(x-y)^z$；

(3) $u=x\sqrt{yz}+\dfrac{y}{\sqrt[3]{zx}}$；   (4) 设 $z=(y\sin x)^y$，求 $\dfrac{\partial z}{\partial x}$。

4. 求下列函数在指定点处的一阶偏导数：

(1) $u=\mathrm{e}^{3x+4y}\cos(x+3z)$，点 $(0,0,0)$；(2) $z=x^2\mathrm{e}^y+(x-1)\arctan\dfrac{y}{x}$，点 $(1,0)$。

5. 设 $f(x,y)=\begin{cases}xy-\dfrac{x^3+y^3}{x^2+y^2}, & (x,y)\neq(0,0)\\ 0, & (x,y)=(0,0)\end{cases}$，根据偏导数定义求 $f_x(0,0)$，$f_y(0,0)$。

6. 求函数 $f(x,y)=\begin{cases}\dfrac{x^3y-xy^3}{x^2+y^2}, & (x,y)\neq(0,0)\\ 0, & (x,y)=(0,0)\end{cases}$ 的偏导数。

7. 求曲线 $\begin{cases}z=\dfrac{x^2+y^2}{4}\\ x=4\end{cases}$ 在点 $P(4,2,5)$ 处的切线与 y 轴倾角。

8. 理想气体的体积 V、温度 T、压力 P 满足理想气体的状态方程 $P=R\dfrac{T}{V}$，其中 R 是气体常数。证明：$\dfrac{\partial P}{\partial V}\cdot\dfrac{\partial V}{\partial T}\cdot\dfrac{\partial T}{\partial P}=-1$。

由此可得：$\dfrac{\partial z}{\partial x}$ 是一个整体符号，单独的 ∂z 或 ∂x 没有意义。这一点与一元函数的微分不同。

9. 设 $f(x,y)=\begin{cases}xy\dfrac{x^2-y^2}{x^2+y^2}, & x^2+y^2\neq0\\ 0, & x^2+y^2=0\end{cases}$，求 $f_{xy}(0,0)$、$f_{yx}(0,0)$。

10. 求下列函数的高阶偏导数 $\dfrac{\partial^2z}{\partial x^2}$，$\dfrac{\partial^2z}{\partial x\partial y}$，$\dfrac{\partial^2z}{\partial y^2}$：

(1) $z=\cos^2(x+2y)$；   (2) $z=\mathrm{e}^x\sin y$。

11. 验证：

(1) 函数 $r=\sqrt{x^2+y^2+z^2}$ 满足方程 $\dfrac{\partial^2r}{\partial x^2}+\dfrac{\partial^2r}{\partial y^2}+\dfrac{\partial^2r}{\partial z^2}=\dfrac{2}{r}$ $(r\neq0)$。

（2）函数 $u=\dfrac{t}{a^2t^2-x^2}$ 满足波动方程 $\dfrac{\partial^2u}{\partial t^2}=a^2\dfrac{\partial^2u}{\partial x^2}$.

（3）函数 $u=z\arctan\dfrac{y}{x}$ 满足拉普拉斯方程 $\dfrac{\partial^2u}{\partial x^2}+\dfrac{\partial^2u}{\partial y^2}+\dfrac{\partial^2u}{\partial z^2}=0$.

（4）验证函数 $u=\dfrac{1}{2a\sqrt{\pi t}}\,\mathrm{e}^{-\frac{(x-b)^2}{4a^2t}}$ 满足热传导方程 $\dfrac{\partial u}{\partial t}=a^2\,\dfrac{\partial^2u}{\partial x^2}$，其中 a,b 为常数.

12. 设 $u=\mathrm{e}^{a_1x_1+a_2x_2+\cdots+a_nx_n}$，$a_1^2+a_2^2+\cdots+a_n^2=1$. 证明 $\dfrac{\partial^2u}{\partial x_1^2}+\dfrac{\partial^2u}{\partial x_2^2}+\cdots+\dfrac{\partial^2u}{\partial x_n^2}=u$.

8.3　全微分

8.3.1　全微分的定义

（1）全微分的定义

由二元函数偏导数的定义可知，二元函数 $f(x,y)$ 对自变量 x（自变量 y）的偏导数 $f_x(x,y)$（$f_y(x,y)$）表示当自变量 y（自变量 x）固定时，因变量 $f(x,y)$ 相对于自变量 x（自变量 y）的变化率. 事实上，当其中一个自变量固定时，二元函数可看作一个一元函数. 此时，二元函数的偏导数就是此一元函数的导数. 根据一元函数微分学中增量与微分的关系，可得

$$f(x+\Delta x,y)-f(x,y)\approx f_x(x,y)\Delta x,$$
$$f(x,y+\Delta y)-f(x,y)\approx f_y(x,y)\Delta y.$$

称上述两式的左边为二元函数 $f(x,y)$ 相对于自变量 x 和 y 的**偏增量**，右边为二元函数 $f(x,y)$ 相对于自变量 x 和 y 的**偏微分**.

当函数 $z=f(x,y)$ 的两个自变量 x 和 y 分别有改变量 Δx 和 Δy 时，函数 $z=f(x,y)$ 相应的有改变量 Δz，即

$$\Delta z=f(x+\Delta x,y+\Delta y)-f(x,y). \tag{8.3}$$

式（8.3）称为函数 $z=f(x,y)$ 的**全增量**.

全增量式（8.3）的计算一般说来比较麻烦，有时甚至相当困难，因为它一般不是关于 Δx 和 Δy 的线性齐次式. 研究全微分就是要研究用一个关于 Δx 与 Δy 线性齐次式近似替代全增量 Δz 的问题. 联系一元函数微分的定义，给出二元函数全微分的概念.

定义 8.6　设函数 $z=f(x,y)$ 在点 (x_0,y_0) 的某邻域内有定义，如果函数在点 (x_0,y_0) 的全增量可以表示为

$$\Delta z=A\Delta x+B\Delta y+o(\rho), \tag{8.4}$$

其中 $\rho=\sqrt{(\Delta x)^2+(\Delta y)^2}$，而 A,B 是不依赖于 Δx 和 Δy 的两个常数（但一般与点 (x_0,y_0) 有关），则称函数 $z=f(x,y)$ 在点 (x_0,y_0) **可微**，并称 $A\cdot\Delta x+B\cdot\Delta y$ 为函数 $z=f(x,y)$ 在点 (x_0,y_0) 的**全微分**，记作 $\mathrm{d}z$，即

$$\mathrm{d}z=A\cdot\Delta x+B\cdot\Delta y.$$

与一元函数一样，规定自变量的微分

$$\mathrm{d}x=\Delta x,\mathrm{d}y=\Delta y.$$

这样,函数 $z=f(x,y)$ 在点 (x_0,y_0) 的全微分可记为
$$\mathrm{d}z = A \cdot \mathrm{d}x + B \cdot \mathrm{d}y.$$

如果函数 $z=f(x,y)$ 在 $\mathbf{R}^2$ 中某平面区域 D 内处处可微时,则称函数 $z=f(x,y)$ 在 D 内可微.

注 由二元函数全微分的定义可知,**函数在一点处可微则在该点函数一定连续**. 这是因为由式(8.4)立即可得
$$\lim_{\substack{\Delta x \to 0 \\ \Delta y \to 0}} \Delta z = 0.$$

所以,函数连续是可微的必要条件.

(2)可偏导和可微的关系

对于一元函数,可导与可微是等价关系,但在二元函数中这样的等价关系就不成立了.

下面讨论函数 $z=f(x,y)$ 在点 (x,y) 可微的条件.

定理 8.4 (可微的必要条件)若函数 $z=f(x,y)$ 在点 (x,y) 可微,则函数在点 (x,y) 处的两个偏导数 $\frac{\partial z}{\partial x}$、$\frac{\partial z}{\partial y}$ 存在,且
$$\mathrm{d}z = \frac{\partial z}{\partial x}\mathrm{d}x + \frac{\partial z}{\partial y}\mathrm{d}y. \tag{8.5}$$

证明 假设函数 $z=f(x,y)$ 在点 (x,y) 可微分,由定义 8.6 有
$$f(x+\Delta x, y+\Delta y) - f(x,y) = A \cdot \Delta x + B \cdot \Delta y + o\left(\sqrt{(\Delta x)^2 + (\Delta y)^2}\right).$$
在上式中,如果令 $\Delta y = 0$,则得函数关于自变量 x 的偏增量
$$\Delta_x z = f(x+\Delta x, y) - f(x,y) = A \cdot \Delta x + o(|\Delta x|).$$
上式两端同除以 Δx,令 $\Delta x \to 0$,得
$$\lim_{\Delta x \to 0} \frac{\Delta_x z}{\Delta x} = \lim_{\Delta x \to 0} \frac{f(x+\Delta x, y) - f(x,y)}{\Delta x} = \lim_{\Delta x \to 0}\left(A + \frac{o(|\Delta x|)}{\Delta x}\right) = A.$$

由偏导数的定义知
$$\frac{\partial z}{\partial x} = A.$$

类似可得
$$\frac{\partial z}{\partial y} = B.$$

从而得到定理的证明.

定理 8.4 说明,函数在一点处可微是函数在该点可偏导的充分条件. 即函数在一点处可微,则在该点一定可偏导.

注 判别二元函数 $f(x,y)$ 在 (x_0,y_0) 是否可微的方法是:首先求出 $f(x,y)$ 在 (x_0,y_0) 的偏导数 $f_x(x_0,y_0)$、$f_y(x_0,y_0)$(由上述定理,只要有一个偏导数不存在,则不可微),再验证
$$\Delta z - (f_x(x_0,y_0)\Delta x + f_y(x_0,y_0)\Delta y) = o(\rho),$$
即验证极限
$$\lim_{\substack{\Delta x \to 0 \\ \Delta y \to 0}} \frac{\Delta z - (f_x(x_0,y_0)\Delta x + f_y(x_0,y_0)\Delta y)}{\sqrt{\Delta x^2 + \Delta y^2}}$$

是否等于 0. 若上述极限等于 0,则可微,否则不可微.

如果函数在一点处可偏导,其在该点是否一定可微呢? 考察下面的例子.

例 8.20　设函数 $f(x,y)=\begin{cases}\dfrac{xy}{\sqrt{x^2+y^2}}, & x^2+y^2\neq 0 \\ 0, & x=y=0\end{cases}$,考察函数 $f(x,y)$ 在原点 $(0,0)$ 处偏导数的存在性与可微性.

解　首先用偏导数定义考察函数 $f(x,y)$ 在点 $(0,0)$ 处是否可偏导:

$$f_x(0,0)=\lim_{x\to 0}\frac{f(\Delta x,0)-f(0,0)}{\Delta x}=0;\ f_y(0,0)=\lim_{y\to 0}\frac{f(0,\Delta y)-f(0,0)}{\Delta y}=0$$

所以 $f(x,y)$ 在原点 $(0,0)$ 处偏导数存在,即 $f_x(0,0)=0,f_y(0,0)=0$.

其次判定函数在点 $(0,0)$ 是否可微.

因为 $\Delta f-(f_x(0,0)\Delta x+f_y(0,0)\Delta y)=\dfrac{\Delta x\Delta y}{\sqrt{(\Delta x)^2+(\Delta y)^2}}$,且沿路径 $\Delta y=k\Delta x$ 有

$$\lim_{\substack{\Delta x\to 0\\\Delta y\to 0}}\frac{\dfrac{\Delta x\Delta y}{\sqrt{\Delta x^2+\Delta y^2}}}{\sqrt{\Delta x^2+\Delta y^2}}=\lim_{\substack{\Delta x\to 0\\\Delta y\to 0}}\frac{\Delta x\Delta y}{\Delta x^2+\Delta y^2}=\lim_{\substack{\Delta x\to 0\\\Delta y=k\Delta x}}\frac{\Delta x\Delta y}{\Delta x^2+\Delta y^2}=\frac{k}{1+k^2},$$

即

$$\lim_{\substack{\Delta x\to 0\\\Delta y\to 0}}\frac{\Delta f-(f_x(0,0)\Delta x+f_y(0,0)\Delta y)}{\sqrt{\Delta x^2+\Delta y^2}}\ 不存在.$$

于是 $f(x,y)$ 在 $(0,0)$ 点不可微.

由此可见,多元函数在某点的**偏导数存在并不能保证函数在该点是可微分的**. 那么究竟满足什么条件,才能保证函数是可微分的呢? 下面的定理回答了这个问题.

定理 8.5　(可微的充分条件)若函数 $z=f(x,y)$ 的偏导数 $f_x(x,y)$、$f_y(x,y)$ 在点 (x,y) 连续,则函数 $z=f(x,y)$ 在点 (x,y) 可微.

证明　要证函数 $z=f(x,y)$ 在点 (x,y) 可微,就是要证明该函数在点 (x,y) 处的全增量 Δz 可以表示为

$$\Delta z=A\Delta x+B\Delta y+o(\rho).$$

为此,设 $(x+\Delta x,y+\Delta y)$ 为点 (x,y) 的某邻域内的点. 函数的全增量为

$$\Delta z=f(x+\Delta x,y+\Delta y)-f(x,y).$$

将全增量分拆为关于 x 和 y 的一元函数:

$$\Delta z=[f(x+\Delta x,y+\Delta y)-f(x,y+\Delta y)]+[f(x,y+\Delta y)-f(x,y)],$$

对它们分别应用一元函数的拉格朗日中值定理,得

$$\Delta z=f_x(x+\theta\cdot\Delta x,y+\Delta y)\cdot\Delta x+f_y(x,y+\eta\cdot\Delta y)\cdot\Delta y.$$

因 $f_x(x,y)$ 和 $f_y(x,y)$ 都在点 (x,y) 连续,所以有

$$f_x(x+\theta\cdot\Delta x,y+\Delta y)=f_x(x,y)+\varepsilon_1,$$
$$f_y(x,y+\eta\cdot\Delta y)=f_y(x,y)+\varepsilon_2,$$

其中

$$\lim_{(\Delta x,\Delta y)\to(0,0)}\varepsilon_1=0,\quad \lim_{(\Delta x,\Delta y)\to(0,0)}\varepsilon_2=0.$$

于是,

$$\Delta z=[f_x(x,y)\cdot\Delta x+f_y(x,y)\cdot\Delta y]+[\varepsilon_1\cdot\Delta x+\varepsilon_2\cdot\Delta y]. \tag{8.6}$$

因为
$$\frac{|\varepsilon_1 \cdot \Delta x + \varepsilon_2 \cdot \Delta y|}{\rho} \leqslant |\varepsilon_1|\frac{|\Delta x|}{\rho} + |\varepsilon_2|\frac{|\Delta y|}{\rho} \leqslant |\varepsilon_1| + |\varepsilon_2|,$$

所以 $\lim\limits_{(\Delta x,\Delta y)\to(0,0)} \frac{|\varepsilon_1 \cdot \Delta x + \varepsilon_2 \cdot \Delta y|}{\rho} = 0$, 即 $\varepsilon_1 \cdot \Delta x + \varepsilon_2 \cdot \Delta y = o(\rho)$. 故式(8.6)可以写为

$$\Delta z = f_x(x,y) \cdot \Delta x + f_y(x,y) \cdot \Delta y + o(\rho).$$

由全微分的定义知,函数 $f(x,y)$ 在点 (x,y) 处可微.

该定理说明:函数的一阶偏导数在某点连续是函数在该点处全微分存在的充分条件. 那么当函数的一阶偏导数不连续时,是否就一定不可微呢? 考察下面的例子.

例 8.21 设 $f(x,y) = \begin{cases} (x^2+y^2)\cos\dfrac{1}{x^2+y^2}, & x^2+y^2 \neq 0 \\ 0, & x^2+y^2 = 0 \end{cases}$, 考察函数在点 $(0,0)$ 处是否可偏导、是否可微分及偏导数的连续性.

解 首先用定义求函数 $f(x,y)$ 在点 $(0,0)$ 处的偏导数

$$f_x(0,0) = \lim_{\Delta x\to 0} \frac{(\Delta x)^2\cos\dfrac{1}{(\Delta x)^2} - 0}{\Delta x} = \lim_{\Delta x\to 0} \Delta x \times \cos\frac{1}{(\Delta x)^2} = 0.$$

同理, $f_y(0,0) = 0$, 所以, 在原点处函数可偏导.

其次用定义考察 $f(x,y)$ 在点 $(0,0)$ 处是否可微分.

注意到表达式

$$f_x(0,0)\mathrm{d}x + f_y(0,0)\mathrm{d}y = 0.$$

因为

$$\lim_{\rho\to 0} \frac{\Delta f - (f_x(0,0)\mathrm{d}x + f_y(0,0)\mathrm{d}y)}{\rho} = \lim_{\rho\to 0}\frac{\Delta f}{\rho}$$

$$= \lim_{\rho\to 0} \frac{[(\Delta x)^2 + (\Delta y)^2]\cos\dfrac{1}{(\Delta x)^2 + (\Delta y)^2}}{\rho} = \lim_{\rho\to 0}\rho\cos\frac{1}{\rho^2} = 0,$$

所以 $f(x,y)$ 在点 $(0,0)$ 可微.

最后考察偏导数 $\dfrac{\partial f}{\partial x}, \dfrac{\partial f}{\partial y}$ 在点 $(0,0)$ 处的连续性.

在点 $(x,y)\neq(0,0)$ 处, $f_x(x,y) = 2x\cos\dfrac{1}{x^2+y^2} + \dfrac{2x}{x^2+y^2}\sin\dfrac{1}{x^2+y^2}$, 当 (x,y) 沿 $y=0$ 趋于 $(0,0)$ 时, $2x\cos\dfrac{1}{x^2+y^2} = 2x\cos\dfrac{1}{x^2} \to 0$, 而 $\dfrac{2x}{x^2+y^2}\sin\dfrac{1}{x^2+y^2} = \dfrac{2}{x}\sin\dfrac{1}{x^2}$ 不存在, 故 $\lim\limits_{(x,y)\to(0,0)} f_x(x,y)$ 不存在. 因此, $f_x(x,y)$ 在点 $(0,0)$ 不连续; 同理 $f_y(x,y)$ 在点 $(0,0)$ 也不连续.

此例说明, $f(x,y)$ 在点 (x_0,y_0) 可微, 偏导数 $\dfrac{\partial f}{\partial x}, \dfrac{\partial f}{\partial y}$ 在点 (x_0,y_0) 不一定连续, 即偏导数在某点处连续是函数在该点处可微的充分条件而非必要条件.

例 8.22 证明函数 $z = \sin(xy)$ 在任一点 (x,y) 处可微, 并求全微分 $\mathrm{d}z$.

证明 因为

$$\frac{\partial z}{\partial x} = y\cos(xy),\frac{\partial z}{\partial y} = x\cos(xy)$$

在任一点 (x,y) 处存在且连续,由定理 8.5 知,函数在点 (x,y) 可微,函数的全微分为

$$dz = y\cos(xy)dx + x\cos(xy)dy.$$

例 8.23　求下列函数的全微分 dz.

$(1)z = \arctan\dfrac{x+y}{x-y}$;$(2)u = z^{y^x}$.

解　(1)因为偏导数

$$\frac{\partial z}{\partial x} = \frac{-y}{x^2+y^2},\frac{\partial z}{\partial y} = \frac{x}{x^2+y^2},$$

在其定义域内连续,所以由定理 8.5,该函数的全微分为

$$dz = \frac{-ydx+xdy}{x^2+y^2}.$$

(2)因为 $\dfrac{\partial u}{\partial x} = z^{y^x}\cdot y^x\cdot\ln y\cdot\ln z$,

$$\frac{\partial u}{\partial y} = z^{y^x}\ln z\cdot x\cdot y^{x-1} = \frac{x\cdot y^x\ln z}{y}\cdot z^{y^x},$$

$$\frac{\partial u}{\partial z} = y^x\cdot z^{y^x-1} = \frac{y^x}{z}\cdot z^{y^x}$$

在定义域内连续,所以由定理 8.5,该函数的全微分为

$$du = z^{y^x}\left[(y^x\ln y\ln z)dx + \left(x\frac{y^x\ln z}{y}\right)dy + \frac{y^x}{z}dz\right].$$

以上全微分的概念及相关性质可以推广到三元及三元以上的函数.

讨论至此可得如下结论:

(ⅰ)函数在一点处可微分,则函数一定在该点处连续;函数在一点处连续却未必能保证函数在该点处可微分,但不连续就一定不可微分.

(ⅱ)函数在一点处可微分是函数在该点处可偏导的充分条件,函数在一点处可偏导是函数在该点处可微分的必要条件;

(ⅲ)函数在一点处偏导数连续在该点处一定可微分,但反之不然.

上面三点之间存在如下所示的关系:

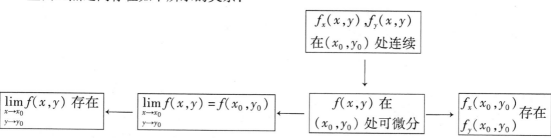

图中没有双向箭头,这些关系都不可逆,但可顺箭头方向推.如果它们之间没有箭头指向,则两个概念没有关系.

8.3.2　全微分的应用

工程测量是建筑项目建设中一项很重要的基础性工作.在实地测量过程中,因测量设备、

自然环境和人为因素等原因,难免会产生误差.下面利用多元函数的全微分给出估计误差的计算公式.

设函数 $z=f(x,y)$ 的两个一阶偏导数在点 (x_0,y_0) 连续,且 $|\Delta x|$、$|\Delta y|$ 都很小,当 $f_x(x_0,y_0)$、$f_y(x_0,y_0)$ 不全为零时,则有

$$f(x_0+\Delta x,y_0+\Delta y)-f(x_0,y_0)=f_x(x_0,y_0)\cdot\Delta x+f_y(x_0,y_0)\cdot\Delta y+o(\rho).$$

移项有

$$f(x_0+\Delta x,y_0+\Delta y)=f(x_0,y_0)+f_x(x_0,y_0)\cdot\Delta x+f_y(x_0,y_0)\cdot\Delta y+o(\rho).$$

略去高阶无穷小,得到函数值的近似计算公式

$$f(x_0+\Delta x,y_0+\Delta y)\approx f(x_0,y_0)+f_x(x_0,y_0)\cdot\Delta x+f_y(x_0,y_0)\cdot\Delta y. \tag{8.7}$$

在考虑函数的误差时,通常将 $f(x+\Delta x,y+\Delta y)$ 视为函数的真值,而将 $f(x,y)$ 视为函数的近似值. 一般得不到 $|f(x+\Delta x,y+\Delta y)-f(x,y)|$ 的精确值,但如果函数 $z=f(x,y)$ 的两个自变量 x、y 的绝对误差分别为 δ_x、δ_y,即

$$|\Delta x|\leqslant\delta_x,\ |\Delta y|\leqslant\delta_y.$$

而当 δ_x、δ_y 较小时,由全微分的定义知 $|\Delta z|$ 和 $\mathrm{d}z$ 相差很小,则

$$|\Delta z|\approx\mathrm{d}z\leqslant|f_x(x,y)\cdot\Delta x+f_y(x,y)\cdot\Delta y|$$
$$\leqslant|f_x(x,y)|\cdot|\Delta x|+|f_y(x,y)|\cdot|\Delta y|\leqslant|f_x(x,y)|\cdot\delta_x+|f_y(x,y)|\cdot\delta_y.$$

从而得到函数的**绝对误差**为

$$\delta_z=|f_x(x,y)|\cdot\delta_x+|f_y(x,y)|\cdot\delta_y. \tag{8.8}$$

函数的**相对误差**为
$$\frac{\delta_z}{|z|}=\left|\frac{f_x(x,y)}{f(x,y)}\right|\delta_x+\left|\frac{f_y(x,y)}{f(x,y)}\right|\delta_y. \tag{8.9}$$

例 8.24 求 $\sqrt{\dfrac{0.93}{1.02}}$ 的近似值.

解 与一元函数一样,首先选择函数.

设函数 $f(x,y)=\sqrt{\dfrac{1+x}{1+y}}$,则

$$f_x(x,y)=\frac{1}{2\sqrt{\dfrac{1+x}{1+y}}}\cdot\frac{1}{1+y},f_y(x,y)=\frac{1}{2\sqrt{\dfrac{1+x}{1+y}}}\cdot\frac{-(1+x)}{(1+y)^2}.$$

其次选择点 (x_0,y_0):选 $x_0=0,y_0=0,\Delta x=-0.07,\Delta y=0.02$.

从而
$$f_x(0,0)=\frac{1}{2}、f_y(0,0)=-\frac{1}{2}、f(0,0)=1.$$

最后代入公式(8.7),得

$$\sqrt{\frac{0.93}{1.02}}\approx 1+\frac{1}{2}\cdot(-0.07)-\frac{1}{2}\cdot(0.02)=0.955.$$

例 8.25 设近似数 $x=0.001,y=-3.105$ 均为有效数,求 x_1+x_2 的绝对误差与相对误差.

解 取 $z=f(x,y)=x+y$,则 $f_x(x,y)=1$、$f_y(x,y)=1$. 因为 x,y 为有效数,故它们的绝对误差不超过它们各自最末尾的半个单位,即

$$\delta_x\leqslant\frac{1}{2}\times 10^{-3},\delta_y\leqslant\frac{1}{2}\times 10^{-3}.$$

由公式(8.8),得

$$\delta_z = \left| f_x(x,y) \right| \cdot \delta_x + \left| f_y(x,y) \right| \cdot \delta_y \leqslant \delta_x + \delta_y = 10^{-3}.$$

由公式(8.9),得

$$\frac{\delta_z}{|z|} = \left| \frac{f_x(x,y)}{f(x,y)} \right| \delta_x + \left| \frac{f_y(x,y)}{f(x,y)} \right| \delta_y$$

$$= \frac{|\delta_x|}{|x+y|} + \frac{|\delta_y|}{|x+y|} = \frac{1}{2} \times 10^{-3} \cdot \frac{2}{3.104} \approx 0.322\ 16.$$

例 8.26　测得一矩形工地的长宽分别为 40 m 和 20 m,最大测量误差可能为 0.02 m. 试用全微分估计由测量值计算出的矩形工地的面积的最大误差.

解　设 x,y 分别表示长和宽,则面积 $s = s(x,y) = xy$. 设 $x_0 = 40, y_0 = 30$. 由题设可知, $\Delta x = \Delta y = 0.02$,　于是

$$\Delta s \approx s_x(x_0, y_0)\Delta x + s_y(x_0, y_0)\Delta y,$$

所以

$$|\Delta s| \leqslant \left| s_x(x_0, y_0) \right| |\Delta x| + \left| s_y(x_0, y_0) \right| |\Delta y| = (20 + 40) \times 0.02 = 1.2\,(\mathrm{m}^2).$$

习 题 8.3

1. 求下列函数的全微分:

$(1)\, z(x,y) = \mathrm{e}^{\frac{y}{x}}$;$(2)\, u(x,y,z) = \dfrac{z}{x^2 + y^2}$.

2. 设函数 $f(x,y) = \begin{cases} (x^2 + y^2)\sin\dfrac{1}{\sqrt{x^2 + y^2}}, & x^2 + y^2 \neq 0 \\ 0, & x^2 + y^2 = 0 \end{cases}$,证明:

(1)偏导数 $f_x(x,y)$、$f_y(x,y)$ 在点 $(0,0)$ 邻域内存在,但偏导数在点 $(0,0)$ 处不连续;

(2)函数 $f(x,y)$ 在 $(0,0)$ 处可微分.

3. 讨论函数 $f(x,y) = \begin{cases} \dfrac{xy}{\sqrt{2x^2 + y^2}}, & x^2 + y^2 \neq 0 \\ 0, & x^2 + y^2 = 0 \end{cases}$ 在点 $(0,0)$ 处的连续性、可偏导性,可微性.

4. 讨论函数 $f(x,y) = \begin{cases} \sqrt{x^2 + y^2}\sin\dfrac{1}{x^2 + y^2}, & x^2 + y^2 \neq 0 \\ 0, & x^2 + y^2 = 0 \end{cases}$ 在点 $(0,0)$ 处的连续性、可偏导性和可微性.

5. 讨论函数 $f(x,y) = \sqrt[3]{x^3 + y^3}$ 在 $(0,0)$ 点的可微性.

6. 证明:不存在函数 $f(x,y)$ 满足 $\dfrac{\partial f}{\partial x} = y, \dfrac{\partial f}{\partial y} = x^2$.

7. 若在点 (x,y) 的某一邻域内 $f(x,y)$ 的偏导数存在且有界,证明: $f(x,y)$ 在该点连续.

8. 若 $f_x(x_0, y_0)$ 存在,且 $f_y(x,y)$ 在点 (x_0, y_0) 连续,证明: $f(x,y)$ 在 (x_0, y_0) 处可微.

9. 利用微分近似计算下列各值:

(1) $\sqrt{(1.02)^3 + (1.97)^3}$ (2) $\ln(\sqrt[3]{1.03} + \sqrt[4]{0.98} - 1)$

(3) $(1.97)^{1.06}$ (4) $\sin 29° \cdot \tan 46°$

10. 一无盖圆柱形容器的壁与底的厚度均为 0.1 cm，内高为 20 cm，内半径为 4 cm. 求容器外壳体积的近似值.

11. 测得一物体的体积为 $(3.06 \pm 0.01) \text{cm}^3$，质量为 (18.36 ± 0.01) g. 利用全微分求由此计算物体的密度所产生的最大绝对误差.

8.4 求复合函数偏导数的链式法则

8.4.1 求复合函数偏导数的链式法则

我们先以二元复合函数为例来说明多元复合函数的概念.

设二元函数 $u = \varphi(x,y)$ 与 $v = \psi(x,y)$ 的定义域为平面区域 D，函数 $z = f(u,v)$ 的定义域为平面区域 D_1，且 $\{(u,v) \mid u = \varphi(x,y), v = \psi(x,y), (x,y) \in D\} \subset D_1$，则函数

$$z = F(x,y) = f(\varphi(x,y), \psi(x,y)), (x,y) \in D$$

是以 $z = f(u,v)$ 为外层函数，$u = \varphi(x,y)$ 和 $v = \psi(x,y)$ 为内层函数的**复合函数**. 其中 u, v 称为函数 f 的中间变量，x, y 为函数 f 的自变量.

对于中间变量和自变量的个数为其他情形的多元复合函数也有类似定义.

关于多元复合函数对自变量的可偏导性以及相应的偏导数，有下面的定理.

定理 8.6 设函数 $u = u(t)$、$v = v(t)$ 都在 t 处可导，函数 $z = f(u,v)$ 在对应点 (u,v) 具有连续偏导数，则复合函数（一元函数）$z = f(u(t), v(t))$ 在 t 可导，且有

$$\frac{\mathrm{d}z}{\mathrm{d}t} = \frac{\partial z}{\partial u} \frac{\mathrm{d}u}{\mathrm{d}t} + \frac{\partial z}{\partial v} \frac{\mathrm{d}v}{\mathrm{d}t}. \tag{8.10}$$

证明 因为函数 $z = f(u,v)$ 在对应点 (u,v) 具有连续偏导数，由式 (8.6) 有

$$\Delta z = [f_u(u,v) \cdot \Delta u + f_v(u,v) \cdot \Delta v] + [\varepsilon_1 \cdot \Delta u + \varepsilon_2 \cdot \Delta v], \tag{8.11}$$

其中 Δu、Δv 为当自变量取得增量 Δt 时，函数取得的相应增量. 又

$$\lim_{(\Delta u, \Delta v) \to (0,0)} \varepsilon_1 = 0, \quad \lim_{(\Delta u, \Delta v) \to (0,0)} \varepsilon_2 = 0.$$

对式 (8.11) 两边同除以 Δt，得

$$\frac{\Delta z}{\Delta t} = \frac{\partial z}{\partial u} \cdot \frac{\Delta u}{\Delta t} + \frac{\partial z}{\partial v} \cdot \frac{\Delta v}{\Delta t} + \varepsilon_1 \frac{\Delta u}{\Delta t} + \varepsilon_2 \frac{\Delta v}{\Delta t}.$$

令 $\Delta t \to 0$，因为 $u = u(t)$、$v = v(t)$ 都在点 t 可导，所以

$$\lim_{\Delta t \to 0} \frac{\Delta u}{\Delta t} = \frac{\mathrm{d}u}{\mathrm{d}t}, \lim_{\Delta t \to 0} \frac{\Delta v}{\Delta t} = \frac{\mathrm{d}v}{\mathrm{d}t}.$$

故得

$$\lim_{\Delta t \to 0} \frac{\Delta z}{\Delta t} = \frac{\partial z}{\partial u} \cdot \frac{\mathrm{d}u}{\mathrm{d}t} + \frac{\partial z}{\partial v} \cdot \frac{\mathrm{d}v}{\mathrm{d}t},$$

即

$$\frac{\mathrm{d}z}{\mathrm{d}t} = \frac{\partial z}{\partial u} \cdot \frac{\mathrm{d}u}{\mathrm{d}t} + \frac{\partial z}{\partial v} \cdot \frac{\mathrm{d}v}{\mathrm{d}t}.$$

注　（ⅰ）设函数 $u=f(v_1,\cdots,v_m)$，$v_i=v_i(x)$，$(i=1,\cdots,m)$ 可复合成 $u=f(v_1(x),\cdots,v_m(x))$．若 $v_i=v_i(x)$ 在点 x 处可微，函数 $f(v_1,\cdots,v_m)$ 在相应于 x 的点 $(v_1,\cdots,v_m)$ 处具有连续偏导数，则复合函数 $u=f(v_1,\cdots,v_m)$ 在点 x 处可偏导，且

$$\frac{\mathrm{d}u}{\mathrm{d}x}=\sum_{i=1}^m\frac{\partial u}{\partial v_i}\frac{\mathrm{d}v_i}{\mathrm{d}x}. \tag{8.12}$$

（ⅱ）若定理 8.6 中 $f(u,v)$ 在点 (u,v) 偏导数连续减弱为偏导数存在，则定理的结论不一定成立.

例如设函数 $z=f(u,v)=\begin{cases}\dfrac{u^2v}{u^2+v^2}, & u^2+v^2\neq0\\[2mm] 0, & u^2+v^2=0\end{cases}$，其中 $u=t,v=t$. 易知，在原点处两个一阶偏导

数都存在：$\left.\dfrac{\partial z}{\partial u}\right|_{(0,0)}=f_u(0,0)=0$，$\left.\dfrac{\partial z}{\partial v}\right|_{(0,0)}=f_v(0,0)=0$，但复合函数

$$z=f(t,t)=\frac{t}{2},\frac{\mathrm{d}z}{\mathrm{d}t}=\frac{1}{2}\neq\frac{\partial z}{\partial u}\cdot\frac{\mathrm{d}u}{\mathrm{d}t}+\frac{\partial z}{\partial v}\cdot\frac{\mathrm{d}v}{\mathrm{d}t}=0.$$

将定理 8.6 推广到中间变量不是一元函数的情形，即下面的推论.

推论 8.3　设函数 $u=u(x,y)$、$v=v(x,y)$ 都在点 (x,y) 可偏导，函数 $z=f(u,v)$ 在对应点 (u,v) 具有连续偏导数，则复合函数 $z=f(u(x,y),v(x,y))$ 在点 (x,y) 可微，且有

$$\begin{aligned}\frac{\partial z}{\partial x}&=\frac{\partial z}{\partial u}\frac{\partial u}{\partial x}+\frac{\partial z}{\partial v}\frac{\partial v}{\partial x};\\[2mm]\frac{\partial z}{\partial y}&=\frac{\partial z}{\partial u}\frac{\partial u}{\partial y}+\frac{\partial z}{\partial v}\frac{\partial v}{\partial y}.\end{aligned} \tag{8.13}$$

公式（8.13）称为**多元复合函数求偏导数的链式法则**.

证明　对 x 求偏导数时，将 y 看成常数，于是中间变量就是 x 的一元函数. 再利用定理 8.6，便得式（8.13）中的第一个等式. 式（8.13）中的第二个等式类似可证.

注　上述推论可以推广到中间变量以及自变量多于两个的情形：

设 $v_i=v_i(x_1,\cdots,x_n)$，$(i=1,\cdots,m)$ 在点 $(x_1,\cdots,x_n)$ 可偏导，且 $u=f(v_1,\cdots,v_m)$ 在对应点 $(v_1,\cdots,v_m)$ 具有连续偏导数，则复合函数 $u=f(v_1(x_1,\cdots,x_n),\cdots,v_m(x_1,\cdots,x_n))$ 在点 $(x_1,\cdots,x_n)$ 处可导，且

$$\frac{\partial u}{\partial x_j}=\sum_{i=1}^m\frac{\partial u}{\partial v_i}\frac{\partial v_i}{\partial x_j}\qquad(j=1,2,\cdots,n).$$

例 8.27　设函数 $u=x^3y^2z$，$x=\mathrm{e}^t$、$y=t$、$z=t^2$. 求 $\dfrac{\mathrm{d}u}{\mathrm{d}t}$.

解　因为 $\dfrac{\partial u}{\partial x}=3x^2y^2z$、$\dfrac{\partial u}{\partial y}=2x^3yz$、$\dfrac{\partial u}{\partial z}=x^3y^2$，而 $x'(t)=\mathrm{e}^t$、$y'(t)=1$、$z'(t)=2t$，由链式法则 (8.12) 得

$$\begin{aligned}\frac{\mathrm{d}u}{\mathrm{d}t}&=\frac{\partial u}{\partial x}\cdot\frac{\mathrm{d}x}{\mathrm{d}t}+\frac{\partial u}{\partial y}\cdot\frac{\mathrm{d}y}{\mathrm{d}t}+\frac{\partial u}{\partial z}\cdot\frac{\mathrm{d}z}{\mathrm{d}t}\\[2mm]&=3x^2y^2z\cdot\mathrm{e}^t+2x^3yz\cdot1+x^3y^2\cdot2t=\mathrm{e}^{3t}(3t^4+4t^3).\end{aligned}$$

例 8.28　设 $z=f(x)^{g(x)}$，$f(x)>0$，且 f,g 可微，求 $\dfrac{\mathrm{d}z}{\mathrm{d}x}$.

解　这是一元函数中幂指函数的导数，现在用式（8.10）求解.

65

令 $u=f(x)$，$v=g(x)$，则 $z=u^v$.

因为 $\dfrac{\partial z}{\partial u}=vu^{v-1}$，$\dfrac{\partial z}{\partial v}=u^v\ln u$，而 $\dfrac{\mathrm{d}u}{\mathrm{d}x}=f'(x)$、$\dfrac{\mathrm{d}v}{\mathrm{d}x}=g'(x)$，

由全导数公式(8.10)得

$$\frac{\mathrm{d}z}{\mathrm{d}x}=\frac{\partial z}{\partial u}\cdot\frac{\mathrm{d}u}{\mathrm{d}x}+\frac{\partial z}{\partial v}\cdot\frac{\mathrm{d}v}{\mathrm{d}x}=vu^{v-1}\cdot f'(x)+u^v\ln u\cdot g'(x)$$

$$=g(x)(f(x))^{g(x)-1}f'(x)+(f(x))^{g(x)}\ln f(x)g'(x)$$

$$=(f(x))^{g(x)}\left[g(x)\frac{f'(x)}{f(x)}+g'(x)\ln f(x)\right].$$

例 8.29 设函数 $z=uv+\mathrm{e}^{uv}$，$u=xy$，$v=x+y$. 求 $\dfrac{\partial z}{\partial x}$、$\dfrac{\partial z}{\partial y}$.

解 利用公式(8.13)得

$$\frac{\partial z}{\partial x}=\frac{\partial z}{\partial u}\cdot\frac{\partial u}{\partial x}+\frac{\partial z}{\partial v}\cdot\frac{\partial v}{\partial x}=(v+v\mathrm{e}^{uv})\cdot y+(u+u\mathrm{e}^{uv})\cdot 1$$

$$=(1+\mathrm{e}^{xy(x+y)})(2xy+y^2)$$

$$\frac{\partial z}{\partial y}=\frac{\partial z}{\partial u}\cdot\frac{\partial u}{\partial y}+\frac{\partial z}{\partial v}\cdot\frac{\partial v}{\partial y}=(v+v\mathrm{e}^{uv})\cdot x+(u+u\mathrm{e}^{uv})\cdot 1$$

$$=(1+\mathrm{e}^{xy(x+y)})(2xy+x^2).$$

例 8.30 设函数 $z=f\left(x,\dfrac{x}{y}\right)$，其中二元函数 f 可微，求 $\dfrac{\partial z}{\partial x}$.

解 方法一：令 $v=\dfrac{x}{y}$，则 z 是两个中间变量 x、v 的复合函数，由复合函数求导公式(8.13)有

$$\frac{\partial z}{\partial x}=\frac{\partial f}{\partial x}\cdot\frac{\mathrm{d}x}{\mathrm{d}x}+\frac{\partial f}{\partial v}\cdot\frac{\partial v}{\partial x}=\frac{\partial f}{\partial x}\cdot 1+\frac{\partial f}{\partial v}\cdot\frac{1}{y}=\frac{\partial f}{\partial x}+\frac{1}{y}\cdot\frac{\partial f}{\partial v}.$$

注 上式中两端出现的 $\dfrac{\partial z}{\partial x}$、$\dfrac{\partial f}{\partial x}$ 的含义不同，x 具有双重身份，既是自变量又是中间变量. 等式左边的 $\dfrac{\partial z}{\partial x}$ 表示的是函数对自变量 x 的偏导数，求偏导时仅将变量 y 视为常数；而等式右边的 $\dfrac{\partial f}{\partial x}$ 表示的是函数对中间变量 x 的偏导数，求偏导时将中间变量 v 视为常数.

方法二：令 $u=x$，$v=\dfrac{x}{y}$，则 $z=f(u,v)$. 于是

$$\frac{\partial z}{\partial x}=\frac{\partial z}{\partial u}\frac{\partial u}{\partial x}+\frac{\partial z}{\partial v}\frac{\partial x}{\partial x}=f_u\cdot 1+f_v\cdot\frac{1}{y}=f_u+f_v\cdot\frac{1}{y}.$$

例 8.31 设函数 $z=f\left(x^2+y^2,\dfrac{x}{y},xy\right)$，$f$ 有二阶连续偏导数，求 $\dfrac{\partial^2 z}{\partial x^2}$ 和 $\dfrac{\partial^2 z}{\partial x\partial y}$.

解 令 $u=x^2+y^2$，$v=\dfrac{x}{y}$，$w=xy$，则 $z=f(u,v,w)$.

先求一阶偏导数. 为简便起见，引入记号：$f_1'=\dfrac{\partial f(u,v)}{\partial u}$、$f_{12}''=\dfrac{\partial^2 f(u,v)}{\partial u\partial v}$，这里下标 1 表示对第一个变量 u 求偏导数，下标 2 表示对第二个变量 v 求偏导数，同理有 f_2'、f_{11}''、f_{22}'' 等记号.

$$\frac{\partial z}{\partial x} = f_1' \cdot 2x + f_2' \cdot \frac{1}{y} + f_3'y = 2xf_1' + \frac{1}{y}f_2' + yf_3';$$

$$\frac{\partial z}{\partial y} = f_1' \cdot 2y + f_2' \cdot \left(-\frac{x}{y^2}\right) + f_3'x = 2yf_1' - \frac{x}{y^2}f_2' + xf_3'.$$

下面求 $\dfrac{\partial^2 z}{\partial x^2}$ 和 $\dfrac{\partial^2 z}{\partial x \partial y}$.

这时只要注意到偏导数 f_1', f_2', f_3' 仍旧是通过中间变量 $u = x^2 + y^2, v = \dfrac{x}{y}, w = xy$ 复合而成的复合函数,根据复合函数求导法则,有

$$\frac{\partial^2 z}{\partial x^2} = \frac{\partial}{\partial x}\left(\frac{\partial z}{\partial x}\right) = \frac{\partial}{\partial x}\left(2xf_1' + \frac{1}{y}f_2' + yf_3'\right) = \frac{\partial}{\partial x}(2xf_1') + \frac{1}{y} \cdot \frac{\partial f_2'}{\partial x} + y \cdot \frac{\partial f_3'}{\partial x}$$

$$= \left[2f_1' + 2x \cdot \left(f_{11}'' \cdot 2x + f_{12}'' \cdot \frac{1}{y} + f_{13}'' \cdot y\right)\right] + \frac{1}{y} \cdot \left(f_{21}'' \cdot 2x + f_{22}'' \cdot \frac{1}{y} + f_{23}'' \cdot y\right) +$$

$$y \cdot \left(f_{31}'' \cdot 2x + f_{32}'' \cdot \frac{1}{y} + y \cdot f_{33}''\right)$$

$$= 2f_1' + 4x^2 f_{11}'' + \frac{1}{y^2}f_{22}'' + y^2 f_{33}'' + \frac{4x}{y}f_{12}'' + 4xy f_{13}'' + 2f_{23}'';$$

$$\frac{\partial^2 z}{\partial x \partial y} = \frac{\partial}{\partial y}\left(\frac{\partial z}{\partial x}\right) = \frac{\partial}{\partial y}\left(2xf_1' + \frac{1}{y}f_2' + yf_3'\right) = 2x\frac{\partial f_1'}{\partial y} + \frac{\partial}{\partial y}\left(\frac{1}{y}f_2'\right) + \frac{\partial}{\partial y}(yf_3')$$

$$= 2x \cdot \left(f_{11}'' \cdot 2y + f_{12}'' \cdot \left(-\frac{x}{y^2}\right) + f_{13}'' \cdot x\right) +$$

$$\left[-\frac{1}{y^2} \cdot f_2' + \frac{1}{y} \cdot \left(f_{21}'' \cdot 2y + f_{22}'' \cdot \left(-\frac{x}{y^2}\right) + f_{23}'' \cdot x\right)\right] +$$

$$\left[f_3' + y \cdot \left(f_{31}'' \cdot 2y + f_{32}'' \cdot \left(-\frac{x}{y^2}\right) + f_{33}'' \cdot x\right)\right]$$

$$= -\frac{1}{y^2} \cdot f_2' + f_3' + 4xy \cdot f_{11}'' - \frac{x}{y^3}f_{22}'' + xy \cdot f_{33}'' + 2\left(1 - \frac{x^2}{y^2}\right)f_{12}'' + 2(x^2 + y^2)f_{13}''.$$

注　在二阶偏导数连续的条件下,二阶混合偏导数与求导秩序无关. 因此,选择一个好的求导秩序,将使运算得到简化.

例 8.32　设 f 具有二阶连续导数,求下列函数的二阶偏导数 $\dfrac{\partial^2 z}{\partial x \partial y}$:

$(1) z = xf\left(\dfrac{y^2}{x}\right)$; $(2) z = f\left(y + \dfrac{x^2}{y}\right)$.

解　$(1) \dfrac{\partial z}{\partial y} = xf' \cdot \dfrac{2y}{x} = 2yf';$

$$\frac{\partial^2 z}{\partial x \partial y} = 2yf'' \cdot \left(-\frac{y^2}{x^2}\right) = -\frac{2y^3}{x^2}f''.$$

$(2) \dfrac{\partial z}{\partial x} = f' \cdot \dfrac{2x}{y};$

$$\frac{\partial^2 z}{\partial x \partial y} = -\frac{2x}{y^2}f' + \frac{2x}{y}f'' \cdot \left(1 - \frac{x^2}{y^2}\right) = -\frac{2x}{y^2}f' + \frac{2x}{y}\left(1 - \frac{x^2}{y^2}\right)f''.$$

例 8.33 设函数 $z=f(x,y)$ 在点 $(1,1)$ 处可微，且 $f(1,1)=1$，$\left.\dfrac{\partial f}{\partial x}\right|_{(1,1)}=2$，$\left.\dfrac{\partial f}{\partial y}\right|_{(1,1)}=3$，$\varphi(x)=f(x,f(x,x))$，求 $\left.\dfrac{\mathrm{d}}{\mathrm{d}x}\varphi^3(x)\right|_{x=1}$.

解 由题设 $\varphi(1)=f(1,f(1,1))=f(1,1)=1$，

$$\left.\frac{\mathrm{d}}{\mathrm{d}x}\varphi^3(x)\right|_{x=1}=3\varphi^2(x)\left.\frac{\mathrm{d}\varphi}{\mathrm{d}x}\right|_{x=1}$$

$$=3\left[f_1'(x,f(x,x))+f_2'(x,f(x,x))(f_1'(x,x)+f_2'(x,x))\right]\Big|_{x=1}$$

$$=3\cdot\left[2+3\cdot(2+3)\right]=51.$$

例 8.34 设 $z=f(x,y)$ 可微，在极坐标变换 $x=r\cos\theta$，$y=r\sin\theta$ 下，证明：

$$\left(\frac{\partial z}{\partial r}\right)^2+\frac{1}{r^2}\left(\frac{\partial z}{\partial\theta}\right)^2=\left(\frac{\partial z}{\partial x}\right)^2+\left(\frac{\partial z}{\partial y}\right)^2.$$

证明 f 可以看作以 x、y 为中间变量，r、θ 为自变量的多元复合函数. 因此根据链式法则有

$$\frac{\partial z}{\partial r}=\frac{\partial z}{\partial x}\frac{\partial x}{\partial r}+\frac{\partial z}{\partial y}\frac{\partial y}{\partial r}=\frac{\partial z}{\partial x}\cos\theta+\frac{\partial z}{\partial y}\sin\theta,$$

$$\frac{\partial z}{\partial\theta}=\frac{\partial z}{\partial x}\frac{\partial x}{\partial\theta}+\frac{\partial z}{\partial y}\frac{\partial y}{\partial\theta}=\frac{\partial z}{\partial x}(-r\sin\theta)+\frac{\partial z}{\partial y}r\cos\theta.$$

于是

$$\left(\frac{\partial z}{\partial r}\right)^2+\frac{1}{r^2}\left(\frac{\partial z}{\partial\theta}\right)^2$$

$$=\left(\frac{\partial z}{\partial x}\cos\theta+\frac{\partial z}{\partial y}\sin\theta\right)^2+\frac{1}{r^2}\left(-\frac{\partial z}{\partial x}r\sin\theta+\frac{\partial z}{\partial y}r\cos\theta\right)^2$$

$$=\left(\frac{\partial z}{\partial x}\right)^2+\left(\frac{\partial z}{\partial y}\right)^2.$$

例 8.35 利用变换 $u=x-ay$，$v=x+ay(a\neq0)$ 变换方程 $\dfrac{\partial^2 z}{\partial y^2}-a^2\dfrac{\partial^2 z}{\partial x^2}=0$.

解 z 可以看作以 u、v 为中间变量，x、y 为自变量的函数. 于是，

$$\frac{\partial z}{\partial x}=\frac{\partial z}{\partial u}\frac{\partial u}{\partial x}+\frac{\partial z}{\partial v}\frac{\partial v}{\partial x}=\frac{\partial z}{\partial u}+\frac{\partial z}{\partial v}=z_u+z_v,$$

$$\frac{\partial^2 z}{\partial x^2}=\frac{\partial z_u}{\partial x}+\frac{\partial z_v}{\partial x}=\left(\frac{\partial z_u}{\partial u}\frac{\partial u}{\partial x}+\frac{\partial z_u}{\partial v}\frac{\partial v}{\partial x}\right)+\left(\frac{\partial z_v}{\partial u}\frac{\partial u}{\partial x}+\frac{\partial z_v}{\partial v}\frac{\partial v}{\partial x}\right)$$

$$=\left(\frac{\partial z_u}{\partial u}+\frac{\partial z_u}{\partial v}\right)+\left(\frac{\partial z_v}{\partial u}+\frac{\partial z_v}{\partial v}\right)=z_{uu}+2z_{uv}+z_{vv},$$

$$\frac{\partial z}{\partial y}=\frac{\partial z}{\partial u}\frac{\partial u}{\partial y}+\frac{\partial z}{\partial v}\frac{\partial v}{\partial y}=-a\frac{\partial z}{\partial u}+a\frac{\partial z}{\partial v}=-az_u+az_v,$$

$$\frac{\partial^2 z}{\partial y^2}=-a\frac{\partial z_u}{\partial y}+a\frac{\partial z_v}{\partial y}=-a\left(\frac{\partial z_u}{\partial u}\frac{\partial u}{\partial y}+\frac{\partial z_u}{\partial v}\frac{\partial v}{\partial y}\right)+-a\left(\frac{\partial z_v}{\partial u}\frac{\partial u}{\partial x}+\frac{\partial z_v}{\partial v}\frac{\partial v}{\partial x}\right)$$

$$=-a\left(-a\frac{\partial z_u}{\partial u}+a\frac{\partial z_u}{\partial v}\right)+-a\left(-a\frac{\partial z_v}{\partial u}+a\frac{\partial z_v}{\partial v}\right)=a^2z_{uu}-a^2z_{vv}.$$

将 $\dfrac{\partial^2 z}{\partial x^2}$, $\dfrac{\partial^2 z}{\partial y^2}$ 代入方程 $\dfrac{\partial^2 z}{\partial y^2} - a^2 \dfrac{\partial^2 z}{\partial x^2} = 0$, 得 $z_{uv} + z_{vv} = 0$.

8.4.2 全微分形式不变性

设函数 $z = f(u, v)$ 是以 u, v 为自变量的函数, 且为 $C^{(1)}$ 类函数, 由可微的充分条件知函数的全微分为

$$\mathrm{d}z = \frac{\partial f}{\partial u}\mathrm{d}u + \frac{\partial f}{\partial v}\mathrm{d}v. \tag{8.14}$$

假如 $z = f(u, v)$ 是以 u、v 为中间变量, x、y 为自变量的复合函数, 且均为 $C^{(1)}$ 类函数, 则复合函数 $z = f(u(x, y), v(x, y))$ 可微, 且有

$$\begin{aligned}
\mathrm{d}z &= \frac{\partial z}{\partial x}\mathrm{d}x + \frac{\partial z}{\partial y}\mathrm{d}y \\
&= \left(\frac{\partial f}{\partial u} \cdot \frac{\partial u}{\partial x} + \frac{\partial f}{\partial v} \cdot \frac{\partial v}{\partial x}\right)\mathrm{d}x + \left(\frac{\partial f}{\partial u} \cdot \frac{\partial u}{\partial y} + \frac{\partial f}{\partial v} \cdot \frac{\partial v}{\partial y}\right)\mathrm{d}y \\
&= \frac{\partial f}{\partial u}\left(\frac{\partial u}{\partial x}\mathrm{d}x + \frac{\partial u}{\partial y}\mathrm{d}y\right) + \frac{\partial f}{\partial v}\left(\frac{\partial v}{\partial x}\mathrm{d}x + \frac{\partial v}{\partial y}\mathrm{d}y\right).
\end{aligned}$$

上式中两个括号内的表达式分别是函数 $u = u(x, y)$ 及 $v = v(x, y)$ 的全微分, 故有

$$\mathrm{d}z = \frac{\partial f}{\partial u}\mathrm{d}u + \frac{\partial f}{\partial v}\mathrm{d}v. \tag{8.15}$$

比较表达式 (8.14) 及式 (8.15) 可得结论: **不论 u, v 是自变量还是中间变量, 函数 $z = f(u, v)$ 的全微分的形式都不变**. 全微分的这一性质称为**全微分形式的不变性**.

上述结论对三元及三元以上的函数也成立.

应用全微分形式不变性, 可以推导出多元函数全微分的四则运算法则, 如下:

(i) $\mathrm{d}(u \pm v) = \mathrm{d}u \pm \mathrm{d}v$;

(ii) $\mathrm{d}(uv) = v\mathrm{d}u + u\mathrm{d}v$;

(iii) $\mathrm{d}\left(\dfrac{u}{v}\right) = \dfrac{v\mathrm{d}u - u\mathrm{d}v}{v^2}$, $(v \neq 0)$.

可利用全微分形式不变性求复合函数的偏导数.

例 8.36 设 $z = (1 + xy)^y$, 求 $\mathrm{d}z$.

解 方法一:

$$\begin{aligned}
\mathrm{d}z &= \frac{\partial z}{\partial x}\mathrm{d}x + \frac{\partial z}{\partial y}\mathrm{d}y = y^2(1 + xy)^{y-1}\mathrm{d}x + \frac{\partial}{\partial y}\left[\mathrm{e}^{y\ln(1+xy)}\right]\mathrm{d}y \\
&= y^2(1 + xy)^{y-1}\mathrm{d}x + \left[(1 + xy)^y\ln(1 + xy) + xy(1 + xy)^{y-1}\right]\mathrm{d}y.
\end{aligned}$$

方法二:

令 $u = 1 + xy, v = y$, 则 $z = u^v$. 于是

$$\begin{aligned}
\mathrm{d}z &= \frac{\partial z}{\partial u}\mathrm{d}u + \frac{\partial z}{\partial v}\mathrm{d}v = vu^{v-1}\mathrm{d}u + u^v\ln u\,\mathrm{d}v \\
&= y(1 + xy)^{y-1}\mathrm{d}(1 + xy) + (1 + xy)^y\mathrm{d}v \\
&= y^2(1 + xy)^{y-1}\mathrm{d}x + \left[(1 + xy)^y\ln(1 + xy) + xy(1 + xy)^{y-1}\right]\mathrm{d}y.
\end{aligned}$$

可见方法二要简单些, 这正是利用**全微分形式的不变性**的优点.

习题 8.4

1. 求下列复合函数的偏导数或全导数:

（1）$z=u^2v-uv^2$, $u=x\cos y$, $v=x\sin y$, 求 $\dfrac{\partial z}{\partial x}$, $\dfrac{\partial z}{\partial y}$;

（2）$z=\arctan\dfrac{u}{v}$, $u=x+y$, $v=x-y$, 求 $\dfrac{\partial z}{\partial x}$, $\dfrac{\partial z}{\partial y}$;

（3）$u=\ln(\mathrm{e}^x+\mathrm{e}^y)$, $y=x^3$, 求 $\dfrac{\mathrm{d}u}{\mathrm{d}x}$;

（4）设 $z=\arctan(xy)$, 而 $y=\mathrm{e}^x$, 求 $\dfrac{\mathrm{d}z}{\mathrm{d}y}$;

（5）设 $u=x^2+y^2+z^2$, $x=r\cos\theta\sin\varphi$, $y=r\sin\theta\sin\varphi$, $z=r\cos\varphi$, 求 $\dfrac{\partial u}{\partial r}$, $\dfrac{\partial u}{\partial\theta}$, $\dfrac{\partial u}{\partial\varphi}$.

2. 设 f 具有一阶连续偏导数, 求下列函数的一阶偏导数:

（1）$u=f(x^2-y^2,\mathrm{e}^{xy})$; （2）$u=f\left(\dfrac{x}{y},\dfrac{y}{z}\right)$; （3）$u=f(x,xy,xyz)$.

3. 设 $u=f\left(\dfrac{x}{y},\dfrac{y}{z}\right)$, $f\in C^{(1)}$ 类函数, 求 $\mathrm{d}u$.

4. 设 $z=xy+xF(u)$, $u=\dfrac{y}{x}$, $F(u)$ 为可导函数, 证明:

$$x\frac{\partial z}{\partial x}+y\frac{\partial z}{\partial y}=z+xy.$$

5. 求下列复合函数指定的偏导数:

（1）$z=(x^2+y^2)\mathrm{e}^{-\arctan\frac{y}{x}}$, 求 $\dfrac{\partial^2 z}{\partial x^2}$、$\dfrac{\partial^2 z}{\partial x\partial y}$、$\dfrac{\partial^2 z}{\partial y^2}$;

（2）$u=f(x^2+y^2+z^2)$, 求 $\dfrac{\partial^2 u}{\partial x^2}$、$\dfrac{\partial^2 u}{\partial x\partial y}$、$\dfrac{\partial^3 u}{\partial x\partial y\partial z}$, 其中 $f(t)$ 二阶可导;

（3）$z=f(\mathrm{e}^x\sin y,x^2+y^2)$, 求 $\dfrac{\partial^2 z}{\partial x\partial y}$, 其中 $f(u,v)$ 二阶可偏导;

（4）$u=x^3f\left(xy,\dfrac{y}{z}\right)$, 求 $\dfrac{\partial u}{\partial x}$、$\dfrac{\partial u}{\partial y}$、$\dfrac{\partial^2 u}{\partial x\partial y}$, 其中 $f(u,v)$ 二阶可偏导;

（5）设函数 $z=F[\varphi(x)-y,x+\phi(y)]$, 其中 $\varphi(x)$、$\phi(x)$ 都是可微函数, $F(u,v)$ 二阶可偏导, 求 $\dfrac{\partial^2 z}{\partial x\partial y}$.

6. 证明: 函数 $u=\varphi(x+at)+\varphi(x-at)$, 其中 $\varphi(x)$ 二阶可导. 满足波动方程 $\dfrac{\partial^2 u}{\partial t^2}=a^2\dfrac{\partial^2 u}{\partial x^2}$.

7. 设函数 $u=f(x,y)$, $x=\dfrac{s-\sqrt{3}t}{2}$, $y=\dfrac{\sqrt{3}s+t}{2}$, 其中 $f\in C^{(2)}$ 类函数. 证明:

（1）$\left(\dfrac{\partial u}{\partial x}\right)^2+\left(\dfrac{\partial u}{\partial y}\right)^2=\left(\dfrac{\partial u}{\partial s}\right)^2+\left(\dfrac{\partial u}{\partial t}\right)^2$;

(2) $\dfrac{\partial^2 u}{\partial x^2} + \dfrac{\partial^2 u}{\partial y^2} = \dfrac{\partial^2 u}{\partial s^2} + \dfrac{\partial^2 u}{\partial t^2}.$

8. 设函数 $u = f(x, y) \in C^{(2)}$，$x = r \cos \theta$，$y = r \sin \theta$. 证明：

$$\frac{\partial^2 u}{\partial x^2} + \frac{\partial^2 u}{\partial y^2} = \frac{1}{r^2}\left[r \frac{\partial}{\partial r}\left(r \frac{\partial u}{\partial r}\right) + \frac{\partial^2 u}{\partial \theta^2} \right].$$

9. 试证：利用变量替换 $\xi = x - \dfrac{1}{3}y$，$\eta = x - y$，可将方程

$$\frac{\partial^2 u}{\partial x^2} + 4 \frac{\partial^2 u}{\partial x \partial y} + 3 \frac{\partial^2 u}{\partial y^2} = 0 \text{ 化简为} \frac{\partial^2 u}{\partial \xi \partial \eta} = 0.$$

8.5 隐函数的微分法

2.5 节中介绍了隐函数的概念，以及求隐函数导数的方法. 本节主要介绍给定一个方程或方程组，判定其能否确定一个隐函数的方法，即隐函数存在定理，并利用上一节介绍的多元复合函数的求导方法推导出隐函数的导数公式.

8.5.1 一个方程的情形

给定一个方程 $F(x, y) = 0$，等号左端的函数满足什么条件，方程才确定（有连续导数的）隐函数？ 此问题的几何意义就是：满足什么条件，曲面 $z = F(x, y)$ 与平面 $z = 0$ 交成一条（光滑的）曲线呢？ 有下面的隐函数存在定理：

定理 8.7 设函数 $F(x, y)$ 在包含点 (x_0, y_0) 的某邻域内满足

(1) $F(x, y)$ 是 $C^{(1)}$ 类函数；

(2) $F(x_0, y_0) = 0$；

(3) $F_y(x_0, y_0) \neq 0$.

则方程 $F(x, y) = 0$ 在点 (x_0, y_0) 的某邻域内确定唯一一个 $C^{(1)}$ 类的一元函数 $y = y(x)$，它满足 $y_0 = y(x_0)$，并有

$$\frac{\mathrm{d}y}{\mathrm{d}x} = -\frac{F_x}{F_y}. \tag{8.16}$$

这里对定理不作证明，只推导公式(8.16).

设 $y = y(x)$ 是由方程式 $F(x, y) = 0$ 所确定的隐函数，代 $y(x)$ 入方程中，有

$$F(x, y(x)) = 0.$$

此式左端是关于 x 的复合函数，用链式法则求其全导数，得

$$F_x + F_y \cdot \frac{\mathrm{d}y}{\mathrm{d}x} = 0.$$

由条件知，F_y 在点 (x_0, y_0) 的邻域内连续，且 $F_y(x_0, y_0) \neq 0$，因此，存在点 (x_0, y_0) 的一个邻域，在此邻域内 $F_y \neq 0$，故式(8.16)成立.

定理 8.7 可推广到多于 2 个自变量的方程的情形. 我们以 3 个自变量的情形为例来说明相应的隐函数存在定理.

定理 8.8 设函数 $F(x, y, z)$ 在包含点 (x_0, y_0, z_0) 的某邻域内满足

(1) $F(x, y, z)$ 是 $C^{(1)}$ 类函数；

(2) $F(x_0, y_0, z_0) = 0$;

(3) $F_z(x_0, y_0, z_0) \neq 0$.

则方程 $F(x, y, z) = 0$ 在点 (x_0, y_0, z_0) 的某邻域内唯一确定了一个 $C^{(1)}$ 类的二元函数 $z = z(x, y)$,满足 $z_0 = z(x_0, y_0)$,并有

$$\frac{\partial z}{\partial x} = -\frac{F_x}{F_z}, \qquad \frac{\partial z}{\partial y} = -\frac{F_y}{F_z}. \tag{8.17}$$

注 （ⅰ）定理的条件是隐函数存在的充分条件,而非必要条件;

（ⅱ）定理只是指出隐函数是存在的,并没有指出隐函数是"什么样". 可以借助给定的方程讨论它的连续性和可微性.

例 8.37 验证方程 $x^2 + \sqrt{y} - 1 = 0$ 在点 $(0, 1)$ 的某邻域内唯一地确定一个 $C^{(1)}$ 类的、当 $x = 0$ 时 $y = 1$ 的隐函数 $y = y(x)$,并求 $\dfrac{dy}{dx}$.

解 令 $F(x, y) = x^2 + \sqrt{y} - 1$,则 $F(x, y)$ 满足:$F(x, y)$ 具有连续偏导数,$F(0, 1) = 0$,$F_y(0, 1) = \dfrac{1}{2} \neq 0$. 由隐函数存在定理 8.7 知,方程 $x^2 + \sqrt{y} - 1 = 0$ 在点 $(0, 1)$ 的某邻域内能唯一地确定一个 $C^{(1)}$ 类的、当 $x = 0$ 时 $y = 1$ 的隐函数 $y = y(x)$,且

$$\frac{dy}{dx} = -\frac{F_x}{F_y} = \frac{2x}{\dfrac{1}{2\sqrt{y}}} = -4x\sqrt{y}.$$

例 8.38 若方程 $F(x, y, z) = 0$ 满足隐函数存在定理 8.8 的条件,且在点 (x_0, y_0, z_0) 处 F_x、F_y、F_z 都不为零,求 $\dfrac{\partial x}{\partial y} \cdot \dfrac{\partial y}{\partial z} \cdot \dfrac{\partial z}{\partial x}$.

解 $\dfrac{\partial x}{\partial y}$ 表示由方程 $F(x, y, z) = 0$ 确定的隐函数 $x = x(y, z)$ 对 y 的偏导数,根据题设及隐函数存在定理可知

$$\frac{\partial x}{\partial y} = -\frac{F_y}{F_x};$$

同理可得

$$\frac{\partial y}{\partial z} = -\frac{F_z}{F_y}, \quad \frac{\partial z}{\partial x} = -\frac{F_x}{F_z},$$

于是

$$\frac{\partial x}{\partial y} \cdot \frac{\partial y}{\partial z} \cdot \frac{\partial z}{\partial x} = \left(-\frac{F_y}{F_x}\right)\left(-\frac{F_z}{F_y}\right)\left(-\frac{F_x}{F_z}\right) = -1.$$

例 8.39 设 $z = z(x, y)$ 是由方程 $f(x+y, y+z) = 0$ 唯一确定的函数,且 $f \in C^{(2)}$ 类函数,求 $\dfrac{\partial^2 z}{\partial x^2}$.

解 令 $F(x, y, z) = f(x+y, y+z)$,则

$$F_x = f_1', F_y = f_1' + f_2', F_z = f_2'.$$

故

$$\frac{\partial z}{\partial x} = -\frac{F_x}{F_z} = -\frac{f_1'}{f_2'}.$$

故
$$\frac{\partial^2 z}{\partial x^2} = \frac{\partial}{\partial x}\left(\frac{\partial z}{\partial x}\right) = \frac{\partial}{\partial x}\left(\frac{-f_1'}{f_2'}\right) = -\frac{(f_{11}'' + f_{12}'' \cdot z_x)f_2' - f_1'(f_{21}'' + f_{22}'' \cdot z_x)}{(f_2')^2}$$
$$= \frac{f_1' f_{12}'' - f_2' f_{11}''}{(f_2')^2} + \frac{f_1' f_2' f_{21}'' - (f_1')^2 f_{22}''}{(f_2')^3}.$$

例 8.40 设函数 $z = z(x,y)$ 由方程 $z = e^{2x-3z} + 2y$ 所确定, 求 $3\frac{\partial z}{\partial x} + \frac{\partial z}{\partial y}$.

解 令 $F(x,y,z) = e^{2x-3z} + 2y - z$, 由定理 8.8, 得
$$\frac{\partial z}{\partial x} = -\frac{F_x}{F_z} = -\frac{2e^{2x-3z}}{-3e^{2x-3z}-1} = \frac{2e^{2x-3z}}{1+3e^{2x-3z}}, \quad \frac{\partial z}{\partial y} = -\frac{F_y}{F_z} = \frac{2}{1+3e^{2x-3z}}.$$

于是
$$3\frac{\partial z}{\partial x} + \frac{\partial z}{\partial y} = \frac{6e^{2x-3z}+2}{1+3e^{2x-3z}} = 2.$$

8.5.2 方程组的情形

前面讨论了一个方程能否确定隐函数的问题, 这里讨论方程组能否确定隐函数组的问题.

首先讨论三个变量两个方程的特殊情况. 设 $F(x,y,z)$ 和 $G(x,y,z)$ 是定义在区域 $V \subset \mathbf{R}^3$ 上的两个三元函数, 它们构成方程组
$$\begin{cases} F(x,y,z) = 0, \\ G(x,y,z) = 0. \end{cases} \tag{8.18}$$

三个变量中, 只有一个是独立变量, 另外两个变量随之变化. 即, 另外两个变量有可能是关于独立变量的函数. 若存在集合 $D \subset \mathbf{R}, J \times K \subset \mathbf{R}^2$, 对于 D 中每一点 x, 有唯一的 $(y,z) \in J \times K$, 使得 $(x,y,z) \in V$ 且满足方程组 (8.18), 则称方程组 (8.18) 确定了两个定义在 D 上, 值域分别落在 J 和 K 内的函数
$$\begin{cases} y = y(x), \\ z = z(x). \end{cases}$$

我们称这两个函数为由方程组 (8.18) 所确定的**隐函数组**.

在何种条件下, 方程组 (8.18) 能确定上述隐函数组? 以及在何种条件下, 隐函数组是可微的呢? 为此, 我们先引入如下记号. 设 F, G 是两个自变量相同的多元函数, x, y 是其中两个自变量. 称函数行列式 $\begin{vmatrix} F_x & F_y \\ G_x & G_y \end{vmatrix}$ 为函数 F, G 关于变量 x, y 的**函数行列式**(或**雅可比**(Jacobi) **行列式**), 记为 $\frac{\partial(F,G)}{\partial(x,y)}$. 即 $\frac{\partial(F,G)}{\partial(x,y)} = \begin{vmatrix} F_x & F_y \\ G_x & G_y \end{vmatrix} = F_x G_y - G_x F_y$.

定理 8.9 设三元函数 $F(x,y,z)$、$G(x,y,z)$ 在包含点 $P(x_0,y_0,z_0)$ 的某一邻域内满足:
(1) $F(x,y,z)$、$G(x,y,z)$ 都是 $C^{(1)}$ 类函数;
(2) $F(x_0,y_0,z_0) = 0, G(x_0,y_0,z_0) = 0$;
(3) $J = \frac{\partial(F,G)}{\partial(y,z)}\bigg|_{(x_0,y_0,z_0)} = \begin{vmatrix} F_y & F_z \\ G_y & G_z \end{vmatrix}\bigg|_{(x_0,y_0,z_0)} \neq 0.$

则方程组 (8.18) 在点 (x_0,y_0,z_0) 的某邻域内确定了唯一一对 $C^{(1)}$ 类的一元函数:

$$y = y(x), z = z(x),$$

且满足

(1)$y_0 = y(x_0), z_0 = z(x_0)$,且当 $x \in U(x_0)$ 时,$(x, y(x), z(x)) \in U(P_0)$,
$$F(x, y(x), z(x)) \equiv 0, G(x, y(x), z(x)) \equiv 0;$$

(2)$y(x), z(x)$ 在 $U(x_0)$ 内有一阶连续导数,且

$$\frac{dy}{dx} = -\frac{1}{J}\frac{\partial(F, G)}{\partial(x, z)}, \frac{dz}{dx} = -\frac{1}{J}\frac{\partial(F, G)}{\partial(y, x)}. \tag{8.19}$$

下面来推导公式(8.19).假设 $y = y(x), z = z(x)$ 是由方程组(8.18)所确定的隐函数.对方程组(8.18)两端分别关于 x 求导,得

$$\begin{cases} F_x + F_y \cdot y'(x) + F_z \cdot z'(x) = 0, \\ G_x + G_y \cdot y'(x) + G_z \cdot z'(x) = 0. \end{cases}$$

这是关于 $y'(x), z'(x)$ 的二元一次方程组,由定理 8.9 的条件(ⅲ)可知,在点 $P(x_0, y_0, z_0)$ 的某邻域内,系数行列式

$$J = \frac{\partial(F, G)}{\partial(y, z)}\bigg|_{(x_0, y_0, z_0)} = \begin{vmatrix} F_y & F_z \\ G_y & G_z \end{vmatrix}\bigg|_{(x_0, y_0, z_0)} \neq 0.$$

解得

$$\frac{\partial y}{\partial x} = -\frac{1}{J}\frac{\partial(F, G)}{\partial(x, z)} = -\frac{1}{J}\begin{vmatrix} F_x & F_z \\ G_x & G_z \end{vmatrix}, \quad \frac{\partial z}{\partial x} = -\frac{1}{J}\frac{\partial(F, G)}{\partial(y, x)} = -\frac{1}{J}\begin{vmatrix} F_y & F_x \\ G_y & G_x \end{vmatrix}.$$

注 (ⅰ)若将定理 8.9 中条件(3)改为"$\frac{\partial(F, G)}{\partial(x, z)}$ 在点 P_0 不等于零",则方程组确定的隐函数组为 $x = x(y)$ 和 $z = z(y)$,其他情形可类似推出.

(ⅱ)定理 8.9 可以推广,若方程组中含有 m 个方程,$m+n$ 个变量.在满足解线性方程组的克兰姆法则的条件下,则方程组能确定 m 个 n 元隐函数.我们以两个方程、四个变量为例加以说明.

定理 8.10 设四元函数 $F(x, y, u, v)$、$G(x, y, u, v)$ 在包含点 $P(x_0, y_0, u_0, v_0)$ 的某一邻域内满足:

(1)$F(x, y, u, v)$、$G(x, y, u, v)$ 都是 $C^{(1)}$ 类函数;

(2)$F(x_0, y_0, u_0, v_0) = 0, G(x_0, y_0, u_0, v_0) = 0;$

(3)$J = \frac{\partial(F, G)}{\partial(u, v)}\bigg|_{(x_0, y_0, u_0, v_0)} = \begin{vmatrix} F_u & F_v \\ G_u & G_v \end{vmatrix}\bigg|_{(x_0, y_0, u_0, v_0)} \neq 0.$

则方程组

$$\begin{cases} F(x, y, u, v) = 0 \\ G(x, y, u, v) = 0 \end{cases} \tag{8.20}$$

在点 (x_0, y_0, u_0, v_0) 的某邻域内确定了唯一一对 $C^{(1)}$ 类函数的二元函数 $u = u(x, y)$ 及 $v = v(x, y)$,满足 $u_0 = u(x_0, y_0), v_0 = v(x_0, y_0)$,并有

$$\frac{\partial u}{\partial x} = -\frac{1}{J}\frac{\partial(F, G)}{\partial(x, v)} = -\frac{1}{J}\begin{vmatrix} F_x & F_v \\ G_x & G_v \end{vmatrix};$$

$$\frac{\partial v}{\partial x} = -\frac{1}{J}\frac{\partial(F, G)}{\partial(u, x)} = -\frac{1}{J}\begin{vmatrix} F_u & F_x \\ G_u & G_x \end{vmatrix}; \tag{8.21}$$

$$\frac{\partial u}{\partial y} = -\frac{1}{J}\frac{\partial(F,G)}{\partial(y,v)} = -\frac{1}{J}\begin{vmatrix} F_y & F_v \\ G_y & G_v \end{vmatrix};$$

$$\frac{\partial v}{\partial y} = -\frac{1}{J}\frac{\partial(F,G)}{\partial(u,y)} = -\frac{1}{J}\begin{vmatrix} F_u & F_y \\ G_u & G_y \end{vmatrix}.$$

下面推导公式(8.21). 设 $u=u(x,y)$、$v=v(x,y)$ 是由方程组(8.20)所确定的隐函数,则

$$\begin{cases} F(x,y,u(x,y),v(x,y)) = 0, \\ G(x,y,u(x,y),v(x,y)) = 0. \end{cases}$$

应用链式求导法则,对每个方程关于 x 求偏导数,得

$$\begin{cases} F_x + F_u \cdot \dfrac{\partial u}{\partial x} + F_v \cdot \dfrac{\partial v}{\partial x} = 0, \\ G_x + G_u \cdot \dfrac{\partial u}{\partial x} + G_v \cdot \dfrac{\partial v}{\partial x} = 0. \end{cases}$$

即

$$\begin{cases} F_u \cdot \dfrac{\partial u}{\partial x} + F_v \cdot \dfrac{\partial v}{\partial x} = -F_x, \\ G_u \cdot \dfrac{\partial u}{\partial x} + G_v \cdot \dfrac{\partial v}{\partial x} = -G_x. \end{cases}$$

这是关于 $\dfrac{\partial u}{\partial x}$、$\dfrac{\partial v}{\partial x}$ 的二元一次方程组. 由定理 8.10 的条件(3)可知,在点 $P(x_0,y_0,u_0,v_0)$ 的某邻域内,系数行列式

$$J = \frac{\partial(F,G)}{\partial(u,v)} = \begin{vmatrix} F_u & F_v \\ G_u & G_v \end{vmatrix} \neq 0.$$

于是可解得

$$\frac{\partial u}{\partial x} = -\frac{1}{J}\frac{\partial(F,G)}{\partial(x,v)} = -\frac{1}{J}\begin{vmatrix} F_x & F_v \\ G_x & G_v \end{vmatrix}, \frac{\partial v}{\partial x} = -\frac{1}{J}\frac{\partial(F,G)}{\partial(u,x)} = -\frac{1}{J}\begin{vmatrix} F_u & F_x \\ G_u & G_x \end{vmatrix}.$$

注　在求方程组所确定的隐函数偏导时,常以公式(8.19)和(8.21)的推导过程为基本方法.

例 8.41　设 $y=y(x)$,$z=z(x)$ 由 $\begin{cases} z=x^2+y^2 \\ x^2+2y^2+3z^2=20 \end{cases}$ 确定,求 $\dfrac{\mathrm{d}y}{\mathrm{d}x}$,$\dfrac{\mathrm{d}z}{\mathrm{d}x}$.

解　方法一:

分别在两个方程两端对 x 求导,得

$$\begin{cases} \dfrac{\mathrm{d}z}{\mathrm{d}x} = 2x + 2y\dfrac{\mathrm{d}y}{\mathrm{d}x}, \\ 2x + 4y\dfrac{\mathrm{d}y}{\mathrm{d}x} + 6z\dfrac{\mathrm{d}z}{\mathrm{d}x} = 0. \end{cases}$$

移项,得

$$\begin{cases} 2y\dfrac{\mathrm{d}y}{\mathrm{d}x} - \dfrac{\mathrm{d}z}{\mathrm{d}x} = -2x, \\ 2y\dfrac{\mathrm{d}y}{\mathrm{d}x} + 3z\dfrac{\mathrm{d}z}{\mathrm{d}x} = -x. \end{cases}$$

在

$$D = \begin{vmatrix} 2y & -1 \\ 2y & 3z \end{vmatrix} = 6yz + 2y \neq 0$$

的条件下,解方程组得

$$\frac{dy}{dx} = \frac{\begin{vmatrix} -2x & -1 \\ -x & 3z \end{vmatrix}}{D} = \frac{-6xz - x}{6yz + 2y} = \frac{-x(6z + 1)}{2y(3z + 1)},$$

$$\frac{dz}{dx} = \frac{\begin{vmatrix} 2y & -2x \\ 2y & -x \end{vmatrix}}{D} = \frac{2xy}{6yz + 2y} = \frac{x}{3z + 1}.$$

方法二:

令 $F(x,y,z) = x^2 + y^2 - z$, $G(x,y,z) = x^2 + 2y^2 + 3z^2 - 20$. 由公式(8.19)得

$$\frac{dy}{dx} = -\frac{1}{J} \frac{\partial(F,G)}{\partial(x,z)} = -\frac{\begin{vmatrix} F_x & F_z \\ G_x & G_z \end{vmatrix}}{\begin{vmatrix} F_y & F_z \\ G_y & G_z \end{vmatrix}} = -\frac{\begin{vmatrix} 2x & -1 \\ 2x & 6z \end{vmatrix}}{\begin{vmatrix} 2y & -1 \\ 4y & 6z \end{vmatrix}} = -\frac{12xz + 2x}{12yz + 4y} = -\frac{6xz + x}{6yz + 2y},$$

$$\frac{dz}{dx} = -\frac{1}{J} \frac{\partial(F,G)}{\partial(y,x)} = -\frac{\begin{vmatrix} F_y & F_x \\ G_y & G_x \end{vmatrix}}{\begin{vmatrix} F_y & F_z \\ G_y & G_z \end{vmatrix}} = -\frac{\begin{vmatrix} 2y & 2x \\ 4y & 2x \end{vmatrix}}{\begin{vmatrix} 2y & -1 \\ 4y & 6z \end{vmatrix}} = -\frac{4xy - 8xy}{12yz + 4y} = \frac{x}{3z + 1}.$$

例 8.42 设 u,v 为方程组 $\begin{cases} x^2 + y^2 - uv = 0 \\ xy - u^2 + v^2 = 0 \end{cases}$ 所确定的变量 x,y 的隐函数,且 $u^2 + v^2 \neq 0$,求 $\frac{\partial u}{\partial x}, \frac{\partial v}{\partial x}$.

解 就题设两个方程对 x 求偏导,得

$$\begin{cases} 2x - (u_x v + uv_x) = 0 \\ y - 2uu_x + 2vv_x = 0 \end{cases},$$

因为 $u^2 + v^2 \neq 0$,求解关于 u_x, v_x 的二元一次方程组,得

$$u_x = \frac{4xv + uy}{2(u^2 + v^2)}, v_x = \frac{4xu - yv}{2(u^2 + v^2)}.$$

例 8.43 设 $z = xf(x+y)$, $F(x,y,z) = 0$,其中 f 与 F 都是 $C^{(1)}$ 类函数,求 $\frac{dz}{dx}$.

解 方程两边对 x 求导,得

$$\begin{cases} \dfrac{dz}{dx} = f + xf' \cdot \left(1 + \dfrac{dy}{dx}\right), \\ F_1' + F_2' \cdot \dfrac{dy}{dx} + F_3' \dfrac{dz}{dx} = 0. \end{cases}$$

整理得

$$\begin{cases} -xf' \dfrac{dy}{dx} + \dfrac{dz}{dx} = f + xf', \\ F_2' \cdot \dfrac{dy}{dx} + F_3' \dfrac{dz}{dx} = -F_1'. \end{cases}$$

解之,得

$$\frac{\mathrm{d}z}{\mathrm{d}x} = \frac{\begin{vmatrix} -xf' & f+xf' \\ F_2' & -F_1' \end{vmatrix}}{\begin{vmatrix} -xf' & 1 \\ F_2' & F_3' \end{vmatrix}} = \frac{xF_1'f' - xF_2'f' - fF_2'}{-xf'F_3' - F_2'} \quad (xf'F_3' + F_2' \neq 0).$$

习题 8.5

1. 求下列隐函数的导数或偏导数:

(1) $\sin y + \mathrm{e}^x - xy^2 = 0$,求 $\dfrac{\mathrm{d}y}{\mathrm{d}x}$;

(2) $\ln\sqrt{x^2+y^2} = \arctan\dfrac{y}{x}$,求 $\dfrac{\mathrm{d}y}{\mathrm{d}x}$;

(3) $x+2y+z-2\sqrt{xyz} = 0$,求 $\dfrac{\partial z}{\partial x}$,$\dfrac{\partial z}{\partial y}$;

(4) $z^3 - 3xyz = a^3$,求 $\dfrac{\partial z}{\partial x}$,$\dfrac{\partial^2 z}{\partial y^2}$;

(5) $x+y+z = \mathrm{e}^{-(x+y+z)}$,求 $\dfrac{\partial^2 z}{\partial x^2}$,$\dfrac{\partial^2 z}{\partial x \partial y}$.

2. 函数 $z=z(x,y)$ 由方程 $F\left(x+\dfrac{z}{y},y+\dfrac{z}{x}\right)=0$ 所确定,其中 F 有一阶连续偏导数,求证: $x\dfrac{\partial z}{\partial x} + y\dfrac{\partial z}{\partial y} = z - xy$.

3. 设函数 $z=f(2x-y)+g(x,xy)$,其中 $f(t),g(u,v)\in C^{(2)}$ 类函数,求 $\dfrac{\partial^2 z}{\partial x \partial y}$.

4. 设函数 $u=f(x,y,z),z=g(x,y)$,其中 $f(x,y,z),g(x,y)\in C^{(2)}$,求 $\dfrac{\partial^2 u}{\partial x \partial y}$.

5. 计算下列各题:

(1) 函数 $y=y(x),z=z(x)$ 由方程组 $\begin{cases} x+y+\mathrm{e}^2=1 \\ x+y^2+z=1 \end{cases}$ 所确定,求 $\dfrac{\mathrm{d}y}{\mathrm{d}x}$,$\dfrac{\mathrm{d}z}{\mathrm{d}x}$;

(2) 设方程组 $\begin{cases} x^2+y^2=\dfrac{1}{2}z^2 \\ x+y+z=2 \end{cases}$ 确定函数 $x=x(z),y=y(z)$,求 $\dfrac{\mathrm{d}x}{\mathrm{d}z}$ 和 $\dfrac{\mathrm{d}y}{\mathrm{d}z}$ 在 $x=1$、$y=-1$、$z=2$ 处的值;

(3) 函数 $u=u(x,y),v=v(x,y)$ 由方程组 $\begin{cases} u+v=x+y \\ y\sin u=x\sin v+1 \end{cases}$ 所确定,求 $\mathrm{d}u$ 和 $\mathrm{d}v$;

(4) 函数 $u=u(x,y),v=v(x,y)$ 由方程组 $\begin{cases} xu-yv=0 \\ yu+xv=1 \end{cases}$ 所确定,求 $\mathrm{d}v$;

(5) 函数 $u=u(x,y),v=v(x,y)$ 由方程组 $\begin{cases} u=f(ux,v+y) \\ v=g(u-x,v^2y) \end{cases}$ 所确定,其中 f,g 具有连续偏导

数，求 $\dfrac{\partial u}{\partial x}, \dfrac{\partial v}{\partial x}$.

6. 设 $x = \mathrm{e}^u \cos v, y = \mathrm{e}^u \sin v, z = uv$, 试求 $\dfrac{\partial z}{\partial x}, \dfrac{\partial z}{\partial y}$.

8.6 多元函数微分在几何上的应用

一元函数在一点的导数确定该点的切线. 而二元函数在一点有两个偏导数，这两个偏导数确定了经过该点的两条切线. 两相交直线可以确定一个平面，这个平面就是空间曲面的切平面. 本节主要讨论通过多元函数的偏导数去确定空间曲线的切线以及空间曲面的切平面.

8.6.1 空间曲线的切线及法平面

和平面曲线切线的定义一样，空间光滑曲线 $\varGamma$ 在点 M_0 处的**切线** M_0T 仍定义为点 M_0 处割线的极限位置. 而定义过点 M_0 且与切线 M_0T 垂直的平面 $\boldsymbol{\pi}$ 为曲线 $\varGamma$ 在该点的**法平面**，如图 8.7 所示.

求空间曲线的切线与法平面方程，关键是要求出空间曲线的切向量.

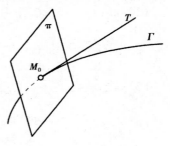

图 8.7

(1) 空间曲线 $\varGamma$ 用参数方程表示

设曲线方程为

$$\varGamma: \begin{cases} x = x(t) \\ y = y(t), \\ z = z(t) \end{cases} \qquad t \in [\alpha, \beta],$$

其中 $x(t) \, \backslash \, y(t) \, \backslash \, z(t)$ 对 t 的导数存在且不同时为零. 当参数值 $t = t_0$ 时，对应曲线 $\varGamma$ 上的点 $M_0(x_0, y_0, z_0)$，给 t 以改变量 $\Delta t(\Delta t \neq 0)$，$x, y, z$ 相应的改变量为 $\Delta x, \Delta y, \Delta z$，这时得到曲线上另一点 $M(x_0 + \Delta x, y_0 + \Delta y, z_0 + \Delta z)$，则过点 $M \, \backslash \, M_0$ 的割线的方向向量为

$$\overrightarrow{M_0M} = (x(t_0 + \Delta t) - x(t_0), y(t_0 + \Delta t) - y(t_0), z(t_0 + \Delta t) - z(t_0)),$$

即

$$\overrightarrow{M_0M} = (\Delta x, \Delta y, \Delta z).$$

除以 Δt，割线的方向向量也为

$$\frac{\overrightarrow{M_0M}}{\Delta t} = \left(\frac{\Delta x}{\Delta t}, \frac{\Delta y}{\Delta t}, \frac{\Delta z}{\Delta t} \right).$$

令 $\Delta t \to 0$，因 $x(t) \, \backslash \, y(t) \, \backslash \, z(t)$ 是 t 的可微函数，所以

$$\lim_{\Delta t \to 0} \frac{\overrightarrow{M_0M}}{\Delta t} = (x'(t_0), y'(t_0), z'(t_0)).$$

割线的方向向量存在极限，这个极限就是曲线 $\varGamma$ 在点 $M_0(x_0, y_0, z_0)$ 处切线的方向向量，称为**切向量**，记为 $\boldsymbol{T}$，即

$$T = (x'(t_0), y'(t_0), z'(t_0)). \tag{8.22}$$

故曲线 Γ 在点 $M_0(x_0, y_0, z_0)$ 处的切线方程为

$$\frac{x - x_0}{x'(t_0)} = \frac{y - y_0}{y'(t_0)} = \frac{z - z_0}{z'(t_0)}. \tag{8.23}$$

曲线 Γ 在点 $M_0(x_0, y_0, z_0)$ 处的法平面方程为

$$x'(t_0)(x - x_0) + y'(t_0)(y - y_0) + z'(t_0)(z - z_0) = 0. \tag{8.24}$$

注　若空间曲线 Γ 由方程 $\begin{cases} y = y(x) \\ z = z(x) \end{cases}$ 表示,则将 x 视为参数,曲线 Γ 仍为参数式 $\begin{cases} x = x \\ y = y(x), \\ z = z(x) \end{cases}$

则曲线 Γ 在点 x_0 处的切向量为

$$T = (1, y'(x_0), z'(x_0)),$$

从而切线方程为

$$\frac{x - x_0}{1} = \frac{y - y(x_0)}{y'(x_0)} = \frac{z - z(x_0)}{z'(x_0)}.$$

法平面方程为

$$(x - x_0) + y'(x_0)(y - y(x_0)) + z'(x_0)(z - z(x_0)) = 0.$$

例 8.44　求曲线 $x = t^e, y = -e^t, z = t^t$ 在对应于 $t = e$ 点处的切线方程和法平面方程.

解　参数 $t = e$ 对应着点 $(e^e, -e^e, e^e)$,又任一点处的切向量为

$$(x'(t), y'(t), z'(t)) = (et^{e-1}, -e^t, (\ln t + 1)t^t).$$

对应点的切向量为

$$T = (e^e, -e^e, 2e^e) = e^e(1, -1, 2).$$

于是,切线方程为

$$x - e^e = \frac{y + e^e}{-1} = \frac{z - e^e}{2},$$

法平面方程为

$$(x - e^e) - (y + e^e) + 2(z - e^e) = 0,$$

或

$$x - y + 2z = 4e^e.$$

（2）空间曲线 Γ 用一般式方程表示

设空间曲线 Γ 由一般式方程给出:

$$\begin{cases} F(x, y, z) = 0, \\ G(x, y, z) = 0, \end{cases} \tag{8.25}$$

且由方程组(8.25)确定了两个隐函数 $y = y(x)$ 和 $z = z(x)$. 由隐函数求导法则,得

$$\frac{\mathrm{d}y}{\mathrm{d}x} = -\frac{\begin{vmatrix} F_x & F_z \\ G_x & G_z \end{vmatrix}}{\begin{vmatrix} F_y & F_z \\ G_y & G_z \end{vmatrix}} = -\frac{1}{J}\frac{\partial(F, G)}{\partial(x, z)}, \frac{\mathrm{d}z}{\mathrm{d}x} = -\frac{\begin{vmatrix} F_y & F_x \\ G_y & G_x \end{vmatrix}}{\begin{vmatrix} F_y & F_z \\ G_y & G_z \end{vmatrix}} = -\frac{1}{J}\frac{\partial(F, G)}{\partial(y, z)}.$$

故曲线 Γ 在点 M_0 的切向量为

$$T = \left(1, \frac{dy}{dx}\Big|_{x_0}, \frac{dz}{dx}\Big|_{x_0}\right) = \frac{1}{\frac{\partial(F,G)}{\partial(y,z)}}\left(\frac{\partial(F,G)}{\partial(y,z)}, -\frac{\partial(F,G)}{\partial(x,z)}, -\frac{\partial(F,G)}{\partial(y,x)}\right).$$

可取

$$T = \left(\frac{\partial(F,G)}{\partial(y,z)}, \frac{\partial(F,G)}{\partial(z,x)}, \frac{\partial(F,G)}{\partial(x,y)}\right). \tag{8.26}$$

由式(8.26)可求出曲线的切向量 T,因而就可求出曲线的切线及法平面方程.

例 8.45　求曲线 $\begin{cases} z = xy+5 \\ xyz+6 = 0 \end{cases}$ 在点 $(1,-2,3)$ 处的切线及法平面方程.

解　在方程组中视 y、z 为 x 的函数:$y = y(x)$ 和 $z = z(x)$,对方程组关于 x 求导,得

$$\begin{cases} y + xy' - z' = 0, \\ yz + xzy' + xyz' = 0. \end{cases}$$

代入点 $(1,-2,3)$,解得

$$y'\Big|_{(1,-2,3)} = 2, z'\Big|_{(1,-2,3)} = 0.$$

对应的切向量 $T = (1,2,0)$,从而切线方程为

$$x - 1 = \frac{y+2}{2} = \frac{z-3}{0} \text{ 或 } \begin{cases} 2(x-1) = y+2 \\ z = 3 \end{cases}.$$

法平面方程为

$$(x-1) + 2(y+2) = 0 \text{ 或 } x + 2y + 3 = 0.$$

8.6.2　曲面的切平面及法线

首先我们来定义曲面的切平面概念.

如图 8.8 所示,设 $M_0(x_0, y_0, z_0)$ 为曲面 Σ 上一定点,如果过 M_0 且落在曲面 Σ 上的所有光滑曲线的全体切线能组成一张平面,则称这张平面为曲面在 M_0 点的**切平面**.

要求曲面的切平面方程,首先要求出切平面的法向量.

设曲面 Σ 的方程为

$$F(x,y,z) = 0$$

且落在曲面 Σ 上的任意曲线 Γ 的方程为

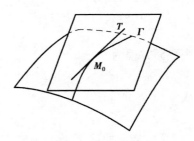

图 8.8

$$\begin{cases} x = x(t) \\ y = y(t), \\ z = z(t) \end{cases}$$

其中 $x(t)$、$y(t)$、$z(t)$ 在点 M_0 对应的参数 $t = t_0$ 处是可导的,且不全为零. 于是

$$F(x(t), y(t), z(t)) = 0.$$

用链式法则对上式求全导数,得

$$F_x(M_0) \cdot x'(t_0) + F_y(M_0) \cdot y'(t_0) + F_z(M_0) \cdot z'(t_0) = 0. \tag{8.27}$$

这里假设向量 $(F_x(M_0), F_y(M_0), F_z(M_0)) \neq \mathbf{0}$,且是曲面 Σ 在点 M_0 处的固定向量,而 $\vec{s} =$

$(x'(t_0),y'(t_0),z'(t_0))$是曲线 Γ 在点 M_0 处的切向量. 式(8.27)表明,曲面 Σ 上过点 M_0 的任意曲线的切向量 $\vec{s}$,总与固定向量$(F_x(M_0),F_y(M_0),F_z(M_0))$垂直. 此向量称为曲面 Σ 在点 M_0 处的**法向量**,记为

$$\boldsymbol{n} = (F_x(M_0),F_y(M_0)),F_z(M_0)). \tag{8.28}$$

过点 M_0 且与切平面垂直的直线称为曲面 Σ 在点 M_0 处的**法线**.

式(8.28)所表示的向量也是曲面 Σ 在点 M_0 处的切平面的法向量,故曲面 Σ 在点 M_0 处的切平面方程为

$$F_x(M_0)(x-x_0) + F_y(M_0)(x-x_0) + F_z(M_0)(x-x_0) = 0. \tag{8.29}$$

法线方程为

$$\frac{x-x_0}{F_x(M_0)} = \frac{y-y_0}{F_y(M_0)} = \frac{z-z_0}{F_z(M_0)}. \tag{8.30}$$

注　若曲面由显式函数 $z=f(x,y)$ 给出,则可令 $F(x,y,z)=z-f(x,y)=0$,于是法向量为$(-f_x(x_0,y_0),-f_y(x_0,y_0),1)$. 由此可求出切平面和法线方程.

例 8.46　求曲面 $x^2+2y^2+3z^2=21$ 上平行于平面 $x+4y+6z=0$ 的切平面方程.

解　令 $F(x,y,z)=x^2+2y^2+3z^2-21$,则该曲面在点$(x,y,z)$处的法向量为

$$\boldsymbol{n} = (2x,4y,6z).$$

欲使此法向量与已知平面的法向量$(1,4,6)$平行,需有

$$\frac{2x}{1} = \frac{4y}{4} = \frac{6z}{6} = k.$$

所以切点为 $x=\frac{1}{2}k,y=k,z=k$. 又因切点在曲面上,故

$$\left(\frac{1}{2}k\right)^2 + 2k^2 + 3k^2 = 21.$$

由此求得 $k=\pm 2$. 所以切点为$(1,2,2)$和$(-1,-2,-2)$,对应的切平面方程为

$$(x-1) + 4(y-2) + 6(z-2) = 0$$

和

$$(x+1) + 4(y+2) + 6(z+2) = 0.$$

例 8.47　设空间曲线 Γ 为 $\begin{cases} F(x,y,z)=0 \\ G(x,y,z)=0 \end{cases}$,试证明:在曲线 Γ 上任意一点 $P_0(x_0,y_0,z_0)$ 处的切线向量等于曲面 $F(x,y,z)=0$ 与 $G(x,y,z)=0$ 在此点处法向量的向量积.

解　因为曲线 Γ 在曲面 $\Sigma_1:F(x,y,z)=0$ 上,所以曲线 Γ 上点 $P_0(x_0,y_0,z_0)$ 处的切向量 $\vec{s}$ 与曲面 Σ_1 在该点处的法向量(F_x,F_y,F_z)垂直;

同理,曲线 Γ 上点 $P_0(x_0,y_0,z_0)$ 处的切向量 $\vec{s}$ 还与曲面 $\Sigma_2:G(x,y,z)=0$ 在该点处的法向量(G_x,G_y,G_z)垂直;

故可取切线向量为 $\boldsymbol{T}=(F_x,F_y,F_z)\times(G_x,G_y,G_z)$.

习题 8.6

1. 求下曲线在给定点的切线和法平面方程:

（1）$x = a\sin^2 t, y = b\sin t\cos t, z = c\cos^2 t$，点 $t = \dfrac{\pi}{4}$；

（2）$\begin{cases} x^2+y^2+z^2=6 \\ x+y+z=0 \end{cases}$，点 $M_0(1,-2,1)$；

（3）$\begin{cases} y^2=2mx \\ z^2=m-x \end{cases}$，点 $M_0(x_0,y_0,z_0)$.

2. $t(0<t<2\pi)$ 为何值时，曲线 $L: x=t-\sin t, y=1-\cos t, z=4\sin\dfrac{t}{2}$ 在相应点的切线垂直于平面 $x+y+\sqrt{2}z=0$，并求相应的切线和法平面方程.

3. 证明：螺旋线 $x=a\cos t, y=a\sin t, z=bt$ 上任意一点的切线与 z 轴形成的夹角都相同.

4. 若曲线 $\begin{cases} x^2-y^2-z=0 \\ x^2+2y^2+z^2=3 \end{cases}$ 在点 $(1,-1,0)$ 处的切向量与 y 轴正向成钝角，求它与 x 轴正向夹角的余弦.

5. 证明曲线 $\begin{cases} x+y-z^4=1 \\ 2x^2-y^3-2z=-1 \end{cases}$ 在点 $(1,1,1)$ 处的切线 L_1 与曲线 $x=4t-2, y=t^2+3t-1, z=t^3-2t^2+4t+1$ 在点 $(2,3,4)$ 处的切线 L_2 是异面直线. 并求它们之间的距离.

6. 求下列曲面在给定点的切平面和法线方程：

（1）$z=x^2+y^2$，点 $M_0(1,2,5)$；

（2）$z=\arctan\dfrac{y}{x}$，点 $M_0\left(1,1,\dfrac{\pi}{4}\right)$.

7. 求点 $(1,-2,-5)$ 到双叶双曲面 $x^2-2y^2-4z^2=4$ 在点 $(4,2,-1)$ 处切平面的距离.

8. 求曲面 $x+xy+xyz=9$ 与平面 $2x-4y-z+9=0$ 在点 $(1,2,3)$ 处的夹角.

9. 求椭球面 $x^2+y^2+4z^2=13$ 与单叶旋转双曲面 $x^2+y^2-4z^2=11$ 的交线在点 $\left(2\sqrt{2},2,\dfrac{1}{2}\right)$ 处的切线方程，并求两曲面在该点处的交角（即两曲面在该点处的切平面的夹角）.

10. 指出曲面 $z=xy$ 上何处的法线垂直于平面 $x-2y+z=6$，并求出该点的法线方程与切平面方程.

11. 求曲面 $x^2-y^2-z^2+6=0$ 垂直于直线 $\dfrac{x-3}{2}=y-1=\dfrac{z-2}{-3}$ 的切平面方程.

12. 求曲面 $4x^2+y^2+4z^2=16$ 在点 $(1,2\sqrt{2},-1)$ 处的法线方程，并求此法线在 yOz 平面上的投影.

13. 证明：曲面 $(z-2x)^2=(z-3y)^3$ 上任一点处的法线都平行于平面 $3x+2y+6z-1=0$.

14. 证明：曲面 $4x-z+\dfrac{1}{(3y+2z)^2}=2$ 上任一点处的切平面都平行于直线 $\dfrac{x-1}{3}=\dfrac{y-1}{-8}=\dfrac{z-1}{12}$.

15. 证明：曲面 $xyz=a^3(a>0,$ 为常数) 的任一切平面与三个坐标面所围成的四面体的体积为常数.

16. 两曲面称为是正交的，如果它们在交线上的任意一点处的两个法向量互相垂直. 证明：曲面 $z^2=x^2+y^2$ 与曲面 $x^2+y^2+z^2=1$ 正交.

8.7　方向导数与梯度

8.7.1　方向导数

前面所研究的偏导数 $f_x(x,y)$ 及 $f_y(x,y)$ 是函数 $f(x,y)$ 在点 $P(x,y)$ 分别沿着平行于 x 轴的方向和平行于 y 轴的方向的变化率. 然而在许多实际问题中,常常需要知道函数 $f(x,y)$ 在点 $P(x,y)$ 沿任意方向的变化率. 例如,设 $f(P)$ 表示某物体内点 P 处的温度,那么这物体的热传导就依赖于温度沿各方向下降的速度. 再例如,要预报某地的风向和风力,就必须知道气压在该处沿某些方向的变化率. 因此,要引进多元函数在一点 P 沿一给定方向的方向导数的概念.

这里以二元函数为例. 设函数 $z=f(x,y)$ 在点 $P(x_0,y_0)$ 的某邻域内有定义,l 为自点 $P(x_0,y_0)$ 发出的射线,$l^0=(\cos\alpha,\cos\beta)$ 是与 l 同方向的单位向量. 则有向射线 l 上任意一点 $P'(x,y)$ 的坐标 (x,y) 满足

$$\begin{cases} x = x_0 + \rho\cos\alpha \\ y = y_0 + \rho\cos\beta \end{cases},$$

其中 $\rho=|P'-P|$ 是 P' 到 P 的距离. 当 $\rho\to0^+$ 时,$P'(x,y)$ 沿射线 l 趋于 $P(x_0,y_0)$.

定义 8.7　设 $f(x,y)$,l,$P(x_0,y_0)$ 和 $P'(x,y)$ 如上所述. 若极限

$$\lim_{\rho\to0^+}\frac{f(P')-f(P)}{\rho}$$

存在,即极限

$$\lim_{\rho\to0^+}\frac{f(x_0+\rho\cos\alpha,y_0+\rho\cos\beta)-f(x_0,y_0)}{\rho} \tag{8.31}$$

存在,则称此极限为函数 $z=f(x,y)$ 在点 $P(x_0,y_0)$ 沿射线 l 的**方向导数**,记作

$$\frac{\partial f}{\partial l}(x_0,y_0) \text{ 或 } f_l(x_0,y_0).$$

注　从方向导数的定义式(8.31)知,方向导数 $\dfrac{\partial f}{\partial l}(x_0,y_0)$ 就是函数在指定点 $P_0(x_0,y_0)$ 处沿给定方向 l 的变化率.

(1)方向导数的几何意义

首先,函数 $z=f(x,y)$ 表示一张空间曲面,当自变量限制在 l 方向变化时,对应的空间曲面上的点形成一条曲线. 它是过 l 的铅垂平面与曲面的交线,如图 8.9 所示. 此交线在点 M 有一条半切线 MN,记 MN 与方向 l 的夹角为 θ,则由方向导数的定义有 $\dfrac{\partial f}{\partial l}=\tan\theta$.

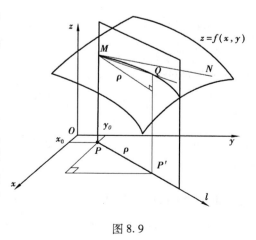

图 8.9

(2) 方向导数与偏导数的关系

方向导数

$$\frac{\partial f}{\partial l} = \lim_{\rho \to 0^+} \frac{f(x + \Delta x, y + \Delta y) - f(x,y)}{\rho}$$

是函数在某点沿某射线方向的变化率,其中的 $\rho = \sqrt{(\Delta x)^2 + (\Delta y)^2}$ **一定为正**;
而偏导数

$$\frac{\partial f}{\partial x} = \lim_{\Delta x \to 0} \frac{f(x_0 + \Delta x, y_0) - f(x_0, y_0)}{\Delta x},$$

$$\frac{\partial f}{\partial y} = \lim_{\Delta y \to 0} \frac{f(x_0, y_0 + \Delta x) - f(x_0, y_0)}{\Delta y}$$

分别是函数在某点沿平行于坐标轴的直线的变化率,其中 Δx、Δy **可正可负**. 如果以 $\frac{\partial f}{\partial x^+}$、$\frac{\partial f}{\partial x^-}$ 分别表示沿 x 轴正方向与负方向的方向导数,$\frac{\partial f}{\partial y^+}$、$\frac{\partial f}{\partial y^-}$ 分别表示沿 y 轴正方向、负方向的方向导数,则当**两个偏导数存在时,必有**

$$\frac{\partial f}{\partial x^+} = \frac{\partial f}{\partial x}, \frac{\partial f}{\partial x^-} = -\frac{\partial f}{\partial x},$$

$$\frac{\partial f}{\partial y^+} = \frac{\partial f}{\partial y}, \frac{\partial f}{\partial y^-} = -\frac{\partial f}{\partial y}.$$

反之,$\frac{\partial f}{\partial x^+}$、$\frac{\partial f}{\partial x^-}$ 存在,$\frac{\partial z}{\partial x}$ 未必存在,当然,$\frac{\partial f}{\partial y^+}$、$\frac{\partial f}{\partial y^-}$ 存在,$\frac{\partial z}{\partial y}$ 也未必存在.

事实上,对函数 $z = \sqrt{x^2 + y^2}$ 来说,在原点处沿任何方向的方向导数都存在而且相等,但函数在原点处却不可偏导,这就很好地说明了偏导数与方向导数的区别.

关于方向导数的计算,有下面的定理.

定理 8.11 设函数 $z = f(x, y)$ 在点 $P(x_0, y_0)$ 处可微,则函数 $z = f(x, y)$ 在点 $P(x_0, y_0)$ 处沿任意方向 $l^0 = (\cos \alpha, \cos \beta)$ 的方向导数都存在,且

$$\frac{\partial f}{\partial l}(x_0, y_0) = f_x(x_0, y_0) \cos \alpha + f_y(x_0, y_0) \cos \beta. \tag{8.32}$$

证明 由于 $f(x, y)$ 在点 (x_0, y_0) 处可微,所以

$$f(x_0 + \Delta x, y_0 + \Delta y) - f(x_0, y_0) = f_x(x_0, y_0) \Delta x + f_y(x_0, y_0) \Delta y + o(\sqrt{(\Delta x)^2 + (\Delta y)^2}).$$

将等式两端同除以 $\rho(\rho = \sqrt{(\Delta x)^2 + (\Delta y)^2})$,并令 $\rho \to 0$,得

$$\lim_{\rho \to 0} \frac{f(x_0 + \Delta x, y_0 + \Delta y) - f(x_0, y_0)}{\rho}$$

$$= \lim_{\rho \to 0} \left[f_x(x_0, y_0) \frac{\Delta x}{\rho} + f_y(x_0, y_0) \frac{\Delta y}{\rho} + \frac{o(\rho)}{\rho} \right]$$

$$= f_x(x_0, y_0) \cos \alpha + f_y(x_0, y_0) \cos \beta.$$

由方向导数的定义知 $\frac{\partial f}{\partial l}(x_0, y_0)$ 存在,即公式(8.32)成立.

注 以上方向导数的概念及计算公式可以推广到三元及三元以上的多元函数. 以三元函数为例,若函数 $f(x, y, z)$ 在点 (x, y, z) 可微,则函数在该点沿方向 $l^0 = (\cos \alpha, \cos \beta, \cos \gamma)$ 的方

向导数存在,且

$$\frac{\partial f}{\partial l} = f_x \cdot \cos \alpha + f_y \cdot \cos \beta + f_z \cdot \cos \gamma. \tag{8.33}$$

例 8.48　求函数 $z = 3x^2 y - y^2$ 在点 $P(2,3)$ 沿曲线 $y = x^2 - 1$ 朝 x 增大方向的方向导数.

解　将已知曲线用参数方程表示为

$$\begin{cases} x = x, \\ y = x^2 - 1. \end{cases}$$

在点 P 的切向量为 $(1, 2x) \big|_{x=2} = (1, 4)$,与其同方向的单位向量为 $l^0 = \left(\dfrac{1}{\sqrt{17}}, \dfrac{4}{\sqrt{17}} \right)$.
因为函数可微,且

$$z_x(x, y) \big|_{(2,3)} = 6xy \big|_{(2,3)} = 36,$$

$$z_y(x, y) \big|_{(2,3)} = 3x^2 - 2y \big|_{(2,3)} = 6.$$

故所求方向导数为

$$\frac{\partial z}{\partial l} \Big|_P = 36 \cdot \frac{1}{\sqrt{17}} + 6 \cdot \frac{4}{\sqrt{17}} = \frac{60}{\sqrt{17}}.$$

例 8.49　设 $f(x, y, z) = x + y^2 + z^3$,求 f 在点 $P(1,1,1)$ 沿方向 $l : (2, -2, 1)$ 的方向导数.

解　已知 $f(x, y, z)$ 在点 P 可微. 计算得 $f_x(P) = 1, f_y(P) = 2, f_z(P) = 3$ 及方向 l 的方向余弦为

$$\cos \alpha = \frac{2}{\sqrt{2^2 + (-2)^2 + 1^2}} = \frac{2}{3},$$

$$\cos \beta = \frac{-2}{\sqrt{2^2 + (-2)^2 + 1^2}} = \frac{-2}{3},$$

$$\cos \gamma = \frac{1}{\sqrt{2^2 + (-2)^2 + 1^2}} = \frac{1}{3}.$$

故 $f_l(P) = 1 \cdot \dfrac{2}{3} + 2 \cdot \left(-\dfrac{2}{3} \right) + 3 \cdot \dfrac{2}{3} = \dfrac{1}{3}$.

8.7.2　梯度

函数的方向导数表示函数沿给定方向的变化率,反映出函数沿某个方向变化的快慢. 而往往最需要关注的是函数沿哪个方向变化最快. 这就需要引入梯度的概念. 我们以三元函数为例.

定义 8.8　若函数 $f(x, y, z)$ 在点 $P(x_0, y_0, z_0)$ 存在对所有自变量的偏导数,则称向量 $(f_x(x_0, y_0, z_0), f_y(x_0, y_0, z_0), f_z(x_0, y_0, z_0))$ 为函数 $f(x, y, z)$ 在点 P 的梯度,记作

$$\mathrm{grad}(f(x_0, y_0, z_0)) \ 或 \ \nabla f(x_0, y_0, z_0),即$$

$$\mathrm{grad}(f(x_0, y_0, z_0)) = (f_x(x_0, y_0, z_0), f_y(x_0, y_0, z_0), f_z(x_0, y_0, z_0)). \tag{8.34}$$

注　设方向 l 的单位向量为 $l^0 = (\cos \alpha, \cos \beta, \cos \gamma)$,利用梯度的概念,函数 $f(x, y, z)$ 沿方向 l 的方向导数可以改写为

$$\frac{\partial f}{\partial l} = (\mathrm{grad}(f)) \cdot l^0 = |\mathrm{grad}(f)| \cos \theta, \tag{8.35}$$

其中,θ 为梯度 grad(f) 与方向 l^0 之间的夹角. 因此当 $\theta = 0$ 时,方向导数 $\dfrac{\partial f}{\partial l}$ 取到最大值 $|\text{grad}(f)|$. 所以可以这样来描述梯度,函数 f 在 P 点的梯度 grad(f) 是一个向量,它的方向是函数 f 变化最快的方向,它的模就是函数在 P 点的方向导数的最大值.

例 8.50 设 $f = (x,y) = xe^y$.

(1)求函数 $f(x,y)$ 在点 $P(2,0)$ 处沿从 P 到 $Q\left(\dfrac{1}{2},2\right)$ 方向的变化率;

(2)问函数 $f(x,y)$ 在点 $P(2,0)$ 处沿什么方向具有最大的增长率? 最大增长率为多少?

解 (1)这里方向是 $\overrightarrow{PQ} = \left(-\dfrac{3}{2},2\right)$,与其同方向的单位向量为 $l^0 = \left(-\dfrac{3}{5},\dfrac{4}{5}\right)$,又 grad $f = (f_x,f_y) = (e^y,xe^y)$,所以

$$\left.\frac{\partial f}{\partial l}\right|_{(2,0)} = \text{grad}\, f(2,0) \cdot l^0 = (1,2) \cdot \left(-\frac{3}{5},\frac{4}{5}\right) = 1.$$

(2)函数 $f(x,y)$ 在点 $P(2,0)$ 处沿梯度方向 grad $f(2,0) = (1,2)$ 具有最大的增长率,最大增长率为

$$|\text{grad}\, f(2,0)| = \sqrt{5}.$$

例 8.51 一块长方形的金属板,四个顶点的坐标分别为 $(1,1),(5,1),(1,3),(5,3)$. 在坐标原点处有一个火焰,它使金属板受热. 假定板上任一点的温度与该点到原点的距离成反比,在 $(3,2)$ 处有一只蚂蚁,问这只蚂蚁应沿什么方向爬行才能最快到达较凉快的地方?

解 板上任一点 (x,y) 的温度为

$$T(x,y) = \frac{k}{\sqrt{x^2 + y^2}}$$

k 为比例常数,而温度变化最剧烈的方向是梯度所指的方向.

$$\text{grad}\, T(x,y) = \left(-\frac{kx}{(x^2+y^2)^{\frac{3}{2}}}, -\frac{ky}{(x^2+y^2)^{\frac{3}{2}}}\right),$$

$$\text{grad}\, T(3,2) = \left(-\frac{3k}{\sqrt{13^3}}, -\frac{2k}{\sqrt{13^3}}\right),$$

它的单位向量 $\left(\dfrac{3}{\sqrt{13}},\dfrac{2}{\sqrt{13}}\right)$ 所指的方向就是由热变冷变化最剧烈的方向. 虽然蚂蚁不懂梯度,但凭它的感觉细胞的反馈信号,它将沿这个方向逃跑.

梯度具有以下性质:

①函数沿梯度的方向增长最快,且沿梯度方向的方向导数就等于梯度的模;

②在点 (x,y) 处的梯度垂直于过点 (x,y) 的等值线.

事实上,设等值线为 $f(x,y) = c$. 两边分别求导,得

$$\frac{\partial f}{\partial x} + \frac{\partial f}{\partial y} \cdot y'(x) = 0,$$

则切向量为 $\left(\dfrac{\partial f}{\partial y}, -\dfrac{\partial f}{\partial x}\right)$,从而

$$\left(\frac{\partial f}{\partial x},\frac{\partial f}{\partial y}\right) \cdot \left(\frac{\partial f}{\partial y}, -\frac{\partial f}{\partial x}\right) = 0.$$

因而在点 (x,y) 处,梯度 grad $f(x,y)$ 垂直于过点 (x,y) 的等值线.

我们将函数 $z=f(x,y)$ 的图像想象为一座山,如果朝着梯度所指的方向爬山,山最陡,感觉最累;但是如果总是沿着与梯度垂直的方向爬山,将永远也上不了山,因为总在一条等高线上行走.

俗话说:"水往低处流."确切地说,水总是向着高度的最快下降方向流动.如果 $f(x,y)$ 的值表示点 (x,y) 的高度,则梯度指向高度的最快上升方向,因此梯度的反方向指向高度的最快下降方向,即溪流的流向.

习题 8.7

1. 求函数 $z=x^2+y^2$ 在点 $(1,2)$ 处沿从点 $(1,2)$ 到点 $(2,2+\sqrt{3})$ 方向的方向导数.

2. 求函数 $u=xyz$ 在点 $M_0(3,4,5)$ 处沿锥面 $z=\sqrt{x^2+y^2}$ 法线方向的方向导数.

3. 求函数 $u=x^2+y^2+z^2$ 在点 $M_0(-1,0,3)$ 处沿椭球面 $\dfrac{x^2}{2}+\dfrac{y^2}{3}+\dfrac{z^2}{18}=1$ 外法线方向的方向导数.

4. 求函数 $u=\mathrm{e}^z-z+xy$ 在点 $(2,1,0)$ 处沿曲面 $\mathrm{e}^z-z+xy=3$ 法线方向的方向导数.

5. 求函数 $u=\mathrm{e}^{-2y}\ln(x+z)$ 在点 $(e,1,0)$ 沿曲面 $z=x^2-\mathrm{e}^{3y-1}$ 法线方向的方向导数.

6. 求函数 $u=x^2+y^2+z^2$ 在曲线 $x=t,y=t^2,z=t^3$ 上点 $(1,1,1)$ 处,沿曲线在该点的切线正方向(对应于 t 增大的方向)的方向导数.

7. 求函数 $u=x+2y+3z$ 在点 $(1,1,1)$ 处沿曲线 $\begin{cases} x^2+y^2+z^2-3x=0 \\ 2x-3y+5z-4=0 \end{cases}$ 切线方向的方向导数.

8. 求函数 $u=x^2-3y^2+z^2$ 在点 $(1,1,-2)$ 沿曲线 $\begin{cases} x^2+y^2+z^2=6 \\ x+y+z=0 \end{cases}$ 切线方向的方向导数.

9. 证明:$u=f(x,y,z)$ 在点 M_0 沿过该点等值面 $f(x,y,z)=f(x_0,y_0,z_0)$ 的切平面内任一方向的方向导数为零,其中 $f(x,y,z)$ 具有连续的导数.

10. 证明:$u=f(x,y,z)$ 在点 $M_0(x_0,y_0,z_0)$ 沿过该点等值面 $f(x,y,z)=f(x_0,y_0,z_0)$ 法线两个方向的方向导数分别为它在该点处方向导数的最大值与最小值,其中 $f(x,y,z)$ 具有连续的偏导数.

11. 求函数 $u=x^2+2y^2-z$ 在点 $M_0(1,2,9)$ 处沿过该点等值面法线方向的方向导数.

12. 求函数 $u=xy+yz+zx$ 在点 $(1,2,3)$ 处的梯度.

13. 求函数 $u=xyz$ 在点 $(1,1,1)$ 沿方向 $l=(\cos a,\cos b,\cos c)$ 的方向导数,$|\text{grad } u|$ 及 grad u 的方向余弦.

14. 求函数 $u=\dfrac{x^2}{a^2}+\dfrac{y^2}{b^2}+\dfrac{z^2}{c^2}$ 在点 $M(x,y,z)$ 处沿该点向径 $\vec{r}=\overrightarrow{OM}$ 的方向导数,a,b,c 取何值时对任意 M 能有 $\left.\dfrac{\partial u}{\partial r}\right|_M=|\text{grad } u(M)|$?

15. 一个徒步旅行者爬山,已知山的高度满足函数 $z=1\,000-2x^2-3y^2$,当他在点 $(1,1,995)$ 处时,为了尽可能快地升高,他应沿什么方向移动?

16. 设函数 uv 具有一阶连续偏导数. 证明：

（1）$\mathrm{grad}(au+bv) = a\ \mathrm{grad}\ u + b\ \mathrm{grad}\ v$，其中 a,b 为常数；

（2）$\mathrm{grad}(uv) = v\ \mathrm{grad}\ u + u\ \mathrm{grad}\ v$；

（3）$\mathrm{grad}\left(\dfrac{u}{v}\right) = \dfrac{v\ \mathrm{grad}\ u - u\ \mathrm{grad}\ v}{v^2}$；

（4）$\mathrm{grad}(f(u)) = f'(u)\,\mathrm{grad}(u)$，$f$ 是可导函数.

8.8 多元函数的极值

在一元微积分学中，我们曾运用一元函数微分学的工具解决了许多属于一元函数极值和最值的问题. 同样，我们将运用多元函数微分学来研究多元函数的极值和最值问题.

8.8.1 多元函数的极值与最值

（1）多元函数的极值

一元函数的极值是在一点附近比较函数值的大小，多元函数的极值也是如此.

定义 8.9 设函数 $z = f(x,y)$ 在点 $P_0(x_0,y_0)$ 的某邻域 $U(P_0)$ 内有定义. 如果该邻域内的点 (x,y)（$(x,y) \neq (x_0,y_0)$）都满足不等式

$$f(x,y) < f(x_0,y_0)\ (或者 f(x,y) > f(x_0,y_0)),$$

则称函数 $z = f(x,y)$ 在点 (x_0,y_0) 取得**极大值** $f(x_0,y_0)$（或者极小值 $f(x_0,y_0)$），(x_0,y_0) 称为 f 的**极大值点**（或者**极小值点**）.

极大值与极小值统称为**极值**，极大值点和极小值点统称为**极值点**.

注 二元函数的极值是一个局部的概念，易推广到其他多元函数. 极值点必然是定义域的内点，所以在闭区域边界上的点不能成为函数的极值点.

例 8.52 函数 $f(x,y) = -\sqrt{x^2+y^2}$ 在点 $(0,0)$ 取得极大值，如图 8.10 所示. 因为在 $(0,0)$ 的去心邻域内总有

$$-\sqrt{x^2+y^2} < 0,$$

即

$$f(x,y) < f(0,0).$$

例 8.53 函数 $z = 3x^2 + 4y^2$ 在点 $(0,0)$ 取得极小值，如图 8.11 所示.

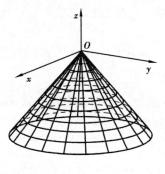

图 8.10

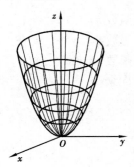

图 8.11

例 8.54　函数 $z=xy$ 在点 $(0,0)$ 处既不取得极小值,也不取得极大值. 因为 $f(0,0)=0$,而在点 $(0,0)$ 的任何一个邻域内,都有使函数值为正的点,也有使函数值为负的点,如图 8.12 所示. 因为函数 $z=xy$ 在点 $(0,0)$ 附近的形状如马鞍,故称点 $(0,0)$ 为函数 $z=xy$ 的鞍点.

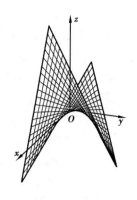

图 8.12

根据极值的定义可知,若 f 在点 (x_0,y_0) 处取得极值,则当固定 $y=y_0$ 时,一元函数 $f(x,y_0)$ 必定在 $x=x_0$ 处也取得极值. 同理,一元函数 $f(x_0,y)$ 在 $y=y_0$ 处也取极值. 由一元函数在极值点处的必要条件,可得二元函数取极值的必要条件:

定理 8.12(极值的必要条件)　若函数 $z=f(x,y)$ 在点 (x_0,y_0) 取得极值,并且 $z=f(x,y)$ 在点 (x_0,y_0) 可偏导,则

$$f_x(x_0,y_0)=0, f_y(x_0,y_0)=0.\qquad(8.36)$$

证明　函数 $z=f(x,y)$ 在点 (x_0,y_0) 取得极值,所以,对应的两个偏导数 $f(x,y_0)$ 和 $f(x_0,y)$ 均在该点取得极值.

令 $\varphi(x)=f(x,y_0)$,不妨设 $z=f(x,y)$ 在点 (x_0,y_0) 取得极大值,于是在点 (x_0,y_0) 的某去心邻域内,对任意的点 (x,y_0) 有

$$f(x,y_0)<f(x_0,y_0),$$

即一元函数 $\varphi(x)=f(x,y_0)$ 在点 $x=x_0$ 处取得极大值. 根据一元函数极值的必要条件有

$$\varphi'(x_0)=f_x(x_0,y_0)=0.$$

同理可证 $f_y(x_0,y_0)=0$.

注　(ⅰ)类似可得,若三元函数 $g(x,y,z)$ 在点 $P_0(x_0,y_0,z_0)$ 处存在偏导数,则它在 P_0 处取得极值的必要条件是 $f_x(x_0,y_0,z_0)=0, f_y(x_0,y_0,z_0)=0, f_z(x_0,y_0,z_0)=0$.

(ⅱ)由定理 8.12 可知,可微函数 $z=f(x,y)$ 在点 (x_0,y_0) 处取得极值,必有 $f_x(x_0,y_0)=0, f_y(x_0,y_0)=0$,函数沿任意方向的变化率都为零. 从几何上看,此时曲面 $z=f(x,y)$ 在点 (x_0,y_0,z_0) 处的切平面为

$$z-z_0=f_y(x_0,y_0)(x-x_0)+f_y(x_0,y_0)(y-y_0),即 z-z_0=0.$$

它是与坐标面 xOy 平行的平面,即曲面在极值点处的切平面平行于 xOy 面. 这恰好与一元函数在极值点处的切线平行与 x 轴相吻合.

(ⅲ)若二元函数 f 在点 (x_0,y_0) 处满足式 (8.36),则称点 (x_0,y_0) 为 f 的**驻点**(也称**稳定点**). 定理 8.12 表明,可微函数的极值点一定是驻点. 而例 8.54 说明,驻点未必都是函数的极值点. 此外,与一元函数的情形类似,二元函数在偏导数不存在的点处也有可能取得极值(如例 8.52).

综上所述,二元函数极值点必为偏导数等于零或者偏导数不存在的点. 为了进一步判断函数在这些点处是否取得极值,下面接着讨论二元函数 f 在某点 (x_0,y_0) 处取得极值的充分条件,为此假定 f 具有二阶连续偏导数,并记

$$A=f_{xx}(x_0,y_0), B=f_{xy}(x_0,y_0), C=f_{yy}(x_0,y_0),称 \Delta=B^2-AC 为判别式.$$

定理 8.13(极值的充分条件)　设二元函数 $f(x,y)$ 在点 $P_0(x_0,y_0)$ 的某邻域 $U(P_0)$ 内具有二阶连续偏导数,点 P_0 是 $f(x,y)$ 的驻点,则有

(ⅰ)当 $\Delta<0$ 时,若 $A>0$,则 f 在点 P_0 取得极小值;若 $A<0$,则 f 在点 P_0 取得极大值.

（ⅱ）当 $\Delta>0$ 时，f 在点 P_0 不能取得极值.

（ⅲ）当 $\Delta=0$ 时，f 可能在点 P_0 处取得极值，也可能没有极值，需进一步判断.

例 8.55 求函数 $z=x^4+y^4-x^2-y^2-2xy$ 的极值.

解 第一步：求函数的驻点.

解方程组
$$\begin{cases} z_x = 4x^3 - 2x - 2y = 0, \\ z_y = 4y^3 - 2y - 2x = 0. \end{cases}$$

得驻点 $(-1,-1)$，$(0,0)$，$(1,1)$.

第二步：在驻点处判别 Δ 的符号.

求二阶偏导数：
$$z_{xx} = 12x^2 - 2, z_{yy} = 12y^2 - 2, z_{xy} = -2.$$

在驻点 $(-1,-1)$ 处：因为 $\Delta=z_{xy}^2(-1,-1)-z_{xx}(-1,-1)z_{yy}(-1,-1)=-96<0$，所以有极值，又因为 $z_{xx}(-1,-1)>0$，所以有极小值 $z(-1,-1)=-2$；

在驻点 $(1,1)$ 处：因为 $\Delta=z_{xy}^2(1,1)-z_{xx}(1,1)z_{yy}(1,1)=-96<0$，所以有极值，又因为 $z_{xx}(1,1)>0$，所以有极小值 $z(1,1)=-2$；

在驻点 $(0,0)$ 处：因为 $\Delta=z_{xy}^2(0,0)-z_{xx}(0,0)z_{yy}(0,0)=0$，用定理无法断定，需用其他方法判别.

若取 $y=x$，则函数变为
$$z = 2x^4 - x^2 - x^2 - 2x^2 = 2x^2(x^2 - 2).$$

在 $(0,0)$ 附近，$2x^2(x^2-2)<0=z(0,0)$.

若取 $y=-x$，则函数变为
$$z = 2x^4 - x^2 - x^2 + 2x^2 = 2x^4.$$

在 $(0,0)$ 附近，$2x^4>0=z(0,0)$，所以 $(0,0)$ 不是极值点.

例 8.56 求曲面方程 $x^2+y^2+z^2-2x+2y-4z-10=0$ 确定的隐函数 $z=f(x,y)$ 的极值.

解 令 $F(x,y,z)=x^2+y^2+z^2-2x+2y-4z-10$，

则 $z_x=-\dfrac{F_x}{F_z}=-\dfrac{x-1}{z-2}$，$z_y=-\dfrac{F_y}{F_z}=-\dfrac{y+1}{z-2}$.

由 $\begin{cases} z_x=0 \\ z_y=0 \end{cases}$，得驻点 $P(1,-1)$. 又计算得

$$A = z_{xx}\Big|_P = \frac{1}{2-z(P)}, C = z_{yy}\Big|_P = \frac{1}{2-z(P)}, B = z_{xy}\Big|_P = 0.$$

将 $x=1$，$y=-1$ 代入原曲面方程，得 $z(P)=-2$ 或 6.

所以 $\Delta=B^2-AC=-\dfrac{1}{(2-z(P))^2}<0$.

因为 $z_{xx}\Big|_{z(P)=-2}=\dfrac{1}{4}>0$，所以 $z=f(1,-1)=-2$ 为极小值；

又因为 $z_{xx}\Big|_{z(P)=6}=-\dfrac{1}{4}<0$，所以 $z=f(1,-1)=6$ 为极大值.

（2）多元函数的最值

在很多实际问题中，需要求出多元函数在某区域上的最大值和最小值. 和一元函数一样，

如果二元可微函数 $f(x,y)$ 在有界闭区域 D 上连续,则求最大值和最小值的方法是:把函数 $f(x,y)$ 在区域 D 内的所有可能极值点的函数值和函数 $f(x,y)$ 在区域 D 边界上的最值点的函数值进行比较,其中最大者即为最大值,最小者即为最小值.但如果函数 $f(x,y)$ 在开区域(有界或无界)或无界闭区域 D 上连续,数学理论不能保证函数 $f(x,y)$ 在 D 内一定存在最大值或最小值.然而,在实际问题中,若根据问题本身的性质知道函数 $f(x,y)$ 的最大值(或最小值)一定在 D 的内部取得,而 $f(x,y)$ 在 D 内又有唯一驻点,那么可以肯定该驻点一定是函数 $f(x,y)$ 在 D 上的最大值点(或最小值点).

例 8.57　求函数 $z=x^2+3y^2-2x$ 在闭域 $D=\left\{(x,y)\ \middle|\ \dfrac{x^2}{9}+\dfrac{y^2}{4}\le 1\right\}$ 上的最大值和最小值.

解　由 $\begin{cases} z_x=2x-2=0 \\ z_y=6y=0 \end{cases}$,可知函数在 D 内有驻点 $(1,0)$,且 $z(1,0)=-1$.

在边界 $\dfrac{x^2}{9}+\dfrac{y^2}{4}=1$ 上,$z=-\dfrac{1}{3}x^2-2x+12$,$(-3\le x\le 3)$.于是

$$z'=-\frac{2}{3}x-2<0.$$

故 $z=-\dfrac{1}{3}x^2-2x+12$ 是单调下降的函数.从而它的最大值、最小值分别是 $z(-3)=15$,$z(3)=3$.

比较后可知函数 $z=x^2+3y^2-2x$ 在点 $(1,0)$ 取最小值 $z(1,0)=-1$,在点 $(-3,0)$ 取最大值 $z(-3,0)=15$.

8.8.2　条件极值　拉格朗日乘数法

(1)条件极值的概念

在讨论极值问题时,往往会遇到这样一种情形,就是函数的自变量要受到某些条件的限制.求一给定点 (x_0,y_0,z_0) 到一曲面 $G(x,y,z)=0$ 的最短距离问题,就是这种情形.我们知道点 (x,y,z) 到点 (x_0,y_0,z_0) 的距离为 $d(x,y,z)=\sqrt{(x-x_0)^2+(y-y_0)^2+(z-z_0)^2}$.现在的问题是要求出曲面 $G(x,y,z)=0$ 上的点 (x,y,z) 使 $d(x,y,z)$ 为最小.问题归化为求函数 $d(x,y,z)$ 在条件 $G(x,y,z)=0$ 下的最小值问题.

又如在总和为 C 的几个正数 $x_1,x_2,\cdots,x_n$ 的数组中,求一数组,使函数值 $f=x_1^2+x_2^2+\cdots+x_n^2$ 为最小.这是在条件 $x_1+x_2+\cdots+x_n=C(x_i>0)$ 的限制下,求函数 f 的极小值问题.这类问题称为条件极值问题.

函数 $z=f(x,y)$ 在附加条件 $\varphi(x,y)=0$ 下的极值称为**条件极值**.附加条件 $\varphi(x,y)=0$ 称为**约束条件**.

求条件极值的问题称为**条件极值问题**,与此对应,将没有约束的条件的极值问题称为**无条件极值问题**.

(2)条件极值的几何意义

函数 $z=f(x,y)$ 的图形是一张空间曲面,而方程 $\varphi(x,y)=0$ 一般是 xOy 面上的一条曲线.当点 (x,y) 在曲线上变动时,对应的点 (x,y,z) 形成在曲面上的一条曲线 L,在图 8.13 中 P_1 是条件极大值点,而 P_2 是无条件极大值点.

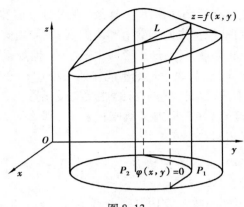

图 8.13

(3)条件极值的求法

条件极值问题的一般形式是求目标函数

$$y = f(x_1, x_2, \cdots, x_n) \tag{8.37}$$

在条件组

$$\varphi_k(x_1, x_2, \cdots, x_n) = 0, k = 1, 2, \cdots, m(m < n) \tag{8.38}$$

限制下的极值.

求条件极值的方法之一是用消元法将条件极值化为无条件极值问题来求解. 例如求函数 $f = \dfrac{1}{x} + \dfrac{1}{y}$,在条件 $x+y=2$ 下的极值,可以通过 $x+y=2$ 解出 $y=2-x$,并代入函数 $f = \dfrac{1}{x} + \dfrac{1}{y}$ 中,得

$$F(x,y) = f(x, 2-x) = \frac{1}{x} + \frac{1}{2-x},$$

然后按 $\dfrac{\mathrm{d}F}{\mathrm{d}x} = 0$ 求出稳定点 $x=1$,从而 $y=2-x=2-1=1$,代入 $f = \dfrac{1}{x} + \dfrac{1}{y}$,得 $f\Big|_{(1,1)} = 2$. 最后判定在此稳定点上取得极小值 $f=2$.

在一般情形下要从条件组(8.38)中解出 m 个变元,将条件极值转化为无条件极值并不简单. 下面介绍另外一种求条件极值的方法——拉格朗日乘数法,它是一种不直接依赖消元而求解条件极值问题的有效方法.

首先考虑式(8.37)和(8.38)中包含的函数 f, φ 均为二元函数,且式(8.38)只含有一个条件的简单情形,即考虑目标函数

$$z = f(x, y) \tag{8.39}$$

在条件

$$\varphi(x, y) = 0 \tag{8.40}$$

限制下取得极值的必要条件.

若函数(8.39)在点 (x_0, y_0) 处取得极值,则首先点 (x_0, y_0) 必须满足条件式(8.40),即

$$\varphi(x_0, y_0) = 0. \tag{8.41}$$

若假定函数 $f(x, y)$ 与 $\varphi(x, y)$ 在点 (x_0, y_0) 的某一邻域内均具有连续的一阶偏导数且 $\varphi_y(x_0, y_0) \neq 0$,则由隐函数存在定理可知,方程(8.40)在初始条件(8.41)下,可以确定一个连续且具有连续导数的函数 $y = \varphi(x)$. 将 $y = \varphi(x)$ 带入式(8.39)可得一个变量为 x 的函数

$$z = f(x, \varphi(x)). \tag{8.42}$$

因此, 函数(8.39)在点(x_0, y_0)处取得极值, 也就是函数(8.42)在点(x_0, y_0)处取得极值. 根据一元可导函数取得极值的必要条件可知

$$\frac{\mathrm{d}z}{\mathrm{d}x}\bigg|_{x=x_0} = f_x(x_0, y_0) + f_y(x_0, y_0)\frac{\mathrm{d}y}{\mathrm{d}x}\bigg|_{x=x_0} = 0. \tag{8.43}$$

而对(8.40)用隐函数求导公式可得

$$\frac{\mathrm{d}y}{\mathrm{d}x}\bigg|_{x=x_0} = -\frac{\varphi_x(x_0, y_0)}{\varphi_y(x_0, y_0)}.$$

将上式带入式(8.43)可得

$$f_x(x_0, y_0) - f_y(x_0, y_0)\frac{\varphi_x(x_0, y_0)}{\varphi_y(x_0, y_0)} = 0. \tag{8.44}$$

综合上述分析可知, 式(8.41)和式(8.44)就是目标函数(8.39)在条件(8.40)下取得极值的必要条件.

设$\dfrac{f_y(x_0, y_0)}{\varphi_y(x_0, y_0)} = -\lambda_0$, 则有$\dfrac{f_x(x_0, y_0)}{\varphi_x(x_0, y_0)} = -\lambda_0$, 且目标函数(8.39)在条件(8.40)下取得极值的必要条件可改写为

$$\begin{cases} f_x(x_0, y_0) + \lambda_0\varphi_x(x_0, y_0) = 0, \\ f_y(x_0, y_0) + \lambda_0\varphi_y(x_0, y_0) = 0, \\ \varphi(x_0, y_0) = 0. \end{cases} \tag{8.45}$$

如果引入辅助函数

$$L(x, y, \lambda) = f(x, y) + \lambda\varphi(x, y), \tag{8.46}$$

则式(8.45)可变形为

$$\begin{cases} L_x(x_0, y_0, \lambda_0) = 0, \\ L_y(x_0, y_0, \lambda_0) = 0, \\ L_\lambda(x_0, y_0, \lambda_0) = 0. \end{cases}$$

这样就把条件极值问题(8.39)和式(8.40)转化为无条件极值问题(8.46). 称这种方法为**拉格朗日乘数法**, 称式(8.46)中的函数L为**拉格朗日函数**, 称辅助变量λ为**拉格朗日乘子**.

事实上, 这种方法还可以推广到条件极值问题的一般形式(8.37)和(8.38), 求目标函数

$$y = f(x_1, x_2, \cdots, x_n)$$

在条件组

$$\varphi_k(x_1, x_2, \cdots, x_n) = 0, k = 1, 2, \cdots, m(m < n)$$

限制下的极值, 其拉格朗日函数是

$$L(x_1, x_2, \cdots, x_n, \lambda_1, \lambda_2, \cdots, \lambda_m)$$
$$= f(x_1, x_2, \cdots, x_n) + \sum_{k=1}^{m}\lambda_k\varphi_k(x_1, x_2, \cdots, x_n),$$

其中$\lambda_1, \lambda_2, \cdots, \lambda_m$为拉格朗日乘子, 且进一步有如下定理.

定理 8.14　设有条件极值问题式(8.37)和(8.38), 且f与$\varphi_k(k = 1, 2, \cdots, m)$在区域$D$内有连续的一阶偏导数. 若$D$的内点$P_0(x_1^{(0)}, \cdots, x_n^{(0)})$是上述问题的极值点, 且雅可比矩阵

$$\begin{pmatrix} \dfrac{\partial \varphi_1}{\partial x_1} & \cdots & \dfrac{\partial \varphi_1}{\partial x_n} \\ \vdots & & \vdots \\ \dfrac{\partial \varphi_m}{\partial x_1} & \cdots & \dfrac{\partial \varphi_m}{\partial x_n} \end{pmatrix}$$

的秩为 m,则存在 m 个常数 $\lambda_1^{(0)}, \cdots, \lambda_m^{(0)}$,使得 $(x_1^{(0)}, \cdots, x_n^{(0)}, \lambda_1^{(0)}, \cdots, \lambda_m^{(0)})$ 为拉格朗日函数 (8.46) 的稳定点,即 $(x_1^{(0)}, \cdots, x_n^{(0)}, \lambda_1^{(0)}, \cdots, \lambda_m^{(0)})$ 为下述 $n+m$ 个方程:

$$\begin{cases} L_{x_1} = \dfrac{\partial f}{\partial x_1} + \displaystyle\sum_{k=1}^{m} \dfrac{\partial \varphi_k}{\partial x_1} = 0 \\ \qquad\vdots \\ L_{x_n} = \dfrac{\partial f}{\partial x_n} + \displaystyle\sum_{k=1}^{m} \dfrac{\partial \varphi_k}{\partial x_n} = 0 \\ L_{\lambda_1} = \varphi_1(x_1, \cdots, x_n) = 0 \\ \qquad\vdots \\ L_{\lambda_m} = \varphi_m(x_1, \cdots, x_n) = 0 \end{cases}$$

的解.

特别地,$n=2, m=1$ 的情形对应着前面讨论的条件极值问题 (8.39) 和 (8.40),对于一般情形的证明省略.

注 在实际问题中往往可根据问题本身的性质来判定所求得的驻点是否为极值点.

例 8.58 求抛物线 $y^2 = 4x$ 上距离直线 $x - y + 4 = 0$ 最近的点,并求其最短的距离.

解 任意点 (x, y) 到直线 $x - y + 4 = 0$ 的距离为

$$d = \frac{|x - y + 4|}{\sqrt{2}}.$$

为计算方便,考虑函数 d^2(因为 d^2 与 d 在 $d \geq 0$ 上具有相同的单调性).故本题转化为求函数

$$f(x, y) = \frac{(x - y + 4)^2}{2}$$

在约束条件

$$y^2 = 4x$$

下的最小值. 为此,构造拉格朗日函数

$$L(x, y, \lambda) = \frac{(x - y + 4)^2}{2} + \lambda(y^2 - 4x).$$

解方程组

$$\begin{cases} L_x = (x - y + 4) - 4\lambda = 0, \\ L_y = -(x - y + 4) + 2\lambda y = 0, \\ L_\lambda = y^2 - 4x = 0. \end{cases}$$

得驻点 $(1, 2)$. 由于抛物线到直线的最短距离必定存在,而在区域内只有唯一可能的极值点. 故点 $(1, 2)$ 为抛物线 $y^2 = 4x$ 到直线 $x - y + 4 = 0$ 最短距离的点,且最短距离为 $d(1, 2) = \dfrac{3}{2}\sqrt{2}$.

例 8.59　求半径为 R 的圆的内接三角形中面积最大者.

解　设内接三角形各边所对的圆心角为 x,y,z,如图 8.14所示,则

$$x + y + z = 2\pi, x \geqslant 0, y \geqslant 0, z \geqslant 0.$$

它们所对应的三个三角形面积分别为

$$S_1 = \frac{1}{2}R^2 \sin x, S_2 = \frac{1}{2}R^2 \sin y, S_3 = \frac{1}{2}R^2 \sin z.$$

设拉格朗日函数

$$L(x,y,z,\lambda) = \sin x + \sin y + \sin z + \lambda(x + y + z - 2\pi).$$

解方程组

$$\begin{cases} \cos x + \lambda = 0, \\ \cos y + \lambda = 0, \\ \cos z + \lambda = 0, \\ x + y + z - 2\pi = 0. \end{cases}$$

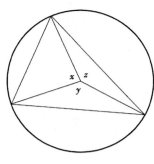

图 8.14

得 $x = y = z = \dfrac{2\pi}{3}.$

因为圆内接三角形中面积最大者一定存在,故圆内接正三角形面积最大,最大面积为

$$S_{\max} = 3 \cdot \frac{R^2}{2} \sin \frac{2}{3}\pi = \frac{3\sqrt{3}}{4}R^2.$$

例 8.60　求坐标原点到曲线 $C: \begin{cases} x^2 + y^2 - z^2 = 1 \\ 2x - y - z = 1 \end{cases}$ 的最短距离.

解　曲线 C 上的点 (x,y,z) 到坐标原点的距离为 $d = \sqrt{x^2 + y^2 + z^2}.$

令 $L(x,y,z) = x^2 + y^2 + z^2 + \lambda(x^2 + y^2 - z^2 - 1) + \mu(2x - y - z - 1).$ 则由

$$\begin{cases} L'_x = 2x + 2\lambda x + 2\mu = 0, \\ L'_y = 2y + 2\lambda y - \mu = 0, \\ L'_z = 2z - 2\lambda z - \mu = 0, \\ L'_\lambda = x^2 + y^2 - z^2 - 1 = 0, \\ L'_\mu = 2x - y - z - 1 = 0, \end{cases}$$

得两个驻点 $(0,-1,0), \left(\dfrac{4}{5}, \dfrac{3}{5}, 0\right).$ 它们到原点的距离都为 1,由实际可知一定有最短距离,于是最短距离为 1.

例 8.61　要造一容积为 128 m³ 的长方体敞口水池,已知水池侧壁的单位造价是底部的 2 倍,问水池的尺寸应如何选择,方能使其造价最低?

解　设水池的长、宽、高分别为 x,y,z 米,水池底部的单位造价为 $a.$

则水池造价 $S = (xy + 4xz + 4yz)a$ 且 $xyz = 128.$

令 $L = xy + 4xz + 4yz + \lambda(xyz - 128).$ 由

$$
\begin{cases}
L_x = y + 4z + \lambda yz = 0, \\
L_y = x + 4z + \lambda xz = 0, \\
L_z = 4x + 4y + \lambda xy = 0, \\
L_\lambda = xyz - 128 = 0,
\end{cases}
$$

得 $x = y = 8, z = 2$.

由于实际问题必定存在最小值，因此当水池的长、宽、高分别为 8 m、8 m、2 m 时，其造价最低.

习题 8.8

1. 求下列函数的极值：

（1）$z = e^{2x}(x + y^2 + 2y)$；   （2）$z = (6x - x^2)(4y - y^2)$；

（3）$z = 4(x - y) - x^2 - y^2$；   （4）$z = xy(a - x - y), a \neq 0$.

2. 求下列函数在给定的闭区域上的最值：

（1）$z = 2x^2 + 3y^2, D: x^2 + 4y^2 \leqslant 4$；

（2）$z = xy + \dfrac{50}{x} + \dfrac{20}{y}, D: 1 \leqslant x \leqslant 10, 1 \leqslant y \leqslant 10$.

3. 证明：函数 $f(x, y) = (1 + e^y)\cos x - ye^y$ 有无穷多个极大值而无极小值.

4. 惠更斯问题：设 $0 < a < b$，在 a, b 之间插入 n 个数，$a < x_1 < x_2 < \cdots < x_n < b$，使得 $u = \dfrac{x_1 x_2 \cdots x_n}{(a + x_1)(x_+ x_2) \cdots (x_n + b)}$ 取最大值，问 $x_1, x_2, \cdots, x_n$ 应满足什么条件？

5. 在椭圆 $\dfrac{x^2}{a^2} + \dfrac{y^2}{b^2} = 1$ 的第一象限部分上求一点使椭圆在该点的切线、椭圆在第一象限的部分及坐标轴所围成的图形的面积最小，其中 $a > 0, b > 0$.

6. 在平面 xOy 上求一点，使它到 $x = 0, y = 0$ 及 $x + 2y - 16 = 0$ 三直线距离的平方之和为最小.

7. 求旋转抛物面 $z = x^2 + y^2$ 与平面 $x + y - z = 1$ 之间的最短距离.

8. 在椭球面 $x^2 + 4y^2 + 16z^2 = 16$ 的第一卦限部分上求一点，使椭球面在该点处的切平面与三个坐标面所围成四面体的体积为最小.

9. 求过点 $(2, 3, 6)$ 的平面，使此平面在三个坐标轴上的截距都是正数，且平面与三个坐标面所围成四面体的体积为最小，并求最小四面体的体积.

10. 抛物面 $z = x^2 + y^2$ 被平面 $x + y + z = 1$ 截成一椭圆，求原点到这椭圆的最长距离与最短距离.

11. 设空间有 n 个点，坐标为 $(x_i, y_i, z_i)(i = 1, 2, \cdots, n)$，试在 xOy 面上找一点，使此点与这 n 个点的距离的平方和最小.

12. 做一个容积为 V 立方米的圆柱形无盖容器，应如何选择尺寸，方能使用料最省？

习题 8

1. 选择题

(1) 设函数 $u(x,y)=\varphi(x+y)+\varphi(x-y)+\int_{x-y}^{x+y}\psi(t)\mathrm{d}t$，其中函数 φ 具有二阶导数，ψ 具有一阶导数，则必有（　　）.

    A. $\dfrac{\partial^2 u}{\partial x^2}=-\dfrac{\partial^2 u}{\partial y^2}$ B. $\dfrac{\partial^2 u}{\partial x^2}=\dfrac{\partial^2 u}{\partial y^2}$ C. $\dfrac{\partial^2 u}{\partial x\partial y}=\dfrac{\partial^2 u}{\partial y^2}$ D. $\dfrac{\partial^2 u}{\partial x\partial y}=\dfrac{\partial^2 u}{\partial x^2}$

(2) 二元函数 $f(x,y)$ 在点 (x_0,y_0) 处两个偏导数 $f'_x(x_0,y_0)$，$f'_y(x_0,y_0)$ 存在是 $f(x,y)$ 在该点连续的（　　）.

    A. 充分条件而非必要条件   B. 必要条件而非充分条件

    C. 充分必要条件   D. 既非充分条件又非必要条件

(3) 已知 $\dfrac{(x+ay)\mathrm{d}x+y\mathrm{d}y}{(x+y)^2}$ 为某函数的全微分，则 a 等于（　　）.

    A. -1 B. 0 C. 1 D. 2

(4) 二元函数 $f(x,y)=\begin{cases}\dfrac{xy}{x^2+y^2}, & (x,y)\neq(0,0)\\ 0, & (x,y)=(0,0)\end{cases}$ 在点 $(0,0)$ 处（　　）.

    A. 连续，偏导数存在   B. 连续，偏导数不存在

    C. 不连续，偏导数存在   D. 不连续，偏导数不存在

(5) 曲面 $z=\mathrm{e}^{yz}+x\sin(x+y)$ 在点 $\left(\dfrac{\pi}{2},0,1+\dfrac{\pi}{2}\right)$ 处的法线方程为（　　）.

    A. $\dfrac{x-\dfrac{\pi}{2}}{1}=\dfrac{y}{1+\dfrac{\pi}{2}}=\dfrac{z-1-\dfrac{\pi}{2}}{1}$ B. $\dfrac{x-\dfrac{\pi}{2}}{-1}=\dfrac{y}{1+\dfrac{\pi}{2}}=\dfrac{z-1-\dfrac{\pi}{2}}{-1}$

    C. $\dfrac{x-\dfrac{\pi}{2}}{-1}=\dfrac{y}{1+\dfrac{\pi}{2}}=\dfrac{z-1-\dfrac{\pi}{2}}{1}$ D. $\dfrac{x-\dfrac{\pi}{2}}{1}=\dfrac{y}{1+\dfrac{\pi}{2}}=\dfrac{z-1-\dfrac{\pi}{2}}{-1}$

(6) 曲面 $x^2-2y^2+z^2-xyz-4x+2z=6$ 在点 $(0,1,2)$ 处的切平面方程为（　　）.

    A. $3(x-1)+2(y-2)-3z+11=0$ B. $3x+2y-3z=4$

    C. $\dfrac{x}{3}+\dfrac{y-1}{2}+\dfrac{z-2}{-3}=0$ D. $\dfrac{x}{3}=\dfrac{y-1}{2}=\dfrac{z-2}{-3}$

(7) 设可微函数 $f(x,y)$ 在点 (x_0,y_0) 取得极小值，则下列结论正确的是（　　）.

    A. $f(x_0,y)$ 在 $y=y_0$ 处的导数等于零   B. $f(x_0,y)$ 在 $y=y_0$ 处的导数大于零

    C. $f(x_0,y)$ 在 $y=y_0$ 处的导数小于零   D. $f(x_0,y)$ 在 $y=y_0$ 处的导数不存在

(8) 函数 $f(x,y,z)=z-2$ 在 $4x^2+2y^2+z^2=1$ 条件下的极大值是（　　）.

    A. 1 B. 0 C. -1 D. -2

2. 填空题

（1）极限 $\lim\limits_{\substack{x\to 1 \\ y\to 0}} \dfrac{\arctan(x+y)}{\sqrt[3]{x^3+y}}=$ _____.

（2）设 $f(x,y)=\begin{cases}\ln(1-x^2y^2), & x^2+y^2<1/2, \\ A, & x^2+y^2\geqslant 1/2.\end{cases}$ 要使 $f(x,y)$ 处处连续,则 $A=$ _____.

（3）设 $z=\sin(3x-y)+y$,则 $\dfrac{\partial z}{\partial x}\Big|_{\substack{x=2 \\ y=1}}=$ _____.

（4）设 $u=\mathrm{e}^{-x}\cos y$,则 $\left(\dfrac{\partial u}{\partial x}\right)^2+\left(\dfrac{\partial u}{\partial y}\right)^2=$ _____.

（5）函数 $z=y^{\ln x}$ 在点 $(1,1)$ 处沿 x 轴反向的方向导数是_____.

（6）设 $u(x,y)=\ln(x+\sqrt{x^2+y^2})$,则 $\mathrm{d}u=$ _____.

（7）设 $z=f(x,y)$ 在上半平面 $y>0$ 处处可微,且对任意 $t>0$,都有 $f(tx,ty)=f(x,y)$,则 $\dfrac{\partial f}{\partial y}\Big|_{(0,1)}=$ _____.

（8）函数 $z=x^2+y^2$ 在闭域 $\{(x,y)\,|\,x\geqslant 0,y\geqslant 0,x+2y\leqslant 2\}$ 上的最大值是_____.

（9）设函数 $F(x,y,z)$ 具有一阶连续偏导数,曲面 $F(x,y,z)=0$ 过点 $P(-1,3,-4)$,且 $F_x(P)=-\sqrt{3},F_y(P)=2\sqrt{3},F_z(P)=1$,则曲面 $F(x,y,z)=0$ 在点 P 的法线与 zOx 平面的夹角是_____.

（10）曲面 $\sin(x+2y)+\cos(y+3z)-\sin(z-2x)=\dfrac{\sqrt{3}+\sqrt{2}+2}{2}$ 在点 $\left(\dfrac{\pi}{6},\dfrac{\pi}{4},-\dfrac{\pi}{6}\right)$ 处的切平面方程是_____.

（11）若函数 $f(x,y)=x^2+2xy+3y^2+ax+by+6$ 在点 $(1,-1)$ 处取得极值,则常数 $a=$ _____,$b=$ _____.

3. 求函数 $z=\sqrt{y}\arcsin\dfrac{\sqrt{2ax-x^2}}{y}+\sqrt{x}\arccos\dfrac{y^2}{2ax}\ (a>0)$ 的定义域.

4. 计算极限: $\lim\limits_{\substack{x\to 0 \\ y\to 0}}\dfrac{\sqrt{x^2+y^2+1}-1}{x^2+y^2}$.

5. 设函数 $f(x,y)=\begin{cases}\dfrac{\sqrt{|xy|}}{x^2+y^2}\sin(x^2+y^2), & x^2+y^2\neq 0 \\ 0, & x^2+y^2=0\end{cases}$. 问

（1）函数 $f(x,y)$ 在点 $(0,0)$ 是否连续?

（2）函数 $f(x,y)$ 在点 $(0,0)$ 是否可微?

6. 设函数 $f(x,y)=|x-y|\cdot\varphi(x,y)$,其中 $\varphi(x,y)$ 在点 $(0,0)$ 连续. 问

（1）$\varphi(x,y)$ 满足什么条件,$f_x(0,0)$ 及 $f_y(0,0)$ 才存在?

（2）若 $\varphi(0,0)=0$,$\varphi(x,y)$ 还满足什么条件,函数 $f(x,y)$ 才在点 $(0,0)$ 可微?

7. 设函数 $z=\varphi(x+y,x-y)\cdot\phi\left(xy,\dfrac{y}{x}\right)$,其中 $\varphi,\phi\in C^{(1)}$ 类函数. 求 $\dfrac{\partial z}{\partial x}$.

8. 设函数 $u=f(x,y,z)\in C^{(1)}$,$y=y(x)$、$z=z(x)$ 分别由方程 $\mathrm{e}^{xy}-y=0$ 和 $\mathrm{e}^x-xz=0$ 所确定,

求 $\dfrac{\mathrm{d}u}{\mathrm{d}x}$.

9. 设直线 $L:\begin{cases} x+y+b=0 \\ x+ay-z-3=0 \end{cases}$ 在平面 π 上,而平面 π 与曲面 $z=x^2+y^2$ 相切于点 $(1,-2,5)$,求常数 a、b.

10. 求两球面 $x^2+y^2+z^2=25$ 与 $x^2+y^2+(z-8)^2=1$ 的公切面方程,使该公切面在 x 轴和 y 轴的正半轴上的截距相等.

11. 设 x 轴正向到方向 $\vec{l}$ 的转角为 φ,求函数 $f(x,y)=x^2-xy+y^2$ 在点 $(1,1)$ 沿方向 $\vec{l}$ 的方向导数,并分别确定转角 φ,使得方向导数有:(1)最大值;(2)最小值;(3)等于 0.

12. 设方程组 $\begin{cases} u=x-2y \\ v=x+ay \end{cases}$ 能把方程 $6\dfrac{\partial^2 z}{\partial x^2}+\dfrac{\partial^2 z}{\partial x\partial y}-\dfrac{\partial^2 z}{\partial y^2}=0$ 简化为 $\dfrac{\partial^2 z}{\partial u\partial v}=0$,求常数 a.

13. 设方程 $2x^2+2y^2+z^2+8xz-z+8=0$ 确定隐函数 $z=z(x,y)$,求 $z=z(x,y)$ 的极值.

14. 求函数 $f(x,y)=x^2+y^2$ 在约束条件 $\varphi(x,y)=(x-1)^3-y^3=0$ 下的条件极值.

第 **9** 章
重积分

在一元函数积分学中,我们知道定积分的积分区域是坐标轴上的区间.本章将介绍的二重积分的积分区域是平面上的区域,三重积分的积分区域是空间中的立体区域.

9.1　二重积分的概念和性质

9.1.1　二重积分的概念

引例 1　曲顶柱体体积

设有一立体,其底是 xOy 平面上的闭区域 D,侧面是以 D 的边界曲线为准线、母线平行于 z 轴的柱面,其顶是曲面 $z=f(x,y)$(假设 $f(x,y)\geqslant 0$ 且在 D 上连续),称之为曲顶柱体.

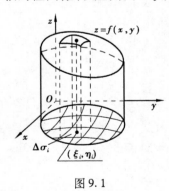

图 9.1

为求其体积,先将区域 D 分成 n 个小区域 $\Delta\sigma_i(1\leqslant i\leqslant n)$,用 $\Delta\sigma_i$ 表示第 i 个小区域及其面积,以 $\Delta\sigma_i$ 的边界为准线作母线平行于 z 轴的柱面. 当 $\Delta\sigma_i$ 取充分小时,该小曲面顶柱体近似认为是平顶柱体(以 $\Delta\sigma_i$ 的边界为准线作母线平行于 z 轴的柱面,截下的曲面当 $\Delta\sigma_i$ 很小时近似认为是平面),如图 9.1 所示.

小曲顶柱体体积近似为
$$\Delta v_i \approx f(\xi_i,\eta_i)\Delta\sigma_i,(\xi_i,\eta_i)\in\Delta\sigma_i,$$
曲顶柱体体积近似为
$$V=\sum_{i=1}^{n}\Delta v_i\approx\sum_{i=1}^{n}f(\xi_i,\eta_i)\Delta\sigma_i,$$

曲顶柱体体积定义为
$$V=\lim_{\lambda\to 0}\sum_{i=1}^{n}f(\xi_i,\eta_i)\Delta\sigma_i,$$

其中,λ 是 n 个小闭区域中直径最大值.(区域直径即区域内两点间距离最大者,如矩形为其对角线,椭圆为其长轴).

引例 2　平面薄片的质量

设有一面密度(密度均匀时,单位面积内平面薄片的质量)为 $f(x,y)$ 的平面薄片,在 xOy 平面上占有闭区域 D,如图 9.2 所示. 求其质量.

先将区域 D 划分为 n 个小区域,记 $\Delta\sigma_i$ 为第 i 个小区域及其面积,当 $\Delta\sigma_i$ 充分小时,近似认为其上密度是均匀的. 其质量近似为

$$\Delta m_i \approx f(\xi_i,\eta_i)\Delta\sigma_i, (\xi_i,\eta_i) \in \Delta\sigma_i,$$

整个平面薄片的质量近似为

$$M = \sum_{i=1}^n \Delta m_i \approx \sum_{i=1}^n f(\xi_i,\eta_i)\Delta\sigma_i,$$

整个平面薄片的质量定义为

$$M = \lim_{\lambda\to 0}\sum_{i=1}^n f(\xi_i,\eta_i)\Delta\sigma_i,$$

图 9.2

其中 λ 为小区域中直径最大者.

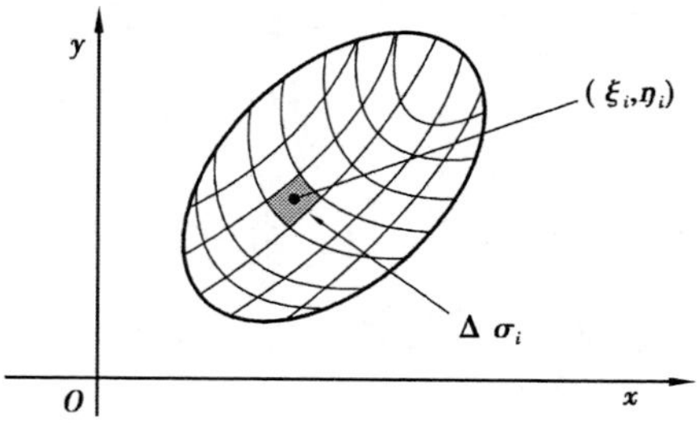

定义 9.1　设 $f(x,y)$ 是有界闭区域 D 上的有界函数,将闭区域 D 划分为 n 个小区域

$$\Delta\sigma_1,\Delta\sigma_2,\cdots,\Delta\sigma_n.$$

用 $\Delta\sigma_i$ 表示第 i 个小区域及其面积,λ 为最大的小区域直径,若对任意的划分和 $\forall (\xi_i,\eta_i) \in \Delta\sigma_i$ 极限

$$\lim_{\lambda\to 0}\sum_{i=1}^n f(\xi_i,\eta_i)\Delta\sigma_i$$

均存在,则称此极限值为函数 $f(x,y)$ 在闭区域 D 上的二重积分,记为 $\iint\limits_D f(x,y)\mathrm{d}\sigma$,即

$$\iint\limits_D f(x,y)\mathrm{d}\sigma = \lim_{\lambda\to 0}\sum_{i=1}^n f(\xi_i,\eta_i)\Delta\sigma_i.$$

引例 1 的体积用二重积分可表示为 $V = \iint\limits_D f(x,y)\mathrm{d}\sigma$ ；引例 2 的质量用二重积分可表示为 $M = \iint\limits_D f(x,y)\mathrm{d}\sigma$.

二重积分的几何意义,$\iint\limits_D f(x,y)\mathrm{d}\sigma$ 等于曲顶柱体体积的**代数和**,即 xOy 平面上方立体体积赋予正号,xOy 平面下方立体体积赋予负号带有符号的体积之和. 本质上就是 xOy 平面上方立体体积减去 xOy 平面下方立体的体积.

9.1.2　二重积分的性质

二重积分的性质与定积分的性质有许多相似之处.

性质 9.1　对被积分函数具有可加性

$$\iint\limits_D [f(x,y) \pm g(x,y)]\mathrm{d}\sigma = \iint\limits_D f(x,y)\mathrm{d}\sigma + \iint\limits_D g(x,y)\mathrm{d}\sigma.$$

性质 9.2　齐次性

$$\iint\limits_D kf(x,y)\mathrm{d}\sigma = k\iint\limits_D f(x,y)\mathrm{d}\sigma.$$

性质 9.3 对积分区域具有可加性

$$\iint\limits_{D_1+D_2} f(x,y)\,d\sigma = \iint\limits_{D_1} f(x,y)\,d\sigma + \iint\limits_{D_2} f(x,y)\,d\sigma.$$

性质 9.4 积分区域上的单调性 若 $f(x,y) \leqslant g(x,y)$，$\forall (x,y) \in D$，则

$$\iint\limits_{D} f(x,y)\,d\sigma \leqslant \iint\limits_{D} g(x,y)\,d\sigma.$$

特别地

$$\left| \iint\limits_{D} f(x,y)\,d\sigma \right| \leqslant \iint\limits_{D} |f(x,y)|\,d\sigma.$$

性质 9.5 估值定理 设 $m \leqslant f(x,y) \leqslant M$，$\forall (x,y) \in D$，$\sigma$ 为 D 的面积，则

$$m\sigma \leqslant \iint\limits_{D} f(x,y)\,d\sigma \leqslant M\sigma.$$

性质 9.6 中值定理 设 $f(x,y)$ 在闭区域 D 上连续，则存在 $(\xi,\eta) \in D$ 使

$$\iint\limits_{D} f(x,y)\,d\sigma = f(\xi,\eta)\sigma.$$

性质 9.7 对称性

若积分区域 D 关于 x 轴对称，用 $D_上$ 表示 D 在 x 轴上方的部分区域，则有

$$\iint\limits_{D} f(x,y)\,d\sigma = \begin{cases} 0, & f(x,-y) = -f(x,y), \\ 2\iint\limits_{D_上} f(x,y)\,d\sigma, & f(x,-y) = f(x,y). \end{cases}$$

若积分区域 D 关于 y 轴对称，用 $D_右$ 表示 D 在 y 轴右方的部分区域，则有

$$\iint\limits_{D} f(x,y)\,d\sigma = \begin{cases} 0, & f(-x,y) = -f(x,y), \\ 2\iint\limits_{D_右} f(x,y)\,d\sigma, & f(-x,y) = f(x,y). \end{cases}$$

例 9.1 用估值定理估计二重积分 $\iint\limits_{D}(x^2 + 4y^2 + 5)\,d\sigma$ 的范围，其中 D 为圆域 $x^2+y^2 \leqslant 4$.

解 由 $5 \leqslant f(x,y) \leqslant 21$，根据性质 9.7 有

$$20\pi \leqslant \iint\limits_{D}(x^2 + 4y^2 + 5)\,d\sigma \leqslant 84\pi.$$

例 9.2 将 Ω 的体积用二重积分表示出来，Ω 是由曲面 $z = 2x^2+3y^2$ 及 $z = 6-2x^2-y^2$ 所围成的立体.

解 曲面 $z = 2x^2+3y^2$ 及 $z = 6-2x^2-y^2$ 的交线在 xOy 平面的投影曲线为

$$\begin{cases} x^2 + y^2 = \dfrac{3}{2}, \\ z = 0. \end{cases}$$

所以空间区域 Ω 在 xOy 的投影区域 D 为：$x^2+y^2 \leqslant 3/2$，Ω 的图形如图 9.3 所示. 此图可看成以 $z = 6-2x^2-y^2$ 为曲顶的曲顶柱体与以 $z = 2x^2+3y^2$ 为曲顶的柱体体积之差，即

$$V = \iint\limits_{D}(6 - 2x^2 - y^2)\,d\sigma - \iint\limits_{D}(2x^2 + 3y^2)\,d\sigma = \iint\limits_{D}(6 - 4x^2 - 4y^2)\,d\sigma.$$

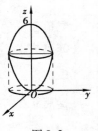

图 9.3

习题 9.1

1. 利用二重积分的定义证明二重积分的性质.

2. 若函数 $f(x,y)$ 在 D 上连续, $f(x,y) \geqslant 0$, 但是 $f(x,y)$ 不恒等于零, 则

$$\iint\limits_{D} f(x,y) \mathrm{d}\sigma > 0.$$

3. 将 $D = \{(x,y) \mid 0 \leqslant x \leqslant 2, 0 \leqslant y \leqslant 2\}$ 划分成四个相同的正方形, 取 (ξ_i, η_i) 为每个小区域的右上角顶点, 求以 D 为底、曲面 $z = 16 - x^2 - 2y^2$ 为顶的曲顶柱体体积的近似值.

4. 利用二重积分的几何意义计算:

(1) $\iint\limits_{D} \sqrt{R^2 - x^2 - y^2} \mathrm{d}\sigma$, 其中 D 是以原点为圆心, 半径为 R 的圆;

(2) $\iint\limits_{D} \sqrt{1 - \dfrac{x^2}{a^2} - \dfrac{y^2}{b^2}} \mathrm{d}\sigma$, 其中 D 是椭球面 $\dfrac{x^2}{a^2} + \dfrac{y^2}{b^2} + \dfrac{z^2}{c^2} = 1$ 在 xOy 平面内的投影;

(3) $\iint\limits_{D} \left[1 - \sqrt{x^2 + y^2} - \sqrt{1 - x^2 - y^2} \right] \mathrm{d}\sigma$, 其中 D 是以原点为圆心单位圆周围成的区域.

5. 根据二重积分的性质比较下列积分的大小:

(1) $\iint\limits_{D} (x+y)^2 \mathrm{d}\sigma$ 与 $\iint\limits_{D} (x+y)^3 \mathrm{d}\sigma$;

(a) D 由直线 $x = 0, y = 0, x + y = 1$ 所围成的闭区域;

(b) D 由圆周 $(x-2)^2 + (y-1)^2 = 1$ 所围成的闭区域.

(2) $\iint\limits_{D} \ln(x+y) \mathrm{d}\sigma$ 与 $\iint\limits_{D} [\ln(x+y)]^2 \mathrm{d}\sigma$.

(a) D 是以点 $(1,0), (1,1), (2,0)$ 为顶点的三角形闭区域;

(b) $D = [3,5] \times [0,1]$.

6. 利用二重积分的性质, 估计下列积分的范围:

(1) $\iint\limits_{D} \sin^2 x \sin^2 y \mathrm{d}\sigma$, 其中 $D = [0, \pi] \times [0, \pi]$;

(2) $\iint\limits_{D} (x^2 + 4y^2 + 9) \mathrm{d}\sigma$, 其中 D 为圆形闭区域: $x^2 + y^2 \leqslant 4$.

7. 求 $\lim\limits_{t \to 0} \dfrac{1}{\pi t^2} \iint\limits_{x^2 + y^2 \leqslant t^2} f(x,y) \mathrm{d}\sigma$, 其中 $f(x,y)$ 是连续函数.

9.2　二重积分的计算法

9.2.1　利用直角坐标计算二重积分

对二重积分, 若用平行于坐标轴的直线网来分割积分区域 D, 这种分割除了包含边界点

103

的一些小闭区域外,每个小块区域都是矩形. 取出一个微元矩形,它由 $x, x+\mathrm{d}x, y, y+\mathrm{d}y$ 四条直线围成,如图 9.4 所示.

微元矩形的面积为 $\mathrm{d}\sigma = \mathrm{d}x\mathrm{d}y$,于是二重积分在直角坐标系下可写成

$$\iint\limits_{D} f(x,y)\,\mathrm{d}\sigma = \iint\limits_{D} f(x,y)\,\mathrm{d}x\mathrm{d}y.$$

设 $f(x,y) \geqslant 0$,且积分区域 D 可表示为:$y_1(x) \leqslant y \leqslant y_2(x)$,$a \leqslant x \leqslant b$. 称为 X-**型区域**,如图 9.5 所示.

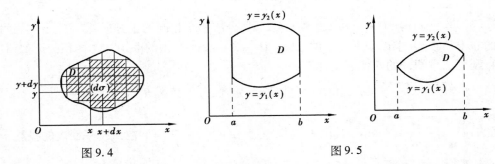

图 9.4   图 9.5

即用垂直于 x 轴的直线穿过积分区域,直线与积分区域的边界曲线最多只有两个交点.

如图 9.6 所示,在区间 $[a,b]$ 内任取一点 $x_0 \in [a,b]$,过 x_0 作垂直于 x 轴的平面 $x = x_0$,所得截面积为

$$A(x_0) = \int_{y_1(x_0)}^{y_2(x_0)} f(x_0,y)\,\mathrm{d}y,$$

同理,$\forall x \in [a,b]$,所得的截面积为

$$A(x) = \int_{y_1(x)}^{y_2(x)} f(x,y)\,\mathrm{d}y.$$

曲顶柱体体积

$$V = \iint\limits_{D} f(x,y)\,\mathrm{d}x\mathrm{d}y = \int_a^b A(x)\,\mathrm{d}x = \int_a^b \left[\int_{y_1(x)}^{y_2(x)} f(x,y)\,\mathrm{d}y \right]\mathrm{d}x \underline{\text{记为}} \int_a^b \mathrm{d}x \int_{y_1(x)}^{y_2(x)} f(x,y)\,\mathrm{d}y$$

称为先对 y 后对 x 的二次积分,且先对 y 作积分时将被积函数 $f(x,y)$ 的 x 看作常数.

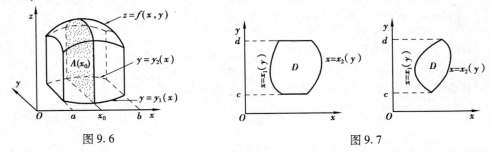

图 9.6   图 9.7

该积分公式对 $f(x,y) \leqslant 0$ 仍成立. 由于面积元素 $\mathrm{d}\sigma = \mathrm{d}x\mathrm{d}y$ 恒大于 0,故化为二次积分时永远保证积分下限小于积分上限.

当积分区域是 $D: x_1(y) \leqslant x \leqslant x_2(y)$,$c \leqslant y \leqslant \mathrm{d}$,称为 Y-**型区域**,如图 9.7 所示.

即用垂直于 y 轴的直线穿过积分区域,直线与积分区域的边界曲线最多只有两个交点,则有

$$\iint\limits_{D}f(x,y)\,\mathrm{d}x\mathrm{d}y = \int_{c}^{d}\left[\int_{x_{1}(y)}^{x_{2}(y)}f(x,y)\,\mathrm{d}x\right]\mathrm{d}y \underline{\underline{\text{记为}}}\int_{c}^{d}\mathrm{d}y\int_{x_{1}(y)}^{x_{2}(y)}f(x,y)\,\mathrm{d}x$$

当 D 既是 X 型区域又是 Y 型区域时,如图 9.8 所示.

$$D:\begin{cases}y_{1}(x)\leqslant y\leqslant y_{2}(x)\\ a\leqslant x\leqslant b\end{cases},\begin{cases}x_{1}(y)\leqslant x\leqslant x_{2}(y)\\ c\leqslant y\leqslant d\end{cases},$$

$$\iint\limits_{D}f(x,y)\,\mathrm{d}x\mathrm{d}y = \int_{a}^{b}\mathrm{d}x\int_{y_{1}(x)}^{y_{2}(x)}f(x,y)\,\mathrm{d}y = \int_{c}^{d}\mathrm{d}y\int_{x_{1}(y)}^{x_{2}(y)}f(x,y)\,\mathrm{d}y$$

则称为**交换积分次序**.

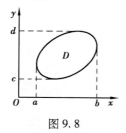

图 9.8

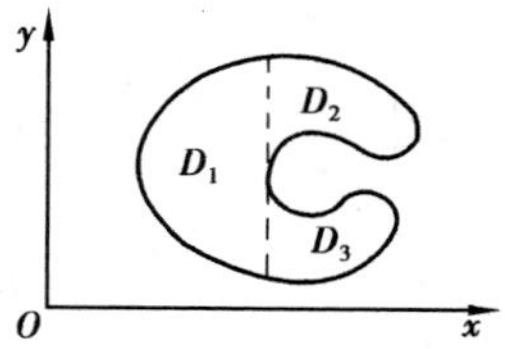

图 9.9

当 D 既不是 X-型区域又不是 Y-型区域时,如图 9.9 所示.

则由二重积分对积分区域的可加性,得

$$\iint\limits_{D}f(x,y)\,\mathrm{d}x\mathrm{d}y = \iint\limits_{D_{1}}f(x,y)\,\mathrm{d}x\mathrm{d}y + \iint\limits_{D_{2}}f(x,y)\,\mathrm{d}x\mathrm{d}y + \iint\limits_{D_{3}}f(x,y)\,\mathrm{d}x\mathrm{d}y.$$

例 9.3　计算 $\iint\limits_{D}xy\mathrm{d}x\mathrm{d}y$,其中 D 是由抛物线 $y^{2}=x$ 及直线 $y=x-2$ 所围成的区域.

解法 1　先对 x 后对 y 积分,如图 9.10 所示,$D:\begin{cases}-1\leqslant y\leqslant 2\\ y^{2}\leqslant x\leqslant y+2\end{cases}.$

$$\iint\limits_{D}xy\mathrm{d}x\mathrm{d}y = \int_{-1}^{2}\mathrm{d}y\int_{y^{2}}^{y+2}xy\mathrm{d}x$$

$$= \int_{-1}^{2}\left[\frac{x^{2}}{2}y\right]_{y^{2}}^{y+2}\mathrm{d}y = \frac{1}{2}\int_{-1}^{2}\left[y(y+2)^{2}-y^{5}\right]\mathrm{d}y$$

$$= \frac{1}{2}\left[\frac{y^{4}}{4}+\frac{4}{3}y^{3}+2y^{2}-\frac{y^{6}}{6}\right]\Big|_{-1}^{2} = \frac{45}{8}.$$

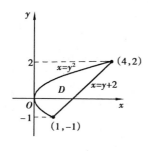

图 9.10

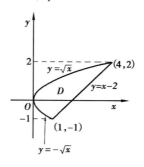

图 9.11

105

解法2　先对 y 后对 x 积分,如图 9.11 所示,$D_1:\begin{cases}0 \leqslant x \leqslant 1\\-\sqrt{x} \leqslant y \leqslant \sqrt{x}\end{cases}$,$D_2:\begin{cases}1 \leqslant x \leqslant 4\\x-2 \leqslant y \leqslant \sqrt{x}\end{cases}$.

$$\iint\limits_{D} xy\mathrm{d}x\mathrm{d}y = \iint\limits_{D_1} xy\mathrm{d}x\mathrm{d}y + \iint\limits_{D_2} xy\mathrm{d}x\mathrm{d}y = \int_0^1 \mathrm{d}x \int_{-\sqrt{x}}^{\sqrt{x}} xy\mathrm{d}y + \int_1^4 \mathrm{d}x \int_{x-2}^{\sqrt{x}} xy\mathrm{d}y$$

$$= \int_1^4 x\left[\frac{1}{2}y^2\Big|_{x-2}^{\sqrt{x}}\right]\mathrm{d}x = \int_1^4 \left(-\frac{1}{2}x^3 + \frac{5}{2}x^2 - 2x\right)\mathrm{d}x = \left[-\frac{1}{8}x^4 + \frac{5}{6}x^3 - x^2\right]_1^4 = \frac{45}{8}.$$

例 9.4　计算 $\int_0^1 x^2 \mathrm{d}x \int_x^1 \mathrm{e}^{-y^2}\mathrm{d}y$.

解　如图 9.12 所示.

积分区域 $D:\begin{cases}0 \leqslant x \leqslant 1\\x \leqslant y \leqslant 1\end{cases}$,转化为 $D:\begin{cases}0 \leqslant y \leqslant 1\\0 \leqslant x \leqslant y\end{cases}$,故

$$\int_0^1 x^2 \mathrm{d}x \int_x^1 \mathrm{e}^{-y^2}\mathrm{d}y = \iint\limits_{D} x^2 \mathrm{e}^{-y^2}\mathrm{d}x\mathrm{d}y = \int_0^1 \mathrm{d}y \int_0^y x^2 \mathrm{e}^{-y^2}\mathrm{d}x = \frac{1}{3}\int_0^1 y^3 \mathrm{e}^{-y^2}\mathrm{d}y$$

$$= \frac{1}{6}\int_0^1 t\mathrm{e}^{-t}\mathrm{d}t = \frac{1}{6}\left[-t\mathrm{e}^{-t} - \mathrm{e}^{-t}\right]\Big|_0^1 = \frac{1}{6} - \frac{1}{3\mathrm{e}}.$$

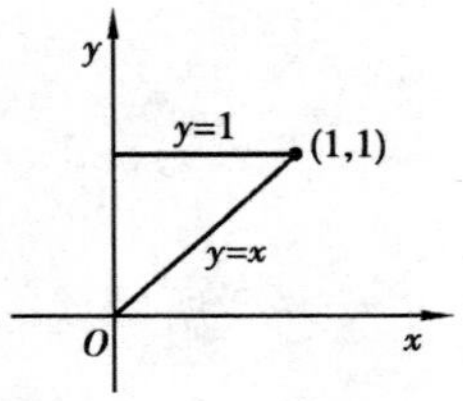

图 9.12 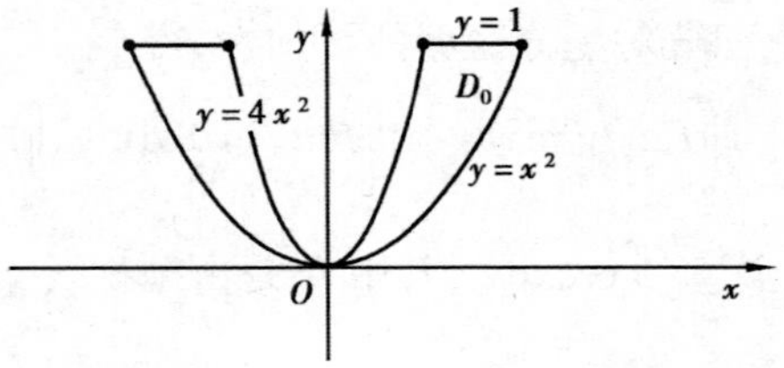　　　　　　图 9.13

例 9.5　计算 $\iint\limits_{D}(x + y)\mathrm{d}x\mathrm{d}y$. 其中,$D$ 为抛物线 $y=x^2$,$y=4x^2$ 与直线 $y=1$ 所围成区域.

解法1　积分区域如图 9.13 所示.

$$\iint\limits_{D}(x + y)\mathrm{d}x\mathrm{d}y = \iint\limits_{D} x\mathrm{d}x\mathrm{d}y + \iint\limits_{D} y\mathrm{d}x\mathrm{d}y = 2\iint\limits_{D_0} y\mathrm{d}x\mathrm{d}y$$

$$= 2\int_0^1 \mathrm{d}y \int_{\frac{1}{2}\sqrt{y}}^{\sqrt{y}} y\mathrm{d}x = \int_0^1 y\sqrt{y}\mathrm{d}y = \frac{2}{5}y^{\frac{5}{2}}\Big|_0^1 = \frac{2}{5}.$$

解法2　记 $D_1:\begin{cases}0 \leqslant y \leqslant 1\\-\frac{1}{2}\sqrt{y} \leqslant x \leqslant \frac{1}{2}\sqrt{y}\end{cases}$,$D_2:\begin{cases}0 \leqslant y \leqslant 1\\-\sqrt{y} \leqslant x \leqslant \sqrt{y}\end{cases}$,则

$$\iint\limits_{D}(x + y)\mathrm{d}x\mathrm{d}y = \iint\limits_{D_2}(x + y)\mathrm{d}x\mathrm{d}y - \iint\limits_{D_1}(x + y)\mathrm{d}x\mathrm{d}y$$

$$= \int_0^1 \mathrm{d}y \int_{-\sqrt{y}}^{\sqrt{y}}(x + y)\mathrm{d}x - \int_0^1 \mathrm{d}y \int_{-\frac{1}{2}\sqrt{y}}^{\frac{1}{2}\sqrt{y}}(x + y)\mathrm{d}x$$

$$= \int_0^1\left(\frac{x^2}{2} + xy\right)\Big|_{-\sqrt{y}}^{\sqrt{y}}\mathrm{d}y - \int_0^1\left(\frac{x^2}{2} + xy\right)\Big|_{-\frac{1}{2}\sqrt{y}}^{\frac{1}{2}\sqrt{y}}\mathrm{d}y$$

$$= 2\int_0^1 y\sqrt{y}\mathrm{d}y - \int_0^1 y\sqrt{y}\mathrm{d}y = \int_0^1 y\sqrt{y}\mathrm{d}y = \frac{2}{5}.$$

例 9.6　求 $\iint\limits_{D} f_1(x) f_2(y) \mathrm{d}x\mathrm{d}y$ ，其中 $D: a \leqslant x \leqslant b, c \leqslant y \leqslant d.$

解　$\iint\limits_{D} f_1(x) f_2(y) \mathrm{d}x\mathrm{d}y = \int_c^d \left[\int_a^b f_1(x) f_2(y) \mathrm{d}x \right] \mathrm{d}y$

$$= \int_c^d \left[(f_2(y)) \int_a^b f_1(x) \mathrm{d}x \right] \mathrm{d}y = \left[\int_a^b f_1(x) \mathrm{d}x \right] \cdot \left[\int_c^d f_2(y) \mathrm{d}y \right].$$

例 9.7　交换二重积分 $\int_{\frac{1}{2}}^1 \mathrm{d}x \int_{\frac{1}{x}}^2 \frac{x^2}{y^2} \mathrm{d}y + \int_1^2 \mathrm{d}x \int_x^2 \frac{x^2}{y^2} \mathrm{d}y$ 的积分次序,并计算其值.

解　如图 9.14 所示.

根据题目所给出的积分次序,可得到积分区域为 $D = D_1 \cup D_2$,其中,

$D_1 = \left\{ (x,y) \left| \frac{1}{2} \leqslant x \leqslant 1, \frac{1}{x} \leqslant y \leqslant 2 \right. \right\},$

$D_2 = \left\{ (x,y) \left| 1 \leqslant x \leqslant 2, x \leqslant y \leqslant 2 \right. \right\}.$

该积分区域表示成了 X-型区域,交换积分次序,将 D 转化为 Y-型区域.

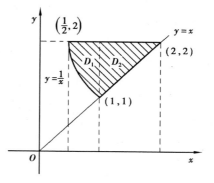

图 9.14

$$D = \left\{ (x,y) \left| 1 \leqslant y \leqslant 2, \frac{1}{y} \leqslant x \leqslant y \right. \right\}.$$

$$\int_{\frac{1}{2}}^1 \mathrm{d}x \int_{\frac{1}{x}}^2 \frac{x^2}{y^2} \mathrm{d}y + \int_1^2 \mathrm{d}x \int_x^2 \frac{x^2}{y^2} \mathrm{d}y = \int_1^2 \mathrm{d}y \int_{\frac{1}{y}}^y \frac{x^2}{y^2} \mathrm{d}x = \int_1^2 \frac{1}{y^2} \cdot \left(\frac{1}{3} x^3 \right) \Big|_{\frac{1}{y}}^y \mathrm{d}y$$

$$= \int_1^2 \left(\frac{y}{3} - \frac{1}{3y^5} \right) \mathrm{d}y = \left(\frac{y^2}{6} + \frac{1}{12y^4} \right) \Big|_1^2 = \frac{27}{64}.$$

例 9.8　求两个底圆半径相等的直交圆柱面 $x^2 + y^2 = R^2$ 与 $x^2 + z^2 = R^2$ 所围成的立体的体积.

解　立体在第一卦限的体积可视为以 $z = \sqrt{R^2 - x^2}$ 为曲顶的曲顶柱体的体积,其在 xOy 坐标平面上的投影区域为: $D = \left\{ (x,y) \left| 0 \leqslant x \leqslant R, 0 \leqslant y \leqslant \sqrt{R^2 - x^2} \right. \right\}$,如图 9.15 所示.

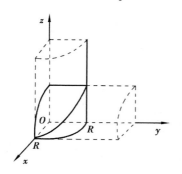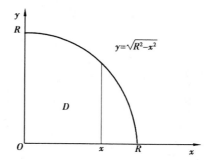

图 9.15

于是
$$V = 8\iint\limits_D \sqrt{R^2 - x^2}\,\mathrm{d}x\mathrm{d}y = 8\int_0^R \mathrm{d}x \int_0^{\sqrt{R^2-x^2}} \sqrt{R^2 - x^2}\,\mathrm{d}y$$
$$= 8\int_0^R (R^2 - x^2)\,\mathrm{d}x = \frac{16}{3}R^3.$$

9.2.2　利用极坐标计算二重积分

当用从原点出发的一簇射线和用以原点为圆心的一簇同心圆周划分积分区域 D 成 n 个小闭区域 $\Delta\sigma_i(i = 1,2,\cdots,n)$，就得到极坐标系下的二重积分，如图 9.16 所示.

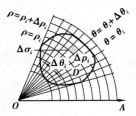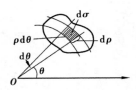

图 9.16

设积分区域为 $D:\begin{cases}\alpha \leqslant \theta \leqslant \beta \\ \rho_1(\theta) \leqslant \rho \leqslant \rho_2(\theta)\end{cases}$，当 $\mathrm{d}\rho,\mathrm{d}\theta$ 充分小时，$\mathrm{d}\sigma$ 近似认为是一个矩形，$\mathrm{d}\sigma = \mathrm{d}\rho(\rho\mathrm{d}\theta) = \rho\mathrm{d}\rho\mathrm{d}\theta$，又由直角坐标与极坐标之间的关系

$$\begin{cases}x = \rho\cos\theta, \\ y = \rho\sin\theta,\end{cases}$$

有
$$\iint\limits_D f(x,y)\,\mathrm{d}\sigma = \iint\limits_D f(\rho\cos\theta,\rho\sin\theta)\rho\mathrm{d}\rho\mathrm{d}\theta.$$

当被积函数含有 $x^2 + y^2$ 或积分区域是圆域或圆域的一部分，可考虑使用极坐标系下的二重积分进行计算.

若积分区域如图 9.17 所示. $D = \{(\rho,\theta)\,|\,\rho_1(\theta) \leqslant \rho \leqslant \rho_2(\theta),\alpha \leqslant \theta \leqslant \beta\}$，则有

$$\iint\limits_D f(x,y)\,\mathrm{d}x\mathrm{d}y = \int_\alpha^\beta \mathrm{d}\theta \int_{\rho_1(\theta)}^{\rho_2(\theta)} f(\rho\cos\theta,\rho\sin\theta)\rho\mathrm{d}\rho.$$

若积分区域如图 9.18 所示. $D = \{(\rho,\theta)\,|\,0 \leqslant \rho \leqslant \rho(\theta),\alpha \leqslant \theta \leqslant \beta\}$，则有

$$\iint\limits_D f(x,y)\,\mathrm{d}x\mathrm{d}y = \int_\alpha^\beta \mathrm{d}\theta \int_0^{\rho(\theta)} f(\rho\cos\theta,\rho\sin\theta)\rho\mathrm{d}\rho.$$

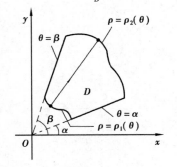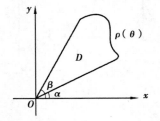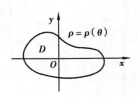

图 9.17　　　　　　　　　图 9.18　　　　　　　　　图 9.19

若积分区域如图 9.19 所示. $D = \{(\rho,\theta) \mid 0 \le \rho \le \rho(\theta), 0 \le \theta \le 2\pi\}$，则有

$$\iint\limits_D f(x,y)\mathrm{d}x\mathrm{d}y = \int_0^{2\pi}\mathrm{d}\theta\int_0^{\rho(\theta)} f(\rho\cos\theta,\rho\sin\theta)\rho\mathrm{d}\rho.$$

图 9.17 所示积分区域 D 的面积为：$\sigma = \dfrac{1}{2}\int_\alpha^\beta [\rho_2^2(\theta) - \rho_1^2(\theta)]\mathrm{d}\theta$

图 9.18 所示积分区域 D 的面积为：$\sigma = \dfrac{1}{2}\int_\alpha^\beta \rho^2(\theta)\mathrm{d}\theta.$

图 9.19 所示积分区域 D 的面积为：$\sigma = \dfrac{1}{2}\int_0^{2\pi} \rho^2(\theta)\mathrm{d}\theta.$

例 9.9 计算 $\iint\limits_D \sin\sqrt{x^2+y^2}\,\mathrm{d}x\mathrm{d}y$，其中 $D: \pi^2 \le x^2+y^2 \le 4\pi^2.$

解 该题若用直角坐标系下的二重积分计算非常困难.

$$\iint\limits_D \sin\sqrt{x^2+y^2}\,\mathrm{d}x\mathrm{d}y = \int_0^{2\pi}\mathrm{d}\theta\int_\pi^{2\pi} \sin\rho\cdot\rho\mathrm{d}\rho$$

$$= 2\pi\left[-\rho\cos\rho\Big|_\pi^{2\pi} + \int_\pi^{2\pi}\cos\rho\mathrm{d}\rho\right] = -6\pi^2.$$

例 9.10 将二重积分 $\iint\limits_D f(x,y)\mathrm{d}x\mathrm{d}y$ 化为极坐标系下的二次积分，其中

（1）$D_1: x^2+y^2 \le R^2$；

（2）$D_2: x^2+y^2 \le 2ax$，$(a>0)$；

（3）$D_3: x^2+y^2 \le 2ay$，$(a>0)$；

（4）$D_4: x^2+y^2 \le 2ax$ 和 $x^2+y^2 \le 2ay$，$(a>0)$的公共部分；

（5）$D_5: x^2+y^2 = 4x$ 和 $x^2+y^2 = 8x$，$y=x$ 和 $y=2x$ 所围成的部分；

（6）由 $x^2+y^2 = R_1^2$ 和 $x^2+y^2 = R_2^2$，$(R_2 > R_1)$ 所围成的圆环形区域.

解 （1）$\iint\limits_{D_1} f(x,y)\mathrm{d}x\mathrm{d}y = \int_0^{2\pi}\mathrm{d}\theta\int_0^R f(\rho\cos\theta,\rho\sin\theta)\rho\mathrm{d}\rho.$

（2）$\iint\limits_{D_2} f(x,y)\mathrm{d}x\mathrm{d}y = \int_{-\frac{\pi}{2}}^{\frac{\pi}{2}}\mathrm{d}\theta\int_0^{2a\cos\theta} f(\rho\cos\theta,\rho\sin\theta)\rho\mathrm{d}\rho.$

（3）$\iint\limits_{D_3} f(x,y)\mathrm{d}x\mathrm{d}y = \int_0^{\pi}\mathrm{d}\theta\int_0^{2a\sin\theta} f(\rho\cos\theta,\rho\sin\theta)\rho\mathrm{d}\rho.$

（4）$\iint\limits_{D_4} f(x,y)\mathrm{d}x\mathrm{d}y = \iint\limits_{D_{41}} f(x,y)\mathrm{d}x\mathrm{d}y + \iint\limits_{D_{42}} f(x,y)\mathrm{d}x\mathrm{d}y$

$$= \int_0^{\frac{\pi}{4}}\mathrm{d}\theta\int_0^{2a\sin\theta} f(\rho\cos\theta,\rho\sin\theta)\rho\mathrm{d}\rho + \int_{\frac{\pi}{4}}^{\frac{\pi}{2}}\mathrm{d}\theta\int_0^{2a\cos\theta} f(\rho\cos\theta,\rho\sin\theta)\rho\mathrm{d}\rho.$$

（5）$\iint\limits_{D_5} f(x,y)\mathrm{d}x\mathrm{d}y = \int_{\frac{\pi}{4}}^{\arctan 2}\mathrm{d}\theta\int_{4\cos\theta}^{8\cos\theta} f(\rho\cos\theta,\rho\sin\theta)\rho\mathrm{d}\rho.$

（6）$\iint\limits_{D_6} f(x,y)\mathrm{d}x\mathrm{d}y = \int_0^{2\pi}\mathrm{d}\theta\int_{R_1}^{R_2} f(\rho\cos\theta,\rho\sin\theta)\rho\mathrm{d}\rho.$

例 9.11 求球面 $x^2+y^2+z^2 = 4a^2$ 被圆柱面 $x^2+y^2 = 2ax$ $(a>0)$ 所截得的（含在圆柱体内部分）的立体体积.

解 如图 9.20 所示. 由对称性立体体积等于第一卦限体积的 4 倍.

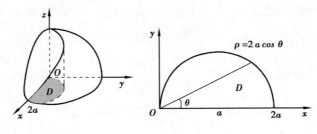

图 9. 20

$$V = 4 \iint_D \sqrt{4a^2 - x^2 - y^2}\,\mathrm{d}x\mathrm{d}y = 4 \int_0^{\frac{\pi}{2}} \mathrm{d}\theta \int_0^{2a\cos\theta} \sqrt{4a^2 - \rho^2}\,\rho\mathrm{d}\rho$$

$$= \frac{32}{3}a^3 \int_0^{\frac{\pi}{2}} (1 - \sin^3\theta)\,\mathrm{d}\theta = \frac{32}{3}a^3 \left(\frac{\pi}{2} - \frac{2}{3} \right).$$

例 9.12 计算 $\iint_D \mathrm{e}^{-x^2-y^2}\mathrm{d}x\mathrm{d}y$，其中 $D: x^2 + y^2 \leqslant a^2$，并求积分 $\int_0^{+\infty} \mathrm{e}^{-x^2}\mathrm{d}x$ 的值.

解 $\iint_D \mathrm{e}^{-x^2-y^2}\mathrm{d}x\mathrm{d}y = \int_0^{2\pi} \mathrm{d}\theta \int_0^a \mathrm{e}^{-\rho^2}\rho\mathrm{d}\rho = 2\pi \left[-\frac{1}{2}\mathrm{e}^{-\rho^2} \right] \Big|_0^a = \pi \left(1 - \mathrm{e}^{-a^2} \right).$

如图 9.21 所示. 设有区域：

$$D_1 = \{ (x,y) \mid x^2 + y^2 \leqslant R^2, x \geqslant 0, y \geqslant 0 \},$$
$$D_2 = \{ (x,y) \mid x^2 + y^2 \leqslant 2R^2, x \geqslant 0, y \geqslant 0 \},$$
$$D = \{ (x,y) \mid 0 \leqslant x \leqslant R; 0 \leqslant y \leqslant R \}.$$

由于 $\mathrm{e}^{-x^2-y^2} > 0$，故有 $\iint_{D_1} \mathrm{e}^{-x^2-y^2}\mathrm{d}x\mathrm{d}y \leqslant \iint_D \mathrm{e}^{-x^2-y^2}\mathrm{d}x\mathrm{d}y < \iint_{D_2} \mathrm{e}^{-x^2-y^2}\mathrm{d}x\mathrm{d}y$，且

$$\iint_{D_1} \mathrm{e}^{-x^2-y^2}\mathrm{d}x\mathrm{d}y = \frac{\pi}{4}(1 - \mathrm{e}^{-R^2}), \quad \iint_{D_2} \mathrm{e}^{-x^2-y^2}\mathrm{d}x\mathrm{d}y = \frac{\pi}{4}(1 - \mathrm{e}^{-2R^2}).$$

又由 $\iint_D \mathrm{e}^{-x^2-y^2}\mathrm{d}x\mathrm{d}y = \left[\int_0^R \mathrm{e}^{-x^2}\mathrm{d}x \right] \left[\int_0^R \mathrm{e}^{-y^2}\mathrm{d}y \right] = \left[\int_0^R \mathrm{e}^{-x^2}\mathrm{d}x \right]^2$，故有

$$\frac{\pi}{4} \left(1 - \mathrm{e}^{-R^2} \right) < \left[\int_0^R \mathrm{e}^{-x^2}\mathrm{d}x \right]^2 < \frac{\pi}{4} \left(1 - \mathrm{e}^{-2R^2} \right)$$

取 $R \to +\infty$，由夹挤定理得：$\left[\int_0^{+\infty} \mathrm{e}^{-x^2}\mathrm{d}x \right]^2 = \frac{\pi}{4}$. 故

$$\int_0^{+\infty} \mathrm{e}^{-x^2}\mathrm{d}x = \frac{\sqrt{\pi}}{2}, \quad \int_{-\infty}^{+\infty} \mathrm{e}^{-x^2}\mathrm{d}x = \sqrt{\pi}.$$

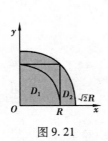

图 9.21

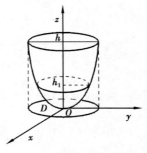

图 9.22

例 9.13　在一个形状为旋转抛物面 $z=x^2+y^2$ 的容器内,已经盛有 18π cm^3 的溶液,现又倒进 54π cm^3 的溶液,问液面比原来的液面升高多少?

解　如图 9.22 所示.

设液面高度为 h,由 $z=x^2+y^2$ 及 $z=h$ 所围的立体体积为

$$V = \iint_D (h - x^2 - y^2)\mathrm{d}x\mathrm{d}y.$$

在极坐标系下,D 可表示成:$D = \left\{ (\rho,\theta) \,\middle|\, 0 \leq \theta \leq 2\pi, 0 \leq \rho \leq \sqrt{h} \right\}.$

$$V = \int_0^{2\pi}\mathrm{d}\theta \int_0^{\sqrt{h}} (h - \rho^2)\rho\mathrm{d}\rho = 2\pi\left(\frac{1}{2}h\rho^2 - \frac{1}{4}\rho^4 \right)\bigg|_0^{\sqrt{h}} = \frac{1}{2}\pi h^2.$$

分别令 $V_1=18\pi$ 及 $V_2=18\pi+54\pi$,得 $h_1=6,h_2=12$. 于是所求液面比原来的液面升高 $h_2-h_1=$ 6 cm.

*9.2.3　二重积分的换元法

定理 9.1　设 $f(x,y)$ 在 xOy 坐标平面上的闭区域 D 上连续,变换

$$T : x = x(u,v), y = y(u,v)$$

将 uOv 平面上闭区域 D' 变为在 xOy 坐标平面上的闭区域 D,且满足

（1）$x=x(u,v)$,$y=y(u,v)$ 在 D' 上具有一阶连续偏导数;

（2）在 D' 上,Jacobi 行列式 $J(u,v) = \dfrac{\partial(x,y)}{\partial(u,v)} = \begin{vmatrix} \dfrac{\partial x}{\partial u} & \dfrac{\partial x}{\partial v} \\ \dfrac{\partial y}{\partial u} & \dfrac{\partial y}{\partial v} \end{vmatrix} \neq 0$;

（3）变换 J 是 D' 与 D 之间的一个一一对应,则有

$$\iint_D f(x,y)\mathrm{d}x\mathrm{d}y = \iint_{D'} f(x(u,v),y(u,v)) \, |J(u,v)| \, \mathrm{d}u\mathrm{d}v \tag{9.1}$$

称式(9.1)为二重积分的换元公式.

直角坐标系下的二重积分转化为极坐标系下的二重积分公式仅是公式(9.1)的一个特例.

在平面上的一点 M 既可以用直角坐标来表示,也可用极坐标来表示,并且直角坐标与极坐标的转换关系为

$$\begin{cases} x = \rho\cos\theta, \\ y = \rho\sin\theta. \end{cases}$$

$$\frac{\partial x}{\partial \theta} = -\rho\sin\theta, \frac{\partial x}{\partial \rho} = \cos\theta,$$

$$\frac{\partial y}{\partial \theta} = \rho\cos\theta, \frac{\partial x}{\partial \rho} = \sin\theta,$$

$$J(\theta,\rho) = \frac{\partial(x,y)}{\partial(\theta,\rho)} = \begin{vmatrix} \dfrac{\partial x}{\partial \theta} & \dfrac{\partial x}{\partial \rho} \\ \dfrac{\partial y}{\partial \theta} & \dfrac{\partial y}{\partial \rho} \end{vmatrix} = \begin{vmatrix} -\rho\sin\theta & \cos\theta \\ \rho\cos\theta & \sin\theta \end{vmatrix} = -\rho.$$

所以

$$\iint_D f(x,y)\mathrm{d}\sigma = \iint_D f(\rho\cos\theta,\rho\sin\theta) \, |J(\rho,\theta)| \, \mathrm{d}\rho\mathrm{d}\theta$$

$$= \iint_D f(\rho\cos\theta,\rho\sin\theta)\rho\mathrm{d}\rho\mathrm{d}\theta.$$

例 9.14　计算 $\iint\limits_{D} \mathrm{e}^{\frac{y-x}{y+x}} \mathrm{d}x\mathrm{d}y$,其中 D 是由直线 $x = 0, y = 0, x + y = 2$ 所围成的闭区域.

解　令 $u = y - x, v = y + x$,解得 $x = \dfrac{1}{2}(v - u), y = \dfrac{1}{2}(v + u)$,于是

$$J = \begin{vmatrix} -\dfrac{1}{2} & \dfrac{1}{2} \\ \dfrac{1}{2} & \dfrac{1}{2} \end{vmatrix} = -\dfrac{1}{2} \quad.$$

而 $D = \{(x,y) \mid x \geqslant 0, y \geqslant 0, x + y \leqslant 2\}$,则由变换得区域 D' 如图 9.23 所示.

$$D' = \left\{(u,v) \left| \dfrac{1}{2}(v - u) \geqslant 0, \dfrac{1}{2}(v + u) \geqslant 0, v \leqslant 2 \right.\right\}$$

$$= \{(u,v) \mid 0 \leqslant v \leqslant 2, -v \leqslant u \leqslant v\}.$$

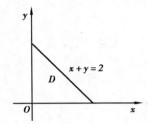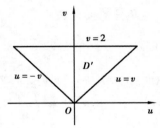

图 9.23

于是　　$\iint\limits_{D} \mathrm{e}^{\frac{y-x}{y+x}} \mathrm{d}x\mathrm{d}y = \iint\limits_{D} \mathrm{e}^{\frac{u}{v}} \left| -\dfrac{1}{2} \right| \mathrm{d}u\mathrm{d}v = \int_{0}^{2} \mathrm{d}v \int_{-v}^{v} \dfrac{1}{2}\mathrm{e}^{\frac{u}{v}} \mathrm{d}u = \mathrm{e} - \dfrac{1}{\mathrm{e}}.$

例 9.15　计算 $\iint\limits_{D} \sqrt{1 - \dfrac{x^2}{a^2} - \dfrac{y^2}{b^2}} \mathrm{d}x\mathrm{d}y$,其中 D 为椭圆 $\dfrac{x^2}{a^2} + \dfrac{y^2}{b^2} = 1$ 所围的闭区域 $(a > 0, b > 0)$.

解　作广义极坐标变换

$$T: \begin{cases} x = a\rho \cos \theta \\ y = b\rho \sin \theta \end{cases} \quad 0 \leqslant \theta \leqslant 2\pi, \rho \geqslant 0.$$

则 $D' = \left\{(\rho, \theta) \mid 0 \leqslant \theta \leqslant 2\pi, 0 \leqslant \rho \leqslant 1\right\}, J = ab\rho$ 从而

$$\iint\limits_{D} \sqrt{1 - \dfrac{x^2}{a^2} - \dfrac{y^2}{b^2}} \mathrm{d}x\mathrm{d}y = \iint\limits_{D} \sqrt{1 - \rho^2} ab\rho\mathrm{d}\rho\mathrm{d}\theta = \dfrac{2}{3}\pi ab.$$

习题 9.2

1. 计算下列二重积分:

(1) $\iint\limits_{D} (3x + 2y) \mathrm{d}\sigma, D$ 是由直线 $x = 0, y = 0$ 和 $x + y = 2$ 所围成的闭区域;

(2) $\iint\limits_{D} (x^3 + 3x^2 y + y^3) \mathrm{d}\sigma, D = [0,1] \times [0,1]$;

(3) $\iint\limits_{D} x \cos (x + y) \mathrm{d}\sigma$，$D$ 是以点 $(0,0),(\pi,0),(\pi,\pi)$ 为顶点的三角形闭区域；

(4) $\iint\limits_{D} xy^2 \mathrm{d}\sigma$，$D$ 是由 $x = \sqrt{4 - y^2}$ 及 $x = 0$ 所围成的闭区域；

(5) $\iint\limits_{D} xy \mathrm{d}\sigma$，$D$ 是由 $x = -1, y = 1 + x^2, x = 1, y = -1$ 及 $x = y^2$ 所围成的闭区域；

(6) $\iint\limits_{D} \sqrt{x^3 + 1} \; \mathrm{d}\sigma$，$D$ 是由 $y = 0, x = 1$ 及 $y = x^2$ 所围成的闭区域；

(7) $\iint\limits_{D} \cos x \sqrt{1 + \cos^2 x} \; \mathrm{d}\sigma$，$D$ 是由 $y = 0, y = \sin x$ 及 $x = \dfrac{\pi}{2}$ 所围成的闭区域；

(8) $\iint\limits_{D} (x + y)^2 \mathrm{d}\sigma$，$D$ 是由 $|x| + |y| = 1$ 所围成的闭区域；

(9) $\iint\limits_{D} \dfrac{x}{y} \sqrt{1 - \sin^2 y} \; \mathrm{d}\sigma$，$D$ 是由 $x = \sqrt{y}, x = \sqrt{3y}, y = \dfrac{\pi}{2}, y = 2\pi$ 所围成的闭区域.

2. 把二重积分 $I = \iint\limits_{D} f(x,y) \mathrm{d}\sigma$ 在直角坐标系中以两种不同的次序化为二次积分，其中 D 为

(1) $x = y^2, x + y = 2$ 所围成的闭区域；

(2) $x = \sqrt{y}, y = x - 1, y = 0$ 与 $y = 1$ 所围成的闭区域.

3. 交换下列二次积分的积分次序：

(1) $\displaystyle\int_0^2 \mathrm{d}y \int_{y^2}^{2y} f(x,y) \mathrm{d}x$；

(2) $\displaystyle\int_{-1}^1 \mathrm{d}x \int_{x^2+x}^{x+1} f(x,y) \mathrm{d}y$；

(3) $\displaystyle\int_1^2 \mathrm{d}x \int_{2-x}^{\sqrt{2x-x^2}} f(x,y) \mathrm{d}y$；

(4) $\displaystyle\int_0^2 \mathrm{d}x \int_0^x f(x,y) \mathrm{d}y + \int_2^{\sqrt{8}} \mathrm{d}x \int_0^{\sqrt{8-x^2}} f(x,y) \mathrm{d}y$.

4. 证明：$\displaystyle\int_a^b \mathrm{d}x \int_a^x f(y) \mathrm{d}y = \int_a^b f(x)(b - x) \mathrm{d}x$.

5. 利用极坐标计算下列二重积分：

(1) $\iint\limits_{D} e^{x^2+y^2} \mathrm{d}\sigma$，其中 $D = \{(x,y) \mid a^2 \leqslant x^2 + y^2 \leqslant b^2\}, a > 0, b > 0$；

(2) $\iint\limits_{D} (x + y)^2 \mathrm{d}\sigma$，其中 $D = \{(x,y) \mid (x^2 + y^2)^2 \leqslant 2a(x^2 - y^2)\}, a > 0$；

(3) $\iint\limits_{D} \arctan \dfrac{y}{x} \mathrm{d}\sigma$，$D$ 是由圆周 $x^2 + y^2 = 4, x^2 + y^2 = 1$ 及直线 $y = 0, y = x$ 所围的在第一象限内的区域；

(4) $\iint\limits_{D} \rho^2 \mathrm{d}\rho \mathrm{d}\theta$，$D$ 是由圆周 $x^2 + y^2 = a^2, \left(x - \dfrac{a}{2}\right)^2 + y^2 = \dfrac{a^2}{4}$ 及 y 轴所围的在第一象限内的区域.

6. 计算下列二重积分：

(1) $\iint\limits_{D} \sqrt{|y - x^2|} \mathrm{d}\sigma$，其中 $D = \{(x,y) \mid |x| \leqslant 1, 0 \leqslant y \leqslant 2\}$；

(2) $\iint\limits_D (x + y) \mathrm{d}\sigma$,其中 $D = \{(x, y) \mid x^2 + y^2 \leqslant x + y\}$;

(3) $\iint\limits_D \sqrt{y} \mathrm{d}\sigma$, D 是由直线 $y = x$ 与 $y = 2x - x^2$ 所围成;

(4) $\iint\limits_D \sqrt{\dfrac{1 - x^2 - y^2}{1 + x^2 + y^2}} \mathrm{d}\sigma$,其中 $D: x^2 + y^2 \leqslant a^2 (0 < a < 1)$.

7. 计算二次积分:

$$\int_{\frac{1}{4}}^{\frac{1}{2}} \mathrm{d}y \int_{\frac{1}{2}}^{\sqrt{y}} \mathrm{e}^{\frac{y}{x}} \mathrm{d}x + \int_{\frac{1}{2}}^{1} \mathrm{d}y \int_{y}^{\sqrt{y}} \mathrm{e}^{\frac{y}{x}} \mathrm{d}x.$$

8. 求下列各组曲线所围成图形的面积:

(1) $xy = a^2, x + y = \dfrac{5}{2}a (a > 0)$;

(2) $(x^2 + y^2)^2 = 2a^2(x^2 - y^2), x^2 + y^2 = a^2, (x^2 + y^2 \geqslant a^2, a > 0)$;

(3) $\rho = a(1 + \sin \theta) (a \geqslant 0)$.

9. 求下列各组曲面所围成立体的体积:

(1) $z = x^2 + y^2, x + y = 4, x = 0, y = 0, z = 0$;

(2) $z = \sqrt{x^2 + y^2}, x^2 + y^2 = 2ax (a > 0), z = 0$;

(3) $z = xy, z = 0, x + y = 1$.

10. 证明:曲面 $\sqrt{x} + \sqrt{y} + \sqrt{z} = \sqrt{a} (a > 0)$ 与三个坐标面所围成的立体的体积为一定值.

11. 一金属叶片,其边界曲线为心形线 $\rho = a(1 + \cos \theta)$. 如果它在任一点的密度与原点到该点的距离成正比,求它的全部质量.

12. 穿过半径为 4 cm 的铜球的中心,钻一个半径为 1 cm 的圆孔,问损失掉的铜的体积是多少?

9.3　三重积分

9.3.1　三重积分的概念

引例　求空间立体的质量.　设空间立体 Ω 的体积密度为 $f(x, y, z)$,求其质量 M .

解　将 Ω 划分为 n 个小区域,用 Δv_i 表示第 i 个小区域及其体积,当 Δv_i 充分小时近似认为其密度均匀,密度近似为 $f(\xi_i, \eta_i, \zeta_i)$,其质量近似为

$$\Delta m_i \approx f(\xi_i, \eta_i, \zeta_i) \Delta v_i, (\xi_i, \eta_i, \zeta_i) \in \Delta v_i,$$

$$M = \sum_{i=1}^{n} \Delta m_i \approx \sum_{i=1}^{n} f(\xi_i, \eta_i, \zeta_i) \Delta v_i.$$

空间立体 Ω 的质量定义为

$$M = \lim_{\lambda \to 0} \sum_{i=1}^{n} f(\xi_i, \eta_i, \zeta_i) \Delta v_i$$

其中 λ 为最大的小立体区域直径(两点间距离最大者).

定义 9.2 三重积分

设 $f(x,y,z)$ 是空间有界闭区域 Ω 上的有界函数,将 Ω 任意划分 n 个小区域:

$$\Delta v_1, \Delta v_2, \cdots, \Delta v_n$$

用 Δv_i 表示第 i 个小区域及其体积,若对 $\forall (\xi_i, \eta_i, \zeta_i) \in \Delta v_i$,极限

$$\lim_{\lambda \to 0} \sum_{i=1}^{n} f(\xi_i, \eta_i, \zeta_i) \Delta v_i$$

均存在(其中 λ 为最大的小区域直径),则称此极限值为 $f(x,y,z)$ 在 Ω 上的三重积分,记为 $\iiint\limits_{\Omega} f(x,y,z) \mathrm{d}v$,即

$$\iiint\limits_{\Omega} f(x,y,z) \mathrm{d}v = \lim_{\lambda \to 0} \sum_{i=1}^{n} f(\xi_i, \eta_i, \zeta_i) \Delta v_i.$$

若用平行于坐标平面(垂直于坐标轴的平面)划分空间区域 Ω,则 $\Delta v_i = \Delta x_j \Delta y_k \Delta z_l$,此时 $\mathrm{d}v = \mathrm{d}x\mathrm{d}y\mathrm{d}z$,三重积分可记为

$$\iiint\limits_{\Omega} f(x,y,z) \mathrm{d}v = \iiint\limits_{\Omega} f(x,y,z) \mathrm{d}x\mathrm{d}y\mathrm{d}z.$$

引例中的质量可表示为:$M = \iiint\limits_{\Omega} f(x,y,z) \mathrm{d}x\mathrm{d}y\mathrm{d}z$.

三重积分的性质与二重积分的性质类似,可从二重积分的性质直接得到三重积分的性质.

9.3.2 利用直角坐标计算三重积分

(1)先一后二方法

如图 9.24 所示.

设平行于 z 轴(垂直于 xOy 平面)的直线穿过区域与 Ω 的边界曲面最多只有两个交点,将 Ω 投影在 xOy 平面内其投影区域为 D_{xy},以 D_{xy} 的边界曲线为准线作母线平行于 z 轴的柱面将 Ω 的边界曲面分为上下两部分

$$\sum\nolimits_2: z = z_2(x,y), \quad \sum\nolimits_1: z = z_1(x,y).$$

此时积分区域 Ω 表示为

$\Omega = \{(x,y) \mid z_1(x,y) \leq z \leq z_2(x,y), (x,y) \in D_{xy}\}$,

将 x,y 看作常数,$f(x,y,z)$ 看作 z 的一元函数,则积分

$$F(x,y) = \int_{z_1(x,y)}^{z_2(x,y)} f(x,y,z) \mathrm{d}z$$

是 x,y 的二元函数. 若 $D_{xy} = \{(x,y) \mid y_1(x) \leq y \leq y_2(x), a \leq x \leq b\}$,则

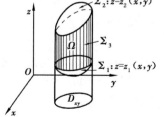

图 9.24

$$\iiint\limits_{\Omega} f(x,y,z) \mathrm{d}x\mathrm{d}y\mathrm{d}z = \iint\limits_{D_{xy}} F(x,y) \mathrm{d}x\mathrm{d}y = \iint\limits_{D_{xy}} \left(\int_{z_1(x,y)}^{z_2(x,y)} f(x,y,z) \mathrm{d}z \right) \mathrm{d}x\mathrm{d}y$$

$$= \int_a^b \left[\int_{y_1(x)}^{y_2(x)} \left(\int_{z_1(x,y)}^{z_2(x,y)} f(x,y,z) \mathrm{d}z \right) \mathrm{d}y \right] \mathrm{d}x.$$

为方便起见,简记为

$$\iiint\limits_{\Omega} f(x,y,z) \mathrm{d}x\mathrm{d}y\mathrm{d}z = \int_a^b \mathrm{d}x \int_{y_1(x)}^{y_2(x)} \mathrm{d}y \int_{z_1(x,y)}^{z_2(x,y)} f(x,y,z) \mathrm{d}z,$$

将三重积分化为了先对 z , 次对 y , 最后对 x 的**三次积分**. 同理可得其他次序的三次积分.

(2) 先二后一方法

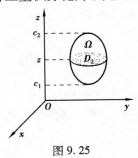

图 9.25

如图 9.25 所示.

设空间闭区域 Ω 可表示为

$$\Omega = \{(x,y,z) \mid (x,y) \in D_z, c_1 \leqslant z \leqslant c_2\},$$

其中 D_z 是竖坐标为 z 的平面截闭区域 Ω 后所得的平面区域,则三重积分可化为

$$\iiint\limits_{\Omega} f(x,y,z)\,\mathrm{d}x\mathrm{d}y\mathrm{d}z = \int_{c_1}^{c_2}\left[\iint\limits_{D_z} f(x,y,z)\,\mathrm{d}x\mathrm{d}y\right]\mathrm{d}z = \int_{c_1}^{c_2}\mathrm{d}z\iint\limits_{D_z} f(x,y,z)\,\mathrm{d}x\mathrm{d}y$$

也即当被积函数是一个坐标变量的函数时. 为简化计算,可以考虑使用先二后一方法作三重积分.

(3) 三重积分的对称性

如果三重积分的积分区域 Ω 关于 xOy 面对称,且 $f(x,y,-z) = -f(x,y,z)$,则

$$\iiint\limits_{\Omega} f(x,y,z)\,\mathrm{d}x\mathrm{d}y\mathrm{d}z = 0.$$

如果三重积分的积分区域 Ω 关于 xOz 面对称,且 $f(x,-y,z) = -f(x,y,z)$,则

$$\iiint\limits_{\Omega} f(x,y,z)\,\mathrm{d}x\mathrm{d}y\mathrm{d}z = 0.$$

如果三重积分的积分区域 Ω 关于 yOz 面对称,且 $f(-x,y,z) = -f(x,y,z)$,则

$$\iiint\limits_{\Omega} f(x,y,z)\,\mathrm{d}x\mathrm{d}y\mathrm{d}z = 0.$$

如果三重积分的区域 Ω 关于 xOy 面对称,且 $f(x,y,-z) = f(x,y,z)$, Ω_1 是 Ω 在 xOy 面上方的区域,则

$$\iiint\limits_{\Omega} f(x,y,z)\,\mathrm{d}x\mathrm{d}y\mathrm{d}z = 2\iiint\limits_{\Omega_1} f(x,y,z)\,\mathrm{d}x\mathrm{d}y\mathrm{d}z.$$

如果三重积分的区域 Ω 关于 xOz 面对称,且 $f(x,-y,z) = f(x,y,z)$, Ω_1 是 Ω 在 xOz 面右边的区域,则

$$\iiint\limits_{\Omega} f(x,y,z)\,\mathrm{d}x\mathrm{d}y\mathrm{d}z = 2\iiint\limits_{\Omega_1} f(x,y,z)\,\mathrm{d}x\mathrm{d}y\mathrm{d}z.$$

如果三重积分的区域 Ω 关于 yOz 面对称,且 $f(-x,y,z) = f(x,y,z)$, Ω_1 是 Ω 在 yOz 面前面的区域,则

$$\iiint\limits_{\Omega} f(x,y,z)\,\mathrm{d}x\mathrm{d}y\mathrm{d}z = 2\iiint\limits_{\Omega_1} f(x,y,z)\,\mathrm{d}x\mathrm{d}y\mathrm{d}z.$$

例 9.16:求 $\iiint\limits_{\Omega}(x+y+z)\,\mathrm{d}x\mathrm{d}y\mathrm{d}z$,其中 Ω 是平面 $x+y+z-1=0$ 与三个坐标面所围成的空间立体区域.

解法 1 如图 9.26 所示. 积分区域可表示为

$$\Omega = \{(x,y,z) \mid 0 \leqslant z \leqslant 1-x-y, 0 \leqslant y \leqslant 1-x, 0 \leqslant x \leqslant 1\}$$

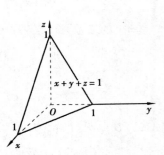

图 9.26

$$\iiint\limits_{\Omega}(x+y+z)\,\mathrm{d}x\mathrm{d}y\mathrm{d}z = \int_0^1\mathrm{d}x\int_0^{1-x}\mathrm{d}y\int_0^{1-x-y}(x+y+z)\,\mathrm{d}z$$

$$=\int_0^1\mathrm{d}x\int_0^{1-x}\left[(x+y)z+\frac{z^2}{2}\right]\Big|_0^{1-x-y}\mathrm{d}y=\int_0^1\mathrm{d}x\int_0^{1-x}\left[(x+y)(1-x-y)+\frac{(1-x-y)^2}{2}\right]\mathrm{d}y$$

$$=\int_0^1\left[\frac{(x+y)^2}{2}-\frac{(x+y)^3}{3}-\frac{(1-x-y)^3}{6}\right]\Big|_0^{1-x}\mathrm{d}x=\int_0^1\left[\frac{1}{6}-\frac{x^2}{2}+\frac{x^3}{3}+\frac{(1-x)^3}{6}\right]\mathrm{d}x$$

$$=\left[\frac{1}{6}x-\frac{x^3}{6}+\frac{x^4}{12}-\frac{(1-x)^4}{24}\right]\Big|_0^1=\frac{3}{24}=\frac{1}{8}.$$

解法 2　由于积分区域和被积函数关于 x,y,z 具有坐标轮换性,故有

$$\iiint\limits_{\Omega}x\mathrm{d}x\mathrm{d}y\mathrm{d}z = \iiint\limits_{\Omega}y\mathrm{d}x\mathrm{d}y\mathrm{d}z = \iiint\limits_{\Omega}z\mathrm{d}x\mathrm{d}y\mathrm{d}z,$$

则　　$$\iiint\limits_{\Omega}(x+y+z)\,\mathrm{d}x\mathrm{d}y\mathrm{d}z = 3\iiint\limits_{\Omega}x\mathrm{d}x\mathrm{d}y\mathrm{d}z = 3\int_0^1\mathrm{d}x\int_0^{1-x}\mathrm{d}y\int_0^{1-x-y}x\mathrm{d}z$$

$$=3\int_0^1\mathrm{d}x\int_0^{1-x}x(1-x-y)\,\mathrm{d}y=3\int_0^1\left[x(1-x)^2-\frac{x}{2}(1-x)^2\right]\mathrm{d}x$$

$$=3\int_0^1\frac{x}{2}(1-x)^2\mathrm{d}x=\frac{3}{2}\int_0^1(x-2x^2+x^3)\,\mathrm{d}x=3\times\frac{1}{24}=\frac{1}{8}.$$

解法 3　先二后一积分法

$$\iiint\limits_{\Omega}(x+y+z)\,\mathrm{d}x\mathrm{d}y\mathrm{d}z=3\iiint\limits_{\Omega}x\mathrm{d}x\mathrm{d}y\mathrm{d}z=3\int_0^1\left[\iint\limits_{D_x}x\mathrm{d}y\mathrm{d}z\right]\mathrm{d}x$$

$$=3\int_0^1x\cdot\frac{(1-x)^2}{2}\mathrm{d}x=3\cdot\frac{1}{24}=\frac{1}{8}.$$

例 9.17　计算 $\iiint\limits_{\Omega}z^2\mathrm{d}x\mathrm{d}y\mathrm{d}z$,其中 $\Omega:\dfrac{x^2}{a^2}+\dfrac{y^2}{b^2}+\dfrac{z^2}{c^2}\leqslant 1$.

解　积分区域可表示为 $\Omega:\begin{cases}-c\leqslant z\leqslant c\\[2mm]\dfrac{x^2}{\left(\sqrt{a^2\left(1-\dfrac{z^2}{c^2}\right)}\right)^2}+\dfrac{y^2}{\left(\sqrt{b^2\left(1-\dfrac{z^2}{c^2}\right)}\right)^2}\leqslant 1\end{cases},$

$$\iiint\limits_{\Omega}z^2\mathrm{d}x\mathrm{d}y\mathrm{d}z=\int_{-c}^c\left[z^2\iint\limits_{D_z}\mathrm{d}x\mathrm{d}y\right]\mathrm{d}z=\pi ab\int_{-c}^c z^2\left(1-\frac{z^2}{c^2}\right)\mathrm{d}z=\frac{4}{15}\pi abc^3.$$

例 9.18　设函数 $f(x)$ 在 $[0,1]$ 内连续,证明:

$$\int_0^1\mathrm{d}x\int_x^1\mathrm{d}y\int_x^y f(x)f(y)f(z)\,\mathrm{d}z=\frac{1}{3!}\left[\int_0^1 f(t)\,\mathrm{d}t\right]^3.$$

解　令 $F(u)=\int_0^u f(t)\,\mathrm{d}t$,则 $F'(u)=f(u)$.

$$\int_0^1\mathrm{d}x\int_x^1\mathrm{d}y\int_x^y f(x)f(y)f(z)\,\mathrm{d}z=\int_0^1\left[f(x)\left(\int_x^1 f(y)(F(y)-F(x))\mathrm{d}y\right)\right]\mathrm{d}x$$

$$=\int_0^1\frac{1}{2}f(x)[F(1)-F(x)]^2\mathrm{d}x=-\frac{1}{6}[F(1)-F(x)]^3\Big|_0^1=\frac{1}{6}[F(1)]^3=\frac{1}{3!}\left[\int_0^1 f(t)\,\mathrm{d}t\right]^3.$$

例 9.19 求极限 $\lim\limits_{r \to 0} \dfrac{1}{\pi r^3} \iiint\limits_{x^2+y^2+z^2 \leqslant r^2} f(x,y,z)\,\mathrm{d}x\mathrm{d}y\mathrm{d}z$,其中 $f(x,y,z)$ 为连续函数.

解 由积分中值定理

$$\iiint\limits_{x^2+y^2+z^2 \leqslant r^2} f(x,y,z)\,\mathrm{d}x\mathrm{d}y\mathrm{d}z = f(\xi,\eta,\zeta), \quad \iiint\limits_{x^2+y^2+z^2 \leqslant r^2} \mathrm{d}x\mathrm{d}y\mathrm{d}z = f(\xi,\eta,\zeta)\,\frac{4}{3}\pi r^3.$$

其中,(ξ,η,ζ) 为球域 $x^2+y^2+z^2 \leqslant r^2$ 内一点,故

$$\lim_{r \to 0} \frac{\iiint\limits_{x^2+y^2+z^2 \leqslant r^2} f(x,y,z)\,\mathrm{d}x\mathrm{d}y\mathrm{d}z}{\pi r^3} = \lim_{r \to 0} \frac{f(\xi,\eta,\zeta)}{\pi r^3} \cdot \frac{4}{3}\pi r^3 = \frac{4}{3}f(0,0,0).$$

9.3.3 利用柱面坐标计算三重积分

设 $M(x,y,z)$ 为空间中的一点,它在 xOy 平面上的投影 P 的极坐标为 ρ,θ,则三个数 ρ,θ,z 称为点 M 的柱面坐标,如图 9.27 所示.

其中规定 ρ,θ,z 的变化范围为

$$0 \leqslant \rho \leqslant +\infty,\ 0 \leqslant \theta \leqslant 2\pi,\ -\infty \leqslant z \leqslant +\infty.$$

三组坐标面分别为:

$\rho=$ 常数,以 z 轴为中心轴的圆柱面;

$\theta=$ 常数,过 z 轴的半平面;

$z=$ 常数,垂直于 z 轴的平面.

点 M 的直角坐标与柱面坐标的关系为

$$x = \rho \cos \theta,\ y = \rho \sin \theta,\ z = z.$$

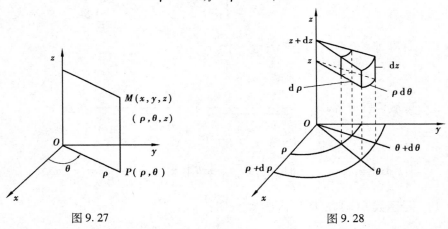

图 9.27　　　　　　　　　　图 9.28

用三组坐标面 $\rho=$ 常数,$\theta=$ 常数,$z=$ 常数把 Ω 分成许多小闭区域,除含 Ω 的边界的一些不规则的小闭区域外,Ω 内部的小闭区域当 $\mathrm{d}\rho,\mathrm{d}\theta,\mathrm{d}z$ 充分小时,略去高阶无穷小可得 $\mathrm{d}v = \rho\mathrm{d}\rho\mathrm{d}\theta\mathrm{d}z$,如图 9.28 所示.

例 9.20 求 $\iiint\limits_{\Omega}(x^2+y^2)\,\mathrm{d}x\mathrm{d}y\mathrm{d}z$,其中 Ω 是由 $x^2+y^2=2z,z=2$ 所围成的区域.

解 积分区域 Ω 可表示为

$$\Omega:0 \leqslant \theta \leqslant 2\pi,0 \leqslant \rho \leqslant 2,\frac{\rho^2}{2} \leqslant z \leqslant 2$$

所以有
$$\iiint\limits_{\Omega}(x^2 + y^2)\mathrm{d}x\mathrm{d}y\mathrm{d}z = \int_0^{2\pi}\mathrm{d}\theta\int_0^2\mathrm{d}\rho\int_{\frac{\rho^2}{2}}^2\rho^2 \cdot \rho\mathrm{d}z$$

$$= 2\pi\int_0^2\rho^3\left(2 - \frac{\rho^2}{2}\right)\mathrm{d}\rho = 2\pi\left[\frac{1}{2}\rho^4 - \frac{\rho^6}{12}\right]\Big|_0^2 = \frac{16}{3}\pi.$$

例 9.21　求 $\iiint\limits_{\Omega}z\mathrm{d}x\mathrm{d}y\mathrm{d}z$，其中 Ω 由 $x^2+y^2+z^2=4$ 与 $x^2+y^2=3z$ 所围成.

解　积分区域 Ω 可表示为

$$\Omega:0 \leqslant \theta \leqslant 2\pi,0 \leqslant \rho \leqslant \sqrt{3},\frac{\rho^2}{3} \leqslant z \leqslant \sqrt{4 - \rho^2}.$$

$$\iiint\limits_{\Omega}z\mathrm{d}x\mathrm{d}y\mathrm{d}z = \int_0^{2\pi}\mathrm{d}\theta\int_0^{\sqrt{3}}\rho\mathrm{d}\rho\int_{\frac{\rho^2}{3}}^{\sqrt{4-\rho^2}}z\mathrm{d}z$$

$$= 2\pi\int_0^{\sqrt{3}}\frac{\rho}{2}\left(4 - \rho^2 - \frac{\rho^4}{9}\right)\mathrm{d}\rho = \frac{13}{4}\pi.$$

例 9.22　计算 $\iiint\limits_{\Omega}(x^2 + y^2)\mathrm{d}x\mathrm{d}y\mathrm{d}z$，其中 Ω 是由 yOz 平面上 $y = \sqrt{2z}$ 绕 z 轴旋转所得旋转面与 $z=2,z=8$ 围成的区域.

解法 1　如图 9.29 所示.

记
$$\Omega_0 = \left\{(\rho,\theta,z)\,\middle|\,0 \leqslant \rho \leqslant 2,0 \leqslant \theta \leqslant 2\pi,\frac{\rho^2}{2} \leqslant z \leqslant 2\right\},$$

$$\Omega + \Omega_0 = \left\{(\rho,\theta,z)\,\middle|\,0 \leqslant \rho \leqslant 4,0 \leqslant \theta \leqslant 2\pi,\frac{\rho^2}{2} \leqslant z \leqslant 8\right\}.$$

$$\iiint\limits_{\Omega}(x^2 + y^2)\mathrm{d}x\mathrm{d}y\mathrm{d}z = \iiint\limits_{\Omega+\Omega_0}(x^2 + y^2)\mathrm{d}x\mathrm{d}y\mathrm{d}z - \iiint\limits_{\Omega_0}(x^2 + y^2)\mathrm{d}x\mathrm{d}y\mathrm{d}z$$

$$= \int_0^{2\pi}\mathrm{d}\theta\int_0^4\mathrm{d}\rho\int_{\frac{\rho^2}{2}}^8\rho^2\rho\mathrm{d}z - \int_0^{2\pi}\mathrm{d}\theta\int_0^2\mathrm{d}\rho\int_{\frac{\rho^2}{2}}^2\rho^2\rho\mathrm{d}z$$

$$= 2\pi\int_0^4\rho^3\left(8 - \frac{\rho^2}{2}\right)\mathrm{d}\rho - 2\pi\int_0^2\rho^3\left(2 - \frac{\rho^2}{2}\right)\mathrm{d}\rho$$

$$= 2\pi\left[2\rho^4 - \frac{1}{12}\rho^6\right]\Big|_0^4 - 2\pi\left[\frac{1}{2}\rho^4 - \frac{1}{12}\rho^6\right]\Big|_0^2 = 336\pi.$$

解法 2　如图 9.30 所示.

将 Ω 分成 Ω_1 和 Ω_2 两部分，其中

$$\Omega_1 = \{(\rho,\theta,z)\,|\,0 \leqslant \rho \leqslant 2,0 \leqslant \theta \leqslant 2\pi,2 \leqslant z \leqslant 8\},$$

$$\Omega_2 = \left\{(\rho,\theta,z)\,\middle|\,2 \leqslant \rho \leqslant 4,0 \leqslant \theta \leqslant 2\pi,\frac{\rho^2}{2} \leqslant z \leqslant 8\right\},$$

$$\iiint\limits_{\Omega}(x^2 + y^2)\mathrm{d}x\mathrm{d}y\mathrm{d}z = \iiint\limits_{\Omega_1}(x^2 + y^2)\mathrm{d}x\mathrm{d}y\mathrm{d}z + \iiint\limits_{\Omega_2}(x^2 + y^2)\mathrm{d}x\mathrm{d}y\mathrm{d}z$$

$$= \int_0^{2\pi}\mathrm{d}\theta\int_0^2\mathrm{d}\rho\int_2^8\rho^2\rho\mathrm{d}z + \int_0^{2\pi}\mathrm{d}\theta\int_2^4\mathrm{d}\rho\int_{\frac{\rho^2}{2}}^8\rho^2\rho\mathrm{d}z = 336\pi.$$

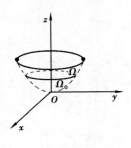

图 9.29

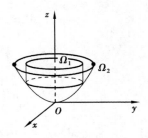

图 9.30

9.3.4　利用球面坐标计算三重积分

设 $M(x,y,z)$ 为空间内一点，可用三个有次序的数 r,φ,θ 来确定，称为点 M 的球面坐标.

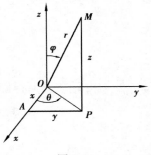

图 9.31

其中，r 为点 M 到原点 O 的距离，φ 为有向线段 $\overrightarrow{OM}$ 与 z 轴正向的夹角，θ 为从正 z 轴来看自 x 轴按逆时针方向转到有向线段 $\overrightarrow{OP}$ 的角，P 为点 M 在 xOy 平面上的投影，如图 9.31 所示.

其中，规定 r,φ,θ 的变化范围为

$$0 \leqslant r \leqslant +\infty, 0 \leqslant \varphi \leqslant \pi, 0 \leqslant \theta \leqslant 2\pi.$$

三组坐标面分别为：

$r=$ 常数，以原点为球心的球面；

$\varphi=$ 常数，以原点为顶点 z 轴为中心轴的圆锥面；

$\theta=$ 常数，过 z 轴的半平面.

点 M 的直角坐标与球面坐标的关系为

$$\begin{cases} x = r\sin\varphi\cos\theta, \\ y = r\sin\varphi\sin\theta, \\ z = r\cos\varphi. \end{cases}$$

用三组坐标面：$r=$ 常数，$\varphi=$ 常数，$\theta=$ 常数把 Ω 分成许多小闭区域，除含 Ω 的边界的一些不规则的小闭区域外，Ω 内部的小闭区域当 $\mathrm{d}r,\mathrm{d}\varphi,\mathrm{d}\theta$ 充分小时，$\mathrm{d}v$ 近似认为是长方体 $\mathrm{d}v = r^2\sin\varphi\mathrm{d}r\mathrm{d}\varphi\mathrm{d}\theta$，如图 9.32 所示.

则球面坐标系下的三重积分可表示为

$$\iiint\limits_{\Omega} f(x,y,z)\mathrm{d}x\mathrm{d}y\mathrm{d}z = \iiint\limits_{\Omega} f(r\sin\varphi\cos\theta, r\sin\varphi\sin\theta, r\cos\varphi)r^2\sin\varphi\mathrm{d}r\mathrm{d}\varphi\mathrm{d}\theta.$$

例 9.23　求积分 $\iiint\limits_{\Omega}(x^2+y^2+z^2)\mathrm{d}x\mathrm{d}y\mathrm{d}z$，其中 $\Omega: x^2+y^2+z^2 \leqslant 1$.

解　积分区域 Ω 可表示为 $\Omega: 0 \leqslant \theta \leqslant 2\pi, 0 \leqslant \varphi \leqslant \pi, 0 \leqslant r \leqslant 1$.

$$\iiint\limits_{\Omega}(x^2+y^2+z^2)\mathrm{d}x\mathrm{d}y\mathrm{d}z$$

$$= \int_0^{2\pi}\mathrm{d}\theta\int_0^{\pi}\sin\varphi\mathrm{d}\varphi\int_0^1 r^2\cdot r^2\mathrm{d}r = \frac{2}{5}\pi\int_0^{\pi}\sin\varphi\mathrm{d}\varphi = \frac{4}{5}\pi.$$

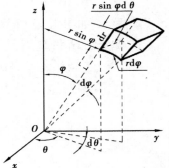

图 9.32

例9.24　求积分 $\iiint\limits_{\Omega} x^2 \mathrm{d}x\mathrm{d}y\mathrm{d}z$，其中，$\Omega$ 是由 $z = \sqrt{x^2 + y^2}$ 与 $x^2 + y^2 + z^2 = R^2$ 所围成的包含 z 正半轴的部分.

解　积分区域 Ω 可表示为

$$\Omega : 0 \leqslant \theta \leqslant 2\pi, 0 \leqslant \varphi \leqslant \frac{\pi}{4}, 0 \leqslant r \leqslant R.$$

$$\iiint\limits_{\Omega} x^2 \mathrm{d}x\mathrm{d}y\mathrm{d}z = \int_0^{2\pi} \mathrm{d}\theta \int_0^{\frac{\pi}{4}} \mathrm{d}\varphi \int_0^R r^4 \sin^3\varphi \cos^2\theta \mathrm{d}r$$

$$= \int_0^{2\pi} \cos^2\theta \mathrm{d}\theta \int_0^{\frac{\pi}{4}} \sin^3\varphi \mathrm{d}\varphi \int_0^R r^4 \mathrm{d}r = \frac{R^5}{5}\left[\frac{2}{3} - \frac{5}{12}\sqrt{2}\right]\pi.$$

例9.25　已知函数 $F(t) = \iiint\limits_{\Omega} f(x^2 + y^2 + z^2)\mathrm{d}x\mathrm{d}y\mathrm{d}z$，其中 f 为可微函数，积分区域为 $\Omega : x^2 + y^2 + z^2 \leqslant t^2$. 求 $F'(t)$.

解　积分区域 Ω 可表示为

$$\Omega : 0 \leqslant \theta \leqslant 2\pi, 0 \leqslant \varphi \leqslant \pi, 0 \leqslant r \leqslant t.$$

$$\iiint\limits_{\Omega} f(x^2 + y^2 + z^2)\mathrm{d}x\mathrm{d}y\mathrm{d}z = \int_0^{2\pi} \mathrm{d}\theta \int_0^{\pi} \sin\varphi \mathrm{d}\varphi \int_0^t f(r^2) r^2 \mathrm{d}r = 4\pi \int_0^t f(r^2) r^2 \mathrm{d}r$$

故
$$F'(t) = 4\pi t^2 f(t^2).$$

*9.3.5　三重积分的换元法

三重积分也有和二重积分类似的换元法，下面直接给出结论.

设 T 是 $R^3 \to R^3$ 的变换：

$$x = x(u,v,w), y = y(u,v,w), z = z(u,v,w),$$

则变换 T 的 Jacobi 行列式是一个三阶行列式：

$$\frac{\partial(x,y,z)}{\partial(u,v,w)} = \begin{vmatrix} \dfrac{\partial x}{\partial u} & \dfrac{\partial x}{\partial v} & \dfrac{\partial x}{\partial w} \\[2mm] \dfrac{\partial y}{\partial u} & \dfrac{\partial y}{\partial v} & \dfrac{\partial y}{\partial w} \\[2mm] \dfrac{\partial z}{\partial u} & \dfrac{\partial z}{\partial v} & \dfrac{\partial z}{\partial w} \end{vmatrix}.$$

于是，三重积分的变量变换公式为：

$$\iiint\limits_{\Omega} f(x,y,z)\mathrm{d}x\mathrm{d}y\mathrm{d}z = \iiint\limits_{\Omega} f(x(u,v,w),y(u,v,w),z(u,v,w))\left|\frac{\partial(x,y,z)}{\partial(u,v,w)}\right|\mathrm{d}u\mathrm{d}v\mathrm{d}w.$$

读者根据变量变换公式，很容易得到直角坐标系下的三重积分转化为柱面坐标系下的三重积分及球面坐标系下的三重积分的表达式.

习题9.3

1. 化三重积分 $\iiint\limits_{D} f(x,y,z)\mathrm{d}x\mathrm{d}y\mathrm{d}z$ 为三次积分，其中积分区域分别是：

（1）由平面 $x + \dfrac{y}{2} + \dfrac{z}{3} = 1$ 与各坐标面围成的区域；

（2）由曲面 $z = x^2 + y^2$ 及平面 $z = 1$ 所围成的闭区域；

（3）由曲面 $z = x^2 + 2y^2$ 及平面 $z = 2 - x^2$ 所围成的闭区域；

（4）由曲面 $cz = xy, \dfrac{x^2}{a^2} + \dfrac{y^2}{b^2} = 1$ 及平面 $z = 0$ 所围成的在第一象限的闭区域（$a, b, c > 0$）.

2. 计算下列三重积分：

（1）$\iiint\limits_{\Omega} x^3 y^2 \mathrm{d}x\mathrm{d}y\mathrm{d}z, \Omega$ 是由 $z = 0, z = xy, y = x, x = a (a > 0)$ 所围成；

（2）$\iiint\limits_{\Omega} \dfrac{\mathrm{d}x\mathrm{d}y\mathrm{d}z}{(1 + x + y + z)^3}, \Omega$ 是由 $x = 0, y = 0, z = 0, x + y + z = 1$ 所围成的四面体；

（3）$\iiint\limits_{\Omega} xz \mathrm{d}x\mathrm{d}y\mathrm{d}z, \Omega$ 是由 $z = 0, z = y, y = 1$ 及抛物柱面 $y = x^2$ 所围成的闭区域；

（4）$\iiint\limits_{\Omega} y \cos(x + z) \mathrm{d}x\mathrm{d}y\mathrm{d}z, \Omega$ 是由 $y = \sqrt{x}$ ，平面 $y = 0, z = 0$ 及 $x + z = \dfrac{\pi}{2}$ 所围成的闭区域；

（5）$\iiint\limits_{\Omega} \dfrac{e^z}{\sqrt{x^2 + y^2}} \mathrm{d}x\mathrm{d}y\mathrm{d}z, \Omega$ 是由 $z = \sqrt{x^2 + y^2}, z = 1, z = 2$ 所围成；

（6）$\iiint\limits_{\Omega} z^2 \mathrm{d}x\mathrm{d}y\mathrm{d}z, \Omega$ 是两个球 $x^2 + y^2 + z^2 \leqslant R^2$ 及 $x^2 + y^2 + z^2 \leqslant 2Rz$ 公共部分.

3. 计算 $\iiint\limits_{\Omega} z \mathrm{d}x\mathrm{d}y\mathrm{d}z$ ，其中 $\Omega: x^2 + y^2 + z^2 \leqslant R^2, x \geqslant 0, y \geqslant 0, z \geqslant 0$.

（1）用先一后二方法；（2）用先二后一方法.

4. 利用柱面坐标计算下列三重积分：

（1）$\displaystyle\int_{-1}^{1} \mathrm{d}x \int_{0}^{\sqrt{1-x^2}} \mathrm{d}y \int_{\sqrt{x^2+y^2}}^{1} z^3 \mathrm{d}z$ ；

（2）$\displaystyle\int_{0}^{1} \mathrm{d}x \int_{0}^{\sqrt{1-x^2}} \mathrm{d}y \int_{0}^{\sqrt{4-(x^2+y^2)}} \mathrm{d}z$.

5. 利用球面坐标计算下列三重积分：

（1）$\displaystyle\int_{-3}^{3} \mathrm{d}x \int_{-\sqrt{9-x^2}}^{\sqrt{9-x^2}} \mathrm{d}y \int_{0}^{\sqrt{9-x^2-y^2}} \mathrm{d}z$ ；

（2）$\displaystyle\int_{0}^{3} \mathrm{d}y \int_{0}^{\sqrt{9-y^2}} \mathrm{d}x \int_{\sqrt{x^2+y^2}}^{\sqrt{18-x^2-y^2}} (x^2 + y^2 + z^2) \mathrm{d}z$.

6. 计算下列三重积分：

（1）$\iiint\limits_{\Omega} (x^2 + y^2) \mathrm{d}x\mathrm{d}y\mathrm{d}z$ ，Ω 是由曲面 $x^2 + y^2 = 2z$ 及平面 $z = 2$ 所围成的闭区域；

（2）$\iiint\limits_{\Omega} (x^2 + y^2 + z^2) \mathrm{d}x\mathrm{d}y\mathrm{d}z, \Omega$ 是由球面 $x^2 + y^2 + (z - 1)^2 \leqslant 1$ 所围成的闭区域；

（3）$\iiint\limits_{\Omega} (x^2 + y^2) \mathrm{d}x\mathrm{d}y\mathrm{d}z, \Omega$ 是由曲面 $4z^2 = 25(x^2 + y^2)$ 及平面 $z = 5$ 所围成的闭区域；

（4）$\iiint\limits_{\Omega} \dfrac{\sin\sqrt{x^2 + y^2 + z^2}}{x^2 + y^2 + z^2} \mathrm{d}x\mathrm{d}y\mathrm{d}z$ ，其中 $\Omega: x^2 + y^2 + z^2 \leqslant 1, x \geqslant 0, y \geqslant 0, z \geqslant 0$；

（5）$\iiint\limits_{\Omega}(x^2 + y^2)\,\mathrm{d}x\mathrm{d}y\mathrm{d}z$，$\Omega$ 是由 $z = \sqrt{a^2 - x^2 - y^2}$，$z = \sqrt{b^2 - x^2 - y^2}$，$z = 0$ 所围成的闭区域；

（6）$\iiint\limits_{\Omega}z\,\mathrm{d}x\mathrm{d}y\mathrm{d}z$，$\Omega$ 是由 $x^2 + y^2 + z^2 = 4$ 与 $z = \dfrac{1}{3}(x^2 + y^2)$ 所围成的闭区域；

（7）$\iiint\limits_{\Omega}z\,\mathrm{d}x\mathrm{d}y\mathrm{d}z$，其中 Ω：$x^2 + y^2 + (z - a)^2 \leqslant a^2$，$x^2 + y^2 \leqslant z^2$.

7. 利用三重积分计算下列由曲面所围成的立体的体积：

（1）$z = 6 - x^2 - y^2$ 及 $z = \sqrt{x^2 + y^2}$；

（2）$z = \sqrt{5 - x^2 - y^2}$ 及 $x^2 + y^2 = 4z$；

（3）$z = xy$，$x + y + z = 1$ 及 $z = 0$；

（4）$x^2 + y^2 + z^2 = a^2$，$x^2 + y^2 + z^2 = b^2$ 及 $z = \sqrt{x^2 + y^2}$（$b > a > 0$）.

9.4 重积分的应用

9.4.1 曲面面积

设两平面 π_1，π_2 的夹角为 γ，如图 9.33 所示.

平面 π_1 内的一组对边平行于 π_1 与 π_2 交线 l 的矩形的面积为 $A = ab$，它在平面 π_2 内的投影矩形面积为 $\sigma = ab\cos\gamma$，所以有 $A = \dfrac{\sigma}{\cos\gamma}$. 对平面 π_1 内的一般区域 A，可将其划分成 n 个小矩形区域，暂时不计含边界的不规则小区域，则小矩形闭区域面积 A_i 与投影区域面积 σ_i 之间满足

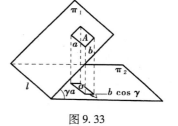

图 9.33

$A_i = \dfrac{\sigma_i}{\cos\gamma}$，$(i = 1,2,\cdots,n)$. 从而有 $\sum\limits_{i=1}^{n}A_i = \dfrac{\sum\limits_{i=1}^{n}\sigma_i}{\cos\gamma}$，取最大小区域直径趋于零时的极限便得 $A = \dfrac{\sigma}{\cos\gamma}$.

设曲面 Σ 的方程为

$$\Sigma: z = f(x,y),$$

Σ 在 xOy 平面上的投影区域为 D，假设 $f_x(x,y)$，$f_y(x,y)$ 在 D 上连续.

在闭区域 D 上取一个直径充分小的闭区域 $\mathrm{d}\sigma$（其面积也记为 $\mathrm{d}\sigma$），任取一点 $(x,y) \in \mathrm{d}\sigma$，对应于曲面 Σ 上的点为 $M(x,y,f(x,y))$，点 M 处曲面 Σ 的切平面记为 T. 以 $\mathrm{d}\sigma$ 的边界曲线为准线作母线平行于 z 轴的柱面. 当 $\mathrm{d}\sigma$ 的直径充分小时，柱面截下曲面 Σ 上的小曲面面积近似等于柱面截 M 处切平面上的小平面面积，其面积记为 $\mathrm{d}A$. 又设点 M 处曲面 Σ 的法线向量（方向向上）与 z 轴的正方向夹角为 γ（γ 为锐角），则有

$$\mathrm{d}A = \frac{\mathrm{d}\sigma}{\cos\gamma}.$$

由 $\cos \gamma = \dfrac{1}{\sqrt{1 + f_x^2(x,y) + f_y^2(x,y)}}$, 得曲面 Σ 的面积元素为

$$dA = \sqrt{1 + f_x^2(x,y) + f_y^2(x,y)}\, d\sigma.$$

曲面 Σ 的面积为:

$$S = \iint_{D_{xy}} \sqrt{1 + f_x^2(x,y) + f_y^2(x,y)}\, dxdy$$

同理,当曲面方程为 $x = g(y,z)$ 时,有

$$S = \iint_{D_{yz}} \sqrt{1 + g_y^2(y,z) + g_z^2(y,z)}\, dydz.$$

当曲面方程为 $y = h(z,x)$ 时,

$$S = \iint_{D_{zx}} \sqrt{1 + h_z^2(z,x) + h_x^2(z,x)}\, dzdx.$$

例 9.26 求由曲面 $x^2 + y^2 = az, z = 2a - \sqrt{x^2 + y^2}, (a > 0)$ 所围立体体积 V 和表面积 S.

解 将立体投影在 xOy 平面内得投影区域为 $D_{xy} = \{(x,y) \mid x^2 + y^2 \leqslant a^2, z = 0\}$,如图 9.34 所示.

则有

$$V = \iint_{D_{xy}} \left[(2a - \sqrt{x^2 + y^2}) - \frac{x^2 + y^2}{a} \right] dxdy$$

$$= \int_0^{2\pi} d\theta \int_0^a \left(2a - \rho - \frac{\rho^2}{a} \right) \rho d\rho = \frac{5}{6}\pi a^3,$$

$$S = \iint_{D_{xy}} \left[\sqrt{1 + \frac{4}{a^2}(x^2 + y^2)} + \sqrt{1 + \left(\frac{-x}{\sqrt{x^2 + y^2}} \right)^2 + \left(-\frac{y}{\sqrt{x^2 + y^2}} \right)^2} \right] dxdy$$

$$= \frac{1}{a} \int_0^{2\pi} d\theta \int_0^a (a^2 + 4\rho^2)^{\frac{1}{2}} \rho d\rho + \sqrt{2}\,\pi a^2 = \left[\frac{1}{6}\left(5\sqrt{5} - 1 \right) + \sqrt{2} \right] \pi a^2.$$

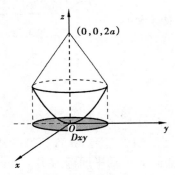

图 9.34

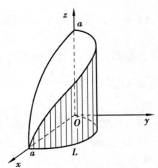

图 9.35

例 9.27 求球面 $x^2 + y^2 + z^2 = a^2$ 含在柱面 $x^2 + y^2 = ax, (a > 0)$ 内部的那部分面积.

解 如图 9.35 所示. 由对称性,计算出第一封限部分面积即可.

$$A = 4A_1 = 4 \iint_D \sqrt{1 + \left(-\frac{x}{\sqrt{a^2 - x^2 - y^2}} \right)^2 + \left(-\frac{y}{\sqrt{a^2 - x^2 - y^2}} \right)^2}\, dxdy$$

$$= 4\iint_D \frac{a}{\sqrt{a^2-x^2-y^2}}\mathrm{d}x\mathrm{d}y = 4\int_0^{\frac{\pi}{2}}\mathrm{d}\theta\int_0^{a\cos\theta}\frac{a\rho}{\sqrt{a^2-\rho^2}}\mathrm{d}\rho$$

$$= 4a\int_0^{\frac{\pi}{2}}\left(-\sqrt{a^2-\rho^2}\Big|_0^{a\cos\theta}\right)\mathrm{d}\theta = 4a(a\theta+a\cos\theta)\Big|_0^{\frac{\pi}{2}} = 2a^2(\pi-2).$$

例 9.28　求圆柱面 $x^2+y^2=9$ 位于 xOy 平面上方,平面 $z=y$ 下方的那部分侧面积.

解　如图 9.36 所示,将圆柱面投影在 zOx 平面得投影区域 $D_{zx}=\{(z,x)\mid z^2+x^2\leqslant 9,y=0,z\geqslant 0\}$.

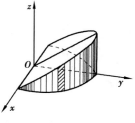

$$A = \iint_{D_{zx}}\sqrt{1+\left(\frac{\partial y}{\partial z}\right)^2+\left(\frac{\partial y}{\partial x}\right)^2}\mathrm{d}x\mathrm{d}z = \iint_{D_{zx}}\sqrt{1+\left(\frac{-x}{\sqrt{9-x^2}}\right)^2}\mathrm{d}x\mathrm{d}z$$

图 9.36

$$= \iint_{D_{zx}}\frac{3}{\sqrt{9-x^2}}\mathrm{d}x\mathrm{d}z = 3\int_{-3}^3\frac{\mathrm{d}x}{\sqrt{9-x^2}}\int_0^{\sqrt{9-x^2}}\mathrm{d}z = 18.$$

9.4.2　重心

设 xOy 平面上有 n 个质点,分别位于点 $(x_1,y_1),(x_2,y_2),\cdots,(x_n,y_n)$,质量分别为 m_1, $m_2,\cdots,m_n$,由力学知道该质点系的重心坐标 $(\bar{x},\bar{y})$ 为

$$\bar{x}=\frac{M_y}{M}=\frac{\sum\limits_{i=1}^n m_i x_i}{\sum\limits_{i=1}^n m_i},\quad \bar{y}=\frac{M_x}{M}=\frac{\sum\limits_{i=1}^n m_i y_i}{\sum\limits_{i=1}^n m_i}.$$

设有一平面薄片占据 xOy 平面内区域 D,其面密度为 $\rho(x,y)$,且 $\rho(x,y)$ 在 D 上连续,现需寻找其重心坐标.

将区域 D 任意划分为 n 个小区域,用 $\Delta\sigma_i$ 表示第 i 个小区域及其面积.当 $\Delta\sigma_i$ 充分小时近似认为其质量均匀,也近似认为是质点 (ξ_i,η_i),且 $(\xi_i,\eta_i)\in\Delta\sigma_i$,其重心坐标近似为

$$\bar{x}\approx\frac{\sum\limits_{i=1}^n \xi_i\rho(\xi_i,\eta_i)\Delta\sigma_i}{\sum\limits_{i=1}^n \rho(\xi_i,\eta_i)\Delta\sigma_i},\quad \bar{y}\approx\frac{\sum\limits_{i=1}^n \eta_i\rho(\xi_i,\eta_i)\Delta\sigma_i}{\sum\limits_{i=1}^n \rho(\xi_i,\eta_i)\Delta\sigma_i}.$$

用 λ 表示小区域直径最大者,取 $\lambda\to 0$ 时的极限有

$$\bar{x}=\frac{\iint_D x\rho(x,y)\mathrm{d}\sigma}{\iint_D \rho(x,y)\mathrm{d}\sigma},\quad \bar{y}=\frac{\iint_D y\rho(x,y)\mathrm{d}\sigma}{\iint_D \rho(x,y)\mathrm{d}\sigma},$$

特别地,当平面薄片密度均匀时有

$$\bar{x}=\frac{1}{A}\iint_D x\mathrm{d}\sigma,\quad \bar{y}=\frac{1}{A}\iint_D y\mathrm{d}\sigma$$

其中 $A=\iint_D \mathrm{d}\sigma$ 为区域 D 的面积,此时平面薄片的重心完全由薄片的形状确定,称为平面图形的形心.

同理,空间区域 Ω 的体积密度为 $\rho(x,y,z)$ 的重心坐标为

$$\begin{cases} \bar{x} = \dfrac{1}{M} \iiint\limits_{\Omega} x\rho(x,y,z)\,\mathrm{d}v, \\[2mm] \bar{y} = \dfrac{1}{M} \iiint\limits_{\Omega} y\rho(x,y,z)\,\mathrm{d}v, \\[2mm] \bar{z} = \dfrac{1}{M} \iiint\limits_{\Omega} z\rho(x,y,z)\,\mathrm{d}v, \end{cases}$$

其中，$M = \iiint\limits_{\Omega} \rho(x,y,z)\,\mathrm{d}v$ 为空间立体 Ω 的质量.

例 9.29 求腰长为 a 的等腰直角三角形形心的位置.

解法 1 建立如图 9.37(a) 所示坐标系.

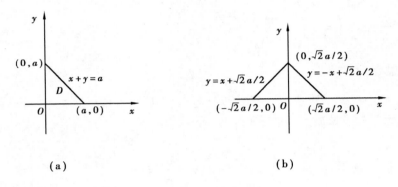

图 9.37

由对称性，形心位置在直线 $y=x$ 上.

$$\bar{x} = \frac{\iint\limits_{D} x\,\mathrm{d}x\,\mathrm{d}y}{\iint\limits_{D} \mathrm{d}x\,\mathrm{d}y} = \frac{\int_0^a \mathrm{d}x \int_0^{a-x} x\,\mathrm{d}y}{\frac{1}{2}a \times a} = \frac{1}{3}a, \quad \bar{y} = \frac{\iint\limits_{D} y\,\mathrm{d}x\,\mathrm{d}y}{\iint\limits_{D} \mathrm{d}x\,\mathrm{d}y} = \frac{\int_0^a \mathrm{d}y \int_0^{a-y} y\,\mathrm{d}x}{\frac{1}{2}a^2} = \frac{1}{3}a$$

形心坐标为 $\left(\dfrac{1}{3}a, \dfrac{1}{3}a\right)$.

解法 2 建立如图 9.37(b) 所示坐标系，仍由对称性，形心坐标在 y 轴上，即

$$\bar{y} = \frac{\iint\limits_{D} y\,\mathrm{d}x\,\mathrm{d}y}{\iint\limits_{D} \mathrm{d}x\,\mathrm{d}y} = \frac{\int_0^{\frac{\sqrt{2}}{2}a} \mathrm{d}y \int_{y-\frac{\sqrt{2}}{2}a}^{-y+\frac{\sqrt{2}}{2}a} y\,\mathrm{d}x}{\frac{1}{2}a^2} = \frac{\sqrt{2}}{6}a,$$

即形心坐标为 $\left(0, \dfrac{\sqrt{2}}{6}a\right)$.

重心（形心）坐标是由平面图形所确定，但坐标系选择不同，重心（形心）坐标的表示方式可能不同，如该例的形心与顶点的距离是中线的 $\dfrac{2}{3}$，但坐标表示形式不一样.

例 9.30 在底半径为 R，高为 H 的圆柱上面，加上一个半径为 R 的半球，使整个立体重心位于球心处，求 R 与 H 的关系（设密度均匀）.

解　取球心为原点,建立如图 9.38 所示坐标系.

由对称性,重心位于 z 轴上,由

$$\bar{z} = \frac{\iiint\limits_{\Omega} z\mathrm{d}x\mathrm{d}y\mathrm{d}z}{\iiint\limits_{\Omega} \mathrm{d}x\mathrm{d}y\mathrm{d}z} = 0$$

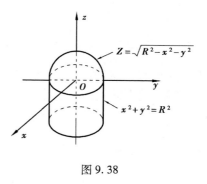

图 9.38

有

$$0 = \iiint\limits_{\Omega} z\mathrm{d}x\mathrm{d}y\mathrm{d}z = \int_0^{2\pi} \mathrm{d}\theta \int_0^R \rho \mathrm{d}\rho \int_{-H}^{\sqrt{R^2-\rho^2}} z\mathrm{d}z$$

$$= \pi \int_0^R \rho \left[R^2 - \rho^2 - H^2 \right] \mathrm{d}\rho = \frac{\pi R^2}{4}(R^2 - 2H^2),$$

$$H = \frac{R}{\sqrt{2}}.$$

9.4.3　转动惯量

设 xOy 平面上有 n 个质点,分别位于点 $(x_1, y_1), (x_2, y_2), \cdots, (x_n, y_n)$,质量分别为 m_1, $m_2, \cdots, m_n$,由力学知道该质点系对 x 轴、对 y 轴和对坐标原点的转动惯量为

$$I_x = \sum_{i=1}^n m_i y_i^2, \quad I_y = \sum_{i=1}^n m_i x_i^2, \quad I_o = \sum_{i=1}^n m_i(x_i^2 + y_i^2) = I_x + I_y.$$

对 xOy 平面上区域 D 面密度为 $\rho(x,y)$ 的平面薄片,将区域 D 任意划分为 n 个小区域,用 $\Delta\sigma_i$ 表示第 i 个小区域及其面积,当 $\Delta\sigma_i$ 的直径充分小时近似认为密度均匀,也近似认为是质点 (ξ_i, η_i),且 $(\xi_i, \eta_i) \in \Delta\sigma_i$,其转动惯量近似为

$$I_x \approx \sum_{i=1}^n \rho(\xi_i, \eta_i) \eta_i^2 \Delta\sigma_i, \quad I_y \approx \sum_{i=1}^n \rho(\xi_i, \eta_i) \xi_i^2 \Delta\sigma_i, \quad I_o \approx \sum_{i=1}^n \rho(\xi_i, \eta_i)(\xi_i^2 + \eta_i^2) \Delta\sigma_i$$

用 λ 表示小区域直径最大者,取 $\lambda \to 0$ 时的极限有

$$I_x = \iint\limits_D y^2 \rho(x,y)\mathrm{d}x\mathrm{d}y, \quad I_y = \iint\limits_D x^2 \rho(x,y)\mathrm{d}x\mathrm{d}y, \quad I_o = \iint\limits_D (x^2 + y^2)\rho(x,y)\mathrm{d}x\mathrm{d}y.$$

同理,对空间有界闭区域 Ω 上密度为 $\rho(x,y,z)$ 的立体,对坐标平面、坐标轴、原点的转动惯量可类似推导得

$$I_{xy} = \iiint\limits_{\Omega} z^2 \rho(x,y,z)\mathrm{d}x\mathrm{d}y\mathrm{d}z, \quad I_{yz} = \iiint\limits_{\Omega} x^2 \rho(x,y,z)\mathrm{d}x\mathrm{d}y\mathrm{d}z, \quad I_{zx} = \iiint\limits_{\Omega} y^2 \rho(x,y,z)\mathrm{d}x\mathrm{d}y\mathrm{d}z,$$

$$I_x = \iiint\limits_{\Omega} (y^2 + z^2)\rho(x,y,z)\mathrm{d}x\mathrm{d}y\mathrm{d}z = I_{xy} + I_{zx},$$

$$I_y = \iiint\limits_{\Omega} (z^2 + x^2)\rho(x,y,z)\mathrm{d}x\mathrm{d}y\mathrm{d}z = I_{xy} + I_{yz},$$

$$I_z = \iiint\limits_{\Omega} (x^2 + y^2)\rho(x,y,z)\mathrm{d}x\mathrm{d}y\mathrm{d}z = I_{yz} + I_{zx},$$

$$I_o = \iiint\limits_{\Omega} (x^2 + y^2 + z^2)\rho(x,y,z)\mathrm{d}x\mathrm{d}y\mathrm{d}z = I_{yz} + I_{zx} + I_{xy}.$$

例 9.31 求半径为 a 的均匀半圆薄片（密度为 μ）对其直径边的转动惯量.

解 建立如图 9.39 所示坐标系.

$$I_x = \iint\limits_{D} y^2 \mu \mathrm{d}\sigma = \mu \int_0^{\pi} \mathrm{d}\theta \int_0^a \rho^2 \sin^2\theta \rho \mathrm{d}\rho = \mu \frac{a^4}{4} \int_0^{\pi} \sin^2\theta \mathrm{d}\theta = \frac{\pi}{8}\mu a^4.$$

例 9.32 求均匀球体（密度为 μ）对过球心的一条轴 l 的转动惯量.

解 建立的坐标系取球心为坐标原点，z 轴与 l 重合，设球的半径为

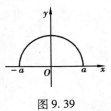

图 9.39

a，则

$$I_z = \iiint\limits_{\Omega} (x^2 + y^2)\mu \mathrm{d}x\mathrm{d}y\mathrm{d}z = \mu \int_0^{2\pi} \mathrm{d}\theta \int_0^{\pi} \mathrm{d}\varphi \int_0^a r^2 \sin^2\varphi \cdot r^2 \sin\varphi \mathrm{d}r$$

$$= 2\pi\mu \int_0^{\pi} \sin^3\varphi \mathrm{d}\varphi \int_0^a r^4 \mathrm{d}r = 2\pi\rho \left[-\cos\varphi + \frac{1}{3}\cos^3\varphi \right]\bigg|_0^{\pi} \cdot \left[\frac{1}{5}r^5 \right]\bigg|_0^a$$

$$= \frac{8}{15}\pi\mu a^5 = \frac{2}{5}Ma^2.$$

其中，M 为球的质量 $M = \frac{4}{3}\mu\pi a^3$.

9.4.4 引力

设有空间有界闭区域 Ω 上密度为 $\rho(x,y,z)$ 的立体，求其对空间中的质量为 m 的质点 $m(x_0,y_0,z_0)$ 的引力.

在 Ω 上取一直径充分小的闭区域 $\mathrm{d}v$，其体积也记为 $\mathrm{d}v$. 当 $\mathrm{d}v$ 充分小时，近似认为其是质量均匀的质点 $M(x,y,z)$.

$$\overrightarrow{mM} = (x - x_0, y - y_0, z - z_0), \overrightarrow{e_{mM}} = \left(\frac{x-x_0}{r}, \frac{y-y_0}{r}, \frac{z-z_0}{r} \right).$$

其中

$$r = \sqrt{(x-x_0)^2 + (y-y_0)^2 + (z-z_0)^2},$$

$$\cos\alpha = \frac{x-x_0}{r}, \cos\beta = \frac{y-y_0}{r}, \cos\gamma = \frac{z-z_0}{r}.$$

M 对质点 m 的引力微元为

$$\mathrm{d}F = (\mathrm{d}F_x, \mathrm{d}F_y, \mathrm{d}F_z)$$

$$= \left(G\frac{m\rho(x,y,z)\mathrm{d}v}{r^2}\cos\alpha, G\frac{m\rho(x,y,z)\mathrm{d}v}{r^2}\cos\beta, G\frac{m\rho(x,y,z)\mathrm{d}v}{r^2}\cos\gamma \right)$$

$$= \left(G\frac{m\rho(x,y,z)(x-x_0)}{r^3}\mathrm{d}v, G\frac{m\rho(x,y,z)(y-y_0)}{r^3}, G\frac{m\rho(x,y,z)(z-z_0)}{r^3}\mathrm{d}v \right).$$

其中，$\mathrm{d}F_x,\mathrm{d}F_y,\mathrm{d}F_z$ 为 $\mathrm{d}F$ 在三个坐标轴上的分量，G 为引力常数，在 Ω 上积分有

$$F_x = \iiint\limits_{\Omega} \frac{Gm\rho(x,y,z)(x-x_0)}{r^3}\mathrm{d}x\mathrm{d}y\mathrm{d}z,$$

$$F_y = \iiint\limits_{\Omega} \frac{Gm\rho(x,y,z)(y-y_0)}{r^3}\mathrm{d}x\mathrm{d}y\mathrm{d}z,$$

$$F_z = \iiint\limits_{\Omega} \frac{Gm\rho(x,y,z)(z-z_0)}{r^3}\mathrm{d}x\mathrm{d}y\mathrm{d}z.$$

类似可得平面薄片对质点的引力公式，换成平面区域上面密度为 $\rho(x,y)$ 的二重积分

即可.

例 9.33 求面密度为常数 μ,半径为 R 的均匀圆形薄片 $D_{xy} = \{(x,y) \mid x^2+y^2 \leqslant R^2, z=0\}$ 对位于点 $(0,0,a)(a>0)$ 处的单位质量质点的引力.

解 由对称性 $F_x = F_y = 0$,得

$$F_z = -Ga\mu \iint_D \frac{1}{(x^2 + y^2 + a^2)^{\frac{3}{2}}} dxdy = -Ga\mu \int_0^{2\pi} d\theta \int_0^R \frac{\rho}{(\rho^2 + a^2)^{\frac{3}{2}}} d\rho$$

$$= 2\pi Ga\mu \left(\frac{1}{\sqrt{R^2 + a^2}} - \frac{1}{a} \right).$$

所求引力为 $\left(0, 0, 2\pi Ga\mu \left(\frac{1}{\sqrt{R^2 + a^2}} - \frac{1}{a} \right) \right)$,方向为 z 轴的负方向.

例 9.34 设半径为 R 的匀质球(密度为 μ)占空间闭区域 $\Omega = \{(x,y,z) \mid x^2+y^2+z^2 \leqslant R^2\}$,对位于 $M_0(0,0,a)(a>R)$ 处的单位质量质点的引力.

解 由对称性有 $F_x = F_y = 0$,

$$F_z = \iiint_\Omega G\mu \frac{z - a}{[x^2 + y^2 + (z-a)^2]^{\frac{3}{2}}} dv$$

$$= G\mu \int_{-R}^R (z-a) dz \iint_{x^2+y^2 \leqslant R^2-z^2} \frac{1}{[x^2 + y^2 + (z-a)^2]^{\frac{3}{2}}} dxdy$$

$$= G\mu \int_{-R}^R (z-a) dz \int_0^{2\pi} d\theta \int_0^{\sqrt{R^2-z^2}} \frac{\rho}{[\rho^2 + (z-a)^2]^{\frac{3}{2}}} d\rho = -G \frac{M}{a^2}.$$

其中,$M = \frac{4}{3}\pi R^3 \mu$ 为球的质量. 均匀球对球外一质点的引力等于质量集中于球心时两质点间的引力.

习题 9.4

1. 求锥面 $z = \sqrt{x^2 + y^2}$ 被柱面 $z^2 = 2x$ 所割下部分的曲面面积.

2. 求平面 $x + y = 1$ 上被坐标面与曲面 $z = xy$ 截下的在第一卦限部分的面积.

3. 求底圆半径相等的两个直角圆柱面 $x^2 + y^2 = R^2$ 与所围立体的表面积.

4. 求由下列曲线所围成的均匀薄片的重心坐标:

(1) D 是由 $y = \sqrt{2px}, x = x_0, y = 0$ 所围成;

(2) D 是由 $\frac{x^2}{a^2} + \frac{y^2}{b^2} \leqslant 1, y \geqslant 0$ 所确定;

(3) D 是介于两个圆 $r = a \cos\theta, r = b \cos\theta$ 之间的图形 $(0 < a < b)$.

5. 求下列由曲面所围成的均匀立体的重心:

(1) $z^2 = x^2 + y^2, z = 1$;

(2) $z = \sqrt{3a^2 - x^2 - y^2}, x^2 + y^2 = 2az, (a > 0)$;

（3）$z = x^2 + y^2, x + y = a, x = 0, y = 0, z = 0, (a > 0)$.

6. 设一薄片由 $y = e^x, y = 0, x = 0, x = 2$ 所围成，其面密度 $\mu(x,y) = xy$. 求薄片对两个坐标轴的转动惯量.

7. 求均匀物体：$x^2 + y^2 + z^2 \leqslant 2, x^2 + y^2 \geqslant z^2$ 对 z 轴的转动惯量.

8. 求面密度为 μ 的均匀半圆环形薄片：$\sqrt{R_1^2 - y^2} \leqslant x \leqslant \sqrt{R_2^2 - y^2}, z = 0$ 对位于 z 轴上点 $M_0(0,0,a), (a > 0)$ 处的单位质点的引力 $\boldsymbol{F}$.

*9.5 含参变量的积分

设 $f(x,y)$ 是矩形闭区域 $D = \{(x,y) \mid a \leqslant x \leqslant b, c \leqslant y \leqslant d\}$ 的连续函数，在 $[a,b]$ 上任意取定 x 的一个值，于是 $f(x,y)$ 是变量 y 在 $[c,d]$ 上的一个一元连续函数，从而积分

$$\int_c^d f(x,y)\,\mathrm{d}y$$

存在，该积分的值依赖于取定的 x 值，当 x 的值改变时，一般说来该积分值也跟着改变，由此，该积分确定一个定义在 $[a,b]$ 上的 x 的函数，记作 $\varphi(x)$，即

$$\varphi(x) = \int_c^d f(x,y)\,\mathrm{d}y \qquad (a \leqslant x \leqslant b). \tag{9.2}$$

其中，变量 x 在积分过程中是一个常量，通常称它为参变量，因此式（9.2）的右端是一个含参变量 x 的积分，该积分确定 x 的一个函数 $\varphi(x)$. 现在来讨论关于 $\varphi(x)$ 的一些性质.

定理 9.2 如果函数 $f(x,y)$ 在矩形区域 $D = \{(x,y) \mid a \leqslant x \leqslant b, c \leqslant y \leqslant d\}$ 上连续，则由积分（9.2）确定的函数 $\varphi(x)$ 在 $[a,b]$ 上也连续.

证 设 x 和 $x + \Delta x$ 是 $[a,b]$ 上的两点，则

$$\varphi(x + \Delta x) - \varphi(x) = \int_c^d [f(x + \Delta x, y) - f(x,y)]\,\mathrm{d}y. \tag{9.3}$$

由于 $f(x,y)$ 在闭区域 D 上连续，从而一致连续. 因此对于任意取定的 $\varepsilon > 0$，存在 $\delta > 0$，使得对于 D 内的任意两点 (x_1, y_1) 及 (x_2, y_2)，只要它们之间的距离小于 δ，即 $\sqrt{(x_2 - x_1)^2 + (y_2 - y_1)^2} < \delta$，就有

$$|f(x_2, y_2) - f(x_1, y_1)| < \varepsilon.$$

因为点 $(x + \Delta x, y)$ 与 (x,y) 的距离等于 $|\Delta x|$，所以当 $|\Delta x| < \delta$ 时，就有

$$|f(x + \Delta x, y) - f(x,y)| < \varepsilon.$$

于是由式（9.3），有

$$|\varphi(x + \Delta x) - \varphi(x)| \leqslant \int_c^d |f(x + \Delta x, y) - f(x,y)|\,\mathrm{d}y < \varepsilon(d - c),$$

所以 $\varphi(x)$ 在 $[a,b]$ 上连续.

既然函数 $\varphi(x)$ 在 $[a,b]$ 上连续，它就在 $[a,b]$ 上的积分存在，该积分可以写为

$$\int_a^b \varphi(x)\,\mathrm{d}x = \int_a^b \left[\int_c^d f(x,y)\,\mathrm{d}y \right] \mathrm{d}x = \int_a^b \mathrm{d}x \int_c^d f(x,y)\,\mathrm{d}y.$$

右端积分是函数 $f(x,y)$ 先对 y 再对 x 的二次积分. 当 $f(x,y)$ 在矩形区域 D 上连续时，$f(x,y)$

在 D 上的二重积分 $\iint\limits_{D} f(x,y)\mathrm{d}x\mathrm{d}y$ 是存在的. 这个二重积分化为二次积分来计算时,如果先对 y 后对 x 积分,就是上面的这个二次积分. 但二重积分 $\iint\limits_{D} f(x,y)\mathrm{d}x\mathrm{d}y$ 也可化为先对 x 后对 y 的二次积分 $\int_c^d \left[\int_a^b f(x,y)\mathrm{d}x \right]\mathrm{d}y$,因此有下面的定理9.3.

定理9.3 如果函数 $f(x,y)$ 在矩形区域 $D = \{(x,y) \mid a \leqslant x \leqslant b, c \leqslant y \leqslant d\}$ 上连续,则

$$\int_a^b \left[\int_c^d f(x,y)\mathrm{d}y \right]\mathrm{d}x = \int_c^d \left[\int_a^b f(x,y)\mathrm{d}x \right]\mathrm{d}y. \tag{9.4}$$

公式(9.4)也可以写成

$$\int_a^b \mathrm{d}x \int_c^d f(x,y)\mathrm{d}y = \int_c^d \mathrm{d}y \int_a^b f(x,y)\mathrm{d}x. \tag{9.4*}$$

下面考虑由积分(9.2)确定的函数 $\varphi(x)$ 的微分问题.

定理9.4 如果函数 $f(x,y)$ 及其偏导数 $\dfrac{\partial f(x,y)}{\partial x}$ 都在矩形区域 $D = \{(x,y) \mid a \leqslant x \leqslant b, c \leqslant y \leqslant d\}$ 上连续,那么由积分(9.2)确定的函数 $\varphi(x)$ 在 $[a,b]$ 上可微分,且

$$\varphi'(x) = \frac{\mathrm{d}}{\mathrm{d}x} \int_c^d f(x,y)\mathrm{d}y = \int_c^d \frac{\partial f(x,y)}{\partial x}\mathrm{d}y. \tag{9.5}$$

证 因为 $\varphi'(x) = \lim\limits_{\Delta x \to 0} \dfrac{\varphi(x+\Delta x) - \varphi(x)}{\Delta x}$,为了求 $\varphi'(x)$,先利用公式(9.3)作出增量之比

$$\frac{\varphi(x+\Delta x) - \varphi(x)}{\Delta x} = \int_c^d \frac{f(x+\Delta x,y) - f(x,y)}{\Delta x}\mathrm{d}y. \tag{9.6}$$

由拉格朗日中值定理,以及 $\dfrac{\partial f}{\partial x}$ 的一致连续性,有

$$\frac{f(x+\Delta x,y) - f(x,y)}{\Delta x} = \frac{\partial f(x+\theta\Delta x,y)}{\partial x} = \frac{\partial f(x,y)}{\partial x} + \eta(x,y,\Delta x), \tag{9.7}$$

其中 $0 < \theta < 1$, $|\eta|$ 可小于任意给定的正数 ε ,只要 $|\Delta x|$ 小于某个正数 δ . 因此

$$\left| \int_c^d \eta(x,y,\Delta x)\mathrm{d}y \right| < \left| \int_c^d \varepsilon \mathrm{d}y \right| = \varepsilon(d-c), \qquad (|\Delta x| < \delta).$$

即 $\lim\limits_{\Delta x \to 0} \int_c^d \eta(x,y,\Delta x)\mathrm{d}y = 0.$

由式(9.6)及式(9.7),有

$$\frac{\varphi(x+\Delta x) - \varphi(x)}{\Delta x} = \int_c^d \frac{\partial f(x,y)}{\Delta x}\mathrm{d}y + \int_c^d \eta(x,y,\Delta x)\mathrm{d}y,$$

令 $\Delta x \to 0$ 取上式的极限,即得公式(9.5).

在积分(9.2)中,积分限 c 与 d 都是常数. 但在实际应用中还会遇到对于参变量 x 的不同的值,积分限也不同的情形,这时积分限也是参变量 x 的函数. 这样,积分

$$\Phi(x) = \int_{\alpha(x)}^{\beta(x)} f(x,y)\mathrm{d}y \tag{9.8}$$

也是参变量 x 的函数. 现考虑这种更为广泛地依赖于参变量的积分的某些性质.

定理9.5 如果函数 $f(x,y)$ 在矩形区域 $D = \{(x,y) \mid a \leqslant x \leqslant b, c \leqslant y \leqslant d\}$ 上连续,函数

$\alpha(x)$ 与 $\beta(x)$ 在区间 $[a,b]$ 上连续,且
$$c \leqslant \alpha(x) \leqslant d, c \leqslant \beta(x) \leqslant d, \qquad (a \leqslant x \leqslant b),$$
则由积分(9.8)确定的函数 $\Phi(x)$ 在 $[a,b]$ 上也连续.

证 设 x 和 $x + \Delta x$ 是 $[a,b]$ 上的两点,则
$$\Phi(x + \Delta x) - \Phi(x) = \int_{\alpha(x+\Delta x)}^{\beta(x+\Delta x)} f(x + \Delta x, y)\,\mathrm{d}y - \int_{\alpha(x)}^{\beta(x)} f(x,y)\,\mathrm{d}y.$$

因为
$$\int_{\alpha(x+\Delta x)}^{\beta(x+\Delta x)} f(x + \Delta x, y)\,\mathrm{d}y = \int_{\alpha(x+\Delta x)}^{\alpha(x)} f(x + \Delta x, y)\,\mathrm{d}y + \int_{\alpha(x)}^{\beta(x)} f(x + \Delta x, y)\,\mathrm{d}y + $$
$$\int_{\beta(x)}^{\beta(x+\Delta x)} f(x + \Delta x, y)\,\mathrm{d}y$$

所以
$$\Phi(x + \Delta x) - \Phi(x) = \int_{\alpha(x+\Delta x)}^{\alpha(x)} f(x + \Delta x, y)\,\mathrm{d}y + \int_{\beta(x)}^{\beta(x+\Delta x)} f(x + \Delta x, y)\,\mathrm{d}y + $$
$$\int_{\alpha(x)}^{\beta(x)} \left[f(x + \Delta x, y) - f(x,y) \right]\,\mathrm{d}y \qquad (9.9)$$

当 $\Delta x \to 0$ 时,式(9.9)右端最后一个积分的积分限不变,根据证明定理 9.2 时同样的理由,该积分趋于零. 又
$$\left| \int_{\alpha(x+\Delta x)}^{\alpha(x)} f(x + \Delta x, y)\,\mathrm{d}y \right| \leqslant M \left| \alpha(x + \Delta x) - \alpha(x) \right|,$$
$$\left| \int_{\beta(x)}^{\beta(x+\Delta x)} f(x + \Delta x, y)\,\mathrm{d}y \right| \leqslant M \left| \beta(x + \Delta x) - \beta(x) \right|,$$

其中 M 是 $|f(x,y)|$ 在矩形 D 上的最大值. 根据 $\alpha(x)$ 与 $\beta(x)$ 在 $[a,b]$ 上连续的假定,由以上两式可见,当 $\Delta x \to 0$ 时,式(9.9)右端的前两个积分都趋于零. 于是,当 $\Delta x \to 0$ 时,
$$\Phi(x + \Delta x) - \Phi(x) \to 0, \qquad (a \leqslant x \leqslant b)$$
所以函数 $\Phi(x)$ 在 $[a,b]$ 上连续.

关于函数 $\Phi(x)$ 的微分,有下列定理.

定理 9.6 如果函数 $f(x,y)$ 及其偏导数 $\dfrac{\partial f(x,y)}{\partial x}$ 都在矩形区域 $D = \{(x,y) \mid a \leqslant x \leqslant b, c \leqslant y \leqslant d\}$ 上连续,函数 $\alpha(x)$ 与 $\beta(x)$ 在区间 $[a,b]$ 上可微,且
$$c \leqslant \alpha(x) \leqslant d, c \leqslant \beta(x) \leqslant d, \qquad (a \leqslant x \leqslant b),$$
则由积分(9.8)确定的函数 $\Phi(x)$ 在 $[a,b]$ 上也可微,且
$$\Phi'(x) = \frac{\mathrm{d}}{\mathrm{d}x} \int_{\alpha(x)}^{\beta(x)} f(x,y)\,\mathrm{d}y$$
$$= \int_{\alpha(x)}^{\beta(x)} \frac{\partial f(x,y)}{\partial x}\,\mathrm{d}y + f[x, \beta(x)]\beta'(x) - f[x, \alpha(x)]\alpha'(x). \qquad (9.10)$$

证 由式(9.9)有
$$\frac{\Phi(x + \Delta x) - \Phi(x)}{\Delta x}$$
$$= \int_{\alpha(x)}^{\beta(x)} \frac{f(x + \Delta x, y) - f(x,y)}{\Delta x}\,\mathrm{d}y + \frac{1}{\Delta x} \int_{\beta(x)}^{\beta(x+\Delta x)} f(x + \Delta x, y)\,\mathrm{d}y - \qquad (9.11)$$
$$\frac{1}{\Delta x} \int_{\alpha(x)}^{\alpha(x+\Delta x)} f(x + \Delta x, y)\,\mathrm{d}y.$$

当 $\Delta x \to 0$ 时,上式右端的第一个积分的积分限不变,根据证明定理9.4时同样的理由,有

$$\int_{\alpha(x)}^{\beta(x)} \frac{f(x+\Delta x,y)-f(x,y)}{\Delta x}\mathrm{d}y \to \int_{\alpha(x)}^{\beta(x)} \frac{\partial f(x,y)}{\partial x}\mathrm{d}y.$$

对于式(9.11)右端的第二项,应用积分中值定理得

$$\frac{1}{\Delta x}\int_{\beta(x)}^{\beta(x+\Delta x)} f(x+\Delta x,y)\mathrm{d}y = \frac{1}{\Delta x}\big[\beta(x+\Delta x)-\beta(x)\big]f(x+\Delta x,\eta),$$

其中 η 在 $\beta(x)$ 与 $\beta(x+\Delta x)$ 之间. 当 $\Delta x \to 0$ 时,

$$\frac{1}{\Delta x}[\beta(x+\Delta x)-\beta(x)] \to \beta'(x), f(x+\Delta x,\eta) \to f[x,\beta(x)].$$

于是 $\quad \dfrac{1}{\Delta x}\displaystyle\int_{\beta(x)}^{\beta(x+\Delta x)} f(x+\Delta x,y)\mathrm{d}y \to f[x,\beta(x)]\beta'(x).$

类似地可证,当 $\Delta x \to 0$ 时,有

$$\frac{1}{\Delta x}\int_{\alpha(x)}^{\alpha(x+\Delta x)} f(x+\Delta x,y)\mathrm{d}y \to f[x,\alpha(x)]\alpha'(x).$$

因此,令 $\Delta x \to 0$,取式(9.11)的极限便得公式(9.10).

公式(9.10)称为莱布尼兹公式.

例 9.35 设 $\Phi(x)=\displaystyle\int_{x}^{x^2}\frac{\sin(xy)}{y}\mathrm{d}y$,求 $\Phi'(x)$.

解 应用莱布尼兹公式,得

$$\Phi'(x)=\int_{x}^{x^2}\cos(xy)\mathrm{d}y + \frac{\sin x^3}{x^2}\cdot 2x - \frac{\sin x^2}{x}\cdot 1$$

$$=\Big[\frac{\sin(xy)}{x}\Big]_{x}^{x^2} + \frac{2\sin x^3}{x} - \frac{\sin x^2}{x} = \frac{3\sin x^3 - 2\sin x^2}{x}.$$

例 9.36 求 $I=\displaystyle\int_{0}^{1}\frac{x^b-x^a}{\ln x}\mathrm{d}x,\qquad (0<a<b).$

解 因为 $\quad \displaystyle\int_{a}^{b}x^y\mathrm{d}y=\Big[\frac{x^y}{\ln x}\Big]_{a}^{b}=\frac{x^b-x^a}{\ln x},$

所以 $\quad I=\displaystyle\int_{0}^{1}\mathrm{d}x\int_{a}^{b}x^y\mathrm{d}y.$

其中,函数 $f(x,y)=x^y$ 在矩形 $D=\{(x,y)\mid 0\le x\le 1, 0<a\le y\le b\}$ 上连续,根据定理9.3,可交换积分次序,由此有

$$I=\int_{a}^{b}\mathrm{d}y\int_{0}^{1}x^y\mathrm{d}x = \int_{a}^{b}\Big[\frac{x^{y+1}}{y+1}\Big]_{0}^{1}\mathrm{d}y = \int_{a}^{b}\frac{1}{y+1}\mathrm{d}y = \ln\frac{b+1}{a+1}.$$

例 9.37 计算定积分 $I=\displaystyle\int_{0}^{1}\frac{\ln(1+x)}{1+x^2}\mathrm{d}x.$

解 考虑含参变量 α 的积分所确定的函数

$$\varphi(\alpha)=\int_{0}^{1}\frac{\ln(1+\alpha x)}{1+x^2}\mathrm{d}x.$$

显然,$\varphi(0)=0,\varphi(1)=I$. 根据公式(9.5),得

$$\varphi'(\alpha)=\int_{0}^{1}\frac{x}{(1+\alpha x)(1+x^2)}\mathrm{d}x.$$

把被积函数分解为部分分式，得到

$$\frac{x}{(1 + \alpha x)(1 + x^2)} = \frac{1}{1 + \alpha^2}\left[\frac{-\alpha}{1 + \alpha x} + \frac{x}{1 + x^2} + \frac{\alpha}{1 + x^2}\right].$$

于是

$$\varphi'(\alpha) = \frac{1}{1 + \alpha^2}\left[\int_0^1 \frac{-\alpha}{1 + \alpha x}dx + \int_0^1 \frac{x dx}{1 + x^2} + \int_0^1 \frac{\alpha dx}{1 + x^2}\right]$$

$$= \frac{1}{1 + \alpha^2}\left[-\ln(1 + \alpha) + \frac{1}{2}\ln 2 + \alpha \cdot \frac{\pi}{4}\right].$$

上式在 $[0,1]$ 上对 α 积分，得到

$$\varphi(1) - \varphi(0) = -\int_0^1 \frac{\ln(1 + \alpha)}{1 + \alpha^2}d\alpha + \frac{1}{2}\ln 2 \int_0^1 \frac{d\alpha}{1 + \alpha^2} + \frac{\pi}{4}\int_0^1 \frac{\alpha d\alpha}{1 + \alpha^2},$$

即

$$I = -I + \frac{\ln 2}{2} \cdot \frac{\pi}{4} + \frac{\pi}{4} \cdot \frac{\ln 2}{2} = -I + \frac{\pi}{4}\ln 2,$$

从而 $I = \frac{\pi}{8}\ln 2.$

习题 9.5

1. 求下列含参变量的积分所确定的函数的极限：

(1) $\lim_{x \to 0} \int_x^{1+x} \frac{dy}{1 + x^2 + y^2}$；

(2) $\lim_{x \to 0} \int_{-1}^1 \sqrt{x^2 + y^2}\,dy$；

(3) $\lim_{x \to 0} \int_0^2 y^2 \cos(xy)dy$.

2. 求下列函数的导数：

(1) $\varphi(x) = \int_{\sin x}^{\cos x}(y^2 \sin x - y^3)dy$；

(2) $\varphi(x) = \int_0^x \frac{\ln(1 + xy)}{y}dy$；

(3) $\varphi(x) = \int_{x^2}^{x^3}\arctan\frac{y}{x}dy$；

(4) $\varphi(x) = \int_x^{x^2} e^{-xy^2}dy$.

3. 设 $F(x) = \int_0^x (x + y)f(y)dy$，其中 $f(x)$ 为可微分的函数，求 $F''(x)$.

4. 应用对参数的微分法，计算下列积分：

(1) $I = \int_0^{\frac{\pi}{2}} \ln\frac{1 + \alpha\cos x}{1 - \alpha\cos x} \cdot \frac{dx}{\cos x}$, $(|\alpha| < 1)$；

(2) $I = \int_0^{\frac{\pi}{2}}\ln(\cos^2 x + \alpha^2\sin^2 x)dx$, $(\alpha > 0)$.

5. 计算下列积分：

(1) $\int_0^1 \frac{\arctan x}{x} \frac{dx}{\sqrt{1 - x^2}}$；

(2) $\int_0^1 \sin\left(\ln\frac{1}{x}\right)\frac{x^b - x^a}{\ln x}dx$, $(0 < a < b)$.

习题 9

1. 设 $f(x,y) = \begin{cases} 2x, & (0 \leqslant x \leqslant 1, 0 \leqslant y \leqslant 1), \\ 0, & \end{cases}$ $F(t) = \iint\limits_{x+y \leqslant t} f(x,y)\mathrm{d}\sigma$ ，求 $F(t)$.

2. 计算 $\iint\limits_{D} x[1 + yf(x^2 + y^2)]\mathrm{d}\sigma$ ，其中 D 是由 $y = x^3, y = 1, x = -1$ 所围成的区域，$f(x^2 + y^2)$ 是 D 上的连续函数.

3. 设函数 $f(x)$ 在区间 $[0,1]$ 上连续，并设 $\int_0^1 f(x)\mathrm{d}x = A$ ，求 $\int_0^1 \mathrm{d}x \int_x^1 f(x)f(y)\mathrm{d}y$.

4. 证明狄利克雷公式 $\int_0^a \mathrm{d}y \int_0^y f(x)\mathrm{d}x = \int_0^a (a - x)f(x)\mathrm{d}x$ ，其中 f 连续.

5. 设 $f(x)$ 在 $[a,b]$ 上连续，试利用二重积分证明 $\left[\int_a^b f(x)\mathrm{d}x\right]^2 \leqslant (b - a)\int_a^b f^2(x)\mathrm{d}x$.

6. 求抛物面 $z = 1 + x^2 + y^2$ 的一个切平面，使得它与该抛物面及圆柱面 $(x - 1)^2 + y^2 = 1$ 围成的体积最小. 试写出切平面方程并求出最小体积.

7. 设有一半径为 R ，高为 H 的圆柱形容器，盛有 $\dfrac{2}{3}H$ 高的水，放在离心机上高速旋转，因受离心力的作用，水面呈抛物面形状，问当水刚要溢出容器时，水面的最低点在何处？

8. 计算下列三重积分：

(1) $\iiint\limits_{\Omega} (x^2 + y^2)\mathrm{d}v$，$V$ 是由柱面 $y = \sqrt{x}$ 及平面 $y + z = 1, x = 0, z = 0$ 所围成的区域；

(2) $\iiint\limits_{\Omega} |xyz|\mathrm{d}v$，$\Omega$ 为椭球体 $\dfrac{x^2}{a^2} + \dfrac{y^2}{b^2} + \dfrac{z^2}{c^2} \leqslant 1$.

9. 证明：$\int_0^1 \mathrm{d}x \int_0^x \mathrm{d}y \int_0^y f(z)\mathrm{d}z = \dfrac{1}{2}\int_0^1 (1 - z)^2 f(z)\mathrm{d}z$.

10. 设 $F(t) = \iiint\limits_{\Omega} x \ln(1 + x^2 + y^2 + z^2)\mathrm{d}v$，$\Omega$ 是由 $x^2 + y^2 + z^2 \leqslant t^2$ 与 $\sqrt{y^2 + z^2} \leqslant x$ 确定，求 $\dfrac{\mathrm{d}F(t)}{\mathrm{d}t}$.

11. 设 $f(x)$ 连续，$\Omega = \left\{ (x,y,z) \,|\, 0 \leqslant z \leqslant h, x^2 + y^2 \leqslant t^2 \right\}$，$F(t) = \iiint\limits_{\Omega} [z^2 + f(x^2 + y^2)]\mathrm{d}v$，求

$$\frac{\mathrm{d}F(t)}{\mathrm{d}t}, \lim_{t \to 0^+} \frac{F(t)}{t^2}.$$

12. 设一柱体的底部是 xOy 面上的有界闭区域 D，母线平行于 z 轴，柱体的上顶为一平面，证明：柱体的体积等于 D 的面积与上顶平面上对应于 D 的重心的点的竖坐标的乘积.

13. 设有一密度均匀的球锥体，球的半径为 R，顶角为 $\dfrac{\pi}{3}$，求该球锥体对应于其顶点处的单位质点的引力.

14. 一个体积为 V，外表面积为 S 的雪堆，融化的速度是 $\dfrac{\mathrm{d}V}{\mathrm{d}t} = -\alpha s$，其中 α 是一个常数. 假设在溶化期间雪堆的形状保持为 $z = h - \dfrac{x^2 + y^2}{h}, z > 0$，其中 $h = h(t)$. 问一个高度为 h_0 的雪堆全部溶化要多长时间？

15. 一个火山的形状可以用曲面 $z = he^{-\frac{\sqrt{x^2+y^2}}{4h}}\ (z > 0)$ 来表示. 在一次火山爆发之后，有体积为 V 的熔岩黏附在山上，使它具有和原来一样的形状. 求火山高度 h 变化的百分比.

第 **10** 章
曲线积分与曲面积分

从前面的知识知道,定积分的积分区域为数轴上的一个区间,二重积分的积分区域为平面上的平面区域,三重积分的积分区域为空间中的立体区域。在应用中也有积分区域为平面或空间中的曲线以及空间中的曲面的情形,这就是本章将介绍的曲线积分和曲面积分.

10.1 对弧长的曲线积分

10.1.1 对弧长曲线积分的概念与性质

引例 曲线构件的质量

设构件在 xOy 平面上一段曲线弧 L 上,其端点为 A,B,线密度为 $\rho(x,y)$,求其质量 M.

解 用 L 上点 $M_1,M_2,\cdots,M_{n-1}$ 将 L 划分为 n 个小弧段,如图10.1所示.

用 Δs_i 表示第 i 个小弧段 $\overset{\frown}{M_{i-1}M_i}$ 及其弧长. 当 Δs_i 充分小时,近似认为其上质量均匀,其质量为

$$\Delta m_i \approx \rho(\xi_i,\eta_i)\Delta s_i,(\xi_i,\eta_i) \in \Delta s_i,$$

$$M = \sum_{i=1}^{n} \Delta m_i \approx \sum_{i=1}^{n} \rho(\xi_i,\eta_i)\Delta s_i.$$

用 λ 表示小弧段长度最大者,取 $\lambda \to 0$ 时的极限有

$$M = \lim_{\lambda \to 0} \sum_{i=1}^{n} \rho(\xi_i,\eta_i)\Delta s_i.$$

定义 10.1 设 L 为 xOy 平面内一条光滑曲线段,函数 $f(x,y)$ 在 L 上有界,用 L 上的点将 L 划分为 n 个小弧段,用 Δs_i 表示第 i 个小弧段及其弧长. 若对任意的划分及任意的 $(\xi_i,\eta_i) \in \Delta s_i$,极限

$$\lim_{\lambda \to 0} \sum_{i=1}^{n} f(\xi_i,\eta_i)\Delta s_i$$

均存在,其中 λ 为小弧段长度最大者,则称此极限值为 $f(x,y)$ 在曲线 L 上对弧长的曲线积分,

也称为第一类曲线积分或第一型曲线积分，记为 $\int_L f(x,y)\,\mathrm{d}s$，即

$$\int_L f(x,y)\,\mathrm{d}s = \lim_{\lambda \to 0} \sum_{i=1}^{n} f(\xi_i,\eta_i)\,\Delta s_i.$$

引例中曲线构件的质量可表示为 $M = \int_L \rho(x,y)\,\mathrm{d}s$.

对弧长曲线积分的几何意义为：当 $f(x,y) > 0$ 时，$\int_L f(x,y)\,\mathrm{d}s$ 表示曲面 $z = f(x,y)$ 在 xOy 平面上方，其值等于以 L 为准线，母线平行于 z 轴的柱面的侧面积，如图 10.2 所示.

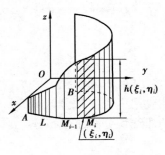

特别地，当 $f(x,y) = 1$ 时，$\int_L f(x,y)\,\mathrm{d}s$ 的值等于曲线段 L 的弧长. 若 L 是闭曲线，则记为

$$\oint_L f(x,y)\,\mathrm{d}s.$$

同理，函数 $f(x,y,z)$ 在空间曲线 Γ 上的对弧长曲线积分定义为

$$\int_\Gamma f(x,y,z)\,\mathrm{d}s = \lim_{\lambda \to 0} \sum_{i=1}^{n} f(\xi_i,\eta_i,\zeta_i)\,\Delta s_i, \quad (\xi_i,\eta_i,\zeta_i) \in \Delta s_i.$$

图 10.2

由对弧长曲线积分的定义可得性质：

性质 10.1 对被积分函数具有可加性

$$\int_L \left[f(x,y) \pm g(x,y) \right]\,\mathrm{d}s = \int_L f(x,y)\,\mathrm{d}s \pm \int_L g(x,y)\,\mathrm{d}s.$$

性质 10.2 齐次性

$$\int_L kf(x,y)\,\mathrm{d}s = k\int_L f(x,y)\,\mathrm{d}s.$$

性质 10.3 对积分区域具有可加性

$$\int_{L_1+L_2} f(x,y)\,\mathrm{d}s = \int_{L_1} f(x,y)\,\mathrm{d}s + \int_{L_2} f(x,y)\,\mathrm{d}s.$$

性质 10.4 对被积函数的单调性 若对 L 上的任一点 (x,y) 均有 $f(x,y) \leqslant g(x,y)$，则有

$$\int_L f(x,y)\,\mathrm{d}s \leqslant \int_L g(x,y)\,\mathrm{d}s,$$

特别地

$$\left| \int_L f(x,y)\,\mathrm{d}s \right| \leqslant \int_L |f(x,y)|\,\mathrm{d}s.$$

性质 10.5 与积分曲线方向无关性

$$\int_{\overset{\frown}{AB}} f(x,y)\,\mathrm{d}s = \int_{\overset{\frown}{BA}} f(x,y)\,\mathrm{d}s.$$

性质 10.6 （中值定理）若 $f(x,y)$ 在光滑曲线段 L 上连续，则

$$\int_L f(x,y)\,\mathrm{d}s = f(\xi,\eta) \cdot s_L, \quad (\xi,\eta) \in L, s_L \text{ 表示 } L \text{ 的弧长}.$$

10.1.2 对弧长曲线积分的计算法

定理 10.1 设 $f(x,y)$ 在曲线弧 L 上有定义且连续，L 的参数方程为

$$x = \varphi(t), y = \psi(t), \alpha \leqslant t \leqslant \beta.$$

其中 $\varphi(t), \psi(t)$ 在 $[\alpha, \beta]$ 上具有连续的一阶导数,且 $\varphi'^2(t) + \psi'^2(t) \neq 0$,则曲线积分 $\int_L f(x, y)\,\mathrm{d}s$ 存在,且

$$\int_L f(x, y)\,\mathrm{d}s = \int_\alpha^\beta f(\varphi(t)), \psi(t)) \sqrt{\varphi'^2(t) + \psi'^2(t)}\,\mathrm{d}t.$$

证　设参数 t 由 α 变到 β 时,曲线 L 上的点 $M(x, y)$ 由 A 变到 B,在 L 上取一系列的点

$$A = M_0, M_1, \cdots, M_{n-1}, M_n = B,$$

对应的参数值为

$$\alpha = t_0 < t_1 < \cdots < t_{n-1} < t_n = \beta.$$

设点 (ξ_i, η_i) 对应的参数值为 $\tau_i \in [t_{i-1}, t_i]$,即 $\xi_i = \varphi(\tau_i), \eta_i = \psi(\tau_i)$,由于

$$\Delta s_i = \widehat{M_{i-1}M_i} = \int_{t_{i-1}}^{t_i} \sqrt{\varphi'^2(t) + \psi'^2(t)}\,\mathrm{d}t,$$

由积分中值定理,存在 $\bar{\tau}_i \in [t_{i-1}, t_i]$ 使

$$\Delta s_i = \sqrt{\varphi'^2(\bar{\tau}_i) + \psi'^2(\bar{\tau}_i)}\,\Delta t_i \approx \sqrt{\varphi'^2(\tau_i) + \psi'^2(\tau_i)}\,\Delta t_i$$

其中, $\Delta t_i = t_i - t_{i-1}$,且当 Δs_i 充分小时, $\bar{\tau}_i \approx \tau_i$,于是

$$\begin{aligned}
\int_L f(x, y)\,\mathrm{d}s &= \lim_{\lambda \to 0} \sum_{i=1}^n f(\xi_i, \eta_i)\Delta s_i \\
&= \lim_{\lambda \to 0} \sum_{i=1}^n f\big[\varphi(\tau_i), \psi(\tau_i)\big]\sqrt{[\varphi'^2(\tau_i) + \psi'^2(\tau_i)]}\,\Delta t_i \\
&= \int_\alpha^\beta f\big[\varphi(t), \psi(t)\big]\sqrt{\varphi'^2(t) + \psi'^2(t)}\,\mathrm{d}t.
\end{aligned}$$

由于对弧长曲线积分的定义中 Δs_i 表示弧长,所以在转化为定积分计算时,定积分的积分下限应小于积分上限.

若曲线 L 的方程由 $y = y(x), a \leqslant x \leqslant b$ 给出,则可表示为参数方程 $x = x, y = y(x), a \leqslant x \leqslant b$,曲线积分转化为定积分

$$\int_L f(x, y)\,\mathrm{d}s = \int_a^b f[x, y(x)]\sqrt{1 + y'^2(x)}\,\mathrm{d}x.$$

若曲线 L 的方程由 $x = x(y), c \leqslant y \leqslant d$ 给出,则可表示为参数方程 $x = x(y), y = y, c \leqslant y \leqslant d$,曲线积分转化为定积分

$$\int_L f(x, y)\,\mathrm{d}s = \int_c^d f(x(y), y)\sqrt{1 + x'^2(y)}\,\mathrm{d}y.$$

若曲线 L 由极坐标方程 $\rho = \rho(\theta), \alpha \leqslant \theta \leqslant \beta$ 给出,则可表示为参数方程 $x = \rho(\theta)\cos\theta$, $y = \rho(\theta)\sin\theta$,曲线积分转化为定积分

$$\int_L f(x, y)\,\mathrm{d}s = \int_\alpha^\beta f(\rho\cos\theta, \rho\sin\theta)\sqrt{\rho^2 + \rho'^2}\,\mathrm{d}\theta.$$

同理,对空间曲线 $\Gamma: x = x(t), y = y(t), z = z(t), \alpha \leqslant t \leqslant \beta$,有

$$\int_\Gamma f(x, y, z)\,\mathrm{d}s = \int_\alpha^\beta f(x(t), y(t), z(t))\sqrt{x'^2(t) + y'^2(t) + z'^2(t)}\,\mathrm{d}t$$

平面曲线的重心和转动惯量为

$$\bar{x} = \frac{\int_L x\rho(x,y)\,\mathrm{d}s}{\int_L \rho(x,y)\,\mathrm{d}s}, \bar{y} = \frac{\int_L y\rho(x,y)\,\mathrm{d}s}{\int_L \rho(x,y)\,\mathrm{d}s},$$

$$I_x = \int_L y^2\rho(x,y)\,\mathrm{d}s, I_y = \int_L x^2\rho(x,y)\,\mathrm{d}s, I_o = \int_L (x^2 + y^2)\rho(x,y)\,\mathrm{d}s = I_x + I_y.$$

同理可得空间曲线重心和转动惯量计算方法.

例 10.1 计算 $\int_L \mathrm{e}^{\sqrt{x^2+y^2}}\,\mathrm{d}s$,其中 L 是由 $\rho = a, \theta = 0, \theta = \dfrac{\pi}{4}$ 围

成的边界, ρ, θ 为极坐标.

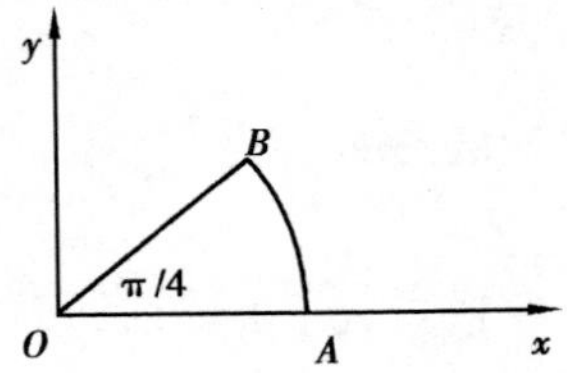

解 如图 10.3 所示.

$$\int_L \mathrm{e}^{\sqrt{x^2+y^2}}\,\mathrm{d}s = \int_{\overline{OA}} \mathrm{e}^{\sqrt{x^2+y^2}}\,\mathrm{d}s + \int_{\overset{\frown}{AB}} \mathrm{e}^{\sqrt{x^2+y^2}}\,\mathrm{d}s + \int_{\overline{BO}} \mathrm{e}^{\sqrt{x^2+y^2}}\,\mathrm{d}s$$

$$= \int_0^a \mathrm{e}^{\sqrt{x^2}}\,\mathrm{d}x + \int_0^{\frac{\pi}{4}} \mathrm{e}^a \cdot a\,\mathrm{d}\theta + \int_0^{\frac{a}{\sqrt{2}}} \mathrm{e}^{\sqrt{2}x}\sqrt{2}\,\mathrm{d}x = 2(\mathrm{e}^a - 1) + \frac{\pi}{4}a\mathrm{e}^a.$$

图 10.3

例 10.2 计算 $\oint_L \sqrt{x^2 + y^2}\,\mathrm{d}s$,其中 L 为圆周 $x^2 + y^2 = ax$.

解法 1 将 L 转化为极坐标方程 $\rho = a\cos\theta, -\dfrac{\pi}{2} \leqslant \rho \leqslant \dfrac{\pi}{2}$,如图 10.4 所示.

$$\oint_L \sqrt{x^2 + y^2}\,\mathrm{d}s = \int_{-\frac{\pi}{2}}^{\frac{\pi}{2}} \rho\sqrt{(a\cos\theta)^2 + (-a\sin\theta)^2}\,\mathrm{d}\theta = a^2 \int_{-\frac{\pi}{2}}^{\frac{\pi}{2}} \cos\theta\,\mathrm{d}\theta = 2a^2.$$

解法 2 如图 10.5 所示. 令 $L = L_1 + L_2$,且 $L_1: y = \sqrt{ax - x^2}, L_2: y = -\sqrt{ax - x^2}$,而 $y' = \pm\dfrac{a - 2x}{2\sqrt{ax - x^2}}$,故可得

$$\oint_L \sqrt{x^2 + y^2}\,\mathrm{d}s = \int_{L_1} \sqrt{x^2 + y^2}\,\mathrm{d}s + \int_{L_2} \sqrt{x^2 + y^2}\,\mathrm{d}s$$

$$= \int_0^a \sqrt{x^2 + (ax - x^2)}\,\frac{a}{2\sqrt{ax - x^2}}\,\mathrm{d}x + \int_0^a \sqrt{x^2 + (ax - x^2)}\,\frac{a}{2\sqrt{ax - x^2}}\,\mathrm{d}x$$

$$= 2\int_0^a \frac{a\sqrt{ax}}{2\sqrt{ax - x^2}}\,\mathrm{d}x = 2a^2.$$

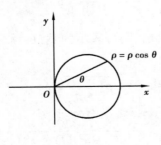

图 10.4

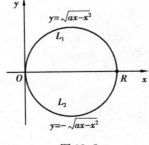

图 10.5

例 10.3 计算 $\int_\Gamma (x^2 + y^2 + z^2)\,\mathrm{d}s$,其中 Γ 为螺旋线 $x = a\cos t, y = a\sin t, z = kt, t: 0 \to 2\pi$.

解
$$\int_{\Gamma}(x^2 + y^2 + z^2)\,\mathrm{d}s$$

$$= \int_0^{2\pi}\left[(a\cos t)^2 + (a\sin t)^2 + (kt)^2\right]\cdot\sqrt{(-a\sin t)^2 + (a\cos t)^2 + k^2}\,\mathrm{d}t$$

$$= \int_0^{2\pi}(a^2 + k^2t^2)\sqrt{a^2 + k^2}\,\mathrm{d}t = \sqrt{a^2 + k^2}\left[a^2t + \frac{k^2}{3}t^3\right]\Big|_0^{2\pi}$$

$$= \frac{2}{3}\pi\sqrt{a^2 + k^2}(3a^2 + 4\pi^2k^2).$$

例 10.4　求心形线 $\rho = a(1 + \cos\theta)$ 的形心.

解　如图 10.6 所示.

由对称性得 $\bar{y} = 0$.

$$\bar{x} = \frac{\int_L x\mathrm{d}s}{\int_L \mathrm{d}s} = \frac{\int_L \rho\cos\theta\sqrt{\rho^2 + \rho'^2}\,\mathrm{d}\theta}{\int_L \sqrt{\rho^2 + \rho'^2}\,\mathrm{d}\theta} = \frac{2\sqrt{2}a^2\int_0^{\pi}(1 + \cos\theta)^{\frac{3}{2}}\cos\theta\mathrm{d}\theta}{2\sqrt{2}a\int_0^{\pi}(1 + \cos\theta)^{\frac{1}{2}}\,\mathrm{d}\theta}$$

$$= \frac{2a\int_0^{\pi}\cos^3\frac{\theta}{2}\left(\cos^2\frac{\theta}{2} - \sin^2\frac{\theta}{2}\right)\mathrm{d}\theta}{\int_0^{\pi}\cos\frac{\theta}{2}\mathrm{d}\theta}$$

$$= \frac{2a\left[\int_0^{\pi}\cos^5\frac{\theta}{2}\mathrm{d}\theta - 2\int_0^{\pi}\left(\sin^2\frac{\theta}{2} - \sin^4\frac{\theta}{2}\right)\mathrm{d}\sin\frac{\theta}{2}\right]}{2\sin\frac{\theta}{2}\Big|_0^{\pi}}$$

$$= a\left[\frac{4}{5}\cdot\frac{2}{3} - 2\left(\frac{1}{2}\cdot\frac{\pi}{2} - \frac{3}{4}\cdot\frac{1}{2}\cdot\frac{\pi}{2}\right)\right] = \frac{4}{5}a,$$

形心坐标为 $\left(\dfrac{4}{5}a, 0\right)$.

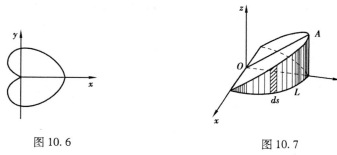

图 10.6　　　　　　　　　图 10.7

例 10.5　求椭圆柱面 $\dfrac{x^2}{5} + \dfrac{y^2}{9} = 1$ 位于 xOy 平面上方和平面 $z = y$ 下方的那部分侧面积.

解　如图 10.7 所示.

由对弧长的曲线积分的几何意义得：$A = \int_L z\mathrm{d}s$,其中 L 为

$$\frac{x^2}{5} + \frac{y^2}{9} = 1, y \geq 0, z = 0,$$

转化为参数方程：$x = \sqrt{5} \cos t, y = 3 \sin t, 0 \leq t \leq \pi$.

$$A = \int_L z ds = \int_L y ds = \int_0^\pi 3 \sin t \sqrt{5 \sin^2 t + 9 \cos^2 t} \, dt$$

$$= -3 \int_0^\pi \sqrt{5 + 4 \cos^2 t} \, d \cos t = 9 + \frac{15}{4} \ln 5.$$

例 10.6 设 L 为椭圆 $\frac{x^2}{4} + \frac{y^2}{3} = 1$，其周长为 a，计算 $\oint_L (2xy + 3x^2 + 4y^2) ds$.

解 原式 $= \oint_L 2xy ds + \oint_L (3x^2 + 4y^2) ds$.

由对称性得 $\oint_L 2xy ds = 0$；又由 L 的方程知 L 上的点 (x,y) 满足 $3x^2 + 4y^2 = 12$，因此

$$\oint_L (2xy + 3x^2 + 4y^2) ds = \oint_L (3x^2 + 4y^2) ds = 12 \oint_L ds = 12a.$$

习题 10.1

1. 计算下列对弧长的曲线积分：

(1) $\int_L y ds$，L 为抛物线 $y^2 = 2x$ 上由点 $(0,0)$ 到 $(2,2)$ 的弧段；

(2) $\oint_L (x^2 + y^2)^n ds$，L 为圆周 $x^2 + y^2 = a^2, (a > 0)$；

(3) $\oint_L (x + y) ds$，L 为以 $(0,0), (1,0), (0,1)$ 为顶点的三角形的周界；

(4) $\oint_L x ds$，L 为由直线 $y = x$ 及抛物线 $y = x^2$ 所围成区域的整个边界；

(5) $\oint_L e^{\sqrt{x^2+y^2}} ds$，$L$ 为圆周 $x^2 + y^2 = a^2$，直线 $y = x$ 及 x 轴在第一象限内所围成的扇形区域的整个边界；

(6) $\int_\Gamma \frac{1}{x^2 + y^2 + z^2} ds$，$\Gamma$ 为曲线 $x = e^t \cos t, x = e^t \sin t, x = e^t$ 上相应于 t 从 0 变到 2 的一段弧；

(7) $\int_\Gamma x^2 yz ds$，Γ 为折线 $ABCD$，其中 A, B, C, D 依次为点 $(0,0,0), (0,0,2), (1,0,2), (1, 3, 2)$；

(8) $\int_L |y| ds$，L 为双纽线 $(x^2 + y^2)^2 = a^2 (x^2 - y^2)$；

(9) $\oint_L x ds$，L 为对数螺线 $\rho = a e^{k\theta}, (k > 0)$ 在圆 $\rho = a$ 内的部分.

2. 计算圆柱面 $x^2 + y^2 = R^2$ 介于 xOy 平面及柱面 $z = R + \frac{x^2}{R}$ 之间的一块面积.

3. 设螺旋形弹簧一圈的方程为 $x = a \cos t, x = a \sin t, z = kt, (0 \leqslant t \leqslant 2\pi)$, 它的线密度为 $\rho(x,y,z) = x^2 + y^2 + z^2$, 求:

(1) 它关于 z 轴的转动惯量 I_z ;   (2) 它的重心.

10.2 对坐标的曲线积分

10.2.1 对坐标的曲线积分的概念与性质

引例 变力沿曲线做功

设一个质点在 xOy 平面内从点 A 沿光滑曲线 L 移动到点 B , 受变力

$$\boldsymbol{F}(x,y) = P(x,y)\boldsymbol{i} + Q(x,y)\boldsymbol{j} = (P(x,y), Q(x,y))$$

的作用, 其中 $P(x,y), Q(x,y)$ 在 L 上连续, 求 $\boldsymbol{F}(x,y)$ 所做的功.

解 如图 10.8 所示.

用 L 上的点 $M_i(x_i, y_i), i = 1, 2, \cdots, n-1$ 将 L 分成 n 个小弧段, 第 i 个有向小弧段为 $\widehat{M_{i-1}M_i}$, 因为 $\widehat{M_{i-1}M_i}$ 与有向线段 $\overrightarrow{M_{i-1}M_i}$ 在坐标轴上的投影均为 $\Delta x_i = x_i - x_{i-1}, \Delta y_i = y_i - y_{i-1}$, 当 $\widehat{M_{i-1}M_i}$ 充分短时, 用有向线段

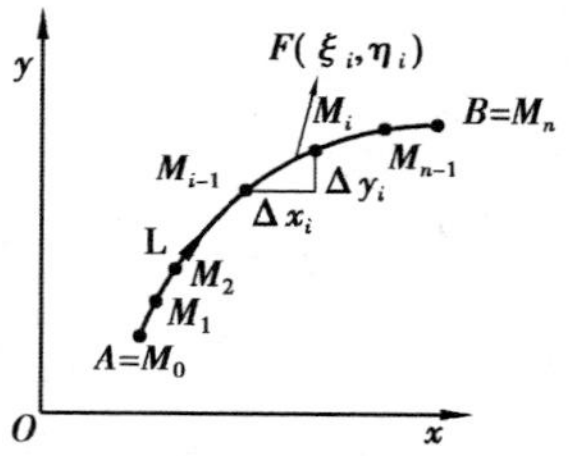

$$\overrightarrow{M_{i-1}M_i} = (\Delta x_i)\boldsymbol{i} + (\Delta y_i)\boldsymbol{j}$$

近似代替有向曲线段 $\widehat{M_{i-1}M_i}$, 并且近似认为在该小弧段上为常力

$$\boldsymbol{F}(\xi_i, \eta_i) = P(\xi_i, \eta_i)\boldsymbol{i} + Q(\xi_i, \eta_i)\boldsymbol{j}$$

图 10.8

其中 $(\xi_i, \eta_i) \in \widehat{M_{i-1}M_i}$. 变力 $\boldsymbol{F}(x,y)$ 在 $\widehat{M_{i-1}M_i}$ 小弧段上做功近似为

$$\Delta W_i \approx \boldsymbol{F}(\xi_i, \eta_i) \cdot \overrightarrow{M_{i-1}M_i} = P(\xi_i, \eta_i)\Delta x_i + Q(\xi_i, \eta_i)\Delta y_i,$$

$$W = \sum_{i=1}^n \Delta W_i \approx \sum_{i=1}^n \left[P(\xi_i, \eta_i)\Delta x_i + Q(\xi_i, \eta_i)\Delta y_i \right] = \sum_{i=1}^n P(\xi_i, \eta_i)\Delta x_i + \sum_{i=1}^n Q(\xi_i, \eta_i)\Delta y_i.$$

用 λ 表示小弧段长度最大者, 取 $\lambda \to 0$ 时的极限有

$$W = \lim_{\lambda \to 0} \sum_{i=1}^n \left[P(\xi_i, \eta_i)\Delta x_i + Q(\xi_i, \eta_i)\Delta y_i \right] = \lim_{\lambda \to 0} \sum_{i=1}^n P(\xi_i, \eta_i)\Delta x_i + \lim_{\lambda \to 0} \sum_{i=1}^n Q(\xi_i, \eta_i)\Delta y_i.$$

定义 10.2 设 L 为 xOy 平面内从点 A 到点 B 的一条有向光滑曲线弧, 函数 $P(x,y)$, $Q(x,y)$ 在 L 上有界, 用 L 上的点 $M_i(x_i, y_i)(i = 1, 2, \cdots, n)$ 沿 L 的方向将 L 分为 n 个有向小弧段, 第 i 个小弧段

$$\widehat{M_{i-1}M_i}, (i = 1, 2, \cdots, n, M_0 = A, M_n = B)$$

在坐标轴上的投影为 $\Delta x_i = x_i - x_{i-1}, \Delta y_i = y_i - y_{i-1}$. 若对任意的划分和任意的 $(\xi_i, \eta_i) \in \widehat{M_{i-1}M_i}$, 极限

$$\lim_{\lambda \to 0} \sum_{i=1}^n P(\xi_i, \eta_i)\Delta x_i$$

均存在，其中 λ 为小弧段弧长最大者，则称此极限值为函数 $P(x,y)$ 在有向曲线弧 L 上对坐标 x 的曲线积分，也称为第二类曲线积分或第二型曲线积分. 记为 $\int_L P(x,y)\mathrm{d}x$ ，即

$$\int_L P(x,y)\mathrm{d}x = \lim_{\lambda \to 0} \sum_{i=1}^{n} P(\xi_i,\eta_i)\Delta x_i.$$

同理，$Q(x,y)$ 在 L 上对坐标 y 的曲线积分记为 $\int_L Q(x,y)\mathrm{d}y$ ，即

$$\int_L Q(x,y)\mathrm{d}y = \lim_{\lambda \to 0} \sum_{i=1}^{n} Q(\xi_i,\eta_i)\Delta y_i.$$

常将 $\int_L P(x,y)\mathrm{d}x + \int_L Q(x,y)\mathrm{d}y$ 简记为 $\int_L P(x,y)\mathrm{d}x + Q(x,y)\mathrm{d}y$.

同理，可类推至空间有向曲线 Γ 上的对坐标的曲线积分

$$\int_\Gamma P(x,y,z)\mathrm{d}x = \lim_{\lambda \to 0} \sum_{i=1}^{n} P(\xi_i,\eta_i,\zeta_i)\Delta x_i,$$

$$\int_\Gamma Q(x,y,z)\mathrm{d}y = \lim_{\lambda \to 0} \sum_{i=1}^{n} Q(\xi_i,\eta_i,\zeta_i)\Delta y_i,$$

$$\int_\Gamma R(x,y,z)\mathrm{d}z = \lim_{\lambda \to 0} \sum_{i=1}^{n} R(\xi_i,\eta_i,\zeta_i)\Delta z_i,$$

并记

$$\int_\Gamma P(x,y,z)\mathrm{d}x + \int_\Gamma Q(x,y,z)\mathrm{d}y + \int_\Gamma R(x,y,z)\mathrm{d}z$$

为

$$\int_\Gamma P(x,y,z)\mathrm{d}x + Q(x,y,z)\mathrm{d}y + R(x,y,z)\mathrm{d}z.$$

由对坐标曲线积分的定义可得性质：

性质 10.7 对被积函数的可加性

$$\int_L \left[P_1 \pm P_2 \right]\mathrm{d}x + \left[Q_1 \pm Q_2 \right]\mathrm{d}y = \int_L P_1\mathrm{d}x + Q_1\mathrm{d}y \pm \int_L P_2\mathrm{d}x + Q_2\mathrm{d}y.$$

性质 10.8 齐次性

$$\int_L kP(x,y)\mathrm{d}x + kQ(x,y)\mathrm{d}y = k\int_L P(x,y)\mathrm{d}x + Q(x,y)\mathrm{d}y.$$

性质 10.9 对积分曲线具有可加性

$$\int_{L_1+L_2} P\mathrm{d}x + Q\mathrm{d}y = \int_{L_1} P\mathrm{d}x + Q\mathrm{d}y + \int_{L_2} P\mathrm{d}x + Q\mathrm{d}y.$$

性质 10.10 对坐标的曲线积分与积分曲线的方向有关

$$\int_{\overparen{AB}} P(x,y)\mathrm{d}x + Q(x,y)\mathrm{d}y = -\int_{\overparen{BA}} P(x,y)\mathrm{d}x + Q(x,y)\mathrm{d}y.$$

10.2.2 对坐标曲线积分的计算法

定理 10.2 设 $P(x,y),Q(x,y)$ 在有向光滑曲线弧 L 上有定义且连续，L 的参数方程为

$$x = \varphi(t),y = \psi(t)$$

L 的起点 A 对应于参数 α，终点 B 对应于参数 β，$\varphi(t),\psi(t)$ 在 α 与 β 之间具有连续的一阶导数，且 $\varphi'^2(t)+\psi'^2(t)\neq 0$，则 $\int_L P(x,y)\mathrm{d}x + Q(x,y)\mathrm{d}y$ 存在，且有

$$\int_L P(x,y)\mathrm{d}x + Q(x,y)\mathrm{d}y = \int_\alpha^\beta \left[P(\varphi(t),\psi(t))\varphi'(t) + Q(\varphi(t),\psi(t))\psi'(t) \right]\mathrm{d}t.$$

证　在 L 上取一系列点
$$A = M_0, M_1, \cdots, M_{n-1}, M_n = B$$
对应的参数值为
$$\alpha = t_0, t_1, \cdots, t_{n-1}, t_n = \beta .$$

设 $\xi_i = \varphi(\tau_i), \eta_i = \psi(\tau_i), \tau_i$ 在 t_{i-1} 与 t_i 之间，由微分中值定理在 t_{i-1} 与 t_i 之间存在一点 $\bar{\tau}_i$ 使
$$\Delta x_i = x_i - x_{i-1} = \varphi(t_i) - \varphi(t_{i-1}) = \varphi'(\bar{\tau}_i)\Delta t_i \approx \varphi'(\tau_i)\Delta t_i ,$$

$$\int_L P(x,y)\mathrm{d}x = \lim_{\lambda \to 0}\sum_{i=1}^n P(\xi_i,\eta_i)\Delta x_i = \lim_{\lambda \to 0}\sum_{i=1}^n P(\varphi(\tau_i),\psi(\tau_i))\varphi'(\tau_i)\Delta t_i$$
$$= \int_\alpha^\beta P(\varphi(t),\psi(t))\varphi'(t)\mathrm{d}t ,$$

同理可得　$\displaystyle\int_L Q(x,y)\mathrm{d}y = \int_\alpha^\beta Q(\varphi(t),\psi(t))\psi'(t)\mathrm{d}t .$

二式相加有
$$\int_L P(x,y)\mathrm{d}x + Q(x,y)\mathrm{d}y = \int_\alpha^\beta \left[P(\varphi(t),\psi(t))\varphi'(t) + Q(\varphi(t),\psi(t))\psi'(t) \right]\mathrm{d}t .$$

若积分曲线 L 的方程为 $y = y(x)$，其中起点对应 $x = a$，终点对应 $x = b$，则
$$\int_L P(x,y)\mathrm{d}x + Q(x,y)\mathrm{d}y = \int_a^b \left[P(x,y(x)) + Q(x,y(x))y'(x) \right]\mathrm{d}x .$$

若积分曲线 L 的方程为 $x = x(y)$，其中起点对应 $y = c$，终点对应 $y = d$，则
$$\int_L P(x,y)\mathrm{d}x + Q(x,y)\mathrm{d}y = \int_c^d \left[P(x(y),y)x'(y) + Q(x(y),y) \right]\mathrm{d}y$$

若积分曲线 L 的方程为极坐标方程 $\rho = \rho(\theta)$，则 $x = \rho(\theta)\cos\theta, y = \rho(\theta)\sin\theta$，此时 L 可看成是以 θ 为参数的参数方程.

同理，对空间曲线 $\Gamma : x = x(t), y = y(t), z = z(t)$，其中起点对应 $t = \alpha$，终点对应 $t = \beta$，则有
$$\int_\Gamma P(x,y,z)\mathrm{d}x + Q(x,y,z)\mathrm{d}y + R(x,y,z)\mathrm{d}z$$
$$= \int_\alpha^\beta \left[P(x(t),y(t),z(t))x'(t) + Q(x(t),y(t),z(t))y'(t) + R(x(t),y(t),z(t))z'(t) \right]\mathrm{d}t .$$

例 10.7　如图 10.9 所示.

从起点 $(0,0)$ 到终点 $(1,1)$ 沿四条不同的路线 L_1, L_2, L_3, L_4，求积分 $I = \displaystyle\int_L xe^y\mathrm{d}x + y\mathrm{d}y$.

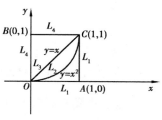

图 10.9

解　$\displaystyle\int_{L_1} xe^y\mathrm{d}x + y\mathrm{d}y = \int_{\overrightarrow{OA}} xe^y\mathrm{d}x + y\mathrm{d}y + \int_{\overrightarrow{AC}} xe^y\mathrm{d}x + y\mathrm{d}y$

$$= \int_0^1 x\mathrm{d}x + \int_0^1 y\mathrm{d}y = 1 ;$$

$$\int_{L_2} xe^y\mathrm{d}x + y\mathrm{d}y = \int_0^1 (xe^{x^2} + x^2 \cdot 2x)\mathrm{d}x = \frac{e}{2} ;$$

$$\int_{L_3} xe^y\mathrm{d}x + y\mathrm{d}y = \int_0^1 (xe^x + x)\mathrm{d}x = \frac{3}{2} ;$$

$$\int_{L_4} xe^y\mathrm{d}x + y\mathrm{d}y = \int_{\overrightarrow{OB}} xe^y\mathrm{d}x + y\mathrm{d}y + \int_{\overrightarrow{BC}} xe^y\mathrm{d}x + y\mathrm{d}y = \int_0^1 y\mathrm{d}y + \int_0^1 xe\mathrm{d}x = \frac{e+1}{2} .$$

从此例的计算结果看，对坐标曲线积分与积分路径有关.

例 10.8 如图 10.9 所示,从起点 $(0,0)$ 到终点 $(1,1)$ 沿四条不同的路线 L_1,L_2,L_3,L_4 计算积分 $I = \int_L 2xy\mathrm{d}x + x^2\mathrm{d}y$.

解 $\int_{L_1} 2xy\mathrm{d}x + x^2\mathrm{d}y = \int_{\overrightarrow{OA}} 2xy\mathrm{d}x + x^2\mathrm{d}y + \int_{\overrightarrow{AC}} 2xy\mathrm{d}x + x^2\mathrm{d}y \int_0^1 1\mathrm{d}y = 1;$

$\int_{L_2} 2xy\mathrm{d}x + x^2\mathrm{d}y = \int_0^1 (2x \cdot x^2 + x^2 \cdot 2x)\mathrm{d}x = 4\int_0^1 x^3\mathrm{d}x = 1;$

$\int_{L_3} 2xy\mathrm{d}x + x^2\mathrm{d}y = \int_0^1 (2x^2 + x^2)\mathrm{d}x = 1;$

$\int_{L_4} 2xy\mathrm{d}x + x^2\mathrm{d}y = \int_{\overrightarrow{OB}} 2xy\mathrm{d}x + x^2\mathrm{d}y + \int_{\overrightarrow{BC}} 2xy\mathrm{d}x + x^2\mathrm{d}y \int_0^1 2x\mathrm{d}x = 1.$

该例的对坐标曲线积分与积分路径无关.

例 10.9 计算 $\oint_L \dfrac{(x+y)\mathrm{d}x - (x-y)\mathrm{d}y}{x^2 + y^2}$,其中 L 为圆周 $x^2+y^2 = a^2$ 沿逆时针方向.

解 将 L 改写为参数方程:$x = a\cos t, y = a\sin t, 0 \leqslant t \leqslant 2\pi$,则

$$\oint_L \frac{(x+y)\mathrm{d}x - (x-y)\mathrm{d}y}{x^2 + y^2}$$

$$= \frac{1}{a^2}\int_0^{2\pi} \big[a(\cos t + \sin t)(-a\sin t) - a(\cos t - \sin t)a\cos t \big]\mathrm{d}t = -2\pi.$$

例 10.10 设一个质点在 $M(x,y)$ 处受到力 $\boldsymbol{F}$ 的作用,$\boldsymbol{F}$ 的大小与 M 到原点 O 的距离成正比,$\boldsymbol{F}$ 的方向恒指向原点. 此质点由点 $A(a,0)$ 沿椭圆 $\dfrac{x^2}{a^2} + \dfrac{y^2}{b^2} = 1$ 按逆时针方向移动到点 $B(0,b)$,求力 $\boldsymbol{F}$ 所做的功 W.

解 $\overrightarrow{OM} = x\boldsymbol{i} + y\boldsymbol{j}$,$|\overrightarrow{OM}| = \sqrt{x^2 + y^2}$,$\boldsymbol{F} = -k(x\boldsymbol{i} + y\boldsymbol{j})$,其中 $k>0$ 是比例常数. 所做功为

$$W = \int_{\overarc{AB}} -kx\mathrm{d}x - ky\mathrm{d}y = -k\int_{\overarc{AB}} x\mathrm{d}x + y\mathrm{d}y$$

$$= -k\int_0^{\frac{\pi}{2}} (-a^2\cos t\sin t + b^2\sin t\cos t)\mathrm{d}t = \frac{k}{2}(a^2 - b^2).$$

10.2.3 两类曲线积分的联系

在这里始终取切线的方向与曲线的走向一致,且切线与 x 轴、y 轴的夹角为 α、β,则由弧微分 $\mathrm{d}s = \sqrt{(\mathrm{d}x)^2 + (\mathrm{d}y)^2}$ 可得 $\mathrm{d}x = \cos\alpha\mathrm{d}s, \mathrm{d}y = \cos\beta\mathrm{d}s$,故有

$$\int_L P(x,y)\mathrm{d}x + Q(x,y)\mathrm{d}y = \int_L \big[P(x,y)\cos\alpha + Q(x,y)\cos\beta \big]\mathrm{d}s$$

$$= \int_L (P(x,y) + Q(x,y)) \cdot (\cos\alpha, \cos\beta)\mathrm{d}s$$

其中 $(\cos\alpha, \cos\beta)$ 是切向量的单位向量,$\cos\alpha, \cos\beta$ 是切向量的方向余弦,同理可得空间曲线积分的结论.

$$\int_\Gamma P\mathrm{d}x + Q\mathrm{d}y + R\mathrm{d}z = \int_\Gamma (P\cos\alpha + Q\cos\beta + R\cos\gamma)\mathrm{d}s$$

其中 $\cos\alpha, \cos\beta, \cos\gamma$ 为切向量的方向余弦.

例 10.11　把对坐标的曲线积分 $\int_L P(x,y)\mathrm{d}x + Q(x,y)\mathrm{d}y$ 化成对弧长的曲线积分,其中 L 为:

(1)在 xOy 面内沿直线从点$(0,0)$到点$(1,1)$;

(2)沿抛物线 $y=x^2$ 从点$(0,0)$到点$(1,1)$;

(3)沿上半圆周 $x^2+y^2=2x$ 从点$(0,0)$到点$(1,1)$.

解(1)L 的方向余弦 $\cos\alpha = \cos\beta = \cos\dfrac{\pi}{4} = \dfrac{\sqrt{2}}{2}$,故

$$\int_L P(x,y)\mathrm{d}x + Q(x,y)\mathrm{d}y = \int_L \frac{P(x,y)+Q(x,y)}{\sqrt{2}}\,\mathrm{d}s.$$

(2)曲线 $y=x^2$ 上点(x,y)处的切向量 $T=(1,2x)$,故有

$$\cos\alpha = \frac{1}{\sqrt{1+4x^2}},\ \cos\beta = \frac{2x}{\sqrt{1+4x^2}},$$

因此有
$$\int_L P(x,y)\mathrm{d}x + Q(x,y)\mathrm{d}y = \int_L \frac{P(x,y)+2xQ(x,y)}{\sqrt{1+4x^2}}\,\mathrm{d}s.$$

(3)上半圆周从点$(0,0)$到点$(1,1)$部分的方程 $y=\sqrt{2x-x^2}$,其上任一点的切向量为 $T=\left(1,\dfrac{1-x}{\sqrt{2x-x^2}}\right)$,从而有

$$\int_L P(x,y)\mathrm{d}x + Q(x,y)\mathrm{d}y = \int_L \left(\sqrt{2x-x^2}P(x,y)+(1-x)Q(x,y)\right)\mathrm{d}s$$

习题 10.2

1. 设 L 为 xOy 平面内直线 $x=a$ 的一段,证明:$\int_L P(x,y)\mathrm{d}x = 0$.

2. 设 L 为 xOy 平面内 x 轴上从点$(a,0)$到点$(b,0)$的一段直线,证明:$\int_L P(x,y)\mathrm{d}x = \int_a^b P(x,0)\mathrm{d}x$.

3. 设 z 轴与重力的方向一致,求质量为 m 的质点从位置(x_1,y_1,z_1)沿直线到(x_2,y_2,z_2)时重力所做的功.

4. 计算下列对坐标的曲线积分:

(1)$\int_L (x^2-2xy)\mathrm{d}x + (y^2-2xy)\mathrm{d}y$,$L$ 为抛物线 $y=x^2$ 上对应于 x 由-1增加到 1 的那一段;

(2)$\int_L xy\mathrm{d}x + (y-x)\mathrm{d}y$,其中 L 分别为:①直线 $y=x$;②抛物线 $y^2=x$;③立方抛物线 $y=x^3$ 上从点$(0,0)$到$(1,1)$的那一段;

(3)$\oint_L y\mathrm{d}x - x\mathrm{d}y$,$L$ 取椭圆 $\dfrac{x^2}{a^2}+\dfrac{y^2}{b^2}=1$ 的逆时针方向;

（4）$\int_L x\mathrm{d}x + y\mathrm{d}y + (x + y - 1)\mathrm{d}z$，$L$ 为由点 $(1,1,1)$ 到点 $(1,3,4)$ 的直线段；

（5）$\int_\Gamma (y^2 - z^2)\mathrm{d}x + 2yz\mathrm{d}y - x^2\mathrm{d}z$，$\Gamma$ 为弧段 $x = t, y = t^2, z = t^2$，$(0 \leqslant t \leqslant 1)$ 依 t 增加的方向；

（6）$\int_\Gamma x^2\mathrm{d}x + z\mathrm{d}y - y\mathrm{d}z$，$\Gamma$ 为曲线 $x = k\theta, y = a\cos\theta, z = a\sin\theta$ 上从 $\theta = 0$ 到 $\theta = \pi$ 的一段弧；

（7）$\oint_L \mathrm{d}x - \mathrm{d}y + y\mathrm{d}z$，$\Gamma$ 为定向闭折线 $ABCA$，其中 A, B, C 依次为点 $(1,0,0)$，$(0,1,0)$，$(0,0,1)$．

5. 设有平面力场 $\boldsymbol{F} = \left(\dfrac{y}{x^2 + y^2}, -\dfrac{x}{x^2 + y^2} \right)$，$L$ 为圆周 $x = a\cos t, y = a\sin t$，$(0 \leqslant t \leqslant 2\pi)$，设一质点沿 L 逆时针方向运动一周，求力场所做的功，其中 $a > 0$．

6. 设在椭圆 $x = a\cos t, y = b\sin t$ 上，每一点 M 都作用力 $\boldsymbol{F}$，其大小等于从 M 到椭圆中心的距离，而方向指向椭圆中心．今有一质量为 m 的质点 P 在椭圆上沿逆时针移动，求：

（1）P 点历经第一象限中的椭圆弧段时，$\boldsymbol{F}$ 所做的功；

（2）P 点走遍全椭圆时，$\boldsymbol{F}$ 所做的功．

10.3　格林公式及其应用

10.3.1　格林公式

定义 10.3　对平面区域 D，若 D 内任一闭曲线所围成的部分均在区域 D 内，则称 D 为单连通区域，否则称 D 为复连通区域，如图 10.10 所示．

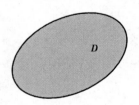   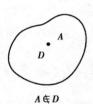

图 10.10

单连通区域不含"洞"，而复连通区域含有"洞"（也可能是"点洞"），如 $\{(x,y) \mid x^2 + y^2 < 4\}$ 是单连通区域，$\{(x,y) \mid 0 < x^2 + y^2 \leqslant 1\}$ 是复连通区域．一般来说，单连通区域是由平面上的一条闭曲线围成，而复连通区域是由平面上的多条闭曲线围成．

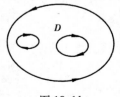

图 10.11

定义 10.4　当行人沿区域 D 的边界曲线 L 行走时，区域 D 在行人的左手边，则称该曲线方向为闭曲线 L 的正方向．

单连通区域边界曲线的正方向为逆时针方向，复连通区域外边界曲线的正方向为逆时针方向，而内边界曲线的正方向为顺时针方向，如图 10.11 所示．

定理 10.3(格林公式)

设闭区域 D 是由分段光滑曲线 L 围成,函数 $P(x,y),Q(x,y)$ 在 D 上具有连续的一阶偏导数,则有

$$\iint\limits_{D}\left(\frac{\partial Q}{\partial x}-\frac{\partial P}{\partial y}\right)\mathrm{d}x\mathrm{d}y = \oint_{L}P\mathrm{d}x + Q\mathrm{d}y = \oint_{L}(P\cos\alpha + Q\cos\beta)\mathrm{d}s,$$

其中,L 是 D 的边界曲线正方向.

证　先假设区域 D 既是 X 型又是 Y 型区域,即用平行于坐标轴的直线穿过区域 D 的内部,与区域 D 的边界曲线最多有两个交点,如图 10.12 所示.

区域 D 可表示为

$$D = \{(x,y)\,|\,y_1(x)\leqslant y\leqslant y_2(x), a\leqslant x\leqslant b\},$$

或

$$D = \{(x,y)\,|\,x_1(y)\leqslant x\leqslant x_2(y), c\leqslant y\leqslant \mathrm{d}\}.$$

由二重积分的计算法有

$$\iint\limits_{D}\frac{\partial P(x,y)}{\partial y}\mathrm{d}x\mathrm{d}y = \int_{a}^{b}\left[\int_{y_1(x)}^{y_2(x)}\frac{\partial P(x,y)}{\partial y}\mathrm{d}y\right]\mathrm{d}x = \int_{a}^{b}\left[P(x,y)\;\Big|_{y_1(x)}^{y_2(x)}\right]\mathrm{d}x$$

$$= \int_{a}^{b}\left[P(x,y_2(x)) - P(x,y_1(x))\right]\mathrm{d}x,$$

又由对坐标曲线积分的计算法有

$$\oint_{L}P(x,y)\,\mathrm{d}x = \int_{\overparen{ACB}}P(x,y)\,\mathrm{d}x + \int_{\overparen{BDA}}P(x,y)\,\mathrm{d}x$$

$$= \int_{a}^{b}P(x,y_1(x))\,\mathrm{d}x + \int_{b}^{a}P(x,y_2(x))\,\mathrm{d}x = -\int_{a}^{b}\left[P(x,y_2(x)) - P(x,y_1(x))\right]\mathrm{d}x.$$

同理

$$\iint\limits_{D}\frac{\partial Q(x,y)}{\partial x}\mathrm{d}x\mathrm{d}y = \int_{c}^{\mathrm{d}}\mathrm{d}y\int_{x_1(y)}^{x_2(y)}\frac{\partial Q(x,y)}{\partial x}\mathrm{d}x = \int_{c}^{\mathrm{d}}\left[Q(x_2(y),y) - Q(x_1(y),y)\right]\mathrm{d}y,$$

$$\oint_{L}Q(x,y)\,\mathrm{d}y = \int_{\overparen{CBD}}Q(x,y)\,\mathrm{d}y + \int_{\overparen{DAC}}Q(x,y)\,\mathrm{d}y$$

$$= \int_{c}^{\mathrm{d}}Q(x_2(y),y)\,\mathrm{d}y + \int_{\mathrm{d}}^{c}Q(x_1(y),y)\,\mathrm{d}y = \int_{c}^{\mathrm{d}}\left[Q(x_2(y),y) - Q(x_1(y),y)\right]\mathrm{d}y,$$

即有

$$-\iint\limits_{D}\frac{\partial P}{\partial y}\mathrm{d}x\mathrm{d}y = \oint_{L}P\mathrm{d}x, \qquad \iint\limits_{D}\frac{\partial Q}{\partial x}\mathrm{d}x\mathrm{d}y = \oint_{L}Q\mathrm{d}y.$$

二式相加有

$$\iint\limits_{D}\left(\frac{\partial Q}{\partial x}-\frac{\partial P}{\partial y}\right)\mathrm{d}x\mathrm{d}y = \oint_{L}P\mathrm{d}x + Q\mathrm{d}y.$$

当 D 既不是 X 型区域又不是 Y 型区域时,如图 10.13 所示.

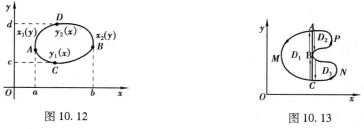

图 10.12　　　　　　　　　　　　图 10.13

增加辅助线将积分区域 D 划分为既是 X 型区域,又是 Y 型区域的小区域之和,则

$$\iint_D \left[\frac{\partial Q}{\partial x} - \frac{\partial P}{\partial y} \right] \mathrm{d}x\mathrm{d}y = \iint_{D_1} \left[\frac{\partial Q}{\partial x} - \frac{\partial P}{\partial y} \right] \mathrm{d}x\mathrm{d}y + \iint_{D_2} \left[\frac{\partial Q}{\partial x} - \frac{\partial P}{\partial y} \right] \mathrm{d}x\mathrm{d}y + \iint_{D_3} \left[\frac{\partial Q}{\partial x} - \frac{\partial P}{\partial y} \right] \mathrm{d}x\mathrm{d}y$$

$$= \oint_{\overset{\frown}{AMCA}} P\mathrm{d}x + Q\mathrm{d}y + \oint_{\overset{\frown}{BPAB}} P\mathrm{d}x + Q\mathrm{d}y + \oint_{\overset{\frown}{CNBC}} P\mathrm{d}x + Q\mathrm{d}y$$

$$= \int_{\overset{\frown}{AMC}} P\mathrm{d}x + Q\mathrm{d}y + \int_{\overrightarrow{CA}} P\mathrm{d}x + Q\mathrm{d}y + \int_{\overset{\frown}{BPA}} P\mathrm{d}x + Q\mathrm{d}y + \int_{\overrightarrow{AB}} P\mathrm{d}x + Q\mathrm{d}y$$

$$+ \int_{\overset{\frown}{CNB}} P\mathrm{d}x + Q\mathrm{d}y + \int_{\overrightarrow{BC}} P\mathrm{d}x + Q\mathrm{d}y$$

$$= \oint_{\overset{\frown}{AMCNBPA}} P\mathrm{d}x + Q\mathrm{d}y = \oint_L P\mathrm{d}x + Q\mathrm{d}y.$$

当 D 是复连通区域时,如图 10.14 所示用线段 AB 将 D 划分为单连通区域.

$$\iint_D \left[\frac{\partial Q}{\partial x} - \frac{\partial P}{\partial y} \right] \mathrm{d}x\mathrm{d}y = \int_{\overline{AL_{\text{外}}ABL_{\text{内}}BA}} P\mathrm{d}x + Q\mathrm{d}y$$

$$= \int_{L_{\text{外}}} P\mathrm{d}x + Q\mathrm{d}y + \int_{\overrightarrow{AB}} P\mathrm{d}x + Q\mathrm{d}y + \int_{L_{\text{内}}} P\mathrm{d}x + Q\mathrm{d}y + \int_{\overrightarrow{BA}} P\mathrm{d}x + Q\mathrm{d}y$$

$$= \int_{L_{\text{外}}+L_{\text{内}}} P\mathrm{d}x + Q\mathrm{d}y = \oint_L P\mathrm{d}x + Q\mathrm{d}y$$

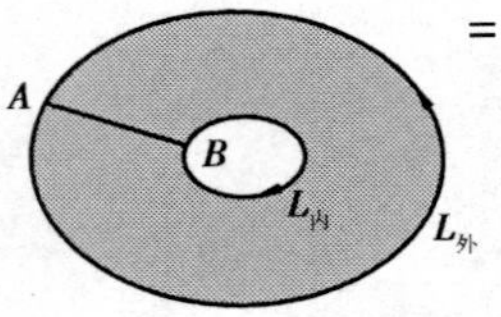

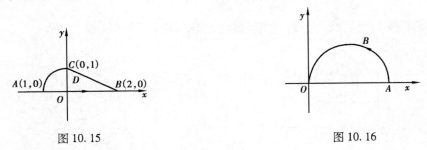

图 10.14

若有 $\frac{\partial Q}{\partial x} - \frac{\partial P}{\partial y} = 1$,则曲线积分 $\oint_L P\mathrm{d}x + Q\mathrm{d}y$ 表示区域 D(闭曲线 L 所围区域)的面积. 如:

$$\sigma = \iint_D \mathrm{d}x\mathrm{d}y = \frac{1}{2}\oint_L x\mathrm{d}y - y\mathrm{d}x = \oint_L x\mathrm{d}y = -\oint_L y\mathrm{d}x.$$

例 10.12   计算 $\oint_L (x^2 - 2y)\mathrm{d}x + (3x + ye^y)\mathrm{d}y$,其中 L 是由 $y=0,x+2y=2$ 及圆弧 $x^2+y^2=1$ 所围成的区域 D 的边界正方向.

解   如图 10.15 所示.

该题若直接计算其工作量较大,由格林公式得

$$\oint_L (x^2 - 2y)\mathrm{d}x + (3x + ye^y)\mathrm{d}y = \iint_D (3+2)\mathrm{d}x\mathrm{d}y = \frac{5}{4}\pi + 5.$$

例 10.13   计算 $\int_{\overset{\frown}{ABO}} (e^x\sin y - my)\mathrm{d}x + (e^x\cos y - m)\mathrm{d}y$,其中 $\overset{\frown}{ABO}$ 为由点 $A(a,0)$ 到点 $O(0,0)$ 的上半圆周.

图 10.15

图 10.16

解   如图 10.16 所示.

直接计算该题是几乎不可能的,由于不是闭合曲线,使用格林公式时须补添曲线构成闭曲线的正方向.

$$\int_{\overset{\frown}{ABO}} (e^x \sin y - my) dx + (e^x \cos y - m) dy$$

$$= \int_{\overrightarrow{ABO+OA}} (e^x \sin y - my) dx + (e^x \cos y - m) dy - \int_{\overrightarrow{OA}} (e^x \sin y - my) dx + (e^x \cos y - m) dy$$

$$= \iint_D [e^x \cos y - (e^x \cos y - m)] dx dy - \int_0^a 0 dx = \frac{m\pi}{8} a^2.$$

例 10.14　利用曲线积分求星形线 $x = a \cos^3 t, y = b \sin^3 t, (0 \leqslant t \leqslant 2\pi)$ 所围成图形的面积.

解　如图 10.17 所示.

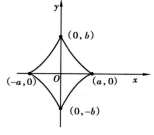

图 10.17

$$A = \frac{1}{2} \oint_L x dy - y dx = \frac{3ab}{2} \int_0^{2\pi} [\cos^4 t \sin^2 t + \sin^4 t \cos^2 t] dt$$

$$= \frac{3ab}{2} \int_0^{2\pi} \cos^2 t \sin^2 t dt = \frac{3}{8} \pi ab.$$

例 10.15　计算 $\oint_L \dfrac{x dy - y dx}{x^2 + y^2}$，其中积分曲线：

（1）L_1 是正向圆周：$(x-1)^2 + (y-1)^2 = 1$；（2）L_2 是正向曲线：$|x| + |y| = 1$.

解　（1）由于 $P(x,y) = \dfrac{-y}{x^2+y^2}, Q(x,y) = \dfrac{x}{x^2+y^2}$ 在 L_1 所围区域 D_1 内具有连续的一阶偏导数. 由格林公式

$$\oint_{L_1} \frac{x dy - y dx}{x^2 + y^2} = \iint_{D_1} \left[\frac{y^2 - x^2}{(x^2+y^2)^2} - \frac{y^2 - x^2}{(x^2+y^2)^2} \right] dx dy = 0.$$

（2）由于 $P(x,y), Q(x,y)$ 在原点处不具有连续的一阶偏导数，所以不能直接使用格林公式计算. 取顺时针方向 $L_0 : x^2 + y^2 = \varepsilon, \varepsilon > 0$ 充分小使 L_0 包含在 L_2 内，$P(x,y), Q(x,y)$ 在 L_0 和 L_2 所组成的复连通区域内满足格林公式的条件，由格林公式

$$\oint_{L_2+L_0} \frac{-y}{x^2+y^2} dx + \frac{x}{x^2+y^2} dy = \iint_{D_2} \left[\frac{y^2 - x^2}{(x^2+y^2)^2} - \frac{y^2 - x^2}{(x^2+y^2)^2} \right] dx dy = 0.$$

故有

$$\oint_{L_2} \frac{-y}{x^2+y^2} dx + \frac{x}{x^2+y^2} dy = -\oint_{L_0} \frac{-y}{x^2+y^2} dx + \frac{x}{x^2+y^2} dy$$

$$= \int_0^{2\pi} \frac{\varepsilon \sin t \cdot \varepsilon \sin t + \varepsilon \cos t \cdot \varepsilon \cos t}{\varepsilon^2} dt = \int_0^{2\pi} dt = 2\pi.$$

10.3.2　平面上曲线积分与路径无关的条件

定理 10.4　若函数 $P(x,y), Q(x,y)$ 在单连通区域 D 上具有连续的偏导数，则以下四个条件等价：

（ⅰ）对任一条包含在 D 内的闭曲线 C 有 $\oint_C P(x,y) dx + Q(x,y) dy = 0$.

（ⅱ）对任一包含在 D 内的曲线 L，曲线积分 $\int_L P(x,y) dx + Q(x,y) dy$ 与路径无关，只与积分曲线 L 的起点和终点有关.

（ⅲ）$P(x,y)\mathrm{d}x+Q(x,y)\mathrm{d}y$ 在 D 内是某个函数的全微分，即存在函数 $u(x,y)$ 使
$$\mathrm{d}u(x,y) = P(x,y)\mathrm{d}x + Q(x,y)\mathrm{d}y.$$

（ⅳ）$\dfrac{\partial Q(x,y)}{\partial x} = \dfrac{\partial P(x,y)}{\partial y}$ 在 D 内处处成立.

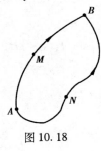

图 10.18

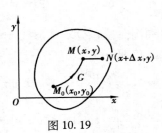

图 10.19

证 （ⅰ）$\Rightarrow$（ⅱ）：

对 D 内任意两点 A,B 及 D 内任两条曲线 $\overset{\frown}{AMB}$，$\overset{\frown}{ANB}$，如图 10.18 所示.

$$0 = \oint_{\overset{\frown}{ANBMA}} P(x,y)\mathrm{d}x + Q(x,y)\mathrm{d}y$$
$$= \int_{\overset{\frown}{ANB}} P(x,y)\mathrm{d}x + Q(x,y)\mathrm{d}y + \int_{\overset{\frown}{BMA}} P(x,y)\mathrm{d}x + Q(x,y)\mathrm{d}y$$
$$= \int_{\overset{\frown}{ANB}} P(x,y)\mathrm{d}x + Q(x,y)\mathrm{d}y - \int_{\overset{\frown}{AMB}} P(x,y)\mathrm{d}x + Q(x,y)\mathrm{d}y.$$

故有 $\qquad \displaystyle\int_{\overset{\frown}{ANB}} P(x,y)\mathrm{d}x + Q(x,y)\mathrm{d}y = \int_{\overset{\frown}{AMB}} P(x,y)\mathrm{d}x + Q(x,y)\mathrm{d}y.$

（ⅱ）$\Rightarrow$（ⅲ）：

令，$u(x,y) = \displaystyle\int_{(x_0,y_0)}^{(x,y)} P(x,y)\mathrm{d}x + Q(x,y)\mathrm{d}y$，其中 (x_0,y_0) 是 D 内一固定点，而点 (x,y) 是 D 内的动点，如图 10.19 所示.

由于积分与路径无关，故对任意的 $(x,y) \in D$ 有

$$\frac{u(x+\Delta x,y)-u(x,y)}{\Delta x} = \frac{\displaystyle\int_{(x_0,y_0)}^{(x+\Delta x,y)} P\mathrm{d}x + Q\mathrm{d}y - \int_{(x_0,y_0)}^{(x,y)} P\mathrm{d}x + Q\mathrm{d}y}{\Delta x}$$

$$= \frac{\displaystyle\int_{(x,y)}^{(x+\Delta x,y)} P(x,y)\mathrm{d}x + Q(x,y)\mathrm{d}y}{\Delta x} = \frac{\displaystyle\int_{x}^{x+\Delta x} P(x,y)\mathrm{d}x}{\Delta x} = \frac{P(\xi,y)\Delta x}{\Delta x} = P(\xi,y).$$

由偏导数的定义有

$$\frac{\partial u}{\partial x} = \lim_{\Delta x \to 0} \frac{u(x+\Delta x,y)-u(x,y)}{\Delta x} = \lim_{\Delta x \to 0} P(\xi,y) = P(x,y),$$

同理可得 $\qquad \dfrac{\partial u}{\partial y} = Q(x,y),$

故有 $\qquad \mathrm{d}u(x,y) = P(x,y)\mathrm{d}x + Q(x,y)\mathrm{d}y.$

（ⅲ）$\Rightarrow$（ⅳ）：

由 $P(x,y) = \dfrac{\partial u(x,y)}{\partial x}$，$Q(x,y) = \dfrac{\partial u(x,y)}{\partial y}$ 又由 P,Q 具有连续的一阶偏导数，故 $u(x,y)$ 具有连续的二阶偏导数，且

$$\frac{\partial P}{\partial y} = \frac{\partial^2 u}{\partial x \partial y}, \frac{\partial Q}{\partial x} = \frac{\partial^2 u}{\partial y \partial x},$$

故

$$\frac{\partial Q}{\partial x} = \frac{\partial P}{\partial y}$$

（iv）⇒（i）：

由 $\frac{\partial Q}{\partial x} = \frac{\partial P}{\partial y}$ 和格林公式得

$$\oint_C P\mathrm{d}x + Q\mathrm{d}y = \pm \iint_\sigma \left(\frac{\partial Q}{\partial x} - \frac{\partial P}{\partial y} \right) \mathrm{d}x\mathrm{d}y = 0$$

其中 σ 为 C 所围区域.

定理要求 D 是单连通区域,且 $P(x,y),Q(x,y)$ 在 D 内具有连续的一阶偏导数,这两个条件若有不满足者则结论不一定成立,如积分

$$\oint_C \frac{-y}{x^2 + y^2}\mathrm{d}x + \frac{x}{x^2 + y^2}\mathrm{d}y$$

$C: x^2 + y^2 = \varepsilon^2$ 沿逆时针方向,由于 C 所围成区域包含了原点 $(0,0)$,故该例不满足定理的条件. 事实上,由前面的结论知

$$\oint_C \frac{-y}{x^2 + y^2}\mathrm{d}x + \frac{x}{x^2 + y^2}\mathrm{d}y = 2\pi.$$

定理 10.5　若在单连通区域 D 内有定理 10.4 的四个等价条件其中之一满足,且函数 $u(x,y)$ 是 $P(x,y)\mathrm{d}x + Q(x,y)\mathrm{d}y$ 的原函数,则 D 内从 $A(x_1,y_1)$ 到 $B(x_2,y_2)$ 的积分,

$$\int_{\overset{\frown}{AB}} P(x,y)\mathrm{d}x + Q(x,y)\mathrm{d}y = \int_{(x_1,y_1)}^{(x_2,y_2)} P(x,y)\mathrm{d}x + Q(x,y)\mathrm{d}y = u(x_2,y_2) - u(x_1,y_1)$$

证　在 D 内任取连接点 A 到点 B 的光滑曲线:

$$\overset{\frown}{AB}: x = \varphi(t), y = \psi(t), t: \alpha \to \beta,$$

且 $(x_1,y_1) = (\varphi(\alpha),\psi(\alpha)), (x_2,y_2) = (\varphi(\beta),\psi(\beta))$,则曲线积分

$$\int_{\overset{\frown}{AB}} P(x,y)\mathrm{d}x + Q(x,y)\mathrm{d}y = \int_\alpha^\beta \left[P(\varphi(t),\psi(t))\varphi'(t) + Q(\varphi(t),\psi(t))\psi'(t) \right]\mathrm{d}t$$

已知 $u(x,y)$ 是 $P(x,y)\mathrm{d}x + Q(x,y)\mathrm{d}y$ 的原函数,有 $P = \frac{\partial u}{\partial x}, Q = \frac{\partial u}{\partial y}$. 于是有

$$\int_{\overset{\frown}{AB}} P(x,y)\mathrm{d}x + Q(x,y)\mathrm{d}y = \int_\alpha^\beta \left[\frac{\partial u}{\partial x} \cdot \varphi'(t) + \frac{\partial u}{\partial y} \cdot \psi'(t) \right]\mathrm{d}t = \int_\alpha^\beta \frac{\mathrm{d}}{\mathrm{d}t} u(\varphi(t),\psi(t))\mathrm{d}t$$

$$= u(\varphi(t),\psi(t)) \Big|_\alpha^\beta = u(x_2,y_2) - u(x_1,y_1) = u(x,y) \Big|_{(x_1,y_1)}^{(x_2,y_2)}.$$

该结果形式与一元函数的牛顿-莱布尼兹公式十分相似,但是需要注意的是,该式成立的前提是需要定理 10.4 中的四个等价条件之一成立.

求函数 $u(x,y)$ 常用平行于坐标轴的折线段,如图 10.20 所示.

取积分路径为折线段 ABD 有

$$u(x,y) = \int_{(x_0,y_0)}^{(x,y)} P(x,y)\mathrm{d}x + Q(x,y)\mathrm{d}y$$

$$= \int_{x_0}^x P(x,y_0)\mathrm{d}x + \int_{y_0}^y Q(x,y)\mathrm{d}y,$$

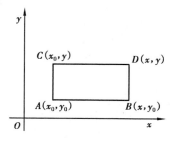

图 10.20

取积分路径为折线段 ACD 有

$$u(x,y) = \int_{(x_0,y_0)}^{(x,y)} P(x,y)\,\mathrm{d}x + Q(x,y)\,\mathrm{d}y = \int_{y_0}^{y} Q(x_0,y)\,\mathrm{d}y + \int_{x_0}^{x} P(x,y)\,\mathrm{d}x,$$

起点 (x_0,y_0) 取得不同则 $u(x,y)$ 只相差一个常数.

例 10.16 求 $\int_{\overset{\frown}{OAB}} (x^2 - y^2)\,\mathrm{d}x - 2xy\mathrm{d}y$, 积分曲线如图 10.21 所示.

解 由 $P = x^2 - y^2$, $Q = 2xy$, $\dfrac{\partial Q}{\partial x} = -2y = \dfrac{\partial P}{\partial y}$, 积分与路径无

关, 故有

$$\int_{\overset{\frown}{OAB}} (x^2 - y^2)\,\mathrm{d}x - 2xy\mathrm{d}y = \int_{\overline{OB}} (x^2 - y^2)\,\mathrm{d}x - 2xy\mathrm{d}y = \int_0^1 0\mathrm{d}y = 0.$$

例 10.17 计算曲线积分 $\int_L (\mathrm{e}^y + x)\,\mathrm{d}x + (x\mathrm{e}^y - 2y)\,\mathrm{d}y$, 其中

L 为曲线 $y=f(x)$ 从 $O(0,0)$ 到 $B(1,2)$ 的一段抛物线.

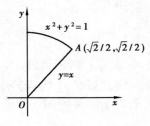

图 10.21

解 $P = \mathrm{e}^y + x$, $Q = x\mathrm{e}^y - 2y$, $\dfrac{\partial Q}{\partial x} = \mathrm{e}^y = \dfrac{\partial P}{\partial y}$, 积分与路径无关,

故积分路径可取为从 $O(0,0)$ 经 $A(1,0)$ 到 $B(1,2)$ 的折线段, 有

$$\int_L (\mathrm{e}^y + x)\,\mathrm{d}x + (x\mathrm{e}^y - 2y)\,\mathrm{d}y = \int_{\overline{OAB}} (\mathrm{e}^y + x)\,\mathrm{d}x + (x\mathrm{e}^y - 2y)\,\mathrm{d}y$$

$$= \int_0^1 (1 + x)\,\mathrm{d}x + \int_0^2 (\mathrm{e}^y - 2y)\,\mathrm{d}y = \mathrm{e}^2 - \frac{7}{2}.$$

例 10.18 求 $u(x,y)$ 使 $\mathrm{d}u(x,y) = xy^2\mathrm{d}x + x^2y\mathrm{d}y$.

解 $P(x,y) = xy^2$, $Q(x,y) = x^2y$, $\dfrac{\partial Q}{\partial x} = 2xy = \dfrac{\partial P}{\partial y}$, 积分路径取为从 $O(0,0)$ 经 $A(x,0)$ 到

$B(x,y)$ 的折线段, 有

$$\int_{(0,0)}^{(x,y)} xy^2\,\mathrm{d}x + x^2y\mathrm{d}y = \int_{\overline{OA}} xy^2\,\mathrm{d}x + x^2y\mathrm{d}y + \int_{\overline{AB}} xy^2\,\mathrm{d}x + x^2y\mathrm{d}y$$

$$= 0 + \int_0^y x^2y\mathrm{d}y = x^2\int_0^y y\mathrm{d}y = \frac{x^2y^2}{2},$$

故有

$$u(x,y) = \frac{x^2y^2}{2} + C.$$

若积分起点取为 $(1,1)$, 则有

$$\int_{(1,1)}^{(x,y)} xy^2\mathrm{d}x + x^2y\mathrm{d}y = \int_1^x x\mathrm{d}x + \int_1^y x^2y\mathrm{d}y = \frac{x^2y^2}{2} - \frac{1}{2}.$$

习题 10.3

1. 利用对坐标的曲线积分, 求下列曲线所围成图形的面积:

(1) 椭圆 $9x^2 + 16y^2 = 144$; (2) 曲线 $x = \cos t$, $y = \sin^3 t$.

2. 利用格林公式, 计算下列有向曲线积分:

(1) $\oint_L (1 - x^2) y \mathrm{d}x + x(1 + y^2) \mathrm{d}y, L$: 圆周 $x^2 + y^2 = R^2$ 正向;

(2) $\oint_L (x + y)^2 \mathrm{d}x - (x^2 + y^2) \mathrm{d}y, L$: 顶点为 $A(1,1), B(3,2), C(2,5)$ 的三角形边界正向;

(3) $\oint_L e^x \left[\cos y \mathrm{d}x + (y - \sin y) \mathrm{d}y \right], L$: 曲线 $y = \sin x$ 从 $(0,0)$ 到 $(\pi, 0)$ 的一段;

(4) $\int_L (2xy^3 - y^2 \cos x) \mathrm{d}x + (1 - 2y \sin x + 3x^2 y^2) \mathrm{d}y, L$: 抛物线 $2x = \pi y^2$ 上由 $(0,0)$ 到 $\left(\dfrac{\pi}{2}, 1 \right)$ 的一段弧;

(5) $\int_L (x^2 - y) \mathrm{d}x - (x + \sin^2 y) \mathrm{d}y, L$ 是在圆周 $y = \sqrt{2x - x^2}$ 上由点 $(0,0)$ 到点 $(1,1)$ 的一段弧.

3. 证明: 若 L 为平面上分段光滑的简单封闭曲线, $\boldsymbol{l}$ 为任意方向, 则

$$\oint_L \cos(\boldsymbol{l}, \boldsymbol{n}) \mathrm{d}s = 0$$

式中 n 为 L 的法向量, 方向朝外.

4. 求对坐标的曲线积分 $\int_{\partial D^+} \left[x \cos(x, \boldsymbol{n}) + y \sin(x, \boldsymbol{n}) \right] \mathrm{d}s$ 的值, 其中 $(x, \boldsymbol{n})$ 为简单闭曲线 L 的向外法线与 x 轴正方向的夹角.

5. 计算下列对坐标的曲线积分:

(1) $\int_{(1, -1)}^{(1,1)} (x - y) \mathrm{d}x + (y - x) \mathrm{d}y$;

(2) $\int_{(1,0)}^{(6,8)} \dfrac{x \mathrm{d}x + y \mathrm{d}y}{\sqrt{x^2 + y^2}}$, 沿不通过原点的路径;

(3) $\int_{(0,0)}^{(1,1)} \dfrac{2x(1 - e^x)}{(1 + x^2)^2} \mathrm{d}x + \dfrac{e^y}{(1 + x^2)} \mathrm{d}y$.

6. 验证下列 $P(x, y) \mathrm{d}x + Q(x, y) \mathrm{d}y$ 在整个 xOy 平面内是某一函数 $u(x, y)$ 的全微分, 并求出这样的 $u(x, y)$:

(1) $(x + 2y) \mathrm{d}x + (2x + y) \mathrm{d}y$; 　　(2) $2xy \mathrm{d}x + x^2 \mathrm{d}y$.

10.4　对面积的曲面积分

10.4.1　对面积的曲面积分的概念和性质

引例　空间曲面构件的质量

设有空间曲面构件 Σ, 其曲面密度为 $\rho(x, y, z)$ 求其质量.

解　将空间曲面 Σ 划分为 n 个小曲面, 用 $\Delta s_i (i = 1, 2, \cdots, n)$ 表示第 i 个小曲面及其曲面面积, 当 Δs_i 充分小时, 其质量近似为 $\Delta m_i \approx \rho(\xi_i, \eta_i, \zeta_i) \Delta s_i, (\xi_i, \eta_i, \zeta_i) \in \Delta s_i$, 曲面构件的质量为

$$M = \sum_{i=1}^{n} \Delta m_i \approx \sum_{i=1}^{n} \rho(\xi_i, \eta_i, \zeta_i) \Delta s_i.$$

用 λ 表示小曲面直径最大者,即小曲面上两点间弧长最大者,取 $\lambda \to 0$ 时的极限有

$$M = \lim_{\lambda \to 0} \sum_{i=1}^{n} \rho(\xi_i, \eta_i, \zeta_i) \Delta s_i.$$

定义 10.5 若曲面上任一点处均有切平面,当点沿曲面移动时,切平面做连续的转动,则称该曲面为光滑曲面.

定义 10.6 设曲面 Σ 是光滑曲面,函数 $f(x,y,z)$ 在 Σ 上有界,将 Σ 划分为 n 个小曲面,用 Δs_i 表示第 i 个小曲面及其曲面面积. 若对任意的划分及任意的 $(\xi_i, \eta_i, \zeta_i) \in \Delta s_i$,极限

$$\lim_{\lambda \to 0} \sum_{i=1}^{n} f(\xi_i, \eta_i, \zeta_i) \Delta s_i$$

均存在,其中 λ 为小曲面直径最大者,则称此极限值为函数 $f(x,y,z)$ 在曲面 Σ 上对面积的曲面积分,也称为第一类曲面积分或第一型曲面积分,记为 $\iint\limits_{\Sigma} f(x,y,z)\,\mathrm{d}s$,即

$$\iint\limits_{\Sigma} f(x,y,z)\,\mathrm{d}s = \lim_{\lambda \to 0} \sum_{i=1}^{n} f(\xi_i, \eta_i, \zeta_i) \Delta s_i.$$

对面积的曲面积分与对弧长的曲线积分具有相类似的性质,如

性质 10.11 对被积分函数具有可加性

$$\iint\limits_{\Sigma} \left[f(x,y,z) \pm g(x,y,z) \right] \mathrm{d}s = \iint\limits_{\Sigma} f(x,y,z)\,\mathrm{d}s \pm \iint\limits_{\Sigma} g(x,y,z)\,\mathrm{d}s.$$

性质 10.12 齐次性

$$\iint\limits_{\Sigma} k f(x,y,z)\,\mathrm{d}s = k \iint\limits_{\Sigma} f(x,y,z)\,\mathrm{d}s.$$

性质 10.13 对积分区域具有可加性

$$\iint\limits_{\Sigma_1 + \Sigma_2} f(x,y,z)\,\mathrm{d}s = \iint\limits_{\Sigma_1} f(x,y,z)\,\mathrm{d}s + \iint\limits_{\Sigma_2} f(x,y,z)\,\mathrm{d}s.$$

10.4.2 对面积的曲面积分的计算法

设积分曲面 Σ 的方程为 $z = z(x,y)$,在 xOy 平面内的投影区域为 D_{xy},且 $z(x,y)$ 在 D 内具有连续偏导数,$f(x,y,z)$ 在 Σ 上连续,

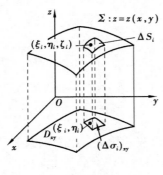

图 10.22

$$\iint\limits_{\Sigma} f(x,y,z)\,\mathrm{d}s = \lim_{\lambda \to 0} \sum_{i=1}^{n} f(\xi_i, \eta_i, \zeta_i) \Delta s_i.$$

设 Σ 上第 i 个小曲面 Δs_i 在 xOy 平面内的投影区域为 $(\Delta \sigma_i)_{xy}$,其面积也记为 $(\Delta \sigma_i)_{xy}$,由 $(\xi_i, \eta_i, \zeta_i) \in \Delta s_i$ 有 $\zeta_i = z(\xi_i, \eta_i)$,$(\xi_i, \eta_i) \in \Delta \sigma_i$,如图 10.22 所示. 则有

$$\Delta s_i = \iint\limits_{(\Delta \sigma_i)_{xy}} \sqrt{1 + z_x^2(x,y) + z_y^2(x,y)}\,\mathrm{d}x\mathrm{d}y$$

由积分中值定理,存在一点 $(\overline{\xi}_i, \overline{\eta}_i) \in \Delta \sigma_i$ 使

$$\Delta s_i = \sqrt{1 + z_x^2(\overline{\xi}_i, \overline{\eta}_i) + z_y^2(\overline{\xi}_i, \overline{\eta}_i)}\,(\Delta \sigma_i)_{xy},$$

$$\iint\limits_{\Sigma} f(x,y,z)\,\mathrm{d}s = \lim_{\lambda \to 0} \sum_{i=1}^{n} f(\xi_i,\eta_i,z(\xi_i,\eta_i)) \cdot \sqrt{1 + z_x^2(\overline{\xi}_i,\overline{\eta}_i) + z_y^2(\overline{\xi}_i,\overline{\eta}_i)}\,(\Delta\sigma_i)_{xy}$$

$$= \lim_{\lambda \to 0} \sum_{i=1}^{n} f(\xi_i,\eta_i,z(\xi_i,\eta_i)) \cdot \sqrt{1 + z_x^2(\xi_i,\eta_i) + z_y^2(\xi_i,\eta_i)}\,(\Delta\sigma_i)_{xy}$$

$$= \iint\limits_{D_{xy}} f(x,y,z(x,y)) \sqrt{1 + z_x^2(x,y) + z_y^2(x,y)}\,\mathrm{d}x\mathrm{d}y.$$

同理,当积分曲面 Σ 的方程为 $x=x(y,z)$,在 yOz 平面内的投影区域为 D_{yz},则

$$\iint\limits_{\Sigma} f(x,y,z)\,\mathrm{d}s = \iint\limits_{D_{yz}} f(x(y,z),y,z) \sqrt{1 + x_y^2(y,z) + x_z^2(y,z)}\,\mathrm{d}y\mathrm{d}z;$$

当积分曲面 Σ 的方程为 $y=y(z,x)$,在 zOx 平面的投影区域为 D_{zx},则

$$\iint\limits_{\Sigma} f(x,y,z)\,\mathrm{d}s = \iint\limits_{D_{zx}} f(x,y(z,x),z) \sqrt{1 + y_z^2(z,x) + y_x^2(z,x)}\,\mathrm{d}z\mathrm{d}x.$$

当 Σ 是 xOy 面内的一个闭区域时,此时 Σ 方程为 $z=0$,Σ 在 xOy 面内的投影区域即为 Σ 自身,且 $\mathrm{d}s = \sqrt{1 + z_x^2(x,y) + z_y^2(x,y)}\,\mathrm{d}x\mathrm{d}y = \mathrm{d}x\mathrm{d}y$,因此

$$\iint\limits_{\Sigma} f(x,y,z)\,\mathrm{d}s = \iint\limits_{D_{xy}} f(x,y,0)\,\mathrm{d}x\mathrm{d}y.$$

同理可得 Σ 在 yOz,zOx 坐标面的情形:

$$\iint\limits_{\Sigma} f(x,y,z)\,\mathrm{d}s = \iint\limits_{D_{yz}} f(0,y,z)\,\mathrm{d}y\mathrm{d}z;$$

$$\iint\limits_{\Sigma} f(x,y,z)\,\mathrm{d}s = \iint\limits_{D_{zx}} f(x,0,z)\,\mathrm{d}z\mathrm{d}x.$$

例 10.19　计算 $\iint\limits_{\Sigma}(x+y+z)\,\mathrm{d}s$,其中 Σ 为上半球面 $x^2+y^2+z^2=a^2$,$z\geqslant 0$.

解　Σ 的方程为 $z=\sqrt{a^2-x^2-y^2}$,在 xOy 平面内的投影区域为 $D_{xy}=\left\{(x,y)\mid x^2+y^2\leqslant a^2\right\}$.

$$\iint\limits_{\Sigma}(x+y+z)\,\mathrm{d}s = \iint\limits_{D_{xy}}\left[x+y+\sqrt{a^2-(x^2+y^2)}\,\right] \cdot \frac{a}{\sqrt{a^2-(x^2+y^2)}}\mathrm{d}x\mathrm{d}y$$

$$= a\iint\limits_{D_{xy}}\mathrm{d}x\mathrm{d}y = \pi a^3.$$

例 10.20　计算 $I=\oiint\limits_{\Sigma}(x^2+y^2)\,\mathrm{d}s$,其中 Σ 为 $\sqrt{x^2+y^2}\leqslant z\leqslant 1$ 的边界曲面.

解　Σ 在 xOy 平面内的投影区域为 $D_{xy}=\{(x,y)\mid x^2+y^2\leqslant 1,z=0\}$,将 Σ 分为 Σ_1 和 Σ_2 两部分,其中 $\Sigma_1=\left\{(x,y,z)\mid z=\sqrt{x^2+y^2},0\leqslant z\leqslant 1\right\}$,$\Sigma_2=\left\{(x,y,z)\mid x^2+y^2\leqslant 1,z=1\right\}$,如图 10.23 所示. 则有

$$I = \iint\limits_{\Sigma}(x^2+y^2)\,\mathrm{d}s = \iint\limits_{\Sigma_1}(x^2+y^2)\,\mathrm{d}s + \iint\limits_{\Sigma_2}(x^2+y^2)\,\mathrm{d}s$$

$$= \iint\limits_{D_{xy}}(x^2+y^2) \sqrt{1+\left(\frac{x}{\sqrt{x^2+y^2}}\right)^2+\left(\frac{y}{\sqrt{x^2+y^2}}\right)^2}\,\mathrm{d}x\mathrm{d}y + \iint\limits_{D_{xy}}(x^2+y^2)\,\mathrm{d}x\mathrm{d}y$$

$$= (\sqrt{2} + 1) \iint_{D_{xy}} (x^2 + y^2) \mathrm{d}x\mathrm{d}y = (\sqrt{2} + 1) \int_0^{2\pi} d\theta \int_0^1 \rho^3 \mathrm{d}\rho = \frac{\sqrt{2} + 1}{2}\pi.$$

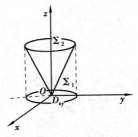

图 10.23

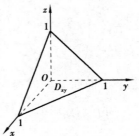

图 10.24

例 10.21　计算 $\oiint_{\Sigma} xyz\mathrm{d}s$ ，其中 Σ 是由平面 $x=0$, $y=0$, $z=0$ 及 $x+y+z=1$ 所围成四面体的边界曲面，如图 10.24 所示.

解　在 xOy 平面，yOz 平面，zOx 平面上的曲面分别记为 Σ_{xy} , Σ_{yz} , Σ_{zx} ，在 $x+y+z=1$ 上的曲面记为 Σ_0 ，则

$$\iint_{\Sigma} xyz\mathrm{d}s = \iint_{\Sigma_{xy}} xyz\mathrm{d}s + \iint_{\Sigma_{yz}} xyz\mathrm{d}s + \iint_{\Sigma_{zx}} xyz\mathrm{d}s + \iint_{\Sigma_0} xyz\mathrm{d}s = \iint_{\Sigma_0} xyz\mathrm{d}s$$

$$= \sqrt{3} \int_0^1 \mathrm{d}x \int_0^{1-x} xy(1 - x - y)\mathrm{d}y = \sqrt{3} \int_0^1 x \left[(1 - x)\frac{y^2}{2} - \frac{y^3}{3} \right] \Big|_0^{1-x} \mathrm{d}x$$

$$= \sqrt{3} \int_0^1 x \frac{(1 - x)^3}{6}\mathrm{d}x = \frac{\sqrt{3}}{120}.$$

例 10.22　计算 $\iint_{\Sigma} \dfrac{1}{x^2 + y^2 + z^2}\mathrm{d}s$ ，其中 Σ 是介于平面 $z=0$ ，$z=h$ 之间的圆柱体 $x^2+y^2 \leqslant a^2$ 的侧面. 如图 10.25 所示.

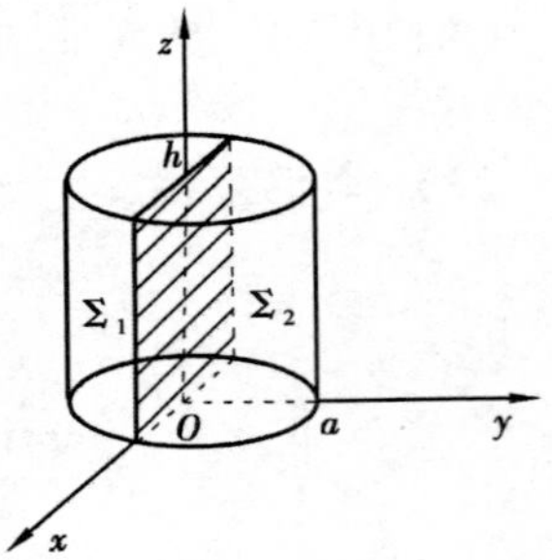

解　将 Σ 投影在 xOz 平面得投影区域 $D_{xz} = \left\{ (z,x) \,\middle|\, 0 \leqslant z \leqslant h, -a \leqslant x \leqslant a \right\}$ ，将 Σ 分为左侧 Σ_1 和右侧 Σ_2 两部分，其中

$$\Sigma_1 = \left\{ (x,y,z) \,\middle|\, y = -\sqrt{a^2 - x^2}, 0 \leqslant z \leqslant h \right\},$$

$$\Sigma_2 = \left\{ (x,y,z) \,\middle|\, y = \sqrt{a^2 - x^2}, 0 \leqslant z \leqslant h \right\},$$

图 10.25

$$\iint_{\Sigma} \frac{1}{x^2 + y^2 + z^2}\mathrm{d}s = \iint_{\Sigma_1} \frac{1}{x^2 + y^2 + z^2}\mathrm{d}s + \iint_{\Sigma_2} \frac{1}{x^2 + y^2 + z^2}\mathrm{d}s$$

$$= 2 \iint_{D_{zx}} \frac{1}{x^2 + (a^2 - x^2) + z^2} \cdot \frac{a}{\sqrt{a^2 - x^2}}\mathrm{d}x\mathrm{d}y$$

$$= 2a \int_0^h \frac{1}{a^2 + z^2}\mathrm{d}z \cdot \int_{-a}^a \frac{1}{\sqrt{a^2 - x^2}}\mathrm{d}x = 2\pi \arctan \frac{h}{a}.$$

习题 10.4

1. 计算积分 $\iint\limits_{\Sigma} f(x,y,z)\mathrm{d}s$, Σ 为抛物面 $z = 2 - (x^2 + y^2)$ 在 xOy 面上方的部分, $f(x,y,z)$ 分别如下:

　　(1) $f(x,y,z) = 1$;　　　(2) $f(x,y,z) = x^2 + y^2$;　　　(3) $f(x,y,z) = 3z$.

2. 计算 $\iint\limits_{\Sigma} (x^2 + y^2)\mathrm{d}s$, Σ 为:

　　(1) 锥面 $z = \sqrt{x^2 + y^2}$ 与平面 $z = 1$ 所围区域的整个边界曲面;

　　(2) 抛物面 $z = 3(x^2 + y^2)$ 被平面 $z = 3$ 所截得的部分.

3. 计算下列对面积的曲面积分:

　　(1) $\iint\limits_{\Sigma} \left(2x + \dfrac{4}{3}y + z\right)\mathrm{d}s$, Σ 为平面 $\dfrac{x}{2} + \dfrac{y}{3} + \dfrac{z}{4} = 1$, $(x > 0, y > 0, z > 0)$;

　　(2) $\iint\limits_{\Sigma} (x + y + z)\mathrm{d}s$, Σ 为球面 $x^2 + y^2 + z^2 = a^2$ 上 $z \geqslant h$ 的部分 $(0 < h < a)$;

　　(3) $\iint\limits_{\Sigma} (xy + yz + zx)\mathrm{d}s$, Σ 为锥面 $z = \sqrt{x^2 + y^2}$ 被锥面 $x^2 + y^2 = 2ax$ 所截的部分.

4. 求抛物面壳 $z = \dfrac{x^2 + y^2}{2}$, $(0 \leqslant z \leqslant 1)$ 的质量, 此壳的面密度 $\rho(x,y,z) = z$.

5. 求密度为常数 μ 的均匀半球壳 $z = \sqrt{a^2 - x^2 - y^2}$ 对于 z 轴的转动惯量.

6. (1) 求曲面 $z = \sqrt{x^2 + y^2}$ 包含在圆柱面 $x^2 + y^2 = 2x$ 内那一部分面积;

　　(2) 求平面 $x + y = 1$ 上被坐标面与曲面 $z = xy$ 截下的在第一卦限部分的面积.

7. 求地球上由子午线 $\theta = 30°$, $\theta = 60°$ 和纬线 $\varphi = 45°$, $\varphi = 60°$ 所围的那部分的面积(把地球近似看成是半径 $R = 6.4 \times 10^6$ m 的球).

8. 求星形线 $x^{\frac{2}{3}} + y^{\frac{2}{3}} = a^{\frac{2}{3}}$ 绕 y 轴旋转所构成旋转面的面积.

10.5　对坐标的曲面积分

10.5.1　对坐标曲面积分的概念与性质

　　假设曲面 Σ 是光滑的, 在曲面 Σ 上任取一点 M_0 , 过点 M_0 的法线有两个方向, 选定一个方向为正向. 当点 M_0 在曲面 Σ 上连续变动(不越过曲面的边界)时, 法线也连续变动. 当动点 M 从点 M_0 出发沿着曲面 Σ 上任意一条闭曲线移动后又回到点 M_0 时, 如果法线的正向与出

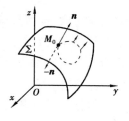

图 10.26

发时的法线正向相同,称**曲面 Σ 是双侧的**,否则称**曲面 Σ 是单侧的**. 如图 10.26 所示.

最有名的单侧曲面是拓扑学中的莫比乌斯带,如图 10.27 所示. 它的产生是将长方形纸条 $ABCD$ 先扭转一次,然后使 B 与 D 及 A 与 C 粘合起来构成一个环带. 若想象一只蚂蚁从环带上的一侧的某一点出发,它可以不用跨越环带的边界而到达环带的另一侧,然后再回到起点;或者用一种颜色涂这个环带,不用越过边界,即可涂满环带的两侧. 显然这是双侧曲面不可能出现的现象.

我们通常遇到的曲面都是双侧曲面,如对曲面 $z = z(x,y)$ 相对于 xOy 平面有上侧与下侧,对曲面 $x = x(y,z)$ 相对于 yOz 平面有前侧与后侧,对曲面 $y = y(z,x)$ 相对于 zOx 平面有右侧与左侧,对球面 $x^2 + y^2 + z^2 = 1$ 有内侧与外侧之分.

选定了侧的曲面称为**有向曲面**. 如曲面 $z = z(x,y)$ 的法向量向上,与 z 轴正方向成锐角则为上侧;法向量向下,与 z 轴正方向成钝角则为下侧. 同理,对曲面 $y = y(x,z)$,法向量向右为右侧,向左为左侧. 曲面 $x = x(y,z)$ 法向量向前为前侧,向后为后侧.

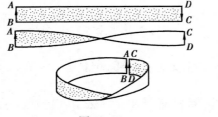

图 10.27

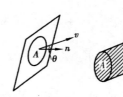

图 10.28

设 Σ 为有向曲面,在 Σ 上取一小块曲面 Δs,将其投影在 xOy 平面上,投影区域的面积为 $(\Delta\sigma)_{xy}$. 假设 Δs 上各点处的法向量与 z 轴正方向夹角 γ 的余弦 $\cos\gamma$ 保持符号一致(恒为正或恒为负),规定 Δs 在 xOy 平面上的投影 $(\Delta s)_{xy}$ 为

$$(\Delta s)_{xy} = \begin{cases} (\Delta\sigma)_{xy}, & \cos\gamma > 0, \\ -(\Delta\sigma)_{xy}, & \cos\gamma < 0, \\ 0, & \cos\gamma \equiv 0. \end{cases}$$

其中, $\cos\gamma \equiv 0$ 也就是 $(\Delta\sigma)_{xy} = 0$. $(\Delta s)_{xy}$ 实际上就是 Δs 在 xOy 平面上投影区域的面积再附上相应的正负号. 同理可定义在 yOz 平面和 zOx 平面上的投影 $(\Delta s)_{yz}$ 及 $(\Delta s)_{zx}$.

引例 流向曲面一侧的流量

设流体不可压缩且流速与时间无关,流体的密度为 1,其流速为

$$v(x,y,z) = P(x,y,z)\boldsymbol{i} + Q(x,y,z)\boldsymbol{j} + R(x,y,z)\boldsymbol{k}$$

其中, $P(x,y,z)$, $Q(x,y,z)$, $R(x,y,z)$ 在有向曲面 Σ 上连续,求在单位时间内流向 Σ 指定侧流体质量,即流量或通量 Φ.

若流体流过的是平面闭区域 A,且假设流体在该闭区域上各点处的流速为常向量 v,该平面的单位法向量为 $\boldsymbol{n}$,则单位时间内流过闭区域 A 的流体组成一个底面积为 A、斜高为 $|v|$ 的斜柱体,如图 10.28 所示.

斜柱体的体积为 $|Av \cdot \boldsymbol{n}|$,其中

$$|A\boldsymbol{v}\cdot\boldsymbol{n}|=\begin{cases}A\,|\,\boldsymbol{v}\,|\,\cos\theta=A\boldsymbol{v}\cdot\boldsymbol{n}, & \theta=(\overset{\wedge}{\boldsymbol{v},\boldsymbol{n}})<\dfrac{\pi}{2},\\[3mm]0, & \theta=(\overset{\wedge}{\boldsymbol{v},\boldsymbol{n}})=\dfrac{\pi}{2},\\[3mm]-A\,|\,\boldsymbol{v}\,|\,\cos\theta=-A\boldsymbol{v}\cdot\boldsymbol{n}, & \theta=(\overset{\wedge}{\boldsymbol{v},\boldsymbol{n}})>\dfrac{\pi}{2}.\end{cases}$$

当 $(\overset{\wedge}{\boldsymbol{v},\boldsymbol{n}})>\dfrac{\pi}{2}$ 时，$A\boldsymbol{v}\cdot\boldsymbol{n}<0$，此时实际上是流向 $-\boldsymbol{n}$ 所指一侧，流向 $-\boldsymbol{n}$ 所指的一侧流量为 $A\boldsymbol{v}\cdot(-\boldsymbol{n})$，所以流体通过闭区域 A，流向 $\boldsymbol{n}$ 所指的一侧的流量为 $\Phi=A\boldsymbol{v}\cdot\boldsymbol{n}$.

若流体的流速 $\boldsymbol{v}$ 不是常量且又是流经的曲面 Σ，则将 Σ 分成 n 个小块，用 Δs_i 表示第 i 块小曲面及其面积，当 Δs_i 充分小时可近似认为其上流速为常量

$$\boldsymbol{v}_i=\boldsymbol{v}_i(\xi_i,\eta_i,\zeta_i)=P(\xi_i,\eta_i,\zeta_i)\boldsymbol{i}+Q(\xi_i,\eta_i,\zeta_i)\boldsymbol{j}+R(\xi_i,\eta_i,\zeta_i)\boldsymbol{k}$$

其中，$(\xi_i,\eta_i,\zeta_i)\in\Delta s_i$，也近似认为 Δs_i 为平面，其法向量近似等于曲面 Σ 在点 (ξ_i,η_i,ζ_i) 处的法向量

$$\boldsymbol{n}_i=\cos\alpha_i\boldsymbol{i}+\cos\beta_i\boldsymbol{j}+\cos\gamma_i\boldsymbol{k}$$

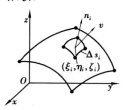

图 10.29

如图 10.29 所示. 则流体通过 Δs_i 流向指定侧的流量近似为

$$\Delta\Phi_i\approx\boldsymbol{v}_i\cdot\boldsymbol{n}_i\Delta s_i,\ i=1,2,\cdots,n$$

通过 Σ 指定侧的流量为

$$\begin{aligned}\Phi&=\sum_{i=1}^n\Delta\Phi_i\approx\sum_{i=1}^n\boldsymbol{v}_i\cdot\boldsymbol{n}_i\Delta s_i\\&=\sum_{i=1}^n\Big[P(\xi_i,\eta_i,\zeta_i)\cos\alpha_i+Q(\xi_i,\eta_i,\zeta_i)\cos\beta_i+R(\xi_i,\eta_i,\zeta_i)\cos\gamma_i\Big]\Delta s_i\\&=\sum_{i=1}^n\Big[P(\xi_i,\eta_i,\zeta_i)(\Delta s_i)_{yz}+Q(\xi_i,\eta_i,\zeta_i)(\Delta s_i)_{zx}+R(\xi_i,\eta_i,\zeta_i)(\Delta s_i)_{xy}\Big].\end{aligned}$$

用 λ 表示小曲面直径最大者，取 $\lambda\to0$ 时的极限有

$$\Phi=\lim_{\lambda\to0}\sum_{i=1}^n\Big[P(\xi_i,\eta_i,\zeta_i)(\Delta s_i)_{yz}+Q(\xi_i,\eta_i,\zeta_i)(\Delta s_i)_{zx}+R(\xi_i,\eta_i,\zeta_i)(\Delta s_i)_{xy}\Big]$$

定义 10.7　设 Σ 为光滑的有向曲面，函数 $R(x,y,z)$ 在 Σ 上有界，将 Σ 划分为 n 块小曲面，用 Δs_i 表示第 i 块小曲面及其面积. 若对任意的划分及任意的 $(\xi_i,\eta_i,\zeta_i)\in\Delta s_i$，极限

$$\lim_{\lambda\to0}\sum_{i=1}^n R(\xi_i,\eta_i,\zeta_i)(\Delta s_i)_{xy}$$

存在，其中 λ 为小曲面直径最大者，则称此极限值为函数 $R(x,y,z)$ 在有向曲面 Σ 上对坐标 x，y 的曲面积分，记为 $\iint\limits_{\Sigma}R(x,y,z)\mathrm{d}x\mathrm{d}y$，即

$$\iint\limits_{\Sigma}R(x,y,z)\mathrm{d}x\mathrm{d}y=\lim_{\lambda\to0}\sum_{i=1}^n R(\xi_i,\eta_i,\zeta_i)(\Delta s_i)_{xy}.$$

类似地，可定义 $P(x,y,z)$ 在有向曲面 Σ 上对坐标 y，z 的曲面积分，$Q(x,y,z)$ 在 Σ 上对坐标 z，x 的曲面积分，分别为

$$\iint\limits_{\Sigma}P(x,y,z)\mathrm{d}y\mathrm{d}z=\lim_{\lambda\to0}\sum_{i=1}^n P(\xi_i,\eta_i,\zeta_i)(\Delta s_i)_{yz},$$

$$\iint\limits_{\Sigma} Q(x,y,z)\,\mathrm{d}z\mathrm{d}x = \lim_{\lambda \to 0} \sum_{i=1}^{n} Q(\xi_i,\eta_i,\zeta_i)(\Delta s_i)_{zx}.$$

用得最多的是

$$\iint\limits_{\Sigma} P(x,y,z)\,\mathrm{d}y\mathrm{d}z + \iint\limits_{\Sigma} Q(x,y,z)\,\mathrm{d}z\mathrm{d}x + \iint\limits_{\Sigma} R(x,y,z)\,\mathrm{d}x\mathrm{d}y.$$

为方便起见,简记为

$$\iint\limits_{\Sigma} P(x,y,z)\,\mathrm{d}y\mathrm{d}z + Q(x,y,z)\,\mathrm{d}z\mathrm{d}x + R(x,y,z)\,\mathrm{d}x\mathrm{d}y.$$

对坐标的曲面积分也称为第二类曲面积分或第二型曲面积分. 由对坐标的曲线积分的性质可类似地得出对坐标曲面积分的性质,如

性质 10.14 **对积分区域的可加性**

$$\iint\limits_{\Sigma_1+\Sigma_2} P\mathrm{d}y\mathrm{d}z + Q\mathrm{d}z\mathrm{d}x + R\mathrm{d}x\mathrm{d}y$$

$$= \iint\limits_{\Sigma_1} P\mathrm{d}y\mathrm{d}z + Q\mathrm{d}z\mathrm{d}x + R\mathrm{d}x\mathrm{d}y + \iint\limits_{\Sigma_2} P\mathrm{d}y\mathrm{d}z + Q\mathrm{d}z\mathrm{d}x + R\mathrm{d}x\mathrm{d}y.$$

性质 10.15 **与积分曲面的方向有关**

设 $-\Sigma$ 是 Σ 取相反侧的有向曲面,则有

$$\iint\limits_{-\Sigma} P(x,y,z)\,\mathrm{d}y\mathrm{d}z = -\iint\limits_{\Sigma} P(x,y,z)\,\mathrm{d}y\mathrm{d}z,$$

$$\iint\limits_{-\Sigma} Q(x,y,z)\,\mathrm{d}z\mathrm{d}x = -\iint\limits_{\Sigma} Q(x,y,z)\,\mathrm{d}z\mathrm{d}x,$$

$$\iint\limits_{-\Sigma} R(x,y,z)\,\mathrm{d}x\mathrm{d}y = -\iint\limits_{\Sigma} R(x,y,z)\,\mathrm{d}x\mathrm{d}y.$$

如用 Σ 表示球面 $x^2+y^2+z^2=a^2$ 的外侧,$-\Sigma$ 表示球面的内侧,则有

$$\iint\limits_{-\Sigma} P\mathrm{d}y\mathrm{d}z + Q\mathrm{d}z\mathrm{d}x + R\mathrm{d}x\mathrm{d}y = -\iint\limits_{\Sigma} P\mathrm{d}y\mathrm{d}z + Q\mathrm{d}z\mathrm{d}x + R\mathrm{d}x\mathrm{d}y.$$

10.5.2 对坐标的曲面积分的计算法

设曲面 Σ 由方程 $z=z(x,y)$ 给出,且曲面是上侧,在 xOy 平面内的投影区域为 D_{xy},$z(x,y)$ 在 D_{xy} 上具有连续的一阶偏导数,$R(x,y,z)$ 在 Σ 上连续.

由于是上侧,所以 $(\Delta s_i)_{xy}=(\Delta\sigma_i)_{xy}$,又由 $(\xi_i,\eta_i,\zeta_i)\in\Delta s_i$ 得 $\zeta_i=z(\xi_i,\eta_i)$,故

$$\iint\limits_{\Sigma} R(x,y,z)\,\mathrm{d}x\mathrm{d}y = \lim_{\lambda \to 0} \sum_{i=1}^{n} R(\xi_i,\eta_i,\zeta_i)(\Delta s_i)_{xy}$$

$$= \lim_{\lambda \to 0} \sum_{i=1}^{n} R(\xi_i,\eta_i,z(\xi_i,\eta_i))(\Delta\sigma_i)_{xy} = \iint\limits_{D_{xy}} R(x,y,z(x,y))\,\mathrm{d}x\mathrm{d}y.$$

若曲面 Σ 是下侧,则

$$\iint\limits_{\Sigma} R(x,y,z)\,\mathrm{d}x\mathrm{d}y = -\iint\limits_{D_{xy}} R(x,y,z(x,y))\,\mathrm{d}x\mathrm{d}y.$$

同理,若曲面 Σ 由方程 $x=x(y,z)$ 给出,则

$$\iint_{\Sigma} P(x,y,z)\,\mathrm{d}y\mathrm{d}z = \pm \iint_{D_{yz}} P(x(y,z),y,z)\,\mathrm{d}y\mathrm{d}z.$$

其中,曲面 Σ 是前侧取"+",曲面 Σ 是后侧取"－". 若曲面 Σ 由方程 $y=y(z,x)$ 给出,则

$$\iint_{\Sigma} Q(x,y,z)\,\mathrm{d}z\mathrm{d}x = \pm \iint_{D_{zx}} Q(x,y(z,x),z)\,\mathrm{d}z\mathrm{d}x$$

其中,曲面 Σ 是右侧取"+",曲面 Σ 是左侧取"－".

10.5.3　两类曲面积分的联系

设有向曲面 Σ 由方程 $z=z(x,y)$ 给出, Σ 在 xOy 平面内的投影区域为 D_{xy}, $z=z(x,y)$ 在 D_{xy} 上具有一阶连续偏导数, $R(x,y,z)$ 在 Σ 上连续,若取 Σ 为上侧,则

$$\iint_{\Sigma} R(x,y,z)\,\mathrm{d}x\mathrm{d}y = \iint_{D_{xy}} R(x,y,z(x,y))\,\mathrm{d}x\mathrm{d}y.$$

此时, Σ 法向量的方向余弦为

$$\cos \alpha = \frac{-z_x}{\sqrt{1+z_x^2+z_y^2}}, \cos \beta = \frac{-z_y}{\sqrt{1+z_x^2+z_y^2}}, \cos \gamma = \frac{1}{\sqrt{1+z_x^2+z_y^2}}.$$

由对面积曲面积分的计算公式得

$$\iint_{\Sigma} R(x,y,z)\cos \gamma \mathrm{d}s$$

$$= \iint_{D_{xy}} R(x,y,z(x,y)) \cdot \frac{1}{\sqrt{1+z_x^2+z_y^2}} \cdot \sqrt{1+z_x^2+z_y^2}\,\mathrm{d}x\mathrm{d}y = \iint_{D_{xy}} R(x,y,z(x,y))\,\mathrm{d}x\mathrm{d}y$$

故有

$$\iint_{\Sigma} R(x,y,z)\,\mathrm{d}x\mathrm{d}y = \iint_{\Sigma} R(x,y,z)\cos \gamma \mathrm{d}s.$$

若取 Σ 为下侧,则 $\quad \cos \gamma = \dfrac{-1}{\sqrt{1+z_x^2+z_y^2}}$,得

$$\iint_{\Sigma} R(x,y,z)\,\mathrm{d}x\mathrm{d}y = - \iint_{D_{xy}} R(x,y,z(x,y))\,\mathrm{d}x\mathrm{d}y.$$

$$\iint_{\Sigma} R(x,y,z)\cos \gamma \mathrm{d}s$$

$$= \iint_{D_{xy}} R(x,y,z(x,y)) \cdot \frac{-1}{\sqrt{1+z_x^2+z_y^2}} \cdot \sqrt{1+z_x^2+z_y^2}\,\mathrm{d}x\mathrm{d}y = - \iint_{D_{xy}} R(x,y,z(x,y))\,\mathrm{d}x\mathrm{d}y.$$

仍然有

$$\iint_{\Sigma} R(x,y,z)\,\mathrm{d}x\mathrm{d}y = \iint_{\Sigma} R(x,y,z)\cos \gamma \mathrm{d}s.$$

同理可得

$$\iint_{\Sigma} P(x,y,z)\,\mathrm{d}y\mathrm{d}z = \iint_{\Sigma} P(x,y,z)\cos \alpha \mathrm{d}s,$$

$$\iint_{\Sigma} Q(x,y,z)\,\mathrm{d}z\mathrm{d}x = \iint_{\Sigma} Q(x,y,z)\cos \beta \mathrm{d}s.$$

故有

$$\iint\limits_{\Sigma} P(x,y,z)\,\mathrm{d}y\mathrm{d}z + Q(x,y,z)\,\mathrm{d}z\mathrm{d}x + R(x,y,z)\,\mathrm{d}x\mathrm{d}y$$

$$= \iint\limits_{\Sigma} \left[P(x,y,z)\,\cos\alpha + Q(x,y,z)\,\cos\beta + R(x,y,z)\,\cos\gamma \right]\mathrm{d}s.$$

其中 $\cos\alpha, \cos\beta, \cos\gamma$ 是有向曲面 Σ 上, 点 (x,y,z) 处法向量的方向余弦. 上式简记为

$$\iint\limits_{\Sigma} P\mathrm{d}y\mathrm{d}z + Q\mathrm{d}z\mathrm{d}x + R\mathrm{d}x\mathrm{d}y = \iint\limits_{\Sigma} (P\cos\alpha + Q\cos\beta + R\cos\gamma)\mathrm{d}s$$

$$= \iint\limits_{\Sigma} (P,Q,R) \cdot (\mathrm{d}y\mathrm{d}z, \mathrm{d}z\mathrm{d}x, \mathrm{d}x\mathrm{d}y)$$

$$= \iint\limits_{\Sigma} (P,Q,R) \cdot (\cos\alpha, \cos\beta, \cos\gamma)\mathrm{d}s,$$

称 $(\mathrm{d}y\mathrm{d}z, \mathrm{d}z\mathrm{d}x, \mathrm{d}x\mathrm{d}y)$ 为有向曲面元.

例 10.23 计算 $I = \oiint\limits_{\Sigma} (x+1)\,\mathrm{d}y\mathrm{d}z + y\mathrm{d}z\mathrm{d}x + \mathrm{d}x\mathrm{d}y$,

其中 Σ 是由 $z=0, y=0, x=0, x+y+z=1$ 所围成的四面体 $OABC$ 的边界曲面的外侧, 如图 10.30 所示.

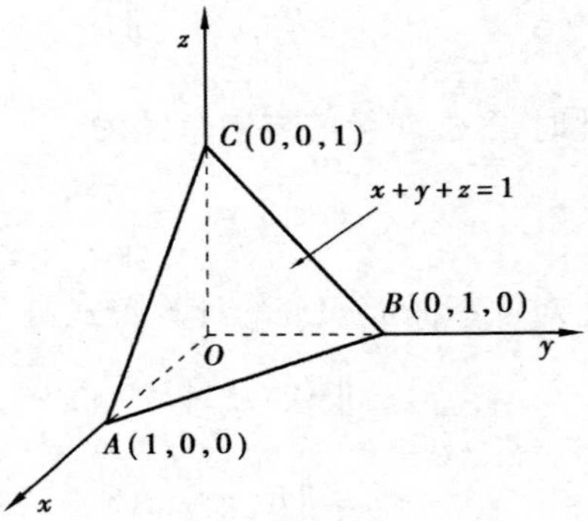

图 10.30

解法 1 $I = \oiint\limits_{\Sigma} (x+1)\,\mathrm{d}y\mathrm{d}z + y\mathrm{d}z\mathrm{d}x + \mathrm{d}x\mathrm{d}y$

$$= \iint\limits_{\Sigma_{OAB}} \mathrm{d}x\mathrm{d}y + \iint\limits_{\Sigma_{OBC}} (x+1)\,\mathrm{d}y\mathrm{d}z + \iint\limits_{\Sigma_{OAC}} y\mathrm{d}z\mathrm{d}x +$$

$$\left[\iint\limits_{\Sigma_{ABC}} (x+1)\,\mathrm{d}y\mathrm{d}z + \iint\limits_{\Sigma_{ABC}} y\mathrm{d}z\mathrm{d}x + \iint\limits_{\Sigma_{ABC}} \mathrm{d}x\mathrm{d}y \right]$$

$$= - \iint\limits_{D_{OAB}} \mathrm{d}x\mathrm{d}y - \iint\limits_{D_{OBC}} \mathrm{d}y\mathrm{d}z - \iint\limits_{D_{OAC}} 0\mathrm{d}z\mathrm{d}x + \left[\iint\limits_{D_{OBC}} (2-y-z)\,\mathrm{d}y\mathrm{d}z + \iint\limits_{D_{OAC}} (1-x-z)\,\mathrm{d}z\mathrm{d}x + \iint\limits_{D_{OAB}} \mathrm{d}x\mathrm{d}y \right]$$

$$= -\frac{1}{2} - \frac{1}{2} + \left[\int_0^1 \mathrm{d}y \int_0^{1-y} (2-y-z)\,\mathrm{d}z + \int_0^1 \mathrm{d}x \int_0^{1-x} (1-x-z)\,\mathrm{d}z + \frac{1}{2} \right] = \frac{1}{3}.$$

解法 2 $I = \oiint\limits_{\Sigma} (x+1)\,\mathrm{d}y\mathrm{d}z + y\mathrm{d}z\mathrm{d}x + \mathrm{d}x\mathrm{d}y$

$$= \oiint\limits_{\Sigma} (x+1)\,\mathrm{d}y\mathrm{d}z + \oiint\limits_{\Sigma} y\mathrm{d}z\mathrm{d}x + \oiint\limits_{\Sigma} \mathrm{d}x\mathrm{d}y$$

$$= \left[\iint\limits_{D_{OBC}} (2-y-z)\mathrm{d}y\mathrm{d}z - \iint\limits_{D_{OBC}} \mathrm{d}y\mathrm{d}z \right] + \left[\iint\limits_{D_{OAC}} (1-x-z)\mathrm{d}z\mathrm{d}x - \iint\limits_{D_{OAC}} 0 \cdot \mathrm{d}z\mathrm{d}x \right] + \left[\iint\limits_{D_{OAB}} \mathrm{d}x\mathrm{d}y - \iint\limits_{D_{OAB}} \mathrm{d}x\mathrm{d}y \right] = \frac{1}{3}.$$

例 10.24 计算 $\iint\limits_{\Sigma} (z^2+x)\,\mathrm{d}y\mathrm{d}z - z\mathrm{d}x\mathrm{d}y$, 其中 Σ 是旋转抛物面 $z = \dfrac{x^2+y^2}{2}$ 介于平面 $z=0$, $z=2$ 之间的部分的下侧, 如图 10.31 所示.

解 由两类曲面积分的联系得

$$\iint\limits_{\Sigma} (z^2+x)\,\mathrm{d}y\mathrm{d}z = \iint\limits_{\Sigma} (z^2+x)\,\cos\alpha\mathrm{d}s = \iint\limits_{\Sigma} (z^2+x)\,\cos\alpha\,\frac{1}{\cos\gamma}\mathrm{d}x\mathrm{d}y.$$

在曲面 Σ 上有 $\cos\alpha = \dfrac{x}{\sqrt{1+x^2+y^2}}, \cos\gamma = \dfrac{-1}{\sqrt{1+x^2+y^2}}.$, 故

$$\iint\limits_{\Sigma} (z^2+x)\,\mathrm{d}y\mathrm{d}z - z\mathrm{d}x\mathrm{d}y = \iint\limits_{\Sigma} \left[(z^2+x)(-x) - z \right]\mathrm{d}x\mathrm{d}y$$

$$= -\iint\limits_{D_{xy}} \left[\left(\frac{1}{4}(x^2 + y^2)^2 + x \right) \cdot (-x) - \frac{1}{2}(x^2 + y^2) \right] \mathrm{d}x\mathrm{d}y$$

$$= -\iint\limits_{D_{xy}} \left[x^2 + \frac{1}{2}(x^2 + y^2) \right] \mathrm{d}x\mathrm{d}y$$

$$= \int_0^{2\pi} \mathrm{d}\theta \int_0^2 \left(\rho^2 \cos^2\theta + \frac{1}{2}\rho^2 \right) \rho \mathrm{d}\rho = 8\pi.$$

由对称性有

$$\iint\limits_{D_{xy}} \frac{1}{4}x(x^2 + y^2)^2 \mathrm{d}x\mathrm{d}y = 0.$$

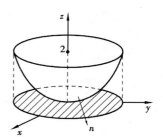

图 10.31

例 10.25 计算

$$\iint\limits_{\Sigma} (f(x,y,z) + x)\mathrm{d}y\mathrm{d}z + (2f(x,y,z) + y)\mathrm{d}z\mathrm{d}x + (f(x,y,z) + z)\mathrm{d}x\mathrm{d}y.$$

其中 $f(x,y,z)$ 为连续函数,Σ 为平面 $x-y+z=1$ 在第四卦限部分上侧.

解　平面的法向量为 $(1,-1,1)$,方向余弦为

$$\cos\alpha = \frac{1}{\sqrt{3}}, \cos\beta = -\frac{1}{\sqrt{3}}, \cos\gamma = \frac{1}{\sqrt{3}}.$$

曲面积分可化为

$$\iint\limits_{\Sigma} \left(f(x,y,z) + x \right)\mathrm{d}y\mathrm{d}z + \left(2f(x,y,z) + y \right)\mathrm{d}z\mathrm{d}x + \left(f(x,y,z) + z \right)\mathrm{d}x\mathrm{d}y$$

$$= \iint\limits_{\Sigma} \left[\frac{1}{\sqrt{3}} \left(f(x,y,z) + x \right) - \frac{1}{\sqrt{3}} \left(2f(x,y,z) + y \right) + \frac{1}{\sqrt{3}} \left(f(x,y,z) + z \right) \right] \mathrm{d}s$$

$$= \frac{1}{\sqrt{3}} \iint\limits_{\Sigma} \left(x - y + z \right) \mathrm{d}s = \frac{1}{\sqrt{3}} \iint\limits_{D_{xy}} 1 \cdot \sqrt{1 + z_x^2 + z_y^2} \, \mathrm{d}x\mathrm{d}y = \frac{1}{\sqrt{3}} \iint\limits_{D_{xy}} \sqrt{3} \, \mathrm{d}x\mathrm{d}y = \frac{1}{2}.$$

习题 10.5

1. 计算下列第二型曲面积分:

(1) $\iint\limits_{\Sigma} \dfrac{\mathrm{e}^z}{\sqrt{x^2 + y^2}} \mathrm{d}x\mathrm{d}y$,$\Sigma$ 为锥面 $z = \sqrt{x^2 + y^2}$ 被平面 $z=1$ 与 $z=2$ 所截出部分的外侧;

(2) $\iint\limits_{\Sigma} (x+y+z)\mathrm{d}x\mathrm{d}y + (y-z)\mathrm{d}y\mathrm{d}z$,$\Sigma$ 为坐标面及平面 $x=1,y=1,z=1$ 所围成正方体的边界外侧;

(3) $\iint\limits_{\Sigma} z\mathrm{d}x\mathrm{d}y + x\mathrm{d}y\mathrm{d}z + y\mathrm{d}z\mathrm{d}x$,$\Sigma$ 是柱面 $x^2 + y^2 = 1$ 被平面 $z=0,z=3$ 所截得在第一卦限内的部分的外侧;

(4) $\iint\limits_{\Sigma} xz\mathrm{d}x\mathrm{d}y + xy\mathrm{d}y\mathrm{d}z + yz\mathrm{d}z\mathrm{d}x$,$\Sigma$ 是平面 $x=0,y=0,z=0,x+y+z=1$ 所围成空间区域的整个边界曲面的外侧.

2. 求向量场 $\boldsymbol{r} = (x,y,z)$ 穿过下列曲面的通量，取外侧.

（1）圆柱 $x^2 + y^2 \leqslant a^2 (0 \leqslant z \leqslant h)$ 的侧表面；

（2）上述圆柱的全表面.

3. 计算 $\iint\limits_{\Sigma} \boldsymbol{F} \cdot \mathrm{d}S$ ，其中 $\boldsymbol{F} = x\boldsymbol{i} + y\boldsymbol{j} + z\boldsymbol{k}$ ，Σ 是球面 $x^2 + y^2 + z^2 = a^2$ 的外侧.

10.6　高斯公式、通量与散度

格林公式是将平面区域上的二重积分转化为边界曲线上对坐标的曲线积分，高斯公式是将空间区域上的三重积分转化为边界曲面上对坐标的曲面积分.

10.6.1　高斯公式

定理 10.6　设空间区域 Ω 是由分片光滑的闭曲面所围成，函数 $P(x,y,z),Q(x,y,z),$ $R(x,y,z)$ 在 Ω 上具有连续的一阶偏导数，则有

$$\iiint\limits_{\Omega} \left[\frac{\partial P}{\partial x} + \frac{\partial Q}{\partial y} + \frac{\partial R}{\partial z} \right] \mathrm{d}x\mathrm{d}y\mathrm{d}z$$

$$= \oiint\limits_{\Sigma} P\mathrm{d}y\mathrm{d}z + Q\mathrm{d}z\mathrm{d}x + R\mathrm{d}x\mathrm{d}y = \oiint\limits_{\Sigma} \left[P\cos\alpha + Q\cos\beta + R\cos\gamma \right]\mathrm{d}s.$$

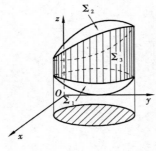

图 10.32

其中 Σ 是 Ω 的边界曲面的外侧，$\cos\alpha$，$\cos\beta$，$\cos\gamma$ 是 Σ 上点 (x,y,z) 处外法向量的方向余弦.

证　假设任一平行于坐标轴的直线与 Ω 的边界曲面 Σ 最多只有两个交点，如图 10.32 所示.

将 Ω 投影在 xOy 平面内，投影区域为 D_{xy}，以 D_{xy} 的边界曲线为准线作母线平行于 z 轴的柱面，将 Ω 的边界曲面分为三部分，即 $\Sigma_1 : z = z_1(x,y)$ ，Σ 的下侧；$\Sigma_2 : z = z_2(x,y)$ ，Σ 的上侧；$\Sigma_3 : \Sigma$ 的母线平行于 z 轴柱面的外侧侧面. 由三重积分的计算法有

$$\iiint\limits_{\Omega} \frac{\partial R(x,y,z)}{\partial z}\mathrm{d}x\mathrm{d}y\mathrm{d}z$$

$$= \iint\limits_{D_{xy}} \left[\int_{z_1(x,y)}^{z_2(x,y)} \frac{\partial R(x,y,z)}{\partial z}\mathrm{d}z \right] \mathrm{d}x\mathrm{d}y = \iint\limits_{D_{xy}} \left[R(x,y,z_2(x,y)) - R(x,y,z_1(x,y)) \right]\mathrm{d}x\mathrm{d}y$$

由对坐标的曲面积分的计算法有

$$\iint\limits_{\Sigma_2} R(x,y,z)\mathrm{d}x\mathrm{d}y = \iint\limits_{D_{xy}} R(x,y,z_2(x,y))\mathrm{d}x\mathrm{d}y;$$

$$\iint\limits_{\Sigma_3} R(x,y,z)\mathrm{d}x\mathrm{d}y = 0;$$

$$\iint\limits_{\Sigma_1} R(x,y,z)\mathrm{d}x\mathrm{d}y = - \iint\limits_{D_{xy}} R(x,y,z_1(x,y))\mathrm{d}x\mathrm{d}y;$$

$$\oiint\limits_{\Sigma} R(x,y,z)\mathrm{d}x\mathrm{d}y = \iint\limits_{\Sigma_2} R(x,y,z)\mathrm{d}x\mathrm{d}y + \iint\limits_{\Sigma_3} R(x,y,z)\mathrm{d}x\mathrm{d}y + \iint\limits_{\Sigma_1} R(x,y,z)\mathrm{d}x\mathrm{d}y$$

$$= \iint\limits_{D_{xy}} \Big[R(x,y,z_2(x,y)) - R(x,y,z_1(x,y)) \Big] \mathrm{d}x\mathrm{d}y.$$

故有
$$\iiint\limits_{\Omega} \frac{\partial R(x,y,z)}{\partial z} \mathrm{d}x\mathrm{d}y\mathrm{d}z = \oiint\limits_{\Sigma} R(x,y,z)\,\mathrm{d}x\mathrm{d}y.$$

同理可得

$$\iiint\limits_{\Omega} \frac{\partial P(x,y,z)}{\partial x} \mathrm{d}x\mathrm{d}y\mathrm{d}z = \oiint\limits_{\Sigma} P(x,y,z)\,\mathrm{d}y\mathrm{d}z,$$

$$\iiint\limits_{\Omega} \frac{\partial Q(x,y,z)}{\partial y} \mathrm{d}x\mathrm{d}y\mathrm{d}z = \oiint\limits_{\Sigma} Q(x,y,z)\,\mathrm{d}z\mathrm{d}x.$$

当平行坐标轴的直线与 Ω 的边界曲面多于两个交点时,如图 10.33 所示.

增加曲面 Σ_0,取相反两个方向;Σ_0 表示上侧,$-\Sigma_0$ 表示下侧,则有

$$\iiint\limits_{\Omega} \frac{\partial R(x,y,z)}{\partial z} \mathrm{d}x\mathrm{d}y\mathrm{d}z = \iiint\limits_{\Omega_1} \frac{\partial R(x,y,z)}{\partial z} \mathrm{d}x\mathrm{d}y\mathrm{d}z + \iiint\limits_{\Omega_2} \frac{\partial R(x,y,z)}{\partial z} \mathrm{d}x\mathrm{d}y\mathrm{d}z$$

$$= \iint\limits_{\Sigma_1+\Sigma_0} R(x,y,z)\,\mathrm{d}x\mathrm{d}y + \iint\limits_{\Sigma_2+(-\Sigma_0)} R(x,y,z)\,\mathrm{d}x\mathrm{d}y$$

$$= \iint\limits_{\Sigma_1} R(x,y,z)\,\mathrm{d}x\mathrm{d}y + \iint\limits_{\Sigma_0} R(x,y,z)\,\mathrm{d}x\mathrm{d}y + \iint\limits_{\Sigma_2} R(x,y,z)\,\mathrm{d}x\mathrm{d}y + \iint\limits_{-\Sigma_0} R(x,y,z)\,\mathrm{d}x\mathrm{d}y$$

$$= \iint\limits_{\Sigma_1} R(x,y,z)\,\mathrm{d}x\mathrm{d}y + \iint\limits_{\Sigma_2} R(x,y,z)\,\mathrm{d}x\mathrm{d}y = \oiint\limits_{\Sigma} R(x,y,z)\,\mathrm{d}x\mathrm{d}y.$$

当区域 Ω 内有洞时,即 Ω 内存在闭曲面所围成部分不能全部包含在 Ω 内. 可增加几个曲面将 Ω 转化为由分片光滑的闭曲面所围成区域,辅助曲面上相反方向的两次积分将相互抵消.

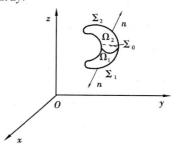

图 10.33

*10.6.2　沿任意闭曲面的曲面积分为零的条件

若 G 内任何一个闭曲面所围成区域全部含在 G 内,称 G 为二维单连通区域. 若 G 内任何一个闭曲线总可以张一片完全属于 G 的曲面,称 G 为一维单连通区域. 如球面所围区域既是空间二维单连通区域,也是空间一维单连通区域. 环面所围区域是空间二维单连通区域,但不是空间一维单连通区域. 两个同心球面之间的区域是空间一维单连通区域,但不是空间二维单连通区域.

定理 10.7　设 G 是空间二维单连通区域,$P(x,y,z)$,$Q(x,y,z)$,$R(x,y,z)$ 在 G 内具有一阶连续偏导数,则曲面积分

$$\iint\limits_{\Sigma} P\mathrm{d}y\mathrm{d}z + Q\mathrm{d}z\mathrm{d}x + R\mathrm{d}x\mathrm{d}y$$

在 G 内与所取曲面 Σ 无关而只取决于 Σ 的边界曲线(或沿 G 内任一闭曲面积分为零)的充分必要条件是

$$\frac{\partial P}{\partial x} + \frac{\partial Q}{\partial y} + \frac{\partial R}{\partial z} = 0$$

在 G 内处处成立.

证明　略.

10.6.3　通量与散度

设向量场由

$$\boldsymbol{A}(x,y,z) = P(x,y,z)\boldsymbol{i} + Q(x,y,z)\boldsymbol{j} + R(x,y,z)\boldsymbol{k}$$

给出,其中 P,Q,R 具有一阶连续偏导数,Σ 是场内一片有向曲面,$\boldsymbol{n}$ 是 Σ 上点 (x,y,z) 处的单位法向量,向量场 $\boldsymbol{A}$ 的散度 $\text{div}\boldsymbol{A}$ 定义为

$$\text{div}\boldsymbol{A} = \frac{\partial P}{\partial x} + \frac{\partial Q}{\partial y} + \frac{\partial R}{\partial z}.$$

向量场 $\boldsymbol{A}$ 通过曲面 Σ 向指定侧的通量(流量)为

$$\Phi = \iint\limits_{\Sigma} \boldsymbol{A} \cdot \boldsymbol{n}\mathrm{d}s = \iint\limits_{\Sigma} (P\cos\alpha + Q\cos\beta + R\cos\gamma)\mathrm{d}s$$

$$= \iint\limits_{\Sigma} P\mathrm{d}y\mathrm{d}z + Q\mathrm{d}z\mathrm{d}x + R\mathrm{d}x\mathrm{d}y$$

即通量(流量)为 $\boldsymbol{A}$ 在 Σ 上对坐标的曲面积分,高斯公式可记为

$$\iiint\limits_{\Omega} \text{div}\boldsymbol{A}\mathrm{d}v = \oiint\limits_{\Sigma} \boldsymbol{A} \cdot \boldsymbol{n}\mathrm{d}s.$$

散度表示在向量场中一点处通量对体积的变化率,也就是在该点处对一个单位体积来说所穿过之通量,散度也被称为该点处的源的强度. 因此,当 $\text{div}\boldsymbol{A}$ 之值不等于零时,其符号为正或为负,就表示在该点处散发通量或吸收通量的强度. 而当 $\text{div}\boldsymbol{A}$ 之值为零时,就表明该处无源,由此,称 $\text{div}\boldsymbol{A} \equiv 0$ 的向量场 A 为无源场。而且向量场 $\boldsymbol{A}(x,y,z) = P(x,y,z)\boldsymbol{i} + Q(x,y,z)\boldsymbol{j} + R(x,y,z)\boldsymbol{k}$ 一旦确定,向量场中每点 $M(x,y,z)$ 存在唯一的一个量 $\left(\dfrac{\partial P}{\partial x} + \dfrac{\partial Q}{\partial y} + \dfrac{\partial R}{\partial z} \right)\bigg|_{(x,y,z)}$.

该量与包围点 M 的封闭光滑曲面 Σ 没有任何关系,只与向量场及向量场中的点有关系,于是,该量是向量场固有的属性.

例 10.26　计算曲面积分 $\displaystyle\iint\limits_{\Sigma}(z^2 + x)\mathrm{d}y\mathrm{d}z - z\mathrm{d}x\mathrm{d}y$,其中 Σ 是旋转抛物面 $z = \dfrac{x^2 + y^2}{2}$ 介于平面 $z = 0, z = 2$ 之间部分的下侧.

解　构造辅助曲面 $\Sigma_0 = \left\{ (x,y) \mid x^2 + y^2 \leqslant 4, z = 2 \right\}$,并取 Σ_0 为上侧,与 Σ(一起构成闭曲面的外侧. 如图 10.34 所示,则由高斯公式得

$$\iint\limits_{\Sigma}(z^2 + x)\mathrm{d}y\mathrm{d}z - z\mathrm{d}x\mathrm{d}y$$

$$= \oiint\limits_{\Sigma + \Sigma_0}(z^2 + x)\mathrm{d}y\mathrm{d}z - z\mathrm{d}x\mathrm{d}y - \iint\limits_{\Sigma_0}(z^2 + x)\mathrm{d}y\mathrm{d}z - z\mathrm{d}x\mathrm{d}y$$

$$= \iiint\limits_{\Omega}[1 - 1]\mathrm{d}x\mathrm{d}y\mathrm{d}z + \iint\limits_{D_{xy}}2\mathrm{d}x\mathrm{d}y = 8\pi.$$

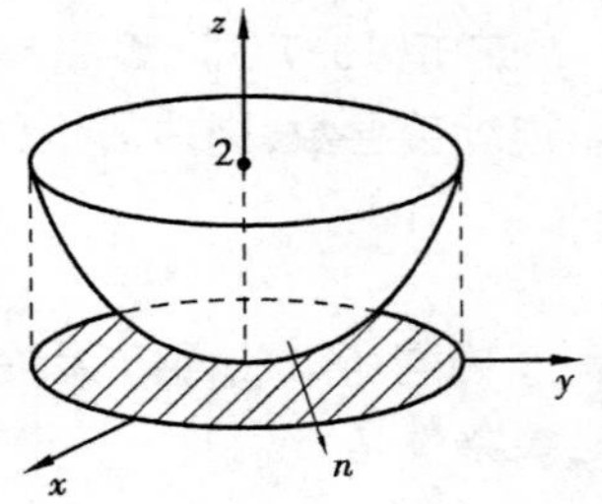

图 10.34

例 10.27　计算曲面积分:

$$\iint\limits_{\Sigma}2(1 - x^2)\mathrm{d}y\mathrm{d}z + 8xy\mathrm{d}z\mathrm{d}x - 4xz\mathrm{d}x\mathrm{d}y.$$

其中,Σ 是由 xOy 平面上的曲线 $x = \mathrm{e}^y, (0 \leqslant y \leqslant a)$ 绕 x 轴旋转而成的旋转曲面,曲面的法向量

与 x 轴正向夹角大于 $\dfrac{\pi}{2}$.

解　作辅助曲面 $\Sigma_0 = \left\{ (y,z) \mid y^2 + z^2 \leqslant a^2, x = \mathrm{e}^a \right\}$，并取 Σ_0 为前侧，与 Σ 一起构成闭曲面的外侧. 则由高斯公式得

$$\iint\limits_{\Sigma} 2(1 - x^2)\,\mathrm{d}y\mathrm{d}z + 8xy\mathrm{d}z\mathrm{d}x - 4zx\mathrm{d}x\mathrm{d}y$$

$$= \oiint\limits_{\Sigma + \Sigma_0} 2(1 - x^2)\,\mathrm{d}y\mathrm{d}z + 8xy\mathrm{d}z\mathrm{d}x - 4zx\mathrm{d}x\mathrm{d}y - \iint\limits_{\Sigma_0} 2(1 - x^2)\,\mathrm{d}y\mathrm{d}z + 8xy\mathrm{d}z\mathrm{d}x - 4zx\mathrm{d}x\mathrm{d}y$$

$$= \iiint\limits_{\Omega} (-4x + 8x - 4x)\,\mathrm{d}x\mathrm{d}y\mathrm{d}z - \iint\limits_{D_{yz}} 2(1 - \mathrm{e}^{2a})\,\mathrm{d}y\mathrm{d}z = 2\pi a^2(\mathrm{e}^{2a} - 1).$$

例 10.28　计算 $\displaystyle\iint\limits_{\Sigma} (x^2\cos\alpha + y^2\cos\beta + z^2\cos\gamma)\,\mathrm{d}s$，其中 Σ 为锥面 $\sqrt{x^2 + y^2} = z$ 介于平面 $z = 0$ 及 $z = h\,(h>0)$ 之间部分的下侧，$\cos\alpha, \cos\beta, \cos\gamma$ 是 Σ 在点 (x,y,z) 处法向量的方向余弦.

解　增加曲面 $\Sigma_0 = \left\{ (x,y) \mid x^2 + y^2 \leqslant h^2, z = h \right\}$，并取 Σ_0 为上侧，与 Σ 一起构成闭曲面的外侧. 则由高斯公式得

$$\iint\limits_{\Sigma} (x^2\cos\alpha + y^2\cos\beta + z^2\cos\gamma)\,\mathrm{d}s = \iint\limits_{\Sigma} x^2\mathrm{d}y\mathrm{d}z + y^2\mathrm{d}z\mathrm{d}x + z^2\mathrm{d}x\mathrm{d}y$$

$$= \oiint\limits_{\Sigma + \Sigma_0} x^2\mathrm{d}y\mathrm{d}z + y^2\mathrm{d}z\mathrm{d}x + z^2\mathrm{d}x\mathrm{d}y - \iint\limits_{\Sigma_0} x^2\mathrm{d}y\mathrm{d}z + y^2\mathrm{d}z\mathrm{d}x + z^2\mathrm{d}x\mathrm{d}y$$

$$= \iiint\limits_{\Omega} (2x + 2y + 2z)\,\mathrm{d}x\mathrm{d}y\mathrm{d}z - \iint\limits_{D_{xy}} h^2\mathrm{d}x\mathrm{d}y$$

$$= 2\iint\limits_{D_{xy}} \mathrm{d}x\mathrm{d}y \int_{\sqrt{x^2+y^2}}^{h} z\mathrm{d}z - h^2 \pi h^2 = \frac{\pi}{2} h^4.$$

由对称性　$\displaystyle\iiint\limits_{\Omega} (2x + 2y)\,\mathrm{d}x\mathrm{d}y\mathrm{d}z = 0.$

例 10.29　设函数 $u(x,y,z)$ 和 $v(x,y,z)$ 在闭区域 Ω 具有一阶及二阶连续偏导数，证明

$$\iiint\limits_{\Omega} u\,\nabla^2 v\,\mathrm{d}x\mathrm{d}y\mathrm{d}z = \oiint\limits_{\Sigma} u\,\frac{\partial v}{\partial n}\mathrm{d}s - \iiint\limits_{\Omega} \left(\frac{\partial u}{\partial x}\frac{\partial v}{\partial x} + \frac{\partial u}{\partial y}\frac{\partial v}{\partial y} + \frac{\partial u}{\partial z}\frac{\partial v}{\partial z} \right)\,\mathrm{d}x\mathrm{d}y\mathrm{d}z.$$

其中，Σ 是闭区域 Ω 的整个边界曲面，$\dfrac{\partial v}{\partial n}$ 为函数 $v(x,y,z)$ 沿 Σ 外法线方向的方向导数. 该公式叫作格林第一公式.

证　由方向导数的公式得

$$\frac{\partial v}{\partial n} = \frac{\partial v}{\partial x}\cos\alpha + \frac{\partial v}{\partial y}\cos\beta + \frac{\partial v}{\partial z}\cos\gamma.$$

其中，外法线 $\boldsymbol{n} = (\cos\alpha, \cos\beta, \cos\gamma)$，于是有

$$\oiint\limits_{\Sigma} u\,\frac{\partial v}{\partial n}\mathrm{d}S = \oiint\limits_{\Sigma} u\left(\frac{\partial v}{\partial x}\cos\alpha + \frac{\partial v}{\partial y}\cos\beta + \frac{\partial v}{\partial z}\cos\gamma \right)\,\mathrm{d}s$$

$$= \oiint\limits_{\Sigma} \left[\left(u\,\frac{\partial v}{\partial x} \right)\cos\alpha + \left(u\,\frac{\partial u}{\partial y} \right)\cos\beta + \left(u\,\frac{\partial v}{\partial z} \right)\cos\gamma \right]\mathrm{d}s$$

169

$$= \oiint\limits_{\Sigma} u\,\frac{\partial v}{\partial x}\mathrm{d}y\mathrm{d}z + u\,\frac{\partial v}{\partial y}\mathrm{d}z\mathrm{d}x + u\,\frac{\partial v}{\partial z}\mathrm{d}x\mathrm{d}y.$$

由高斯公式得

$$\oiint\limits_{\Sigma} u\,\frac{\partial v}{\partial n}\,\mathrm{d}s = \iiint\limits_{\Omega}\Big[\frac{\partial}{\partial x}\Big(u\,\frac{\partial v}{\partial x}\Big) + \frac{\partial}{\partial y}\Big(u\,\frac{\partial v}{\partial y}\Big) + \frac{\partial}{\partial z}\Big(u\,\frac{\partial v}{\partial z}\Big)\Big]\,\mathrm{d}x\mathrm{d}y\mathrm{d}z$$

$$= \iiint\limits_{\Omega} u\,\nabla^2 v\mathrm{d}x\mathrm{d}y\mathrm{d}z + \iiint\limits_{\Omega}\Big(\frac{\partial u}{\partial x}\frac{\partial v}{\partial x} + \frac{\partial u}{\partial y}\frac{\partial v}{\partial y} + \frac{\partial u}{\partial z}\frac{\partial v}{\partial z}\Big)\,\mathrm{d}x\mathrm{d}y\mathrm{d}z\ ,$$

将上式等式右端第二个积分移到等式左端便得到所要证明的公式.

习题 10.6

1. 利用高斯公式计算曲面积分:

(1) $\iint\limits_{\Sigma} x^2\mathrm{d}y\mathrm{d}z + y^2\mathrm{d}z\mathrm{d}x + z^2\mathrm{d}x\mathrm{d}y$, Σ 为立方体 $0 \leqslant x \leqslant a, 0 \leqslant y \leqslant a, 0 \leqslant z \leqslant a$ 的外表面;

(2) $\iint\limits_{\Sigma} x^3\mathrm{d}y\mathrm{d}z + y^3\mathrm{d}z\mathrm{d}x + z^3\mathrm{d}x\mathrm{d}y$, Σ 为球面的外侧;

(3) $\iint\limits_{\Sigma} x\mathrm{d}y\mathrm{d}z + y\mathrm{d}z\mathrm{d}x + z\mathrm{d}x\mathrm{d}y$, Σ 是介于 $z=0, z=3$ 之间的圆柱体 $x^2 + y^2 \leqslant 9$ 的表面的外侧;

(4) $\iint\limits_{\Sigma} x\mathrm{d}y\mathrm{d}z + y\mathrm{d}z\mathrm{d}x + (x + y + z + 1)\mathrm{d}x\mathrm{d}y$, Σ 为半椭圆球面 $z = c\sqrt{1 - \dfrac{x^2}{a^2} - \dfrac{y^2}{b^2}}$ 的上侧;

(5) $\iint\limits_{\Sigma} 4xz\mathrm{d}y\mathrm{d}z - 2yz\mathrm{d}z\mathrm{d}x + (1 - z^2)\mathrm{d}x\mathrm{d}y$, 其中 Σ 是 yOz 平面上的曲线 $z = e^y(0 \leqslant y \leqslant a)$ 绕 z 轴旋转成的曲面的下侧.

2. 求下列向量场 $\boldsymbol{A}$ 穿过曲面 Σ 流向指定侧的流量:

(1) $\boldsymbol{A} = (yz, xz, xy)$, Σ 为圆柱 $x^2 + y^2 \leqslant a^2, (0 \leqslant z \leqslant h)$ 的全表面,流向外侧;

(2) $\boldsymbol{A} = (2x + 3z, -xz - y, y^2 + 2z)$, Σ 为球面 $(x-3)^2 + (y+1)^2 + (z-2)^2 = 9$, 流向外侧.

3. 求 $\mathbf{div}\boldsymbol{A}$ 在给定点的值:

(1) $\boldsymbol{A} = x^3\boldsymbol{i} + y^3\boldsymbol{j} + z^3\boldsymbol{k}$ 在 $M(1, 0, -1)$ 处;

(2) $\boldsymbol{A} = 4x\boldsymbol{i} - 2xy\boldsymbol{j} + z^2\boldsymbol{k}$ 在 $M(1, 1, 3)$ 处;

(3) $\boldsymbol{A} = xyz\boldsymbol{r}$ 在 $M(1, 3, 2)$ 处,其中 $\boldsymbol{r} = x\boldsymbol{i} + y\boldsymbol{j} + z\boldsymbol{k}$.

4. 设函数 $F = f\Big(xy, \dfrac{x}{z}, \dfrac{y}{z}\Big)$ 具有连续二阶偏导数,求 $\mathbf{div}(\nabla F)$.

5. 求 $\mathbf{div}(\nabla f(r))$, 其中 $r = \sqrt{x^2 + y^2 + z^2}$, 当 $f(r)$ 等于什么时, $\mathbf{div}(\nabla f(r)) = 0$?

10.7　斯托克斯公式、环流量与旋度

格林公式是将平面区域上的二重积分转化为边界曲线上对坐标的曲线积分,斯托克斯公

式是格林公式的推广,它将空间曲面上的曲面积分转化为其边界曲线上的曲线积分.

10.7.1　斯托克斯公式

定义 10.8　设空间曲线 Γ 是空间曲面 Σ 的边界曲线,若 Γ 的绕行方向与 Σ 的侧符合右手规则,即右手四指为 Γ 的绕行方向、拇指方向为 Σ 上法向量方向,则称 Γ 是有向曲面 Σ 的正向边界曲线, 如图 10.35 所示.

图 10.35

定理 10.8　设分片光滑的有向曲面 Σ 的边界曲线为 Γ,Γ 为分段光滑的空间有向闭曲线,Γ 的正方向与 Σ 的侧符合右手规则. 函数 $P(x,y,z),Q(x,y,z),R(x,y,z)$ 在曲面 Σ(连同边界 Γ)上具有一阶连续偏导数,则有

$$\iint_{\Sigma}\left(\frac{\partial R}{\partial y}-\frac{\partial Q}{\partial z}\right)\mathrm{d}y\mathrm{d}z+\left(\frac{\partial P}{\partial z}-\frac{\partial R}{\partial x}\right)\mathrm{d}z\mathrm{d}x+\left(\frac{\partial Q}{\partial x}-\frac{\partial P}{\partial y}\right)\mathrm{d}x\mathrm{d}y$$

$$=\iint_{\Sigma}\left[\left(\frac{\partial R}{\partial y}-\frac{\partial Q}{\partial z}\right)\cos\alpha+\left(\frac{\partial P}{\partial z}-\frac{\partial R}{\partial x}\right)\cos\beta+\left(\frac{\partial Q}{\partial x}-\frac{\partial P}{\partial y}\right)\cos\gamma\right]\mathrm{d}s$$

$$=\oint_{\Gamma}P\mathrm{d}x+Q\mathrm{d}y+R\mathrm{d}z,$$

简记为

$$\iint_{\Sigma}\begin{vmatrix}\mathrm{d}y\mathrm{d}z & \mathrm{d}z\mathrm{d}x & \mathrm{d}x\mathrm{d}y\\ \dfrac{\partial}{\partial x} & \dfrac{\partial}{\partial y} & \dfrac{\partial}{\partial z}\\ P & Q & R\end{vmatrix}=\iint_{\Sigma}\begin{vmatrix}\cos\alpha & \cos\beta & \cos\gamma\\ \dfrac{\partial}{\partial x} & \dfrac{\partial}{\partial y} & \dfrac{\partial}{\partial z}\\ P & Q & R\end{vmatrix}\mathrm{d}s$$

$$=\oint_{\Gamma}P\mathrm{d}x+Q\mathrm{d}y+R\mathrm{d}z.$$

证　设光滑曲面 Σ 在 xOy 平面内的投影为 D_{xy},且过 D_{xy} 内任一点平行于 z 轴的直线与 Σ 只有一个交点,C 是 D_{xy} 的边界,也是 Σ 的边界 Γ 在 xOy 面上的投影,Σ 取为上侧,又设曲面方程为 $z=f(x,y)$,如图 10.36 所示. 则

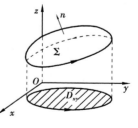

$$\cos\alpha=\frac{-f_x}{\sqrt{1+f_x^2+f_y^2}},\cos\beta=\frac{-f_y}{\sqrt{1+f_x^2+f_y^2}},\cos\gamma=\frac{1}{\sqrt{1+f_x^2+f_y^2}}.$$

有　$f_x=-\dfrac{\cos\alpha}{\cos\gamma},f_y=-\dfrac{\cos\beta}{\cos\gamma},\mathrm{d}x\mathrm{d}y=\dfrac{\mathrm{d}s}{\sqrt{1+f_x^2+f_y^2}}=\cos\gamma\mathrm{d}s.$

图 10.36

考查积分

$$\int_{\Gamma}P(x,y,z)\mathrm{d}x=\int_{C}P(x,y,f(x,y))\mathrm{d}x=-\iint_{D_{xy}}\frac{\partial}{\partial y}P(x,y,f(x,y))\mathrm{d}x\mathrm{d}y$$

$$= -\iint\limits_{D_{xy}} \left[\frac{\partial P(x,y,z)}{\partial y} + \frac{\partial P(x,y,z)}{\partial z} f_y(x,y) \right] \mathrm{d}x\mathrm{d}y$$

$$= -\iint\limits_{\Sigma} \left[\frac{\partial P}{\partial y} + \frac{\partial P}{\partial z} \cdot \frac{\partial z}{\partial y} \right] \cos\gamma\,\mathrm{d}s = -\iint\limits_{\Sigma} \left[\frac{\partial P}{\partial y} \cos\gamma - \frac{\partial P}{\partial z} \cos\beta \right] \mathrm{d}s$$

$$= \iint\limits_{\Sigma} \left[\frac{\partial P}{\partial z} \cos\beta - \frac{\partial P}{\partial y} \cos\gamma \right] \mathrm{d}s.$$

同理可得

$$\int_{\Gamma} Q\mathrm{d}y = \iint\limits_{\Sigma} \left[\frac{\partial Q}{\partial x} \cos\gamma - \frac{\partial Q}{\partial z} \cos\alpha \right] \mathrm{d}s,$$

$$\int_{\Gamma} R\mathrm{d}z = \iint\limits_{\Sigma} \left[\frac{\partial R}{\partial y} \cos\alpha - \frac{\partial R}{\partial z} \cos\beta \right] \mathrm{d}s.$$

三式相加便得到斯托克斯公式.

对于一般的满足定理条件的有向曲面 Σ，可以用有限条辅助线将 Σ 分成有限个同时具有三种显式的曲面片 $\Sigma_1,\Sigma_2,\cdots,\Sigma_n$，在每个 Σ_i 上用斯托克斯公式，有

$$\sum_{i=1}^{n} \oint_{\Gamma_i} P\mathrm{d}x + Q\mathrm{d}y + R\mathrm{d}z = \sum_{i=1}^{n} \iint\limits_{\Sigma_i} \left(\frac{\partial R}{\partial y} - \frac{\partial Q}{\partial z} \right) \mathrm{d}y\mathrm{d}z + \left(\frac{\partial P}{\partial z} - \frac{\partial R}{\partial x} \right) \mathrm{d}z\mathrm{d}x + \left(\frac{\partial Q}{\partial x} - \frac{\partial P}{\partial y} \right) \mathrm{d}x\mathrm{d}y.$$

由于左边和式中沿辅助线来回的积分互相抵消，余下的便是 $\oint_{\Gamma} P\mathrm{d}x + Q\mathrm{d}y + R\mathrm{d}z$，右边用积分区域的可加性得到在整体 Σ 上的积分.

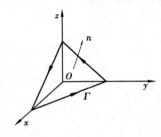

图 10.37

当 Σ 特殊到是平面的 xOy 面上的区域 D 时，且 $R(x,y,z)=0$，此时斯托克斯公式就是格林公式.

例 10.30 计算 $\oint_{\Gamma}(2y+z)\mathrm{d}x + (x-z)\mathrm{d}y + (y-x)\mathrm{d}z$，$\Gamma$ 为平面 $x+y+z=1$ 被三个坐标面所截成的三角形的整个边界，它的正向与这个三角形上侧的法向量之间符合右手法则，如图 10.37 所示.

解 化为对坐标的曲面积分为

$$\oint_{\Gamma}(2y+z)\mathrm{d}x + (x-z)\mathrm{d}y + (y-x)\mathrm{d}z$$

$$= \iint\limits_{\Sigma} \begin{vmatrix} \mathrm{d}y\mathrm{d}z & \mathrm{d}z\mathrm{d}x & \mathrm{d}x\mathrm{d}y \\ \dfrac{\partial}{\partial x} & \dfrac{\partial}{\partial y} & \dfrac{\partial}{\partial z} \\ 2y+z & x-z & y-x \end{vmatrix} = \iint\limits_{\Sigma}(1+1)\mathrm{d}y\mathrm{d}z + (1+1)\mathrm{d}z\mathrm{d}x + (1-2)\mathrm{d}x\mathrm{d}y$$

$$= \iint\limits_{\Sigma} 2\mathrm{d}y\mathrm{d}z + 2\mathrm{d}z\mathrm{d}x - \mathrm{d}x\mathrm{d}y = 2\iint\limits_{D_{yz}}\mathrm{d}y\mathrm{d}z + 2\iint\limits_{D_{zx}}\mathrm{d}z\mathrm{d}x - \iint\limits_{D_{xy}}\mathrm{d}x\mathrm{d}y = \frac{3}{2}.$$

由 $\cos\alpha = \cos\beta = \cos\gamma = \dfrac{1}{\sqrt{3}}$，化为对面积的曲面积分为

$$\oint_{\Gamma}(2y+z)\mathrm{d}x + (x-z)\mathrm{d}y + (y-x)\mathrm{d}z$$

$$= \iint\limits_{\Sigma} \begin{vmatrix} \dfrac{1}{\sqrt{3}} & \dfrac{1}{\sqrt{3}} & \dfrac{1}{\sqrt{3}} \\ \dfrac{\partial}{\partial x} & \dfrac{\partial}{\partial y} & \dfrac{\partial}{\partial z} \\ 2y+z & x-z & y-x \end{vmatrix} \mathrm{d}s = \iint\limits_{\Sigma} \left(\dfrac{2}{\sqrt{3}} + \dfrac{2}{\sqrt{3}} - \dfrac{1}{\sqrt{3}} \right) \mathrm{d}s$$

$$= \sqrt{3} \iint\limits_{\Sigma} \mathrm{d}s = \sqrt{3} \cdot \dfrac{1}{2} \cdot (\sqrt{2})^2 \cdot \dfrac{\sqrt{3}}{2} = \dfrac{3}{2}.$$

例 10.31　利用斯托克斯公式计算曲线积分

$$I = \oint_{\Gamma} (y^2 - z^2)\,\mathrm{d}x + (z^2 - x^2)\,\mathrm{d}y + (x^2 - y^2)\,\mathrm{d}z,$$

其中 Γ 是用平面 $x + y + z = \dfrac{3}{2}$ 截立方体 $0 \leqslant x \leqslant 1, 0 \leqslant y \leqslant 1, 0 \leqslant z \leqslant 1$ 的表面所得的截痕,若从 Ox 轴的正向看去,取逆时针方向,如图 10.38 所示.

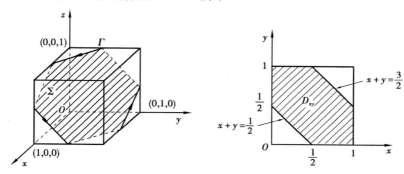

图 10.38

解　Σ 的单位法向量 $\boldsymbol{n} = \dfrac{1}{\sqrt{3}}(1,1,1)$, $\cos\alpha = \cos\beta = \cos\gamma = \dfrac{1}{\sqrt{3}}$.

$$I = \iint\limits_{\Sigma} \begin{vmatrix} \dfrac{1}{\sqrt{3}} & \dfrac{1}{\sqrt{3}} & \dfrac{1}{\sqrt{3}} \\ \dfrac{\partial}{\partial x} & \dfrac{\partial}{\partial y} & \dfrac{\partial}{\partial z} \\ y^2-z^2 & z^2-x^2 & x^2-y^2 \end{vmatrix} \mathrm{d}s = -\dfrac{4}{\sqrt{3}} \iint\limits_{\Sigma} (x+y+z)\,\mathrm{d}s$$

$$= -\dfrac{4}{\sqrt{3}} \iint\limits_{D_{xy}} \dfrac{3}{2} \sqrt{1 + (-1)^2 + (-1)^2}\,\mathrm{d}x\mathrm{d}y = -6\left[1 - 2 \cdot \dfrac{1}{2} \cdot \dfrac{1}{2} \cdot \dfrac{1}{2} \right] = -\dfrac{9}{2}.$$

*10.7.2　空间曲线积分与路径无关的条件

定理 10.9　设空间开区域 G 是一维单连通域,函数 $P(x,y,z), Q(x,y,z), R(x,y,z)$ 在 G 内具有一阶连续偏导数,则空间曲线积分 $\int_{\Gamma} P\mathrm{d}x + Q\mathrm{d}y + R\mathrm{d}z$ 在 G 内与路径无关(或沿 G 内任意闭曲线的曲线积分为零的充分必要条件是)

$$\dfrac{\partial P}{\partial y} = \dfrac{\partial Q}{\partial x}, \dfrac{\partial Q}{\partial z} = \dfrac{\partial R}{\partial y}, \dfrac{\partial R}{\partial x} = \dfrac{\partial P}{\partial z}$$

在 G 内处处成立.

证明 略.

定理 10.10 设区域 G 是空间一维单连通区域，函数 $P(x,y,z),Q(x,y,z),R(x,y,z)$ 在 G 内具有一阶连续偏导数，则表达式 $P\mathrm{d}x+Q\mathrm{d}y+R\mathrm{d}z$ 在 G 内成为某一函数 $u(x,y,z)$ 的全微分的充分必要条件是

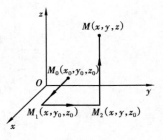

图 10.39

$$\frac{\partial P}{\partial y}=\frac{\partial Q}{\partial x},\frac{\partial Q}{\partial z}=\frac{\partial R}{\partial y},\frac{\partial R}{\partial x}=\frac{\partial P}{\partial z}$$

在 G 内处处成立，且

$$u(x,y,z)=\int_{(x_0,y_0,z_0)}^{(x,y,z)}P\mathrm{d}x+Q\mathrm{d}y+R\mathrm{d}z$$

$$=\int_{x_0}^{x}P(x,y_0,z_0)\mathrm{d}x+\int_{y_0}^{y}Q(x,y,z_0)\mathrm{d}y+\int_{z_0}^{z}R(x,y,z)\mathrm{d}z.$$

其中 $M_0(x_0,y_0,z_0)$ 为 G 内某一定点，动点 $M(x,y,z)\in G$，如图 10.39 所示.

10.7.3 环流量与旋度

设向量场

$$\boldsymbol{A}(x,y,z)=P(x,y,z)\boldsymbol{i}+Q(x,y,z)\boldsymbol{j}+R(x,y,z)\boldsymbol{k}$$

称向量

$$\mathbf{rot}\,\boldsymbol{A}=\left(\frac{\partial R}{\partial y}-\frac{\partial Q}{\partial z},\frac{\partial P}{\partial z}-\frac{\partial R}{\partial x},\frac{\partial Q}{\partial x}-\frac{\partial P}{\partial y}\right)$$

$$=\left(\frac{\partial R}{\partial y}-\frac{\partial Q}{\partial z}\right)\boldsymbol{i}+\left(\frac{\partial P}{\partial z}-\frac{\partial R}{\partial x}\right)\boldsymbol{j}+\left(\frac{\partial Q}{\partial x}-\frac{\partial P}{\partial y}\right)\boldsymbol{k}$$

为向量场 $\boldsymbol{A}$ 的旋度. 为便于计算，记为

$$\mathbf{rot}\,\boldsymbol{A}=\begin{vmatrix} \boldsymbol{i} & \boldsymbol{j} & \boldsymbol{k} \\ \dfrac{\partial}{\partial x} & \dfrac{\partial}{\partial y} & \dfrac{\partial}{\partial z} \\ P & Q & R \end{vmatrix}.$$

设 Γ 为有向闭曲线，称积分 $\oint_{\Gamma}P\mathrm{d}x+Q\mathrm{d}y+R\mathrm{d}z$ 为向量场 $\boldsymbol{A}$ 沿有向闭曲线 Γ 的环流量. 斯托克斯公式理解为：向量场 $\boldsymbol{A}$ 沿有向闭曲线 Γ 的环流量等于向量场 $\boldsymbol{A}$ 的旋度场通过 Γ 所张成曲面 Σ 的通量，其中 Γ 的正向与 Σ 的侧符合右手规则.

例 10.32 求 $\boldsymbol{A}=x^2\sin y\boldsymbol{i}+y^2\sin(xz)\boldsymbol{j}+xy\sin(\cos z)\boldsymbol{k}$ 在点 (x,y,z) 处的旋度，及在点 $(0,0,0)$ 及 $(1,1,1)$ 处的旋度.

解

$$\mathbf{rot}\,\boldsymbol{A}=\begin{vmatrix} \boldsymbol{i} & \boldsymbol{j} & \boldsymbol{k} \\ \dfrac{\partial}{\partial x} & \dfrac{\partial}{\partial y} & \dfrac{\partial}{\partial z} \\ x^2\sin y & y^2\sin(xz) & xy\sin(\cos z) \end{vmatrix}$$

$$=(x\sin(\cos z)-xy^2\cos(xz))\boldsymbol{i}-y\sin(\cos z)\boldsymbol{j}+(y^2z\cos(xz)-x^2\cos y)\boldsymbol{k}.$$

$$\mathbf{rot}\,\boldsymbol{A}\big|_{(0,0,0)}=(0,0,0)=0$$

$$\mathbf{rot}\,\boldsymbol{A}\big|_{(1,1,1)}=(\sin(\cos 1)-\cos 1)\boldsymbol{i}-\sin(\cos 1)\boldsymbol{j}.$$

习 题 10.7

1. 利用斯托克斯公式计算下列曲线积分：

（1）$\oint\limits_{L} y\mathrm{d}x + z\mathrm{d}y + x\mathrm{d}z$，$L$ 为曲线 $\begin{cases} x^2 + y^2 + z^2 = a^2 \\ x + y + z = 0 \end{cases}$，其方向是从 x 轴的正方向看去为逆时针的；

（2）$\oint\limits_{L} (y - z)\mathrm{d}x + (z - x)\mathrm{d}y + (x - y)\mathrm{d}z$，$L$ 为椭圆 $\begin{cases} x^2 + y^2 = a^2 \\ \dfrac{x}{a} + \dfrac{z}{b} = 1 \end{cases}$，$(a > 0, b > 0)$．其方向为从 z 轴的正方向看去是逆时针的；

（3）$\int (x^2 - yz)\mathrm{d}x + (y^2 - xz)\mathrm{d}y + (z^2 - xy)\mathrm{d}z$，$L$ 为螺旋线 $x = z\cos\varphi$，$y = a\sin\varphi$，$z = \dfrac{h\varphi}{2\pi}$ 从点 $A(a, 0, 0)$ 到点 $B(a, 0, h)$ 的一段．

2. 设 $u = u(x, y, z)$ 是 C^2 类函数，求 $\mathbf{rot}(\nabla u)$．

3. 设 $\mathbf{A} = (P(x, y, z), Q(x, y, z), R(x, y, z))$ 是 C^2 类向量场，证明：$\mathrm{div}(\mathbf{rot}\,\mathbf{A}) = 0$．

4. 求下列场的旋度：

（1）$\mathbf{A} = x^2 \mathbf{i} + y^2 \mathbf{j} + z^2 \mathbf{k}$；

（2）$\mathbf{A} = yz\mathbf{i} + zx\mathbf{j} + xy\mathbf{k}$．

5. 已知 $\mathbf{A} = 3y\mathbf{i} + 2z^2\mathbf{j} + xy\mathbf{k}$，$\mathbf{B} = x^2\mathbf{i} - 4\mathbf{k}$，求 $\mathbf{rot}(\mathbf{A} \times \mathbf{B})$．

习 题 10

1. 计算曲线积分 $\oint\limits_{L} y^2\mathrm{d}x + z^2\mathrm{d}y + x^2\mathrm{d}z$，$L$ 为球面 $x^2 + y^2 + z^2 = R^2$ 与柱面对 $x^2 + y^2 = Rx$，$(z \geq 0$，$R > 0)$ 的交线，其方向是面对着正 x 轴看去是逆时针的．

2. 计算下列曲面积分：

（1）$\iint\limits_{\Sigma} \dfrac{x\mathrm{d}y\mathrm{d}z + z^2\mathrm{d}x\mathrm{d}y}{x^2 + y^2 + z^2}$，其中 Σ 是由曲面 $x^2 + y^2 = R^2$ 及平面 $z = R$，$z = -R$，$(R > 0)$ 所围成立体表面外侧；

（2）Σ 为椭球面 $\dfrac{x^2}{a^2} + \dfrac{y^2}{b^2} + \dfrac{z^2}{c^2} = 1$ 的外侧．

3. 证明下列第二类曲线积分的估计式：

$$\left| \int_{L} x\mathrm{d}x + y\mathrm{d}y \right| \leq LM,$$

其中 L 为积分路径 L 的弧长，M 为函数 $\sqrt{x^2 + y^2}$ 在 L 上最大值．

4. 计算 $\iint\limits_{\Sigma} \mathbf{F} \cdot \mathrm{d}\mathbf{s}$，其中 $\mathbf{F} = \dfrac{x\mathbf{i} + y\mathbf{j} + z\mathbf{k}}{x^2 + y^2 + z^2}$，$\Sigma$ 是上半球面 $z = \sqrt{R^2 - x^2 - y^2}$ 的下侧．

5. 计算 $\displaystyle\int_L \frac{x\mathrm{d}y - y\mathrm{d}x}{4x^2 + y^2}$，其中 L 是由点 $A(-1,0)$ 经点 $B(1,0)$ 到点 $C(-1,2)$ 的路径，弧 $\overset{\frown}{AB}$ 为下半圆周，BC 段是直线.

6. 计算 $\displaystyle\oiint\limits_{\Sigma} x^3\mathrm{d}y\mathrm{d}z + \left[\frac{1}{z}f\left(\frac{y}{z}\right) + y^3\right]\mathrm{d}z\mathrm{d}x + \left[\frac{1}{y}f\left(\frac{y}{z}\right) + z^3\right]\mathrm{d}x\mathrm{d}y$，其中 $f(u)$ 具有连续的导数，Σ 为锥面 $x = \sqrt{y^2 + z^2}$ 与两球面 $x^2 + y^2 + z^2 = 1, x^2 + y^2 + z^2 = 4$ 所围立体的表面外侧.

7. 计算 $\displaystyle\int_{\Gamma} (y^2 + z^2)\mathrm{d}x + (z^2 + x^2)\mathrm{d}y + (x^2 + y^2)\mathrm{d}z$，其中 Γ 是球面 $x^2 + y^2 + z^2 = 4x$ 与柱面 $x^2 + y^2 = 4x$ 的交线，从 Oz 轴正方向看进去为逆时针方向$(z \geqslant 0)$.

8. 计算曲线积分:

$$\int_{\overset{\frown}{AnB}} \left[\varphi(y)\mathrm{e}^x - my\right]\mathrm{d}x + \left[\varphi'(y)\mathrm{e}^x - m\right]\mathrm{d}y,$$

其中 $\varphi(y), \varphi'(y)$ 为连续函数，$\overset{\frown}{AnB}$ 为连接点 $A(x_1, y_1)$ 和点 $B(x_2, y_2)$ 的任何路径，但与直线 AB 所围图形 $AnBA$ 有确定面积 s.

9. 在球面 $x^2 + y^2 + z^2 = 1$ 上，取以 $A(1,0,0)$，$B(0,1,0)$，$C\left(\frac{1}{\sqrt{2}}, 0, \frac{1}{\sqrt{2}}\right)$ 三点为顶点的球面三角形($\overset{\frown}{AB}$，$\overset{\frown}{BC}$，$\overset{\frown}{CA}$ 均为大圆弧). 如果球面三角形面密度 $\rho = x^2 + z^2$，求此球面三角形的质量.

10. 计算 $\displaystyle\int_L \frac{\ln(x^2 + y^2)\mathrm{d}x + \mathrm{e}^x\mathrm{d}y}{x^2 + y^2 - 4x + 4}$，其中 L 为 $(x - 2)^2 + y^2 = 1$ 的正向.

11. 设 Σ 为一光滑闭曲面，$\boldsymbol{n}$ 为 Σ 上点 (x,y,z) 外法线，$\boldsymbol{r} = x\boldsymbol{i} + y\boldsymbol{j} + z\boldsymbol{k}$，试计算高斯积分:
$\displaystyle\oiint\limits_{\Sigma} \frac{\cos(\boldsymbol{r},\boldsymbol{n})}{r^2}\mathrm{d}S$ (称该积分为 Σ 所张的立体角).

12. 设 Σ_1 为双纽线的一支绕对称轴旋转所得的曲面，在球面坐标下 Σ_1 的方程为 $\rho^2 = a^2\cos 2\varphi$，$\left(a > 0, 0 \leqslant \varphi \leqslant \frac{\pi}{4}\right)$，又设 Σ_2 是一半球面，其方程为 $z = \sqrt{a^2 - x^2 - y^2}$. 现假设在坐标原点处有一点光源，在点光源作用下，Σ_1 上任意一块图形 s_1 在 Σ_2 上的投影图形记为 s_2，证明:s_1 与 s_2 的面积相等.

第 **11** 章
无穷级数

11.1 常数项无穷级数

无穷级数是高等数学的重要组成部分,它是数与函数的一种重要表达形式,也是微积分理论研究与实际应用中极其有力的工具. 无穷级数在表达函数、研究函数的性质、计算函数值以及求解微分方程等方面都有着重要的应用. 研究无穷级数及其和,可以说是研究数列及其极限的另一种形式,但无论是研究极限的存在性还是计算极限,这种形式都显示出很大的优越性. 同时,无穷级数的内容也是后续课程学习的基础. 本章首先介绍无穷级数的一些基本内容,然后再讨论常数项级数和函数项级数,最后讨论如何将函数展开成幂级数与三角级数的问题.

11.1.1 常数项无穷级数的基本概念

在数学中,有限项相加的意义,大家是知道的,若是无穷多个项相加,又是什么意思呢?这就是无穷级数所讨论的内容之一. 通过下面无穷多个数相加的例子来说明无穷级数的基本概念。

引例 用逼近的方法计算半径为 R 的圆的面积.

具体做法如下:

①作圆的内接正六边形,并计算出正六边形的面积为 a_1,a_1 可作为圆面积的粗糙近似。

②作圆的内接正十二边形:以圆的内接正六边形的每一边为底边分别作一个顶点在圆周上的等腰三角形,算出这六个等腰三角形的面积为 a_2,则 $a_1 + a_2$ 为圆的内接正十二边形的面积,它可以作为圆的面积的一个较好的近似.

③作圆的内接正二十四边形:在圆的内接正十二边形的每一边上分别作一个顶点在圆周上的等腰三角形,这十二个等腰三角形的面积记为 a_3,则 $a_1 + a_2 + a_3$ 为圆的内接正二十四边形的面积,它可以作为圆的面积的一个更好的近似.

如此继续下去,则圆的内接正多边形的面积越来越接近于圆的面积,这样作了 n 次(即 3×2^n 边形)的面积为

$$a_1 + a_2 + a_3 + \cdots + a_n.$$

④如果边数无限增多,即 $n \to \infty$,和式

$$a_1 + a_2 + a_3 + \cdots + a_n$$

的极限(必定存在)则为圆的面积,这样就出现了无穷多项相加:

$$a_1 + a_2 + a_3 + \cdots + a_n + \cdots$$

一般地,给定数列 $u_1, u_2, \cdots u_n, \cdots$,则

$$u_1 + u_2 + u_3 + \cdots + u_n + \cdots$$

称为**常数项无穷级数**,简称为**级数**,记为 $\sum\limits_{n=1}^{\infty} u_n$,即

$$\sum_{n=1}^{\infty} u_n = u_1 + u_2 + \cdots + u_n + \cdots \tag{11.1}$$

其中第 n 项 u_n 叫做级数 (11.1) 的**一般项**或**通项**.

无穷级数的概念只是形式上表达了无穷多个数的和,应该怎样理解其意义呢? 由于有限项的和的意义是完全确定的,通过引例的方法,可以先求出级数的前 n 项的和,再让项数 n 趋于∞来确定无穷级数的和. 为此,定义

$$s_n = u_1 + u_2 + \cdots + u_n. \tag{11.2}$$

式(11.2)称为无穷级数(11.1)的前 n 项和,或称为(11.1)的**部分和**. 当 n 依次取 $1, 2, 3, \cdots$ 时,它们构成一个数列 $\{s_n\}$,该数列称为 (11.1) 的**部分和数列**. 根据级数 (11.1) 的部分和数列极限存在与否来定义级数(11.1)的收敛与发散.

定义 11.1 如果级数 $\sum\limits_{n=1}^{\infty} u_n$ 的部分数列 $\{s_n\}$ 有极限 s ,即 $\lim\limits_{n\to\infty} s_n = s$,则称无穷级数 $\sum\limits_{n=1}^{\infty} u_n$ **收敛**,其极限值 s 称为这个**级数的和**,即 $\sum\limits_{n=1}^{\infty} u_n = s$. 如果 $\{s_n\}$ 没有极限,则称无穷级数 $\sum\limits_{n=1}^{\infty} u_n$ **发散**.

根据上述定义,级数 $\sum\limits_{n=1}^{\infty} u_n$ 与其部分数列 $\{s_n\}$ 有相同的收敛性,且在收敛时有

$$\sum_{n=1}^{\infty} u_n = \lim_{n\to\infty} s_n, \text{或} \sum_{k=1}^{\infty} u_k = \lim_{n\to\infty} \sum_{k=1}^{n} u_k.$$

若级数 $\sum\limits_{n=1}^{\infty} u_n$ 收敛于 s ,称

$$r_n = s - s_n$$

为级数 $\sum\limits_{n=1}^{\infty} u_n$ 的余项,容易知道 $\sum\limits_{n=1}^{\infty} u_n$ 收敛的充分必要条件是 $\lim\limits_{n\to\infty} r_n = 0$.

例 11.1 判断级数 $\sum\limits_{n=0}^{\infty} (-1)^n$ 的敛散性.

解 当 n 为偶数时, $s_n = 0$;当 n 为奇数时, $s_n = 1$. 所以 $\lim\limits_{n\to\infty} s_n$ 不存在,题设级数发散.

例 11.2 判断级数 $\dfrac{1}{1 \cdot 6} + \dfrac{1}{6 \cdot 11} + \cdots + \dfrac{1}{(5n-4)(5n+1)} + \cdots$ 的敛散性.

解 由 $u_n = \dfrac{1}{(5n-4)(5n+1)} = \dfrac{1}{5}\left(\dfrac{1}{5n-4} - \dfrac{1}{5n+1}\right)$,得

$$s_n = \frac{1}{1 \cdot 6} + \frac{1}{6 \cdot 11} + \cdots + \frac{1}{(5n - 4)(5n + 1)}$$

$$= \frac{1}{5}\left(1 - \frac{1}{6}\right) + \frac{1}{5}\left(\frac{1}{6} - \frac{1}{11}\right) + \cdots + \frac{1}{5}\left(\frac{1}{5n - 4} - \frac{1}{5n + 1}\right) = \frac{1}{5}\left(1 - \frac{1}{5n + 1}\right).$$

所以 $\lim\limits_{n \to \infty} s_n = \frac{1}{5}$，题设级数收敛，其和为 $\frac{1}{5}$.

例 11.3 讨论等比级数（或称为几何级数）

$$\sum_{n=0}^{\infty} aq^n = a + aq + aq^2 + \cdots + aq^n + \cdots (a \neq 0)$$

的敛散性.

解 当 $q \neq 1$ 时，有

$$s_n = a + aq + aq^2 + \cdots + aq^{n-1} = \frac{a(1 - q^n)}{1 - q}.$$

故当 $|q| < 1$ 时，$\lim\limits_{n \to \infty} s_n = \frac{a}{1 - q}$；当 $|q| > 1$ 时，$\lim\limits_{n \to \infty} s_n = \infty$.

当 $q = 1$ 时，$\lim\limits_{n \to \infty} s_n = \lim\limits_{n \to \infty} na = \infty$；当 $q = -1$ 时，$\lim\limits_{n \to \infty} s_n = \lim\limits_{n \to \infty} \frac{1}{2}a\left[1 - (-1)^n\right]$ 不存在.

综上所述，当 $|q| < 1$ 时，等比级数收敛，且

$$\sum_{n=0}^{\infty} aq^n = \frac{a}{1 - q}.$$

等比级数是收敛级数中最著名的一个级数，它在求无穷级数的和以及将一个函数展开成无穷级数方面都有广泛而重要的应用.

11.1.2　常数项无穷级数的基本性质

由于对无穷级数的敛散性的讨论可转化为其部分和数列的敛散性的讨论，因此，可以根据部分和数列的敛散性的基本性质得到对应无穷级数的敛散性的基本性质.

性质 11.1 若级数 $\sum\limits_{n=1}^{\infty} u_n$ 收敛于 s，则级数 $\sum\limits_{n=1}^{\infty} ku_n$ 收敛于 ks，且

$$\sum_{n=1}^{\infty} ku_n = k \sum_{n=1}^{\infty} u_n.$$

证明 设 $\sum\limits_{n=1}^{\infty} u_n$ 与 $\sum\limits_{n=1}^{\infty} ku_n$ 的部分和分别为 s_n，σ_n，则

$$\sigma_n = ku_1 + ku_2 + \cdots + ku_n = ks_n,$$

从而有

$$\lim_{n \to \infty} \sigma_n = \lim_{n \to \infty} ks_n = ks.$$

所以，级数 $\sum\limits_{n=1}^{\infty} ku_n$ 收敛于 ks，且

$$\sum_{n=1}^{\infty} ku_n = k \sum_{n=1}^{\infty} u_n.$$

该性质说明级数的各项同时乘以一个不为 0 的常数，级数的敛散性不变.

性质 11.2 若级数 $\sum\limits_{n=1}^{\infty} u_n$，$\sum\limits_{n=1}^{\infty} v_n$ 分别收敛于 s,σ，则级数 $\sum\limits_{n=1}^{\infty} (u_n \pm v_n)$ 收敛于 $s \pm \sigma$，且

$$\sum_{n=1}^{\infty} (u_n \pm v_n) = \sum_{n=1}^{\infty} u_n \pm \sum_{n=1}^{\infty} v_n.$$

该性质说明收敛级数的和差仍收敛，且和差的级数等于级数的和差.

性质 11.3 在级数中改变、去掉或增加有限项，不会改变级数的敛散性. 不过收敛时其和一般要改变.

证明 这里只证明"去掉级数的前面有限项不会改级数的敛散性"，其他情况可类似证明.

设级数

$$\sum_{n=1}^{\infty} u_n = u_1 + u_2 + \cdots + u_k + u_{k+1} + \cdots + u_n + \cdots$$

去掉前面 k 项，得到一个新级数

$$\sum_{n=1}^{\infty} v_n = u_{k+1} + \cdots + u_{k+n} + \cdots$$

记 $u_1 + u_2 + \cdots + u_k = a$，级数 $\sum\limits_{n=1}^{\infty} u_n$，$\sum\limits_{n=1}^{\infty} v_n$ 的前 n 项和分别为 s_n,σ_n，则

$$\sigma_n = u_{k+1} + \cdots + u_{k+n} = s_{k+n} - a.$$

由极限理论知

$$\lim_{n\to\infty} \sigma_n = \lim_{n\to\infty} s_{n+k} - a,$$

于是，数列 $\{s_n\}$ 与 $\{\sigma_n\}$ 有相同的敛散性，即级数 $\sum\limits_{n=1}^{\infty} u_n$，$\sum\limits_{n=1}^{\infty} v_n$ 有相同的敛散性.

性质 11.4 在一个收敛级数中，任意添加括号所得到的新级数仍收敛，且其和不变.

证明 设级数 $\sum\limits_{n=1}^{\infty} u_n = s$，其部分和为 s_n，且有 $\lim\limits_{n\to\infty} s_n = s$. 将该级数任意加括号，所得的新级数记为

$$\sum_{k=1}^{\infty} v_k = (u_1 + \cdots + u_{n_1}) + (u_{n_1+1} + \cdots + u_{n_2}) + \cdots + (u_{n_{k-1}+1} + \cdots + u_{n_k}) + \cdots$$

设 $\sum\limits_{k=1}^{\infty} v_k$ 的前 k 项部分和为 σ_k，则

$$\sigma_k = (u_1 + \cdots + u_{n_1}) + (u_{n_1+1} + \cdots + u_{n_2}) + \cdots + (u_{n_{k-1}+1} + \cdots + u_{n_k}).$$

显然有 $k \leqslant n_k$，于是

$$\lim_{k\to\infty} \sigma_k = \lim_{n_k\to\infty} s_{n_k} = s.$$

所以，级数 $\sum\limits_{k=1}^{\infty} v_k$ 收敛于 s，即 $\sum\limits_{k=1}^{\infty} v_k$ 收敛且其和为 s.

推论 如果加括号所成的级数发散，则原级数也发散.

性质 11.5(**收敛的必要条件**) 若级数 $\sum\limits_{n=1}^{\infty} u_n$ 收敛，则 $\lim\limits_{n\to\infty} u_n = 0$.

证明 设 $\sum\limits_{n=1}^{\infty} u_n = s$，其部分和为 s_n，则

$$s_n = u_1 + \cdots + u_{n-1} + u_n = s_{n-1} + u_n \text{ 或 } u_n = s_n - s_{n-1},$$

于是

$$\lim_{n \to \infty} u_n = \lim_{n \to \infty} s_n - \lim_{n \to \infty} s_{n-1} = s - s = 0.$$

由性质 11.5 知,若级数的一般项不趋于零,则级数发散. 例如级数

$$2 + \frac{3}{2} + \frac{4}{3} + \cdots + \frac{n+1}{n} + \cdots$$

的一般项 $u_n = \dfrac{n+1}{n} \to 1 (n \to \infty)$,因此该级数发散. 级数的一般项趋于零只是级数收敛的必

要条件. 下面说明**调和级数** $\displaystyle\sum_{n=1}^{\infty} \frac{1}{n}$ 是发散的,这也说明了性质 11.5 的逆命题不成立.

依次将调和级数的两项、两项、四项、八项、$\cdots$、2^m 项括在一起,

$$\left(1 + \frac{1}{2}\right) + \left(\frac{1}{3} + \frac{1}{4}\right) + \left(\frac{1}{5} + \cdots + \frac{1}{8}\right) + \cdots + \left(\frac{1}{2^m + 1} + \cdots + \frac{1}{2^{m+1}}\right) + \cdots$$

这个级数的前 $(m+1)$ 项

$$s_{m+1} = \left(1 + \frac{1}{2}\right) + \left(\frac{1}{3} + \frac{1}{4}\right) + \left(\frac{1}{5} + \cdots + \frac{1}{8}\right) + \cdots + \left(\frac{1}{2^m + 1} + \cdots + \frac{1}{2^{m+1}}\right)$$

$$> \frac{1}{2} + \frac{1}{2} + \cdots + \frac{1}{2} = \frac{1}{2}(m+1) \to \infty \ (m \to \infty)$$

于是调和级数加括号后所成的级数是发散的,故原级数即调和级数是发散.

习 题 11.1

1. 根据收敛与发散的定义判断下列级数的敛散性:

(1) $\dfrac{1}{1 \cdot 3} + \dfrac{1}{3 \cdot 5} + \dfrac{1}{5 \cdot 7} + \cdots + \dfrac{1}{(2n-1)(2n+1)} + \cdots$;

(2) $\dfrac{1}{2} + \dfrac{3}{2^2} + \dfrac{5}{2^3} + \cdots + \dfrac{2n-1}{2^n} + \cdots$;

(3) $\displaystyle\sum_{n=1}^{\infty} \ln\left(1 + \frac{1}{n}\right)$;

(4) $\displaystyle\sum_{n=1}^{\infty} \frac{1}{\sqrt{n+1} + \sqrt{n}}$;

(5) $\displaystyle\sum_{n=1}^{\infty} \frac{1}{n(n+1)(n+2)}$;

(6) $\displaystyle\sum_{N=1}^{\infty} (\sqrt{n+2} - 2\sqrt{n+1} + \sqrt{n})$;

(7) $\displaystyle\sum_{n=1}^{\infty} \frac{1}{(a+n-1)(a+n)}$;

(8) $\displaystyle\sum_{n=1}^{\infty} (-1)^{n+1} \frac{2n+1}{n(n+1)}$.

2. 判断下列级数的敛散性:

(1) $\dfrac{1}{3} + \dfrac{1}{6} + \dfrac{1}{9} + \dfrac{1}{12} + \cdots$;

(2) $-\dfrac{8}{9} + \dfrac{8^2}{9^2} - \dfrac{8^3}{9^3} + \cdots$;

(3) $\dfrac{1}{2} + \dfrac{2}{3} + \dfrac{3}{4} + \dfrac{4}{5} + \cdots$;

(4) $0.001 + \sqrt{0.001} + \sqrt[3]{0.001} + \sqrt[4]{0.001} + \cdots$;

(5) $10 + 20 + 30 + \dfrac{1}{3} + \dfrac{1}{3^2} + \cdots + \dfrac{1}{3^n} + \cdots$;

(6) $\displaystyle\sum_{n=1}^{\infty} \left(\dfrac{1}{n}\right)^{\frac{1}{n}}$;

(7) $\displaystyle\sum_{n=1}^{\infty} \left(\dfrac{\ln^n 2}{2^n} + \dfrac{1}{3^n}\right)$;

(8) $\displaystyle\sum_{n=1}^{\infty} \left(\dfrac{1}{2n} + \dfrac{1}{2^n}\right)$.

3. 若数列 $\{a_n\}$ 有 $\lim\limits_{n\to\infty} a_n = \infty$,证明:

(1) 级数 $\displaystyle\sum_{n=1}^{\infty} \left(a_{n+1} - a_n\right)$ 发散;

(2) 当 $a_n \neq 0$ 时,级数 $\displaystyle\sum_{n=1}^{\infty} \left(\dfrac{1}{a_n} - \dfrac{1}{a_{n+1}}\right) = \dfrac{1}{a_1}$.

4. 已知二发散级数 $\displaystyle\sum_{n=1}^{\infty} a_n$, $\displaystyle\sum_{n=1}^{\infty} b_n$ 的各项不为负数,判断下列级数的收敛性:

(1) $\displaystyle\sum_{n=1}^{\infty} \left(a_n - b_n\right)$; (2) $\displaystyle\sum_{n=1}^{\infty} \min\{a_n, b_n\}$; (3) $\displaystyle\sum_{n=1}^{\infty} \max\{a_n, b_n\}$.

11.2　常数项无穷级数的审敛法

11.2.1　正项级数的审敛法

给定级数 $\displaystyle\sum_{n=1}^{\infty} u_n$,若 $u_n \geqslant 0 (n = 1, 2, \cdots)$,则称 $\displaystyle\sum_{n=1}^{\infty} u_n$ 为**正项级数**. 设有正项级数 $\displaystyle\sum_{n=1}^{\infty} u_n$,由正项级数的概念知,其部分和数列 $\{s_n\}$ 是单调增加的数列. 根据数列的单调有界准则知,$\{s_n\}$ 收敛的充分必要条件是 $\{s_n\}$ 有界. 因此得到下述定理.

定理 11.1　正项级数 $\displaystyle\sum_{n=1}^{\infty} u_n$ 收敛的充分必要条件是其部分和数列 $\{s_n\}$ 有界.

利用此充要条件,可得到正项级数的比较审敛法.

定理 11.2(比较审敛法)　设 $\displaystyle\sum_{n=1}^{\infty} u_n$ 和 $\displaystyle\sum_{n=1}^{\infty} v_n$ 都是正项级数,且

$$u_n \leqslant v_n (n = 1, 2, \cdots).$$

（ⅰ）若 $\sum\limits_{n=1}^{\infty} v_n$ 收敛,则 $\sum\limits_{n=1}^{\infty} u_n$ 收敛;（ⅱ）若 $\sum\limits_{n=1}^{\infty} u_n$ 发散,则 $\sum\limits_{n=1}^{\infty} v_n$ 发散.

证明　设 $\sum\limits_{n=1}^{\infty} u_n$ 和 $\sum\limits_{n=1}^{\infty} v_n$ 的部分和分别为 s_n, σ_n ,则

$$s_n = u_1 + u_2 + \cdots + u_n \leqslant v_1 + v_2 + \cdots + v_n = \sigma_n.$$

（ⅰ）若 $\sum\limits_{n=1}^{\infty} v_n$ 收敛,由定理 11.1 知,其部分和数列 $\{\sigma_n\}$ 有界,从而 $\sum\limits_{n=1}^{\infty} u_n$ 的部分和数列 $\{s_n\}$ 有界,再次用定理 11.1,于是有 $\sum\limits_{n=1}^{\infty} u_n$ 收敛.

（ⅱ）若 $\sum\limits_{n=1}^{\infty} u_n$ 发散,由定理 1 知,其部分和数列 $\{s_n\}$ 无界,从而 $\sum\limits_{n=1}^{\infty} v_n$ 的部分和数列 $\{\sigma_n\}$ 无界,再次用定理 11.1,于是有 $\sum\limits_{n=1}^{\infty} v_n$ 发散.

由 11.1 的性质知,级数的各项乘以不为零的常数,以及去掉级数前面的有限项,不改变级数的敛散性,于是,可将定理 11.1 的条件减弱,写为下面的推论.

推论　设 $\sum\limits_{n=1}^{\infty} u_n$ 和 $\sum\limits_{n=1}^{\infty} v_n$ 都是正项级数,若存在自然数 N 及常数 $k > 0$,使得当 $n \geqslant N$ 时有

$$u_n \leqslant kv_n.$$

则（ⅰ）若 $\sum\limits_{n=1}^{\infty} v_n$ 收敛,则 $\sum\limits_{n=1}^{\infty} u_n$ 收敛;（ⅱ）若 $\sum\limits_{n=1}^{\infty} u_n$ 发散,则 $\sum\limits_{n=1}^{\infty} v_n$ 发散.

例 11.4　判别级数 $\sum\limits_{n=1}^{\infty} \dfrac{1}{\sqrt{n(n+1)}}$ 的敛散性.

解　因为 $\dfrac{1}{\sqrt{n(n+1)}} \geqslant \dfrac{1}{\sqrt{(n+1)^2}} \geqslant \dfrac{1}{n+1}$,而级数 $\sum\limits_{n=1}^{\infty} \dfrac{1}{n+1}$ 发散. 由比较审敛法知,题设级数是发散的.

例 11.5　讨论 p 级数 $\sum\limits_{n=1}^{\infty} \dfrac{1}{n^p}$ 的敛散性.

解　当 $p \leqslant 1$ 时,有 $\dfrac{1}{n^p} \geqslant \dfrac{1}{n}$,且调和级数 $\sum\limits_{n=1}^{\infty} \dfrac{1}{n}$ 是发散的. 由比较审敛法知,此时的 p 级数 $\sum\limits_{n=1}^{\infty} \dfrac{1}{n^p}$ 是发散的.

当 $p > 1$ 时,由 $n - 1 \leqslant x < n$,知 $\dfrac{1}{n^p} < \dfrac{1}{x^p}$,所以

$$\frac{1}{n^p} = \int_{n-1}^{n} \frac{1}{n^p} \mathrm{d}x < \int_{n-1}^{n} \frac{1}{x^p} \mathrm{d}x \, (n = 2, 3, \cdots),$$

而级数 $\sum\limits_{n=1}^{\infty} \dfrac{1}{n^p}$ 的部分和

$$s_n = 1 + \frac{1}{2^p} + \frac{1}{3^p} + \cdots + \frac{1}{n^p} < 1 + \int_1^2 \frac{1}{x^p} \mathrm{d}x + \int_2^3 \frac{1}{x^p} \mathrm{d}x + \cdots + \int_{n-1}^{n} \frac{1}{x^p} \mathrm{d}x$$

$$= 1 + \int_1^n \frac{1}{x^p} \mathrm{d}x = 1 + \frac{1}{p-1}\left(1 - \frac{1}{n^{p-1}}\right) < 1 + \frac{1}{p-1}.$$

即部分和数列 $\{s_n\}$ 有界,故此时 p 级数 $\sum\limits_{n=1}^{\infty} \frac{1}{n^p}$ 是收敛的.

例 11.6 判别级数 $\sum\limits_{n=1}^{\infty} \frac{n!}{n^n}$ 的敛散性.

解 因为

$$\frac{n!}{n^n} = \frac{n(n-1)\cdots 3 \cdot 2 \cdot 1}{n \cdot n \cdots n \cdot n \cdot n} \leqslant \frac{2 \cdot 1}{n \cdot n} = \frac{2}{n^2},$$

而 $\sum\limits_{n=1}^{\infty} \frac{2}{n^2}$ 收敛,故原级数收敛.

例 11.7 设级数 $\sum\limits_{n=1}^{\infty} a_n$ 与 $\sum\limits_{n=1}^{\infty} b_n$ 均收敛,且 $a_n \leqslant c_n \leqslant b_n$,证明级数 $\sum\limits_{n=1}^{\infty} c_n$ 收敛.

证明 由已知 $a_n \leqslant c_n \leqslant b_n$,于是有 $0 \leqslant c_n - a_n \leqslant b_n - a_n$. 又因为 $\sum\limits_{n=1}^{\infty} a_n$、$\sum\limits_{n=1}^{\infty} b_n$ 收敛,故 $\sum\limits_{n=1}^{\infty} (b_n - a_n)$ 收敛,再由比较审敛法知 $\sum\limits_{n=1}^{\infty} (c_n - a_n)$ 收敛. 从而

$$\sum_{n=1}^{\infty} c_n = \sum_{n=1}^{\infty} \left[a_n + (c_n - a_n) \right]$$

是收敛的.

应用比较审敛法判别一个给定级数的敛散性,主要将给定级数的一般项适当地放大或缩小,并且放大或缩小过后的项组成的无穷级数的敛散性是已知的. 利用比较审敛法就可以得到给定级数的敛散性. 一般地,等比级数、调和级数、p 级数的敛散性可作为已知条件使用.

定理 11.3（比较审敛法的极限形式） 设 $\sum\limits_{n=1}^{\infty} u_n$ 和 $\sum\limits_{n=1}^{\infty} v_n$ 都是正项级数,且 $\lim\limits_{n\to\infty} \frac{u_n}{v_n} = l$.

（i）若 $0 < l < +\infty$,则级数 $\sum\limits_{n=1}^{\infty} u_n$ 与级数 $\sum\limits_{n=1}^{\infty} v_n$ 有相同的敛散性;

（ii）若 $l = 0$,$\sum\limits_{n=1}^{\infty} v_n$ 收敛,则级数 $\sum\limits_{n=1}^{\infty} u_n$ 收敛;

（iii）若 $l = +\infty$,$\sum\limits_{n=1}^{\infty} v_n$ 发散,则 $\sum\limits_{n=1}^{\infty} u_n$ 发散.

证明 只证明情形（i）. 因 $\lim\limits_{n\to\infty} \frac{u_n}{v_n} = l$,所以对 $\varepsilon = \frac{l}{2}$,$\exists N$,当 $n > N$ 时,有

$$\left| \frac{u_n}{v_n} - l \right| < \frac{l}{2}, \text{或} \frac{l}{2} v_n < u_n < \frac{3l}{2} v_n.$$

由比较审敛法知 $\sum\limits_{n=1}^{\infty} v_n$ 与 $\sum\limits_{n=1}^{\infty} u_n$ 有相同的敛散性.

情形（i）也可表述为:若 u_n 与 v_n 当 $n \to \infty$ 时是同阶无穷小,则级数 $\sum\limits_{n=1}^{\infty} u_n$ 与级数 $\sum\limits_{n=1}^{\infty} v_n$ 有相同的敛散性.

例 11.8 判别级数 $\sum\limits_{n=1}^{\infty} \frac{n}{3n^2+1}$ 的敛散性.

解 因为当 $n \to \infty$ 时,$\dfrac{n}{3n^2 + 1} \sim \dfrac{1}{3n}$,而 $\sum\limits_{n=1}^{\infty} \dfrac{1}{3n}$ 发散,所以原级数发散.

例 11.9 讨论级数 $\sum\limits_{n=1}^{\infty} \sin\dfrac{1}{n^\alpha}(0 < \alpha < +\infty)$ 的敛散性.

解 因为当 $n \to \infty$ 时,$\sin\dfrac{1}{n^\alpha} \sim \dfrac{1}{n^\alpha}$,所以当 $\alpha > 1$ 时原级数收敛;当 $0 < \alpha \le 1$ 时,原级数发散.

例 11.10 判别级数 $\sum\limits_{n=1}^{\infty}\left(\dfrac{n}{2n+1}\right)^n$ 的敛散性.

解 记 $\sum\limits_{n=1}^{\infty} u_n = \sum\limits_{n=1}^{\infty}\left(\dfrac{n}{2n+1}\right)^n$.因 $\lim\limits_{n\to\infty}\dfrac{n}{2n+1} = \dfrac{1}{2}$,所以可取收敛级数 $\sum\limits_{n=1}^{\infty} v_n = \sum\limits_{n=1}^{\infty}\dfrac{1}{2^n}$,用比较审敛法的极限形式. 由于

$$\lim_{n\to\infty}\frac{u_n}{v_n} = \lim_{n\to\infty}\left(\frac{2n}{2n+1}\right)^n = \lim_{n\to\infty}\left(1 - \frac{1}{2n+1}\right)^{-(2n+1)\cdot\frac{-n}{2n+1}} = \frac{1}{\sqrt{\mathrm{e}}} \; ,$$

于是,原级数收敛.

例 11.11 判别级数 $\sum\limits_{n=1}^{\infty} \dfrac{\ln n}{n^2}$ 的敛散性.

解 记 $\sum\limits_{n=1}^{\infty} u_n = \sum\limits_{n=1}^{\infty}\dfrac{\ln n}{n^2}$,取收敛级数 $\sum\limits_{n=1}^{\infty} v_n = \sum\limits_{n=1}^{\infty}\dfrac{1}{n^{\frac{3}{2}}}$,因

$$\lim_{n\to\infty}\frac{u_n}{v_n} = \lim_{x\to+\infty}\frac{\ln x}{\sqrt{x}} = \lim_{x\to+\infty}\frac{2}{\sqrt{x}} = 0 \; ,$$

故原级数收敛.

定理 11.4 (比值审敛法或达朗贝尔审敛法) 设 $\sum\limits_{n=1}^{\infty} u_n$ 为正项级数,如果

$$\lim_{n\to\infty}\frac{u_{n+1}}{u_n} = \rho \; ,$$

则(ⅰ)当 $\rho < 1$ 时,级数收敛;(ⅱ)当 $\rho > 1$(或 $\rho = +\infty$)时,级数发散;(ⅲ)当 $\rho = 1$ 时,级数可能收敛也可能发散.

证明 (ⅰ)当 $\rho < 1$ 时,总存在适当小的 $\varepsilon > 0$,使得 $\rho + \varepsilon = r < 1$. 又因 $\lim\limits_{n\to\infty}\dfrac{u_{n+1}}{u_n} = \rho$,对于 ε,$\exists m$,当 $n \ge m$ 时,有

$$\left|\frac{u_{n+1}}{u_n} - \rho\right| < \varepsilon.$$

于是

$$\frac{u_{n+1}}{u_n} < \rho + \varepsilon = r < 1,\text{或 } u_{n+1} < ru_n.$$

即当 $n \ge m$ 时,有

$$u_{m+1} < ru_m, u_{m+2} < ru_{m+1} < r^2 u_m, \cdots .$$

对于级数

$$\sum_{n=m}^{\infty} u_n \ \text{与} \ \sum_{n=m}^{\infty} u_m r^{n-m},$$

由于当 $n \geq m$ 时，$u_n \leq u_m r^{n-m}$，且等比级数 $\sum_{n=m}^{\infty} u_m r^{n-m}$ 收敛，所以 $\sum_{n=1}^{\infty} u_n$ 收敛.

（ⅱ）当 $\rho > 1$ 时，总存在适当小的 $\varepsilon > 0$，使得 $\rho - \varepsilon = r > 1$. 又因 $\lim\limits_{n \to \infty} \dfrac{u_{n+1}}{u_n} = \rho$，对于 ε，$\exists m$，当 $n \geq m$ 时，有

$$\left| \frac{u_{n+1}}{u_n} - \rho \right| < \varepsilon.$$

于是，当 $n \geq m$ 时，有

$$\frac{u_{n+1}}{u_n} > \rho - \varepsilon = r > 1, \ \text{或} \ u_{n+1} > r u_n,$$

从而有

$$\lim_{n \to \infty} u_n \neq 0,$$

所以级数 $\sum_{n=1}^{\infty} u_n$ 发散.

（ⅲ）当 $\rho = 1$ 时，$\sum_{n=1}^{\infty} u_n$ 可能收敛，可能发散，即本审敛法失效. 对于 p-级数 $\sum_{n=1}^{\infty} \dfrac{1}{n^p}$，易知

$$\rho = \lim_{n \to \infty} \frac{u_{n+1}}{u_n} = \lim_{n \to \infty} \frac{n^p}{(n+1)^p} = 1,$$

但当 $p > 1$ 时，级数 $\sum_{n=1}^{\infty} u_n$ 收敛；当 $p \leq 1$ 时，级数 $\sum_{n=1}^{\infty} u_n$ 发散.

例 11.12　判别级数 $\sum_{n=1}^{\infty} \dfrac{3^n \cdot n!}{n^n}$ 的敛散性.

解　记 $u_n = \dfrac{3^n \cdot n!}{n^n}$，由于

$$\lim_{n \to \infty} \frac{u_{n+1}}{u_n} = \lim_{n \to \infty} \frac{3^{n+1}(n+1)!}{(n+1)^{n+1}} \cdot \frac{n^n}{3^n n!} = 3 \lim_{n \to \infty} \left(\frac{n}{n+1} \right)^n = \frac{3}{\mathrm{e}} > 1,$$

所以题设级数发散.

例 11.13　判别级数 $\sum_{n=1}^{\infty} \dfrac{n}{2^n} \cos^2 \dfrac{n\pi}{3}$ 的敛散性.

解　由 $\dfrac{n}{2^n} \cos^2 \dfrac{n\pi}{3} \leq \dfrac{n}{2^n}$，先判别级数 $\sum_{n=1}^{\infty} \dfrac{n}{2^n} = \sum_{n=1}^{\infty} u_n$ 的收敛性. 因

$$\lim_{n \to \infty} \frac{u_{n+1}}{u_n} = \lim_{n \to \infty} \frac{n+1}{2^{n+1}} \cdot \frac{2^n}{n} = \frac{1}{2} < 1,$$

根据比值审敛法知，$\sum_{n=1}^{\infty} \dfrac{n}{2^n}$ 收敛，再根据比较审敛法知题设级数收敛.

定理 11.5（根值审敛法或柯西审敛法）　设 $\sum_{n=1}^{\infty} u_n$ 为正项级数，如果

$$\lim_{n \to \infty} \sqrt[n]{u_n} = \rho,$$

则（ⅰ）当 $\rho < 1$ 时,级数收敛;（ⅱ）当 $\rho > 1$（或 $\rho = +\infty$）时,级数发散;（ⅲ）当 $\rho = 1$ 时,级数可能收敛也可能发散.

例 11.14　判别级数 $\sum\limits_{n=1}^{\infty} \dfrac{(\ln n)^{2n}}{n^n}$ 的敛散性.

解　因为

$$\lim_{n\to\infty} \sqrt[n]{u_n} = \lim_{n\to\infty} \frac{(\ln n)^2}{n} = \lim_{x\to+\infty} \frac{(\ln x)^2}{x} = 0 < 1 ,$$

由根值审敛法知,题设级数收敛.

例 11.15　判别级数 $\sum\limits_{n=1}^{\infty} \dfrac{2 + (-1)^n}{2^n}$ 的敛散性.

解　由于

$$\lim_{n\to\infty} \sqrt[n]{\frac{2 + (-1)^n}{2^n}} = \lim_{n\to\infty} \frac{\sqrt[n]{2 + (-1)^n}}{2} = \frac{1}{2} < 1 ,$$

故题设级数收敛.

11.2.2　交错级数的审敛法

若 $u_n > 0(n = 1, 2, \cdots)$,称级数 $\sum\limits_{n=1}^{\infty} (-1)^{n-1} u_n$ 为**交错级数**. 对于交错级数,我们有下面的审敛法.

定理 11.6（莱布尼茨定理）　如果交错级数 $\sum\limits_{n=1}^{\infty} (-1)^{n-1} u_n$ 满足条件:

（ⅰ）$u_n \geqslant u_{n+1}(n = 1, 2, \cdots)$,

（ⅱ）$\lim\limits_{n\to\infty} u_n = 0$,

则级数 $\sum\limits_{n=1}^{\infty} (-1)^{n-1} u_n$ 收敛,且其和 $s \leqslant u_1$.

证明　设级数的前 n 项和为 s_n,由

$$0 \leqslant s_{2n} = (u_1 - u_2) + (u_3 - u_4) + \cdots + (u_{2n-1} - u_{2n})$$

知数列 $\{s_{2n}\}$ 是单调增加;又

$$s_{2n} = u_1 - (u_2 - u_3) - (u_4 - u_5) - \cdots - (u_{2n-2} - u_{2n-1}) - u_{2n} < u_1$$

即数列 $\{s_{2n}\}$ 有界. 故数列 $\{s_{2n}\}$ 的极限存在,设 $\lim\limits_{n\to\infty} s_{2n} = s$,必有 $s \leqslant u_1$. 再利用条件（2）,有

$$\lim_{n\to\infty} s_{2n+1} = \lim_{n\to\infty} (s_{2n} + u_{2n+1}) = s \leqslant u_1 ,$$

故 $\lim\limits_{n\to\infty} s_n = s \leqslant u_1$,即级数 $\sum\limits_{n=1}^{\infty} (-1)^{n-1} u_n$ 收敛,且其和 $s \leqslant u_1$.

例 11.16　判断级数 $\sum\limits_{n=1}^{\infty} \dfrac{(-1)^{n-1}}{n}$ 的敛散性.

解　记 $u_n = \dfrac{1}{n}$,显然 u_n 单调减少趋于零,故交错级数 $\sum\limits_{n=1}^{\infty} (-1)^{n-1} u_n$ 收敛,且其和 $s \leqslant 1$,

s_n 近似于 s 产生的误差 $|r_n| = |s - s_n| \leqslant \dfrac{1}{n+1}$.

例 11.17 判断级数 $\sum\limits_{n=3}^{\infty}(-1)^{n-1}\dfrac{\ln n}{n}$ 的敛散性.

解 取 $f(x)=\dfrac{\ln x}{x}(x\geqslant 3)$,因

$$f'(x)=\frac{1-\ln x}{x^2}<0,$$

故 $f(n)$ 单调减少. 又

$$\lim_{x\to+\infty}\frac{\ln x}{x}=\lim_{x\to+\infty}\frac{1}{x}=0,即\lim_{n\to\infty}f(n)=0,$$

于是,交错级数 $\sum\limits_{n=3}^{\infty}(-1)^{n-1}\dfrac{\ln n}{n}$ 收敛.

11.2.3 级数的绝对收敛与条件收敛

将任意项级数 $\sum\limits_{n=1}^{\infty}u_n(u_n$ 为实数) 的各项取绝对值便得到一个正项级数 $\sum\limits_{n=1}^{\infty}|u_n|$. 若 $\sum\limits_{n=1}^{\infty}|u_n|$ 收敛,则称 $\sum\limits_{n=1}^{\infty}u_n$ 为**绝对收敛**. 若 $\sum\limits_{n=1}^{\infty}|u_n|$ 发散,但 $\sum\limits_{n=1}^{\infty}u_n$ 收敛,则称 $\sum\limits_{n=1}^{\infty}u_n$ 为**条件收敛**.

例如 $\sum\limits_{n=1}^{\infty}(-1)^{n-1}\dfrac{1}{n^3}$ 为绝对收敛,而 $\sum\limits_{n=1}^{\infty}(-1)^{n-1}\dfrac{1}{n}$ 为条件收敛.

定理 11.7 如果级数 $\sum\limits_{n=1}^{\infty}u_n$ 绝对收敛,则级数 $\sum\limits_{n=1}^{\infty}u_n$ 收敛. 反之不成立.

证明 由于 $0\leqslant u_n+|u_n|\leqslant 2|u_n|$,且 $\sum\limits_{n=1}^{\infty}2|u_n|$ 收敛,故由比较审敛法知 $\sum\limits_{n=1}^{\infty}(u_n+|u_n|)$ 收敛. 又

$$\sum_{n=1}^{\infty}u_n=\sum_{n=1}^{\infty}\left[(u_n+|u_n|)-|u_n|\right],$$

所以级数 $\sum\limits_{n=1}^{\infty}u_n$ 收敛.

根据这个定理,可将一般的常数项无穷级数的敛散性判别问题转化为正项级数的敛散性判别问题.

例 11.18 判别级数 $\sum\limits_{n=1}^{\infty}(-1)^{n-1}\dfrac{1}{n^p}$ 的敛散性,若收敛,说明是绝对收敛或是条件收敛.

解 因 $\sum\limits_{n=1}^{\infty}\left|(-1)^{n-1}\dfrac{1}{n^p}\right|=\sum\limits_{n=1}^{\infty}\dfrac{1}{n^p}$,故

（ⅰ）当 $p>1$ 时,原级数绝对收敛;

（ⅱ）当 $0<p\leqslant 1$ 时,原级数为收敛的交错级数,故原级数为条件收敛;

（ⅲ）当 $p\leqslant 0$ 时,原级数发散.

例 11.19 判别级数 $\sum\limits_{n=1}^{\infty}(-1)^n\sin\dfrac{x}{n}(x>0)$ 的敛散性,若收敛,说明是绝对收敛或是条件收敛.

解　因为 $x > 0$,所以 $\exists N$,当 $n \geqslant N$ 时,使 $\dfrac{x}{n} \in \left(0, \dfrac{\pi}{2}\right)$,从而 $\displaystyle\sum_{n=N}^{\infty} (-1)^n \sin \dfrac{x}{n}$ 为交错级

数. 由于 $\displaystyle\sum_{n=N}^{\infty} |u_n| = \sum_{n=N}^{\infty} \sin \dfrac{x}{n}$ 　发散,即原级数不是绝对收敛.

但 $\displaystyle\sum_{n=N}^{\infty} (-1)^n \sin \dfrac{x}{n}$ 是交错级数,且 $\dfrac{x}{n} \in \left(0, \dfrac{\pi}{2}\right)$, $n \to \infty$ 时, $\sin \dfrac{x}{n}$ 单调减少趋于零,

所以 $\displaystyle\sum_{n=N}^{\infty} (-1)^n \sin \dfrac{x}{n}$ 收敛,从而原级数为条件收敛.

习 题 11.2

1. 用比较审敛法及其极限形式判断下列级数的敛散性:

(1) $\displaystyle\sum_{n=1}^{\infty} \dfrac{1}{an+b} (a > 0, b > 0)$;

(2) $\displaystyle\sum_{n=1}^{\infty} \dfrac{1}{an^2+b} (a > 0, b > 0)$;

(3) $\displaystyle\sum_{n=1}^{\infty} \dfrac{1}{\sqrt{n}} \sin \dfrac{2}{\sqrt{n}}$;

(4) $\displaystyle\sum_{n=1}^{\infty} \sqrt{n+1} \left(1 - \cos \dfrac{1}{n}\right)$;

(5) $\displaystyle\sum_{n=1}^{\infty} \left(\dfrac{1}{n} - \ln \dfrac{n+1}{n}\right)$;

(6) $\displaystyle\sum_{n=1}^{\infty} \dfrac{1}{(\ln n)^n}$;

(7) $\displaystyle\sum_{n=1}^{\infty} \dfrac{1}{n \sqrt[n]{n}}$;

(8) $\displaystyle\sum_{n=1}^{\infty} \left(a^{\frac{1}{n}} + a^{-\frac{1}{n}} - 2\right)$.

2. 用比值或根值审敛法判断下列级数的敛散性:

(1) $\displaystyle\sum_{n=1}^{\infty} \dfrac{3^n}{n2^n}$;

(2) $\displaystyle\sum_{n=1}^{\infty} \dfrac{1}{2^{2n-1}(2n-1)}$;

(3) $\displaystyle\sum_{n=1}^{\infty} \dfrac{n^2}{2^n}$;

(4) $\displaystyle\sum_{n=1}^{\infty} \left(\dfrac{n}{3n-1}\right)^{2n-1}$;

(5) $\displaystyle\sum_{n=1}^{\infty} \dfrac{3^n}{\left(\dfrac{n+1}{n}\right)^{n^2}}$;

(6) $\displaystyle\sum_{n=1}^{\infty} \dfrac{a^n}{n^k} (a > 0)$;

(7) $\displaystyle\sum_{n=1}^{\infty} 2^{-n-(-1)^n}$;

(8) $\displaystyle\sum_{n=1}^{\infty} \dfrac{2^n n!}{n^n}$.

3. 判别下列级数的敛散性:

(1) $\displaystyle\sum_{n=1}^{\infty} \left(\dfrac{n}{3n+1}\right)^n$;

(2) $\displaystyle\sum_{n=1}^{\infty} \dfrac{1}{1+a^n} (a > 0)$;

(3) $\displaystyle\sum_{n=1}^{\infty} \dfrac{n}{3^n} \cos^2 \dfrac{n\pi}{3}$;

(4) $\displaystyle\sum_{n=1}^{\infty} \dfrac{n + \sin nx}{n^2+1} (-\infty < x < +\infty)$;

(5) $\displaystyle\sum_{n=1}^{\infty} \dfrac{n^3 [\sqrt{2} + (-1)^n]^n}{3^n}$;

(6) $\displaystyle\sum_{n=1}^{\infty} \dfrac{2^n n^{n-1}}{(n^2+n+1)^{\frac{n+1}{2}}}$.

4. 判别下列级数的敛散性,若收敛,是条件收敛还是绝对收敛?

(1) $\displaystyle\sum_{n=1}^{\infty} (-1)^n \frac{n}{3^{n-1}}$;　　　　　　(2) $\displaystyle\sum_{n=1}^{\infty} \frac{\sin na}{(n+1)^2}$;

(3) $\displaystyle\sum_{n=1}^{\infty} (-1)^n \sin \frac{2}{n}$;　　　　　　(4) $\displaystyle\sum_{n=1}^{\infty} (-1)^n \frac{\ln(n+1)}{n+1}$

(5) $\displaystyle\sum_{n=1}^{\infty} \left[\frac{(-1)^n}{\sqrt{n}} + \frac{1}{n} \right]$;　　　　(6) $\displaystyle\sum_{n=1}^{\infty} \frac{(-1)^n}{n^2 \sqrt[n]{n}}$.

5. 若 $\displaystyle\sum_{n=1}^{\infty} a_n^2$ 及 $\displaystyle\sum_{n=1}^{\infty} b_n^2$ 收敛,证明下列级数也收敛:

(1) $\displaystyle\sum_{n=1}^{\infty} |a_n b_n|$;　　(2) $\displaystyle\sum_{n=1}^{\infty} \left(a_n + b_n \right)^2$;　　(3) $\displaystyle\sum_{n=1}^{\infty} \frac{|a_n|}{n}$.

6. 设正项级数 $\displaystyle\sum_{n=1}^{\infty} u_n$ 收敛,证明级数 $\displaystyle\sum_{n=1}^{\infty} \sqrt{u_n u_{n+1}}$ 收敛.

7. 判别级数 $\displaystyle\sum_{n=1}^{\infty} \left(\frac{b}{a_n} \right)^n$ 的敛散性. 其中 $a_n \to a (n \to \infty)$,且 a_n, b, a 均为正数.

8. 若级数 $\displaystyle\sum_{n=1}^{\infty} a_n$ 收敛,且 $\displaystyle\lim_{n\to\infty} \frac{b_n}{a_n} = 1$,讨论级数 $\displaystyle\sum_{n=1}^{\infty} b_n$ 的敛散性.

11.3　幂级数

11.3.1　函数项级数的概念

给定一个在区间 I 上有定义的函数列 $\{u_n(x)\}$,则和式

$$u_1(x) + u_2(x) + \cdots + u_n(x) + \cdots$$

称为定义在 I 上的**函数项无穷级数**,记为 $\displaystyle\sum_{n=1}^{\infty} u_n(x)$,即

$$\sum_{n=1}^{\infty} u_n(x) = u_1(x) + u_2(x) + \cdots + u_n(x) + \cdots$$

而

$$s_n(x) = u_1(x) + u_2(x) + \cdots + u_n(x)$$

称为函数项级数 $\displaystyle\sum_{n=1}^{\infty} u_n(x)$ 的**部分和**.

对 $x_0 \in I$,若常数项级数 $\displaystyle\sum_{n=1}^{\infty} u_n(x_0)$ 收敛,即 $\displaystyle\lim_{n\to\infty} s_n(x_0)$ 存在,则称函数项级数 $\displaystyle\sum_{n=1}^{\infty} u_n(x)$ 在 x_0 点**收敛**. x_0 称为该函数项级数的**收敛点**,收敛点的全体称为该函数项级数的**收敛域**. 若常数项级数 $\displaystyle\sum_{n=1}^{\infty} u_n(x_0)$ 发散,即 $\displaystyle\lim_{n\to\infty} s_n(x_0)$ 不存在,则称函数项级数 $\displaystyle\sum_{n=1}^{\infty} u_n(x)$ 在点 x_0 点**发散**, x_0 称为该函数项级数的**发散点**,发散点的全体称为该函数项级数的**发散域**.

对于级数 $\sum\limits_{n=1}^{\infty} u_n(x)$ 收敛域内的每一点 x,函数项级数都成为一收敛的常数项级数,因而都有一确定的和 $s(x)$,该和显然是 x 的函数,称为函数项级数 $\sum\limits_{n=1}^{\infty} u_n(x)$ 的**和函数**,即

$$s(x) = \sum_{n=1}^{\infty} u_n(x),\ 也有\lim_{n\to\infty} s_n(x) = s(x).$$

根据上述定义知,函数项级数在某区域的收敛性问题,是指函数项级数在该区域内任意一点的收敛性问题,而函数项级数在某点处的收敛性问题,实质上是常数项级数的收敛性问题. 于是,可利用常数项级数的收敛性判别法来判断函数项级数的收敛性.

例 11.20　求级数 $\sum\limits_{n=1}^{\infty} \dfrac{(-1)^n}{n}\left(\dfrac{1}{x+2}\right)^n$ 的收敛域.

解　考虑级数

$$\sum_{n=1}^{\infty} u_n(x) = \sum_{n=1}^{\infty} \left| \frac{(-1)^n}{n}\left(\frac{1}{x+2}\right)^n \right| = \sum_{n=1}^{\infty} \frac{1}{n\,|x+2|^n},$$

由比值审敛法,知

$$\lim_{n\to\infty} \frac{u_{n+1}(x)}{u_n(x)} = \lim_{n\to\infty} \frac{n\,|x+2|^n}{(n+1)\,|x+2|^{n+1}} = \frac{1}{|x+2|}.$$

当 $\dfrac{1}{|x+2|} < 1$,即 $x > -1$ 或 $x < -3$ 时,题设级数是绝对收敛的;

当 $\dfrac{1}{|x+2|} > 1$,即 $-3 < x < -1$ 时,题设级数是发散的;

当 $\dfrac{1}{|x+2|} = 1$,即 $x = -3$ 或 $x = -1$ 时,容易得到:

当 $x = -3$ 时,题设级数变为 $\sum\limits_{n=1}^{\infty} \dfrac{1}{n}$,该级数是发散的;当 $x = -1$ 时,题设级数变为 $\sum\limits_{n=1}^{\infty} \dfrac{(-1)^n}{n}$,该级数是收敛的.

综上所述,题设级数的收敛域为 $(-\infty, -3) \cup [-1, +\infty)$.

11.3.2　幂级数的基本概念

形如

$$a_0 + a_1 x + a_2 x^2 + \cdots + a_n x^n + \cdots = \sum_{n=0}^{\infty} a_n x^n$$

的函数项级数称为**标准幂级数**(简称**幂级数**),常数 $a_n(n = 0, 1, 2, \cdots)$ 称为**幂级数的系数**. 可以通过变量代换化为标准幂级数的函数项级数称为**广义幂级数**,如 $\sum\limits_{n=0}^{\infty} a_n \big[\varphi(x) \big]^n$. 幂级数中,组成幂级数的各项均为幂函数,幂级数也是函数项级数中最简单而常见的一类,是本小结主要的研究对象.

对于给定幂级数 $\sum\limits_{n=0}^{\infty} a_n x^n$,$x$ 取哪些值时,该幂级数收敛;x 取哪些值时,该幂级数发散?它的收敛域、发散域怎样呢?

显然,当 $x = 0$ 时,$\sum_{n=0}^{\infty} a_n x^n$ 收敛于 a_0,这说明幂级数的收敛域总是非空的. 对于幂级数 $\sum_{n=0}^{\infty} x^n$(等比级数),我们知道,当 $|x| < 1$ 时,该级数收敛;$|x| \geq 1$ 时,该级数发散. 即收敛域为 $(-1,1)$,发散域为 $(-\infty, -1] \cup [1, +\infty)$. 从这个特殊的例子看到,幂级数的收敛或发散域是一个区间,这个结论对一般的幂级数也成立.

定理 11.8(阿贝尔(Abel)定理) 对于级数 $\sum_{n=0}^{\infty} a_n x^n$,有:

(i)若级数在 $x = x_1 (x_1 \neq 0)$ 收敛,则在 $|x| < |x_1|$ 内,该幂级数绝对收敛.

(ii)若级数在 $x = x_2$ 发散,则在 $|x| > |x_2|$ 内,该幂级数发散.

证明 (i)已知 $\sum_{n=0}^{\infty} a_n x_1^n$ 收敛,要证当 $|x| < |x_1|$ 时,级数 $\sum_{n=0}^{\infty} |a_n x^n|$ 收敛.

由级数 $\sum_{n=0}^{\infty} a_n x_1^n$ 收敛的必要条件知,$\lim_{n\to\infty}(a_n x_1^n) = 0$. 再由收敛数列必有界知:$\exists M > 0$,对任意 n,有 $|a_n x_1^n| \leq M$,所以

$$|a_n x^n| = \left| a_n x_1^n \cdot \frac{x^n}{x_1^n} \right| = |a_n x_1^n| \cdot \left| \frac{x}{x_1} \right|^n \leq M \left| \frac{x}{x_1} \right|^n.$$

而等比级数 $\sum_{n=0}^{\infty} M \left| \frac{x}{x_1} \right|^n$ 当 $|x| < |x_1|$ 时收敛,所以当 $|x| < |x_1|$ 时,级数 $\sum_{n=0}^{\infty} a_n x^n$ 绝对收敛.

(ii)采用反证法来证明. 设幂级数 $\sum_{n=0}^{\infty} a_n x^n$ 在 $x = x_3$ 收敛,x_3 满足 $|x_3| > |x_2|$. 由(i)的结论知,该幂级数在 $|x| < |x_3|$ 内均收敛,从而在 $x = x_2$ 处也收敛,这与题设矛盾,从而得证.

定理的结论表明:幂级数 $\sum_{n=0}^{\infty} a_n x^n$ 在 $x_0 \neq 0$ 收敛,则在区间 $(-|x_0|, |x_0|)$ 内均收敛;若在 x_0 发散,则在 $(-\infty, -|x_0|) \cup (|x_0|, +\infty)$ 均发散. 若幂级数 $\sum_{n=0}^{\infty} a_n x^n$ 在数轴上既有收敛点,又有发散点,则从原点出发,不论向左还是向右,最初碰到的点总是收敛点,一旦碰到发散点,则后面的点均为发散点,不会出现收敛点、发散点交替的情况,且坐标原点两边,收敛点与发散点的分界点与原点等距,由此得推论:

推论 如果幂级数 $\sum_{n=0}^{\infty} a_n x^n$ 不是仅在 $x = 0$ 一点收敛,也不是在整个数轴上都收敛,则必有一个确定的正数 R 存在,使得

(i)当 $|x| < R$ 时,幂级数绝对收敛;

(ii)当 $|x| > R$ 时,幂级数发散;

(iii)当 $x = R$ 或 $x = -R$ 时,幂级数可能收敛也可能发散.

上述推论中的正数 R 称为幂级数的**收敛半径**,$(-R,R)$ 称为幂级数的**收敛区间**. 若幂级数的收敛域为 D,则

$$(-R,R) \subseteq D \subseteq [-R,R],$$

所以幂级数的收敛域是收敛区间与收敛端点的并集.

关于收敛半径的求法,有下面的定理.

定理 11.9 对于幂级数 $\sum\limits_{n=0}^{\infty} a_n x^n$,如果 $\lim\limits_{n \to \infty} \left| \dfrac{a_{n+1}}{a_n} \right| = \rho$,或 $\lim\limits_{n \to \infty} \sqrt[n]{|a_n|} = \rho$,则

(ⅰ)当 $\rho \neq 0$ 时,幂级数的收敛半径 $R = \dfrac{1}{\rho}$;

(ⅱ)当 $\rho = 0$ 时,幂级数的收敛半径 $R = +\infty$;

(ⅲ)当 $\rho = +\infty$ 时,幂级数的收敛半径 $R = 0$.

证明 考虑级数 $\sum\limits_{n=0}^{\infty} |a_n x^n| = \sum\limits_{n=1}^{\infty} u_n$,利用比值审敛法有

$$\lim_{n \to \infty} \frac{u_{n+1}}{u_n} = \lim_{n \to \infty} \frac{|a_{n+1} x^{n+1}|}{|a_n x^n|} = \lim_{n \to \infty} \left| \frac{a_{n+1}}{a_n} \right| \cdot |x| = \rho |x|.$$

(ⅰ)若 $\rho \neq 0$,则当 $\rho |x| < 1$,即 $|x| < \dfrac{1}{\rho}$ 时,级数 $\sum\limits_{n=0}^{\infty} |a_n x^n|$ 收敛,从而 $\sum\limits_{n=0}^{\infty} a_n x^n$ 收敛;当 $|x| > \dfrac{1}{\rho}$ 时,级数 $\sum\limits_{n=0}^{\infty} |a_n x^n|$ 发散,从而 $\sum\limits_{n=0}^{\infty} a_n x^n$ 发散. 所以 $R = \dfrac{1}{\rho}$.

(ⅱ)当 $\rho = 0$ 时,$\lim\limits_{n \to \infty} \dfrac{u_{n+1}}{u_n} = 0 < 1$,原级数在整个实轴上收敛,故 $R = +\infty$.

(ⅲ)当 $\rho = +\infty$,$x \neq 0$ 时,$\lim\limits_{n \to \infty} \dfrac{u_{n+1}}{u_n} = +\infty > 1$,原级数仅在 $x = 0$ 收敛,故 $R = 0$.

例 11.21 求级数 $\sum\limits_{n=1}^{\infty} (-1)^{n-1} \dfrac{x^n}{n}$ 的收敛域.

解 因为

$$\rho = \lim_{n \to \infty} \left| \frac{a_{n+1}}{a_n} \right| = \lim_{n \to \infty} \frac{n}{n+1} = 1,$$

所以收敛半径 $R = 1$,收敛区间为 $(-1, 1)$.

当 $x = -1$ 时,原级数成为 $\sum\limits_{n=1}^{\infty} \dfrac{-1}{n}$,该级数发散;$x = 1$ 时,原级数成为 $\sum\limits_{n=1}^{\infty} (-1)^{n-1} \dfrac{1}{n}$,该级数收敛. 从而级数的收敛域为 $(-1, 1]$.

例 11.22 求级数 $\sum\limits_{n=1}^{\infty} \dfrac{(x-a)^n}{n}$ 的收敛域.

解 用比值审敛法来求收敛区间. 由于

$$\lim_{n \to \infty} \left| \frac{u_{n+1}(x)}{u_n(x)} \right| = \lim_{n \to \infty} \left| \frac{(x-a)^{n+1}}{n+1} \cdot \frac{n}{(x-a)^n} \right| = |x-a|,$$

所以,当 $|x-a| < 1$ 时,幂级数收敛,从而幂级数的收敛区间为 $(a-1, a+1)$.

当 $x = a + 1$ 时,原级数成为 $\sum\limits_{n=1}^{\infty} \dfrac{1}{n}$,该级数发散;当 $x = a - 1$ 时,原级数成为 $\sum\limits_{n=1}^{\infty} (-1)^n \dfrac{1}{n}$,该级数收敛. 故所求级数收敛域为 $[a-1, a+1)$.

例 11.23 求幂级数 $\sum\limits_{n=1}^{\infty} \dfrac{2n-1}{2^n} x^{2n-2}$ 的收敛域.

解 利用比值审敛法求收敛区间. 由于

$$\lim_{n\to\infty}\left|\frac{u_{n+1}(x)}{u_n(x)}\right| = \lim_{n\to\infty}\left|\frac{(2n+1)x^{2n}}{2^{n+1}}\cdot\frac{2^n}{(2n-1)x^{2n-2}}\right| = \frac{1}{2}|x|^2,$$

所以,当 $\frac{1}{2}|x|^2 < 1$ 时,原级数收敛,从而幂级数的收敛区间为 $(-\sqrt{2},\sqrt{2})$.

当 $x = \sqrt{2}$ 时,原级数成为 $\sum_{n=1}^{\infty}\frac{2n-1}{2}$,该级数发散;当 $x = -\sqrt{2}$ 时,原级数成为

$\sum_{n=1}^{\infty}(-1)^{n-1}\frac{2n-1}{2}$,该级数发散. 故所求收敛域为 $(-\sqrt{2},\sqrt{2})$.

11.3.3 幂级数的运算

设幂级数 $\sum_{n=0}^{\infty}a_nx^n$ 和 $\sum_{n=0}^{\infty}b_nx^n$ 的收敛半径分别为 R_1 和 R_2,记 $R = \min\{R_1,R_2\}$,则幂级数可以进行四则运算:

(ⅰ) $\sum_{n=0}^{\infty}a_nx^n \pm \sum_{n=0}^{\infty}b_nx^n = \sum_{n=0}^{\infty}(a_n \pm b_n)x^n, x \in (-R,R)$.

(ⅱ) $\left(\sum_{n=0}^{\infty}a_nx^n\right)\left(\sum_{n=0}^{\infty}b_nx^n\right) = \sum_{n=0}^{\infty}(a_0b_n + a_1b_{n-1} + \cdots + a_nb_0)x^n, x \in (-R,R)$.

(ⅲ) $\dfrac{\sum\limits_{n=0}^{\infty}a_nx^n}{\sum\limits_{n=0}^{\infty}b_nx^n} = \sum_{n=0}^{\infty}c_nx^n, x \in (-R,R)$.

其中,c_n 由等式

$$\left(\sum_{n=0}^{\infty}c_nx^n\right)\left(\sum_{n=0}^{\infty}b_nx^n\right) = \sum_{n=0}^{\infty}a_nx^n$$

比较同次幂的系数确定.

例 11.24 求幂级数 $\sum_{n=1}^{\infty}\left[\frac{(-1)^n}{n} + \frac{1}{3^n}\right]x^n$ 的收敛域.

解 易知幂级数 $\sum_{n=1}^{\infty}\frac{(-1)^n}{n}x^n$ 收敛域为 $(-1,1]$. 等比级数 $\sum_{n=1}^{\infty}\frac{1}{3^n}x^n$ 的收敛域为 $(-3,3)$. 根据幂级数的运算性质,所求幂级数的收敛域为 $(-1,1]$.

幂级数的和函数是在其收敛区间内有定义的一个函数,关于这个函数的连续性、可导性及可积性,有下面的**分析运算性质**:

定理 11.10 设幂级数 $\sum_{n=0}^{\infty}a_nx^n$ 的收敛半径为 R,则

(ⅰ)幂级数的和函数 $s(x)$ 在收敛区间 $(-R,R)$ 内是连续的;

(ⅱ)幂级数的和函数 $s(x)$ 在收敛区间 $(-R,R)$ 内是可积的,并有逐项积分公式

$$\int_0^x s(x)\,\mathrm{d}x = \int_0^x\left(\sum_{n=0}^{\infty}a_nx^n\right)\mathrm{d}x = \sum_{n=0}^{\infty}\int_0^x a_nx^n\mathrm{d}x = \sum_{n=0}^{\infty}\frac{a_n}{n+1}x^{n+1}$$

且逐项积分后得到的幂级数和原级数有相同的收敛半径;

(ⅲ)幂级数的和函数 $s(x)$ 在收敛区间 $(-R,R)$ 内是可导的,并有逐项求导公式

$$s'(x) = \left(\sum_{n=0}^{\infty}a_nx^n\right)' = \sum_{n=0}^{\infty}(a_nx^n)' = \sum_{n=1}^{\infty}na_nx^{n-1}$$

且逐项求导后得到的幂级数和原级数有相同的收敛半径.

幂级数的分析运算性质常用于求幂级数的和函数,在求幂级数的和函数的过程中,等比级数

$$\sum_{n=0}^{\infty} x^n = \frac{1}{1-x} \quad (-1 < x < 1)$$

作为一个基本的结果,许多幂级数的求和问题都可以转化为等比级数的求和问题. 此外,在幂级数的逐项求导或逐项求积过程中,虽然收敛半径不变,但收敛域端点的敛散性有可能发生改变.

例 11.25　求幂级数 $\sum\limits_{n=1}^{\infty} nx^n$ 的和函数.

解　易知所求幂级数的收敛区间为 $(-1,1)$. 由于

$$\sum_{n=1}^{\infty} nx^n = \sum_{n=1}^{\infty} \left[(n+1)x^n - x^n \right] = \sum_{n=1}^{\infty} (n+1)x^n - \sum_{n=1}^{\infty} x^n.$$

其中 $\sum\limits_{n=1}^{\infty} x^n = \dfrac{x}{1-x}, x \in (-1,1)$. 令 $s_1(x) = \sum\limits_{n=1}^{\infty} (n+1)x^n$,利用幂级数的分析性质

$$\int_0^x s_1(x)\, \mathrm{d}x = \sum_{n=1}^{\infty} \int_0^x (n+1)x^n \mathrm{d}x = \sum_{n=1}^{\infty} x^{n+1} = \frac{x^2}{1-x},$$

从而

$$s_1(x) = \frac{2x - x^2}{(1-x)^2}.$$

所以

$$\sum_{n=1}^{\infty} nx^n = s_1(x) - \frac{x}{1-x} = \frac{x}{(1-x)^2}, x \in (-1,1).$$

例 11.26　求幂级数 $\sum\limits_{n=1}^{\infty} \dfrac{(-1)^{n-1}}{2n-1} x^{2n-1}$ 的和函数,并求级数 $\sum\limits_{n=1}^{\infty} \dfrac{(-1)^{n-1}}{2n-1}\left(\dfrac{3}{4}\right)^n$ 的和.

解　由

$$\lim_{n \to \infty} \left| \frac{u_{n+1}(x)}{u_n(x)} \right| = \lim_{n \to \infty} \frac{|x|^{2n+1}}{2n+1} \cdot \frac{2n-1}{|x|^{2n-1}} = |x|^2 < 1$$

知幂级数的收敛区间为 $(-1,1)$. 当 $x = -1$ 时,幂级数成为 $\sum\limits_{n=1}^{\infty} \dfrac{(-1)^n}{2n-1}$,该级数是收敛的;当 $x = 1$ 时,幂级数成为 $\sum\limits_{n=1}^{\infty} \dfrac{(-1)^{n-1}}{2n-1}$,该级数是收敛的,所以幂级数的收敛域为 $[-1,1]$.

设 $s(x) = \sum\limits_{n=1}^{\infty} \dfrac{(-1)^{n-1}}{2n-1} x^{2n-1}$,显然 $s(0) = 0$. 利用幂级数的分析运算,得

$$s'(x) = \sum_{n=1}^{\infty} (-1)^{n-1} x^{2n-2} = \frac{1}{1+x^2}, x \in (-1,1),$$

于是

$$s(x) - s(0) = \arctan x, 或 s(x) = \arctan x, x \in (-1,1).$$

所求常数项级数的和为

$$\sum_{n=1}^{\infty} \frac{(-1)^{n-1}}{2n-1}\left(\frac{3}{4}\right)^n = \sqrt{\frac{3}{4}} \sum_{n=1}^{\infty} \frac{(-1)^{n-1}}{2n-1}\left(\sqrt{\frac{3}{4}}\right)^{2n-1} = \sqrt{\frac{3}{4}} s\left(\sqrt{\frac{3}{4}}\right) = \frac{\sqrt{3}}{2}\arctan\frac{\sqrt{3}}{2}.$$

例 11.27 求级数 $\displaystyle\sum_{n=1}^{\infty} \frac{(-1)^{n+1}}{n}$ 的和.

解 构造幂函数 $\displaystyle\sum_{n=1}^{\infty} (-1)^{n+1}\frac{x^n}{n}$,其收敛区间为 $(-1,1]$. 令 $s(x) = \displaystyle\sum_{n=1}^{\infty} (-1)^{n+1}\frac{x^n}{n}$,则

$$s'(x) = \sum_{n=1}^{\infty} (-1)^{n+1} x^{n-1} = \frac{1}{1+x},$$

从而 $s(x) = \ln(x+1)$,故 $\displaystyle\sum_{n=1}^{\infty} (-1)^{n+1}\frac{1}{n} = s(1) = \ln 2$.

习题 11.3

1. 求下列幂级数的收敛半径及收敛域:

(1) $\displaystyle\sum_{n=1}^{\infty} \frac{x^n}{n \cdot 3^n}$;

(2) $\displaystyle\sum_{n=1}^{\infty} \frac{x^n}{n^2 \cdot 2^n}$;

(3) $\displaystyle\sum_{n=1}^{\infty} \frac{(x-5)^n}{\sqrt{n}}$;

(4) $\displaystyle\sum_{n=1}^{\infty} \frac{(x-2)^{2n}}{(2n-1)!}$;

(5) $\displaystyle\sum_{n=1}^{\infty} \frac{3^n + (-2)^n}{n}(x+1)^n$;

(6) $\displaystyle\sum_{n=1}^{\infty} r^{n^2} x^n$.

2. 求下列级数的和函数:

(1) $\displaystyle\sum_{n=1}^{\infty} \frac{x^{2n-1}}{2n-1}$;

(2) $\displaystyle\sum_{n=0}^{\infty} (n+1)^2 x^n$;

(3) $\displaystyle\sum_{n=1}^{\infty} \left(nx^{n-1} + \frac{x^n}{n}\right)$;

(4) $\displaystyle\sum_{n=1}^{\infty} \frac{x^n}{n \cdot 2^n}$.

3. 求下列级数的和:

(1) $\displaystyle\sum_{n=0}^{\infty} \frac{(-1)^n}{2n+1}$;

(2) $\displaystyle\sum_{n=1}^{\infty} \frac{n}{2^n}$;

(3) $\displaystyle\sum_{n=1}^{\infty} (-1)^n \frac{n(n+1)}{2^n}$;

(4) $\displaystyle\sum_{n=1}^{\infty} \frac{(-1)^n}{n(n+1)}$.

4. 求极限 $\displaystyle\lim_{n\to\infty}\left(\frac{1}{a} + \frac{2}{a^2} + \cdots + \frac{n}{a^n}\right)$,其中 $a > 1$.

11.4 函数展开成幂级数

前一节讨论了幂级数的收敛域以及幂级数在收敛域内的和函数,这一节要考虑其相反问题,即给定 $f(x)$,能否找到一个幂级数,在收敛域内其和恰好等于 $f(x)$. 如果能够找到这样的幂级数,就称函数 $f(x)$ 在该区间内能展开为幂级数.

11.4.1　泰勒级数

由泰勒公式知,如果 $f(x)$ 在 x_0 的某邻域 $U(x_0)$ 内具有 $n+1$ 阶导数,则 $\forall x \in U(x_0)$,有

$$f(x) = f(x_0) + f'(x_0)(x - x_0) + \frac{f''(x_0)}{2!}(x - x_0)^2 + \cdots + \frac{f^{(n)}(x_0)}{n!}(x - x_0)^n + R_n(x) \quad (11.3)$$

其中 $R_n(x) = \frac{f^{(n+1)}(\xi)}{(n+1)!}(x - x_0)^{n+1}$,这里 ξ 是介于 x_0 与 x 之间的某个值.

如果 $f(x)$ 具有任意阶导数,在式(11.3)两边让 $n \to \infty$,可以得到:在 $U(x_0)$ 内,
$f(x) = \sum_{n=0}^{\infty} \frac{f^{(n)}(x_0)}{n!}(x - x_0)^n$ 成立的充分必要条件是 $\lim_{n\to\infty} R_n(x) = 0$. 于是得到下面的定理.

定理 11.11　设函数 $f(x)$ 在点 x_0 的某一邻域 $U(x_0)$ 内具有任意阶导数,则在该邻域内的
级数 $\sum_{n=0}^{\infty} \frac{f^{(n)}(x_0)}{n!}(x - x_0)^n$ 收敛于 $f(x)$ 的充分必要条件是 $f(x)$ 的泰勒公式中的余项 $R_n(x)$
满足 $\lim_{n\to\infty} R_n(x) = 0$.

证明　(i)**必要性**. 由已知级数 $\sum_{n=0}^{\infty} \frac{f^{(n)}(x_0)}{n!}(x - x_0)^n$ 收敛于 $f(x)$,即在 $U(x_0)$ 内有

$$f(x) = \sum_{n=0}^{\infty} \frac{f^{(n)}(x_0)}{n!}(x - x_0)^n. \tag{11.4}$$

设式(11.4)右边级数的前 $n+1$ 项和为 $s_{n+1}(x)$,则由级数收敛的定义知

$$\lim_{n\to\infty} s_{n+1}(x) = f(x).$$

由 $f(x)$ 的泰勒公式知

$$f(x) = S_{n+1}(x) + R_n(x) ,或 R_n(x) = f(x) - S_{n+1}(x) , \tag{11.5}$$

所以

$$\lim_{n\to\infty} R_n(x) = \lim_{n\to\infty} [f(x) - s_{n+1}(x)] = 0.$$

(ii)**充分性**. 若 $\lim_{n\to\infty} R_n(x) = 0$,由式(11.5)可得 $S_{n+1}(x) = f(x) - R_n(x)$,于是

$$\lim_{n\to\infty} S_{n+1}(x) = \lim_{n\to\infty} [f(x) - R_n(x)] = f(x) ,$$

即 $\sum_{n=0}^{\infty} \frac{f^{(n)}(x_0)}{n!}(x - x_0)^n$ 在 $U(x_0)$ 内收敛于 $f(x)$.

式(11.4)右边的无穷级数称为 $f(x)$ 在点 $x = x_0$ 处的**泰勒级数**. 式(11.4)称为 $f(x)$ 在点
x_0 处的**泰勒展开式**. 当 $x_0 = 0$ 时,式(11.4)变为

$$f(x) = f(0) + f'(0)x + \frac{f''(0)}{2!}x^2 + \cdots + \frac{f^{(n)}(0)}{n!}x^n + \cdots$$

称为 $f(x)$ 的**麦克劳林展开式**,右边的级数称为 $f(x)$ 的**麦克劳林级数**. 函数的麦克劳林级数是
幂级数,可以证明,如果 $f(x)$ 能展开成 x 的幂级数,则这种展开式是唯一的,它一定等于 $f(x)$
的麦克劳林级数.

下面将讨论把 $f(x)$ 展开成 x 幂级数的方法.

11.4.2　函数的幂级数展开

函数展开为幂级数的方法主要有两种:直接展开法和间接展开法.

（1）**直接法**

所谓**直接法**，是利用定理11.11，按下列步骤将$f(x)$展开成泰勒级数：

①求$f^{(n)}(x)$，并计算$f^{(n)}(x_0)(n=0,1,2,\cdots)$；

②写出$f(x)$的泰勒级数，并求出该级数的收敛域；

③证明在收敛域内，$f(x)$的泰勒公式中的余项$R_n(x)$满足$\lim\limits_{n\to\infty}R_n(x)=0$；

④写出$f(x)$的泰勒级数及收敛域.

例11.28 将$f(x)=e^x$展开成麦克劳林级数.

解 由$f^{(n)}(x)=e^x$得$f^{(n)}(0)=1(n=0,1,2,\cdots)$，故$f(x)$的麦克劳林级数为

$$1+x+\frac{1}{2!}x^2+\cdots+\frac{1}{n!}x^n+\cdots$$

容易求得该级数的收敛域为$(-\infty,+\infty)$.对于任何有限值x,ξ（其中ξ在0与x之间），有

$$|R_n(x)|=\left|\frac{e^{\xi}}{(n+1)!}x^{n+1}\right|\leqslant e^{|x|}\cdot\frac{|x|^{n+1}}{(n+1)!}.$$

注意无穷级数$\sum\limits_{n=1}^{\infty}\frac{|x|^{n+1}}{(n+1)!}$收敛，由级数收敛的必要条件知$\lim\limits_{n\to\infty}\frac{|x|^{n+1}}{(n+1)!}=0$，即有$\lim\limits_{n\to\infty}R_n(x)=0$，从而

$$e^x=1+x+\frac{1}{2!}x^2+\cdots+\frac{1}{n!}x^n+\cdots,x\in(-\infty,+\infty).$$

例11.29 将函数$f(x)=\sin x$展开成x的幂级数.

解 由$f^{(n)}(x)=\sin\left(x+\frac{n\pi}{2}\right)$得$f^{(2n)}(0)=0,f^{(2n+1)}(0)=(-1)^n(n=0,1,2,\cdots)$.于是$f(x)$的麦克劳林级数为

$$x-\frac{1}{3!}x^3+\frac{1}{5!}x^5+\cdots+(-1)^n\frac{x^{2n+1}}{(2n+1)!}+\cdots$$

容易求得该级数的收敛半径为$R=+\infty$.对于任何有限值x,ξ（其中ξ在0与x之间），有

$$|R_n(x)|=\left|\sin\left[\xi+\frac{(n+1)\pi}{2}\right]\cdot\frac{x^{n+1}}{(n+1)!}\right|\leqslant\frac{|x|^{n+1}}{(n+1)!}.$$

注意无穷级数$\sum\limits_{n=1}^{\infty}\frac{|x|^{n+1}}{(n+1)!}$收敛，从而$\lim\limits_{n\to\infty}\frac{|x|^{n+1}}{(n+1)!}=0$，即有$\lim\limits_{n\to\infty}R_n(x)=0$，于是

$$\sin x=x-\frac{1}{3!}x^3+\frac{1}{5!}x^5+\cdots+(-1)^n\frac{x^{2n+1}}{(2n+1)!}+\cdots,x\in(-\infty,+\infty)$$

利用直接法可以得到函数

$$f(x)=(1+x)^{\alpha},\alpha\in(-\infty,+\infty)$$

的麦克劳林展开式为

$$(1+x)^{\alpha}=1+\alpha z+\frac{\alpha(\alpha-1)}{2!}x^2+\cdots+\frac{\alpha(\alpha-1)\cdots(\alpha-n+1)}{n!}x^n+\cdots,x\in(-1,1).$$

（2）**间接法**

一般情况下，只有少数简单的函数可用直接法得到它的麦克劳林展开式，更多函数的麦克劳林展开式（或泰勒展开式）是利用已知函数的麦克劳林展式，通过四则运算、分析运算或

变量代换等方法间接地求得函数的幂级数展开式,这种方法称为函数展开成幂级数的间接法. 实质上,函数的幂级数展开是求幂级数的和函数的逆过程.

例 11.30 将函数 $f(x) = \cos x$ 在 $x_0 = 0$ 处展开成泰勒级数.

解 因为

$$\sin x = x - \frac{1}{3!}x^3 + \frac{1}{5!}x^5 + \cdots + (-1)^n \frac{x^{2n+1}}{(2n+1)!} + \cdots, x \in (-\infty, +\infty).$$

由幂级数的分析运算,得到

$$\cos x = 1 - \frac{1}{2!}x^2 + \frac{1}{4!}x^4 + \cdots + (-1)^n \frac{x^{2n}}{(2n)!} + \cdots, x \in (-\infty, +\infty).$$

例 11.31 将函数 $f(x) = \ln(1+x)$ 展开成 x 的幂级数.

解 因为

$$f'(x) = \frac{1}{1+x} = \sum_{n=0}^{\infty} (-1)^n x^n, x \in (-1,1),$$

对上式两端 0 到 x 积分,得

$$\ln(1+x) = \sum_{n=0}^{\infty} (-1)^n \frac{x^{n+1}}{n+1}, x \in (-1,1].$$

综合上面例子的结果,常用的麦克劳林展开式如下:

(i) $\dfrac{1}{1-x} = \displaystyle\sum_{n=0}^{\infty} x^n, x \in (-1,1).$

(ii) $\mathrm{e}^x = \displaystyle\sum_{n=0}^{\infty} \frac{x^n}{n!}, x \in (-\infty, +\infty).$

(iii) $\sin x = \displaystyle\sum_{n=0}^{\infty} (-1)^n \frac{x^{2n+1}}{(2n+1)!}, x \in (-\infty, +\infty).$

(iv) $\cos x = \displaystyle\sum_{n=0}^{\infty} (-1)^n \frac{x^{2n}}{(2n)!}, x \in (-\infty, +\infty).$

(v) $\ln(1+x) = \displaystyle\sum_{n=0}^{\infty} (-1)^n \frac{x^{n+1}}{n+1}, x \in (-1,1].$

(vi) $(1+x)^\alpha = \displaystyle\sum_{n=0}^{\infty} \frac{\alpha(\alpha-1)\cdots(\alpha-n+1)}{n!}x^n, x \in (-1,1).$

例 11.32 将函数 $f(x) = \ln(3+x)$ 展开成 $(x-1)$ 的幂级数.

解 因为

$$f(x) = \ln(3+x) = \ln[4+(x-1)] = \ln 4 + \ln\left(1 + \frac{x-1}{4}\right),$$

所以

$$\ln(3+x) = \ln 4 + \sum_{n=0}^{\infty} (-1)^n \frac{(x-1)^{n+1}}{(n+1)4^{n+1}}, x \in (-3,5].$$

例 11.33 将函数 $f(x) = \arctan x$ 展开成 x 的幂级数.

解 因为

$$f'(x) = \frac{1}{1+x^2} = \sum_{n=0}^{\infty} (-1)^n x^{2n}, x \in (-1,1),$$

对上式两端 0 到 x 积分,得

$$f(x) - f(0) = \sum_{n=0}^{\infty} (-1)^n \frac{x^{2n+1}}{2n+1}, \text{或} f(x) = \sum_{n=0}^{\infty} (-1)^n \frac{x^{2n+1}}{2n+1}.$$

当 $x = -1$ 时,级数 $\sum_{n=0}^{\infty} (-1)^n \frac{x^{2n+1}}{2n+1}$ 成为 $\sum_{n=0}^{\infty} \frac{(-1)^{n+1}}{2n+1}$,该级数收敛;当 $x = 1$ 时,级数

$\sum_{n=0}^{\infty} (-1)^n \frac{x^{2n+1}}{2n+1}$ 成为 $\sum_{n=0}^{\infty} \frac{(-1)^n}{2n+1}$,该级数也收敛,故

$$\arctan x = \sum_{n=0}^{\infty} (-1)^n \frac{x^{2n+1}}{2n+1}, x \in [-1,1].$$

令 $x = 1$ 可得到

$$1 - \frac{1}{3} + \frac{1}{5} - \frac{1}{7} + \cdots = \frac{\pi}{4}.$$

习题 11.4

1. 将下列函数展开成 x 的幂级数,并指出其成立的区间:

(1) $f(x) = a^x$;　　　　　　　(2) $f(x) = \sin^2 x$;

(3) $f(x) = \dfrac{x}{x^2 - 2x - 3}$;　　　　(4) $f(x) = \dfrac{x}{1 + x - 2x^2}$;

(5) $f(x) = \ln\sqrt{\dfrac{1+x}{1-x}}$;　　　　(6) $f(x) = \dfrac{1}{(1-x)^2}$;

(7) $f(x) = \displaystyle\int_0^x \frac{\sin t}{t} dt$;　　　　(8) $f(x) = (1+x)\ln(1+x)$.

2. 将函数 $f(x) = \lg x$ 展开成 $x - 1$ 的幂级数.

3. 将函数 $f(x) = \dfrac{1}{x}$ 展开成 $x - 3$ 的幂级数.

4. 将函数 $f(x) = \arctan\dfrac{2 - 2x}{1 + 4x}$ 展开成 x 的幂级数.

5. 求极限 $\lim\limits_{n \to \infty}\left(\dfrac{1}{1!} + \dfrac{1}{2!} + \dfrac{1}{3!} + \cdots + \dfrac{1}{n!}\right)$.

6. 求级数 $1 + \dfrac{x^2}{2!} + \dfrac{x^4}{4!} + \cdots$ 的和函数.

7. 求级数 $\sum\limits_{n=0}^{\infty} \dfrac{x^{2n+1}}{n!}$ 的和函数,并求级数 $\sum\limits_{n=0}^{\infty} \dfrac{2n+1}{n!}$ 的和.

8. 将函数 $f(x) = \dfrac{\ln(1+x)}{1+x}$ 展开成 x 的幂级数.

9. 将函数 $f(x) = \dfrac{1}{a-x}(a \neq 0)$ 展开成 $\dfrac{1}{x}$ 或 $\dfrac{1}{x-b}(b \neq a)$ 的广义幂级数,并指出其成立的

区间.

11.5　傅里叶级数

11.5.1　周期函数与三角级数

在工程技术领域中,常碰到周期运动. 例如,各种各样的振动、交流电的变化、发动机中的活塞运动等都是周期运动. 为了描述这种周期运动,就需要用到周期函数,正弦函数和余弦函数均是常见而简单的周期函数. 如描述简谐振动的函数

$$y = A \sin (\omega t + \varphi)$$

就是一个以 $T = \dfrac{2\pi}{\omega}$ 为周期的正弦函数,其中 A 为振幅,φ 为初相角,ω 为角频率.

现实世界中的许多复杂的周期运动,虽然并不都可用简单的正弦函数来描述,但在一定条件下,可以看成是许多不同频率、不同振幅的简谐振动的叠加,即

$$f(x) = A_0 + \sum_{n=1}^{\infty} A_n \sin (n\omega t + \varphi_n) = A_0 + \sum_{n=1}^{\infty} A_n (\sin \varphi_n \cos n\omega t + \cos \varphi_n \sin n\omega t)$$

其中 $A_0, A_n, \varphi_n (n = 1, 2, \cdots)$ 都是常数. 为了讨论方便,上式变形为:

$$\frac{a_0}{2} + \sum_{n=1}^{\infty} (a_n \cos nx + b_n \sin nx) \tag{11.6}$$

其中 $a_0 = 2A, a_n = A_n \sin \varphi_n, b_n = A_n \cos \varphi_n, x = \omega t$ 均为常数.

一般地,形如式(11.6)的级数称为**三角级数**,如果式中只含正弦项,称为**正弦级数**,只含余弦项,称为**余弦级数**.

如同讨论幂级数时一样,我们必须讨论三角级数(11.6)的收敛性问题,以及怎样把给定周期为 2π 的周期函数展开成三角级数(11.6).

为了深入研究三角级数的性态,我们首先介绍三角函数正交性的概念. 所谓**三角函数系**

$$1, \cos x, \sin x, \cos 2x, \sin 2x, \cdots, \cos nx, \sin nx, \cdots$$

在区间 $[-\pi, \pi]$ 上**正交**,是指三角函数系中任何两个不同函数的乘积在该区间上的积分等于零. 进一步还可以得到:三角函数系中每个函数自身的乘积在 $[-\pi, \pi]$ 上的积分非零. 通过直接计算可验证三角函数系的正交性:

(ⅰ) $\displaystyle\int_{-\pi}^{\pi} \cos nx \, dx = 0, (n = 1, 2, 3, \cdots)$;

(ⅱ) $\displaystyle\int_{-\pi}^{\pi} \sin nx \, dx = 0, (n = 1, 2, 3, \cdots)$;

(ⅲ) $\displaystyle\int_{-\pi}^{\pi} \sin mx \sin nx \, dx = 0, (m \neq n, m, n = 1, 2, 3, \cdots)$;

(ⅳ) $\displaystyle\int_{-\pi}^{\pi} \sin mx \cos nx \, dx = 0, (m, n = 1, 2, 3, \cdots)$;

(ⅴ) $\displaystyle\int_{-\pi}^{\pi} \cos mx \cos nx \, dx = 0, (m \neq n, m, n = 1, 2, 3, \cdots)$;

(ⅵ) $\displaystyle\int_{-\pi}^{\pi} 1 \, dx = 2\pi, \int_{-\pi}^{\pi} \sin^2 nx \, dx = \pi, \int_{-\pi}^{\pi} \cos^2 nx \, dx = \pi, (n = 1, 2, 3, \cdots)$.

注　上面各式,对任意长度为 2π 的积分区间都成立.

11.5.2 以 2π 为周期的周期函数的傅里叶级数展开

与函数展开成幂级数类似,要将函数 $f(x)$ 展开成三角级数

$$\frac{a_0}{2} + \sum_{n=1}^{\infty} (a_n \cos nx + b_n \sin nx).$$

首先要确定三角级数的系数 $a_0, a_n, b_n (n = 1, 2, 3, \cdots)$,然后要讨论用这样的系数构造出的三角级数的收敛性. 如果级数收敛,还要考虑它的和函数与函数 $f(x)$ 是否相同,如果在某个范围内两者相同,则在这个范围内,函数 $f(x)$ 可以展开成这个三角级数.

设 $f(x)$ 是周期为 2π 的周期函数,我们假设 $f(x)$ 能展开成三角级数

$$f(x) = \frac{a_0}{2} + \sum_{n=1}^{\infty} (a_n \cos nx + b_n \sin nx), \tag{11.7}$$

其中 a_0, a_n, b_n 为待定系数.

首先求 a_0 在式(11.7)两端从 $-\pi$ 到 π 积分,有

$$\int_{-\pi}^{\pi} f(x)\mathrm{d}x = \int_{-\pi}^{\pi} \frac{a_0}{2}\mathrm{d}x + \sum_{n=1}^{\infty} \left[a_n \int_{-\pi}^{\pi} \cos nx\mathrm{d}x + b_n \int_{-\pi}^{\pi} \sin nx\mathrm{d}x \right].$$

利用三角函数的正交性,上式右端除第一项外均为零. 于是

$$a_0 = \frac{1}{\pi} \int_{-\pi}^{\pi} f(x)\mathrm{d}x.$$

其次求 a_n. 式(11.7)两端同时乘以 $\cos kx$,并从 $-\pi$ 到 π 积分,利用三角函数正交性,得

$$\int_{-\pi}^{\pi} f(x)\cos kx\mathrm{d}x = \int_{-\pi}^{\pi} \frac{a_0}{2}\cos kx\mathrm{d}x + \sum_{n=1}^{\infty} \left[a_n \int_{-\pi}^{\pi} \cos nx\cos kx\mathrm{d}x + b_k \int_{-\pi}^{\pi} \sin nx\cos kx\mathrm{d}x \right]$$

$$= a_n \int_{-\pi}^{\pi} \cos^2 nx\mathrm{d}x = \pi a_n.$$

于是

$$a_n = \frac{1}{\pi} \int_{-\pi}^{\pi} f(x)\cos nx\mathrm{d}x, (n = 1, 2, 3, \cdots).$$

类似可得

$$b_n = \frac{1}{\pi} \int_{-\pi}^{\pi} f(x)\sin nx\mathrm{d}x, (n = 1, 2, 3, \cdots).$$

因此我们求出的三角级数的系数为

$$\begin{cases} a_n = \frac{1}{\pi} \int_{-\pi}^{\pi} f(x)\cos nx\mathrm{d}x, (n = 0, 1, 2, 3, \cdots), \\ b_n = \frac{1}{\pi} \int_{-\pi}^{\pi} f(x)\sin nx\mathrm{d}x, (n = 1, 2, 3, \cdots). \end{cases} \tag{11.8}$$

由式(11.8)所确定的系数 a_0, a_n, b_n 称为 $f(x)$ 的**傅里叶(Fourier)系数**,将这些系数代入式 11.6 的右端所得到的级数

$$\frac{a_0}{2} + \sum_{k=1}^{\infty} (a_n \cos nx + b_n \sin nx)$$

称为函数 $f(x)$ 的**傅里叶级数**. 特别地,当 $f(x)$ 为奇函数时,其傅里叶系数为

$$a_n = 0(n = 0, 1, 2, \cdots), b_n = \frac{2}{\pi} \int_0^{\pi} f(x)\sin nx\mathrm{d}x, (n = 1, 2, 3, \cdots),$$

即奇函数的傅里叶级数是只含正弦项的**正弦级数**

$$\sum_{k=1}^{\infty} b_n \sin nx.$$

当 $f(x)$ 为偶函数时,其傅里叶系数为

$$a_n = \frac{2}{\pi}\int_0^{\pi} f(x) \cos nx \mathrm{d}x, (n = 0,1,2,\cdots), b_n = 0, (n = 1,2,3,\cdots),$$

即偶函数的傅里叶级数是只含余弦项的**余弦级数**

$$\frac{a_0}{2} + \sum_{k=1}^{\infty} a_n \cos nx.$$

下面的问题是:函数 $f(x)$ 的傅里叶级数是否收敛? 收敛于何值? 这里我们不加证明地叙述狄立克雷关于傅里叶级数收敛问题的一个充分条件.

定理 11.12(收敛定理)　设 $f(x)$ 是周期为 2π 的周期函数. 如果在一个周期内连续或只有有限个第一类间断点,并至多只有有限个极值点,则 $f(x)$ 的傅里叶级数收敛,并且

(i)当 x 是 $f(x)$ 的连续点时,级数收敛于 $f(x)$;

(ii)当 x 是 $f(x)$ 的间断点时,级数收敛于 $\dfrac{f(x-0) + f(x+0)}{2}$.

狄立克雷收敛定理告诉我们:只要函数 $f(x)$ 在一个周期内至多有有限多个第一类间断点,并且不作无限次振动,则函数 $f(x)$ 的傅里叶级数在函数的连续点处收敛于该点的函数值,在函数的间断点处收敛于该点的函数左右极限的算术平均值. 由此可见,函数展开成傅里叶级数的条件要比函数展开成幂级数的条件弱得多.

例 11.34　$f(x)$ 是以 2π 为周期的周期函数,在一个周期内的表达式为

$$f(x) = \begin{cases} -1, & -\pi \leqslant x < 0, \\ 1, & 0 \leqslant x < \pi. \end{cases}$$

求 $f(x)$ 的傅里叶级数.

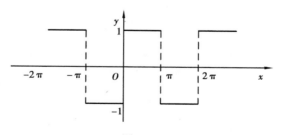

图 11.1

解　$f(x)$ 的图形如图 11.1 所示. 函数 $f(x)$ 在 $[-\pi,\pi]$ 上只有一个第一类间断点,满足收敛定理. 注意 $f(x)$ 是奇函数,傅里叶系数为

$$a_n = 0,$$
$$b_n = \frac{2}{\pi}\int_0^{\pi} f(x) \sin nx \mathrm{d}x = \frac{2}{n\pi}\left[1 - (-1)^n\right].$$

于是函数 $f(x)$ 的傅里叶展开式为

$$f(x) \sim \sum_{n=1}^{\infty} \frac{2}{n\pi}\left[1 - (-1)^n\right]\sin nx$$

$$= \frac{4}{\pi} \left[\sin x + \frac{1}{3} \sin 3x + \cdots + \frac{1}{2k-1} \sin (2k-1)x + \cdots \right].$$

当 $x = k\pi$ 时,级数收敛于 $\dfrac{f(k\pi - 0) + f(k\pi + 0)}{2} = \dfrac{-1 + 1}{2} = 0$.

当 $x \neq k\pi$ 时,级数收敛于 $f(x)$. 所以 $f(x)$ 的傅里叶级数,也是正弦级数为

$$f(x) = \sum_{n=1}^{\infty} \frac{2}{n\pi} [1 - (-1)^n] \sin nx \, (-\infty < x < +\infty, x \neq k\pi, k = 0, \pm 1, \pm 2, \cdots).$$

对于非周期函数 $f(x)$,如果它只在区间 $[-\pi, \pi)$ 上有定义(对于区间 $(-\pi, \pi]$,$[-\pi, \pi]$ 可类似处理),并且在该区间上满足狄立克雷收敛定理的条件,函数 $f(x)$ 也可以展开成它的傅里叶级数.

事实上,可以在 $[-\pi, \pi)$ 外补充 $f(x)$ 的定义,使它拓广为一个周期为 2π 的周期函数 $F(x)$,即

$$F(x) = \begin{cases} f(x), & x \in [-\pi, \pi), \\ f(x - 2k\pi), & x \in [(2k-1)\pi, (2k+1)\pi), \end{cases} (k = \pm 1, \pm 2, \cdots).$$

这种拓广函数定义域的方法称为**周期延拓**. 将作了周期延拓后的函数 $F(x)$ 展开成傅里叶级数,然后限制 x 在区间 $[-\pi, \pi)$ 内,此时显然有 $F(x) = f(x)$,这样就得到了 $f(x)$ 的傅里叶级数展开式,这个级数在区间端点 $x = \pm\pi$ 处,收敛于 $\dfrac{f(\pi - 0) + f(\pi + 0)}{2}$.

例 11. 35 将函数 $f(x) = \begin{cases} -x, & -\pi \leqslant x < 0 \\ x, & 0 \leqslant x \leqslant \pi \end{cases}$ 展开成傅里叶级数,并求级数 $\displaystyle\sum_{n=1}^{\infty} \frac{1}{(2n-1)^2}$ 的和.

解 函数 $f(x)$ 在 $[-\pi, \pi]$ 上满足收敛定理,将 $f(x)$ 进行周期延拓,其图形如如图 11. 2 所示

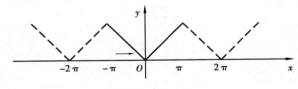

图 11. 2

计算 $f(x)$ 的傅里叶系数,并注意 $f(x)$ 为偶函数.

$$a_0 = \frac{2}{\pi} \int_0^{\pi} f(x) \, \mathrm{d}x = \frac{2}{\pi} \int_0^{\pi} x \, \mathrm{d}x = \pi.$$

$$a_n = \frac{2}{\pi} \int_0^{\pi} f(x) \cos nx \, \mathrm{d}x = \frac{2}{\pi} \int_0^{\pi} x \cos nx \, \mathrm{d}x = \frac{2}{\pi} \left[\frac{x \sin nx}{n} + \frac{\cos nx}{n^2} \right]_0^{\pi}$$

$$= \frac{2}{n^2 \pi} (\cos n\pi - 1) = \frac{2}{n^2 \pi} [(-1)^n - 1], n = 1, 2, 3, \cdots.$$

$$b_n = 0.$$

所以函数 $f(x)$ 的傅里叶级数,也是余弦级数为

$$f(x) = \frac{\pi}{2} - \frac{4}{\pi} \left(\cos x + \frac{1}{3^2} \cos 3x + \frac{1}{5^2} \cos 5x + \cdots \right) \quad (-\pi \leqslant x \leqslant \pi).$$

在上式中令 $x = 0$ 得

$$\sum_{n=1}^{\infty} \frac{1}{(2n-1)^2} = \frac{\pi^2}{8}.$$

在实际应用中,有时还需要把定义在区间 $[0, \pi]$ 的函数 $f(x)$ 展开成正弦级数或余弦级数. 设 $f(x)$ 在 $[0, \pi]$ 上满足狄立克雷收敛定理.

若要将 $f(x)$ 展开成正弦级数,首先将 $f(x)$ 进行**奇延拓**:令

$$F(x) = \begin{cases} f(x), & 0 \leq x \leq \pi, \\ -f(-x), & -\pi \leq x < 0, \end{cases}$$

则 $F(x)$ 是在 $[-\pi, \pi]$ 上有定义的奇函数. 其次将 $F(x)$ 进行周期延拓,从而可将 $F(x)$ 展开成傅里叶级数,所得级数必是正弦级数. 最后限制 x 在 $[0, \pi]$ 上,就得到 $f(x)$ 的正弦级数展开式.

若要将 $f(x)$ 展开成余弦级数,首先将 $f(x)$ 进行**偶延拓**:令

$$F(x) = \begin{cases} f(x), & 0 \leq x \leq \pi, \\ f(-x), & -\pi \leq x < 0, \end{cases}$$

则 $F(x)$ 是在 $[-\pi, \pi]$ 上有定义的偶函数. 其次将 $F(x)$ 进行周期延拓,从而可将 $F(x)$ 展开成傅里叶级数,所得级数必是余弦级数. 最后限制 x 在 $[0, \pi]$ 上,就得到 $f(x)$ 的余弦级数展开式.

例 11.36　将函数 $f(x) = x^2 (0 < x < \pi)$ 展开成余弦级数,并计算 $\displaystyle\sum_{n=1}^{\infty} \frac{(-1)^n}{n^2}$ 和 $\displaystyle\sum_{n=1}^{\infty} \frac{1}{n^2}$.

解　函数 $f(x)$ 在 $(0, \pi)$ 上满足狄立克雷收敛定理,将 $f(x)$ 进行偶延拓后再进行周期延拓. 延拓后的函数的傅里叶系数为:

$$a_0 = \frac{2}{\pi} \int_0^\pi f(x) \, dx = \frac{2}{3}\pi^2;$$

$$a_n = \frac{2}{\pi} \int_0^\pi f(x) \cos nx \, dx = (-1)^n \frac{4}{n^2} \, (n = 1,2,3,\cdots);$$

$$b_n = 0.$$

所以

$$f(x) = \frac{\pi^2}{3} + 4 \sum_{n=1}^{\infty} \frac{(-1)^n}{n^2} \cos nx, \, x \in (0, \pi).$$

并且有

$$\frac{\pi^2}{3} + 4 \sum_{n=1}^{\infty} \frac{(-1)^n}{n^2} \cos nx = x^2, \, x \in [0, \pi].$$

令 $x = 0$ 得 $\displaystyle\sum_{n=1}^{\infty} \frac{(-1)^n}{n^2} = \frac{\pi^2}{12}$.　　令 $x = \pi$ 得 $\displaystyle\sum_{n=1}^{\infty} \frac{1}{n^2} = \frac{\pi^2}{6}$.

11.5.3　以 $2l$ 为周期的周期函数的傅里叶级数展开

上一节所讨论的函数都是以 2π 为周期的函数,而在实际应用中,遇到的函数的周期不一定是 2π,可能是 $2l(l > 0)$,故还需研究以 $2l$ 为周期的函数 $f(x)$ 的傅里叶级数的展开问题.

实际上,根据上一节的讨论结果,只需经过适当的变量代换,就可以得到下面的定理.

定理 11.13 设周期为 $2l$ 的周期函数 $f(x)$ 在区间 $[-l,l]$ 上满足狄立克雷收敛定理的条件,则它的傅立叶级数展开式为

$$f(x) \sim \frac{a_0}{2} + \sum_{n=1}^{\infty} \left(a_n\cos\frac{n\pi x}{l} + b_n\sin\frac{n\pi x}{l} \right) = \frac{f(x-0) + f(x+0)}{2},$$

其中

$$a_n = \frac{1}{l} \int_{-l}^{l} f(x)\cos\frac{n\pi x}{l}dx \quad (n = 0,1,2,3,\cdots),$$

$$b_n = \frac{1}{l} \int_{-l}^{l} f(x)\sin\frac{n\pi x}{l}dx \quad (n = 1,2,3,\cdots).$$

特别地,当 $f(x)$ 为奇函数时,

$$f(x) \sim \sum_{n=1}^{\infty} b_n\sin\frac{n\pi x}{l} = \frac{f(x-0) + f(x+0)}{2},$$

其中

$$b_n = \frac{2}{l} \int_{0}^{l} f(x)\sin\frac{n\pi x}{l}dx \quad (n = 1,2,3,\cdots),$$

当 $f(x)$ 为偶函数时,

$$f(x) \sim \frac{a_0}{2} + \sum_{n=1}^{\infty} a_n\cos\frac{n\pi x}{l} = \frac{f(x-0) + f(x+0)}{2},$$

其中

$$a_n = \frac{2}{l} \int_{0}^{l} f(x)\cos\frac{n\pi x}{l}dx \quad (n = 0,1,2,3\cdots).$$

证明 作变量代换 $t = \frac{\pi}{l}x$,则区间 $-l \leqslant x \leqslant l$ 变成 $-\pi \leqslant t \leqslant \pi$. 设函数

$$f(x) = f\left(\frac{l}{\pi}t\right) = F(t).$$

从而 $F(t)$ 是以 2π 为周期的周期函数,并且在 $-\pi \leqslant t \leqslant \pi$ 上满足狄立克雷收敛定理条件,将 $F(t)$ 展开成傅里叶级数

$$F(t) \sim \frac{a_0}{2} + \sum_{n=1}^{\infty} (a_n\cos nt + b_n\sin nt) = \frac{F(t-0) + F(t+0)}{2},$$

其中

$$a_n = \frac{1}{\pi} \int_{-\pi}^{\pi} F(t)\cos nt\mathrm{d}t, b_n = \frac{1}{\pi} \int_{-\pi}^{\pi} F(t)\sin nt\mathrm{d}t.$$

在变量代换 $t = \frac{\pi}{l}x$ 下,

$$F(t) = f(x),$$

$$a_n = \frac{1}{\pi} \int_{-\pi}^{\pi} F(t)\cos nt\mathrm{d}t = \frac{1}{\pi} \int_{-l}^{l} f(x)\cos\frac{n\pi x}{l}\cdot\frac{\pi}{l}\mathrm{d}x = \frac{1}{l} \int_{-l}^{l} f(x)\cos\frac{n\pi x}{l}\mathrm{d}x.$$

同理

$$b_n = \frac{1}{l} \int_{-l}^{l} f(x)\sin\frac{n\pi x}{l}\mathrm{d}x,$$

傅里叶级数 $\frac{a_0}{2} + \sum_{n=1}^{\infty} \left(a_n\cos\frac{n\pi x}{l} + b_n\sin\frac{n\pi x}{l} \right)$ 收敛于 $\frac{f(x-0) + f(x+0)}{2}$.

类似地,可以证明定理的其余部分.

例 11.37 把函数 $f(x)$ 在区间 $[-5,5)$ 展开成傅里叶级数,其中

$$f(x) = \begin{cases} 0, & -5 \leqslant x < 0, \\ 3, & 0 \leqslant x < 5. \end{cases}$$

解 函数 $f(x)$ 在 $[-5,5)$ 上满足狄立克雷收敛定理的条件,其傅里叶系数为

$$a_0 = \frac{1}{5}\int_{-5}^{5} f(x)\,\mathrm{d}x = \frac{1}{5}\int_{0}^{5} 3\,\mathrm{d}x = 3$$

$$a_n = \frac{1}{5}\int_{-5}^{5} f(x)\cos\frac{n\pi}{l}x\,\mathrm{d}x = \frac{1}{5}\int_{0}^{5} 3\cos\frac{n\pi x}{5}\,\mathrm{d}x = \frac{3}{5}\frac{5}{n\pi}\left[\sin\frac{n\pi x}{5}\right]_0^5 = 0, n = 1,2,3,\cdots.$$

$$b_n = \frac{1}{5}\int_{-5}^{5} f(x)\sin\frac{n\pi x}{5}\,\mathrm{d}x = \frac{1}{5}\int_{0}^{5} 3\sin\frac{n\pi x}{5}\,\mathrm{d}x$$

$$= \frac{3}{5}\left[-\frac{5}{n\pi}\cos\frac{n\pi x}{5}\right]_0^5 = \frac{3(1-\cos n\pi)}{n\pi} = \frac{6}{(2k-1)\pi}, k = 1,2,3,\cdots.$$

所以 $f(x)$ 的傅里叶级数为

$$\frac{3}{2} + \sum_{k=1}^{\infty} \frac{6}{(2k-1)\pi}\sin\frac{(2k-1)\pi x}{5} = \frac{3}{2} + \frac{6}{\pi}\left(\sin\frac{\pi x}{5} + \frac{1}{3}\sin\frac{3\pi x}{5} + \frac{1}{5}\sin\frac{5\pi x}{5} + \cdots\right)$$

$$= \begin{cases} x, & x \in (-5,0) \cup (0,5), \\ \frac{3}{2}, & x = 0,\ \pm 5. \end{cases}$$

习 题 11.5

1. 设 $f(x)$ 的周期为 2π,试将其展开成傅里叶级数.其中 $f(x) = 3x^2 + 1, x \in [-\pi,\pi)$.

2. 将函数 $f(x) = \begin{cases} 0, & -\pi < x < 0 \\ 1, & 0 \leqslant x \leqslant \pi \end{cases}$ 展开成傅里叶级数.

3. 将函数 $f(x) = 2\sin\dfrac{x}{3}(-\pi \leqslant x \leqslant \pi)$ 展开成傅里叶级数.

4. 将函数 $f(x) = x(-\pi < x < \pi)$ 展开成傅里叶级数.

5. 将函数 $f(x) = \dfrac{\pi - x}{2}(0 \leqslant x \leqslant \pi)$ 展开成正弦级数.

6. 将函数 $f(x) = 2x^2(0 < x < \pi)$ 展开成余弦级数.

7. 将函数 $f(x) = \begin{cases} x, & 0 \leqslant x \leqslant \dfrac{l}{2} \\ l - x, & \dfrac{l}{2} \leqslant x \leqslant l \end{cases}$ 分别展开成余弦级数和正弦级数.

8. 在 $[0,2\pi]$ 上展开 $f(x) = x$ 为傅里叶级数.

9. 设函数 $f(x)$ 是以 2π 为周期的周期函数,且 $f(x) = \mathrm{e}^{ax}(0 \leqslant x \leqslant 2\pi)$,其中 $a \neq 0$,试将 $f(x)$ 展开成傅里叶级数,并求级数 $\displaystyle\sum_{n=1}^{\infty}\frac{1}{1+n^2}$ 的和.

习题 11

1. 填空题

(1) 级数 $\sum\limits_{n=1}^{\infty}\left[\dfrac{1}{\sqrt{n}}+\dfrac{(-1)^n}{n}\right]x^n$ 的收敛域为_____.

(2) 已知 $f(x)=\ln\dfrac{1+x}{1-x}$，则 $f^{(n)}(0)=$_____（$n=0,1,2,\cdots$）.

(3) 设幂级数 $\sum\limits_{n=1}^{\infty}a_n(x-1)^n$ 在 $x=0$ 收敛，在 $x=2$ 发散，则该级数收敛域为_____.

(4) 幂级数 $f(x)$ 的收敛半径为 R，则 $g(x)=f(x^2)$ 的收敛半径为_____.

(5) 设 $f(x)=\begin{cases} -1, & -\pi<x\leqslant 0 \\ 1+x^2, & 0<x\leqslant\pi \end{cases}$ 则其以 2π 为周期的傅里叶级数在点 $x=\pi$ 处收敛于_____.

(6) 级数 $\sum\limits_{n=1}^{\infty}\dfrac{n(n+1)}{2^n}$ 的和为_____.

2. 单项选择题

(1) 已知正项级数 $\sum\limits_{n=1}^{\infty}a_n$ 发散，则级数 $\sum\limits_{n=1}^{\infty}\dfrac{a_n}{1+a_n}$（　　）.

  A. 收敛   B. 发散   C. 绝对收敛   D. 敛散性不确定

(2) 设 $a_n>0,b_n>0$，且满足 $\dfrac{a_{n+1}}{a_n}\leqslant\dfrac{b_{n+1}}{b_n}$，$n=1,2,\cdots$，则下列说法正确的是（　　）.

  A. $\sum\limits_{n=1}^{\infty}a_n$ 与 $\sum\limits_{n=1}^{\infty}b_n$ 的敛散性相同   B. 若 $\sum\limits_{n=1}^{\infty}a_n$ 收敛，则 $\sum\limits_{n=1}^{\infty}b_n$ 收敛

  C. 若 $\sum\limits_{n=1}^{\infty}a_n$ 发散，则 $\sum\limits_{n=1}^{\infty}b_n$ 发散   D. 若 $\sum\limits_{n=1}^{\infty}b_n$ 发散，则 $\sum\limits_{n=1}^{\infty}a_n$ 发散

(3) 已知级数 $\sum\limits_{n=1}^{\infty}(u_{2n-1}+u_{2n})$ 发散，则（　　）.

  A. $\sum\limits_{n=1}^{\infty}u_n$ 一定收敛   B. $\sum\limits_{n=1}^{\infty}u_n$ 一定发散

  C. $\sum\limits_{n=1}^{\infty}u_n$ 不一定收敛   D. $\lim\limits_{n\to\infty}u_n\neq 0$

(4) 若级数 $\sum\limits_{n=1}^{\infty}(-1)^{n-1}a_n=2$，$\sum\limits_{n=1}^{\infty}a_{2n-1}=5$，则级数 $\sum\limits_{n=1}^{\infty}a_n=$（　　）.

  A. 0   B. 1   C. 4   D. 8

(5) 已知级数 $\sum\limits_{n=1}^{\infty}(-1)^n\sqrt{n}\sin\dfrac{1}{n^\alpha}$ 绝对收敛，级数 $\sum\limits_{n=1}^{\infty}\dfrac{(-1)^n}{n^{2-\alpha}}$ 条件收敛，则（　　）.

  A. $0<\alpha\leqslant\dfrac{1}{2}$ B. $\dfrac{1}{2}<\alpha\leqslant 1$

  C. $1<\alpha\leqslant\dfrac{3}{2}$ D. $\dfrac{3}{2}<\alpha<2$

（6）若 $f(x)$ 满足 $f(x + \pi) = -f(x)$，则 $f(x)$ 在区间 $(-\pi, \pi)$ 上傅里叶系数 a_n 和 b_n 满足（　　）.

    A. $a_{2n} = b_{2n} = 0$ B. $a_{2n+1} = b_{2n} = 0$

    C. $a_{2n} = b_{2n+1} = 0$ D. $a_{2n+1} = b_{2n+1} = 0$

3. 求幂级数 $\displaystyle\sum_{n=1}^{\infty} \frac{(-1)^{n-1}}{2n-1} x^{2n}$ 的收敛域及和函数。

4. 设 a_n 为曲线 $y = x^n$ 与 $y = x^{n+1}(n = 1, 2, \cdots)$ 所围成区域的面积，记
$$S_1 = \sum_{n=1}^{\infty} a_n, \quad S_2 = \sum_{n=1}^{\infty} a_{2n-1},$$
求 S_1 与 S_2 的值.

5. 设数列 $\{a_n\}$，$\{b_n\}$ 满足 $0 < a_n < \dfrac{\pi}{2}$，$0 < b_n < \dfrac{\pi}{2}$，$\cos a_n - a_n = \cos b_n$ 且级数收敛 $\displaystyle\sum_{n=1}^{\infty} a_n$.

  （1）证明：$\displaystyle\lim_{n \to \infty} a_n = 0$；   （2）证明：级数 $\displaystyle\sum_{n=1}^{\infty} \frac{a_n}{b_n}$ 收敛.

6. 设级数 $\displaystyle\sum_{n=1}^{\infty} a_n(a_n > 0)$，且 $\displaystyle\lim_{n \to \infty} \frac{\ln(a_n)^{-1}}{\ln n} = q$.

  （1）证明：当 $q > 1$ 时，$\displaystyle\sum_{n=1}^{\infty} a_n$ 收敛；   （2）当 $q < 1$ 时，$\displaystyle\sum_{n=1}^{\infty} a_n$ 发散.

7. 函数 $f(x)$ 在 $x = 0$ 的某一邻域内具有二阶连续的导数，且 $\displaystyle\lim_{x \to 0} \frac{f(x)}{x} = 0$，证明：级数 $\displaystyle\sum_{n=1}^{\infty} f\left(\frac{1}{n}\right)$ 绝对收敛.

8. 求下列幂级数的和函数：

  （1）$\displaystyle\sum_{n=1}^{\infty} (-1)^{n+1} n^2 x^n$；   （2）$\displaystyle\sum_{n=1}^{\infty} (-1)^{n-1}\left(1 + \frac{1}{n(2n-1)}\right) x^{2n}$.

9. 求下列级数的和：

  （1）$\displaystyle\sum_{n=1}^{\infty} \frac{n^2}{n!}$；   （2）$\displaystyle\sum_{n=1}^{\infty} (-1)^n \frac{n+1}{(2n+1)!}$.

10. 将下列函数展开成 x 的幂级数：

  （1）$f(x) = \ln(3 - 2x - x^2)$；   （2）$f(x) = \dfrac{1}{(2-x)^2}$.

11. 将函数 $f(x) = \begin{cases} 1, & 0 \leqslant x \leqslant h \\ 0, & h < x \leqslant \pi \end{cases}$ 分别展开成正弦级数和余弦级数.

12. 设幂级数 $\displaystyle\sum_{n=0}^{\infty} a_n x^n$ 在 $(-\infty, +\infty)$ 内收敛，其和函数 $y(x)$ 满足 $y'' - 2xy' - 4y = 0$，$y(0) = 0$，$y'(0) = 1$.

  （1）证明 $a_{n+2} = \dfrac{2}{n+1} a_n$，$n = 1, 2, \cdots$；   （2）求 $y(x)$ 的表达式.

第 *12* 章
微分方程

微分方程是从生产实践与科学技术中产生,现已成为现代科学技术中分析问题与解决问题的一个强有力的工具.

高等数学研究的对象是函数关系,但在实际应用中,很难得到所研究变量之间的函数关系,却比较容易建立起变量与它们的导数或微分之间的联系,从而得到一个关于未知函数的导数或微分的方程,即**微分方程**. 通过求解微分方程就可得到指定量之间的函数关系,因此,微分方程是数学理论联系实际的桥梁,是各个学科进行科学研究的强有力工具. 生产实际中的许多问题都可以抽象为微分方程,如一些力学问题、物体的冷却、人口的增长、电路问题等,都可以归结为微分方程的问题,这些微分方程也称为所研究问题的**数学模型**.

本章主要介绍微分方程的一些基本概念,几种常用微分方程的求解方法,线性微分方程的解的理论.

12.1 微分方程的基本概念

一般地,含有未知函数及未知函数的导数或微分的方程称为**微分方程**,方程中出现的未知函数的最高阶导数的阶数称为微分方程的**阶**.

例 12.1 设一质量为 m 的物体只受重力的作用由静止开始自由垂直降落,求物体下落距离与时间的函数关系。

解 取物体降落的铅垂线为 x 轴,正向朝下. 物体下落的起点为坐标原点,并设开始下落的时间 $t=0$,则物体下落距离 $x(t)$ 所满足的微分方程为

$$\frac{\mathrm{d}^2 x}{\mathrm{d}t^2} = g \ (g \text{ 为重力加速度}). \tag{12.1}$$

根据题意,$x(t)$ 还满足条件

$$x(0) = 0, \frac{\mathrm{d}x}{\mathrm{d}t}\bigg|_{t=0} = 0. \tag{12.2}$$

把式(12.1)两端积分一次,得

$$v = \frac{\mathrm{d}x}{\mathrm{d}t} = gt + C_1;$$

再积分一次,得

$$x = \frac{1}{2}gt^2 + C_1 t + C_2,$$

利用条件(12.2)得 $C_1 = C_2 = 0$,故物体下落距离与时间的函数关系为

$$x = \frac{1}{2}gt^2.$$

例 12.2　将物体放置于空气中,在时刻 $t = 0$ 时,测量它的温度为 $u_0 = 150 \ ℃$,10 分钟后测量温度为 $u_1 = 100 \ ℃$,要求此物理体的温度 u 和时间 t 的关系,假设此时空气的温度保持为 $u_a = 24 \ ℃$.

解　求解物理冷却过程的数学模型,需要用到**冷却定律**:在一定的温度范围内,一个物体的温度变化速度与这一物体的温度和其所在介质温度的差值成比例.

设 t 时物体的温度为 $u(t)$,则温度的变化速度可以表示为 $\dfrac{\mathrm{d}u}{\mathrm{d}t}$. 由于冷却温度总是从高到低,因此 $\dfrac{\mathrm{d}u}{\mathrm{d}t} < 0$,由冷却定律知:

$$\frac{\mathrm{d}u}{\mathrm{d}t} = -k(u(t) - u_a), \ 且 \ u(t) 满足条件 \ u\big|_{t=0} = u_0 = 150, u\big|_{t=10} = u_1 = 100.$$

求解该一阶微分方程得

$$u(t) = u_\alpha + \mathrm{e}^{-kt+C},$$

利用条件:$u\big|_{t=0} = u_0 = 150, u\big|_{t=10} = u_1 = 100$,得

$$u = 24 + 126\mathrm{e}^{-0.051t}.$$

从这个式子可以知道 $\lim\limits_{t \to \infty} u = 24$. 也就是说,经过充分长的时间后,物体将冷却至空气中的温度. 事实上,当 $t = 3 \ \mathrm{h}, u = 24.01 \ ℃$,物体与空气的温度几乎一样.

从这个例子可以大体看出用微分方程解决实际问题的基本步骤:

①建立数学模型,即建立反映这个实际问题的微分方程;

②求解微分方程;

③用所求得的结果解释实际问题,从而预知某些物理过程的特性.

例 12.3　设 $x(t)$ 为某类生物种群的数量,$b(t)$ 为瞬时出生率(时刻 t 该类生物每单位时间每单位种群增加的数量),$d(t)$ 为瞬时死亡率(时刻 t 该类生物每单位时间每单位种群减少的数量),则有微分方程

$$\frac{\mathrm{d}x}{\mathrm{d}t} = (b(t) - d(t))x(t).$$

这里假设 $x(t)$ 可微,$b(t) - d(t) = \mu(t)$ 称为该生物种群数量的**纯增长率**,它往往还与种群数量有关,即 $\mu = \mu(t, x)$. 于是,上面的微分方程可改写为

$$\frac{\mathrm{d}x}{\mathrm{d}t} = \mu(t, x)x(t) \tag{12.3}$$

这就是纯增长率问题的数学模型.

①当 $\mu(t, x) = k$ 为常数,将"某类生物种群"设想为"某地区的人口"就得到**马尔萨斯**(Malthus)**人口发展方程**,此时,式(12.3)变为

$$\frac{\mathrm{d}x}{\mathrm{d}t} = kx(t).$$

设某地区人口的初始数量为 $x(0)=x_0$，方程的解为

$$x=x_0 \mathrm{e}^{kt}.$$

由此可见，当 t 取离散值 $1,2,3,\cdots$ 时，人口数量是以 e^k 为公比的几何级数增长.

②设 $x(t)$ 是某池塘中某种鱼群数量，池塘中能够容纳生存该种鱼的最大数量为 M，这时该鱼类种群数量的纯增长率可取为

$$\mu=r\left(1-\frac{x}{M}\right),$$

方程(12.3)变为

$$\frac{\mathrm{d}x}{\mathrm{d}t}=rx\left(1-\frac{x}{M}\right) \tag{12.4}$$

其中 $r>0$ 为该鱼种的固有增长率，式(12.4)称为**逻辑斯谛(logistic)方程**，它比式(12.3)更准确地反映了生物种群数量在其食物、生存空间受到约束情况下的增长过程.

对某种耐用商品的销售量 $x(t)$ 也可用逻辑斯谛方程来描述，即该商品的销售速度 $\frac{\mathrm{d}x}{\mathrm{d}t}$ 与销售量 x 和消费者持有该种商品饱和程度 $a-x$ 的乘积 $x(a-x)$ 成正比，即有

$$\frac{\mathrm{d}x}{\mathrm{d}t}=kx(a-x),$$

其中 $k>0$ 为比例常数，a 为消费者可能购买该种商品的最大数量.

注 除了某些商品的销售，生物种群的繁殖满足逻辑斯谛方程外，还有信息的传播、新技术的推广、传染病的扩散等都可用逻辑斯谛方程来刻画. 为了便于理解，我们借助小树的增长过程来说明该模型的建立.

一棵小树刚栽下去的时候长得比较慢，逐渐地，越长越快；但长到一定高度后，它的生长速度趋于稳定，然后再慢慢降下来. 这一现象具有普遍性.

如果假设树的生长速度与它目前的高度成正比，则显然不符合两头尤其是后期的生长情形，因为树不可能越长越快；但如果假设树的生长速度正比于最大高度与目前高度的差，则又明显不符合中间一段的生长过程. 折中一下，我们假设它的生长速度既与目前的高度成正比，又与最大高度和目前高度之差成正比，则得到逻辑斯谛方程：$\frac{\mathrm{d}x}{\mathrm{d}t}=kx(a-x)$.

我们把未知函数为一元函数的方程称为**常微分方程**. 如逻辑斯谛方程、物体冷却过程的数学模型均为一阶常微分方程. 类似地，未知函数为多元函数的方程称为**偏微分方程**. 例如

$$x\frac{\partial z}{\partial x}+y\frac{\partial z}{\partial y}=z, \quad \frac{\partial^2 u}{\partial x^2}+\frac{\partial^2 u}{\partial y^2}+\frac{\partial^2 u}{\partial z^2}=0$$

分别是一阶偏微分方程和二阶偏微分方程.

我们只讨论常微分方程，n 阶常微分方程的一般形式为

$$F(x,y,y',y'',\cdots,y^{(n)})=0, \tag{12.5}$$

其中 x 为自变量，y 为未知函数. 在方程(12.5)中，$y^{(n)}$ 必须出现，而其余变量可以不出现.

若函数 $y=\varphi(x)$ 在区间 (a,b) 内有定义，且 $\varphi(x)$ 的 1 至 n 阶导数存在，若任意 $x\in(a,b)$ 有 $F(x,\varphi'(x),\cdots,\varphi^{(n)}(x))=0$ 成立，则称 $y=\varphi(x)$ 在区间 (a,b) 内是方程 $F(x,y,y',y'',\cdots,y^{(n)})=0$ 的**解**，而区间 (a,b) 称为**解 $y=\varphi(x)$ 的存在区间**.

容易验证 $y=C_1\cos x+C_2\sin x$ 是二阶微分方程 $y''+y=0$ 在 $(-\infty,+\infty)$ 上的解. 当然将 C_1，

C_2 取为特定的数值,如 $C_1=1$,$C_2=2$,函数 $y=\cos x+2\sin x$ 也是微分方程 $y''+y=0$ 在 $(-\infty,+\infty)$ 上的解. 一般地,把不含任意常数的解称为微分方程的**特解**. 含有任意常数,且相互独立的任意常数的个数等于微分方程阶数的解称为微分方程的**通解**. 通解的意思是指:解中的任意常数取遍所有实数时,就可以得到微分方程的所有解(至多有个别解除外).

确定了通解中任意常数的值所得到的解是微分方程的特解,用于确定通解中任意常数值的条件称为**初始条件**,也称为**定解条件**. 一般地,n 阶微分方程的初始条件用给定解及其前 $n-1$ 阶导数在固定初始点的值来表述,即

$$y(x_0)=y_0,y'(x_0)=y_1,\cdots y^{(n-1)}(x_0)=y_{n-1}.$$

求微分方程满足初始条件的解的问题称为**初值问题**. n 阶微分方程的初值问题常记为

$$\begin{cases} F(x,y,y',\cdots y^{(n)})=0, \\ y(x_0)=y_0,y'(x_0)=y_1,\cdots y^{(n-1)}(x_0)=y_{n-1}. \end{cases}$$

例 12.4　验证函数 $y=Ce^x-x-1$(C 为任意常数)是方程

$$y'-y=x$$

的通解,并求满足初始条件 $y(0)=1$ 的特解.

解　首先验证所给函数满足微分方程,将 $y'=Ce^x-1$ 代入方程左端:

$$y'-y=(Ce^x-1)-(Ce^x-x-1)=x,$$

因而方程两端恒等. 同时,一个任意常数 C 是独立的,又微分方程是一阶的,故任意常数的个数与微分方程的阶数相等. 故 $y=Ce^x-x-1$ 是微分方程 $y'-y=x$ 的通解.

将初始条件 $y(0)=1$ 代入通解 $y=Ce^x-x-1$ 中,得 $C=2$,从而所求特解为

$$y=2e^x-x-1.$$

微分方程的解的图形是一条曲线,称为微分方程的**积分曲线**. 例如 $y'=2x$ 的通解 $y=x^2+C$ 表示以 C 为参数的抛物线簇,$y'=2x$,$y(0)=1$ 的特解 $y=x^2+1$ 表示过点 $(0,1)$ 的那条积分曲线.

习题 12.1

1. 验证下列各函数是相应微分方程的解:

(1) $y=C_1\cos\omega x+C_2\sin\omega x$,$y''+\omega^2y=0$,$\omega>0$;

(2) $y=e^{-\int p(x)dx}\int q(x)e^{\int p(x)dx}dx$,$y'+p(x)y=q(x)$;

(3) $y=C_1e^x+C_2xe^x$,$y''-2y'+y=0$;

(4) $y=x^2+1$,$y'=y^2-(x^2+1)y+2x$;

(5) $\begin{cases} x=e^{\arctan t} \\ y=e^{-\text{arccot}t} \end{cases}$,$y-xy'=0$;

(6) $y=e^x\int_0^x e^{t^2}dt+Ce^x$,$y'-y=e^{x+x^2}$.

2. 已知某微分方程的通解和初始条件分别为 $y=C_1\sin(x-C_2)$,$y(\pi)=1$,$y'(\pi)=0$,求该方程满足初始条件的特解.

3. 设函数 $y=(1+x)^2u(x)$ 是方程 $y'-\dfrac{2}{x+1}y=(x+1)^3$ 的通解,求 $u(x)$.

4. 建立分别具有下列性质的曲线所满足的微分方程:

(1)曲线上任一点的切线与该点的向径夹角为 θ;

(2)曲线上任一点的切线介于两坐标轴间的部分被切点等分;

(3)曲线上任一点的切线的纵截距是切点的横坐标和纵坐标的等差中项;

(4)曲线上任一点的切线的斜率与切点的横坐标成正比.

5. 用微分方程表示一物理命题:某种气体的气压 P 对于温度 T 的变化率与气压成正比,与气温的平方成正比.

12.2 变量可分离的微分方程

微分方程的类型是多种多样的,它们的解法也各不相同. 本节主要介绍变量可分离的微分方程的解法,以及能够化为变量可分离的微分方程的解法,如齐次方程等.

12.2.1 变量可分离的微分方程

形如

$$\frac{\mathrm{d}y}{\mathrm{d}x}=f(x)g(y) \tag{12.6}$$

的一阶微分方程,称为**变量可分离的微分方程**,这里 $f(x)$, $g(y)$ 分别为 x, y 的连续函数. 为求式(12.6)的解,首先假设 $g(y)\neq0$,可将它化为已分离变量的微分方程

$$\frac{1}{g(y)}\mathrm{d}y=f(x)\mathrm{d}x. \tag{12.7}$$

其次,将式(12.7)两边积分即得

$$\int\frac{1}{g(y)}\mathrm{d}y=\int f(x)\mathrm{d}x+C. \tag{12.8}$$

这里,$\int h(t)\mathrm{d}t$ 表示 $h(t)$ 的某一个固定的原函数,C 为使式(12.8)有意义的任意常数. 再者,$g(y)=0$ 的根 $y=y_0$ 也是方程(12.6)的解. 以上求解方法称为**变量分离法**或**分离变量法**.

例12.5 求解方程 $\dfrac{\mathrm{d}y}{\mathrm{d}x}=\mathrm{e}^{x-y}$.

解 将方程分离变量得

$$\mathrm{e}^y\mathrm{d}y=\mathrm{e}^x\mathrm{d}x.$$

两边积分得原方程的通解为

$$\mathrm{e}^y=\mathrm{e}^x+C.$$

这里 C 为任意常数,在通常情况下不再说明.

例12.6 求解方程 $y\mathrm{d}x-x\mathrm{d}y=0$.

解 当 $x\neq0$, $y\neq0$ 时,方程分离变量得

$$\frac{1}{x}\mathrm{d}x-\frac{1}{y}\mathrm{d}y=0.$$

两边积分为

$$\ln|x| - \ln|y| = C_1,$$

可改写为 $\qquad x = \pm e^{C_1} y = Cy.$

其中,$C = \pm e^{C_1}$ 为任意的非零常数. 注意分离变量时,漏掉了两个特解 $x = 0, y = 0.$ 若让 C 可取零或无穷,则方程的通解可表为 $x = Cy,$ 其中 C 为任意常数.

该例方程中的 x 和 y 的地位是对等的,因此,我们把 $x = 0, y = 0$ 均看成原方程的解. 若将方程写为 $y - x\dfrac{dy}{dx} = 0,$ 则将 y 视为 x 的函数,此时不再把 $x = 0$ 看作是该方程的解,反之也一样.

例 12.7 求微分方程 $\cos y dx + (1 + e^{-x}) \sin y dy = 0$ 满足初始条件 $y|_{x=0} = \dfrac{\pi}{4}$ 的特解.

解 先求通解,分离变量,得

$$\frac{e^x}{1 + e^x} dx + \tan y dy = 0,$$

两端积分得 $\qquad \ln(1 + e^x) - \ln \cos y = \ln C.$

微分方程的通解为 $1 + e^x = C \cos y,$ 代入初始条件得 $C = 2\sqrt{2}.$

于是所求特解为

$$1 + e^x = 2\sqrt{2} \cos y.$$

例 12.8 求解逻辑斯谛方程 $\dfrac{dx}{dt} = kx(a - x).$

解 分离变量得

$$\frac{1}{x(a-x)} dx = k dt,$$

两边积分得 $\qquad \dfrac{1}{a}\left[\ln x - \ln(a - x)\right] = kt + C_1,$

从而 $x = \dfrac{aC e^{kat}}{1 + C e^{kat}},$ 其中 $C = e^{aC_1}.$

12.2.2 可化为变量可分离的微分方程

有些方程虽然不是变量可分离方程,但可作代换化为变量可分离的方程. 变量代换是解微分方程的一种常用技巧,在解微分方程中起十分重要的作用.

例 12.9 求解微分方程 $x\dfrac{dy}{dx} + y = y \ln(xy).$

解 令 $u = xy,$ 将 u 视为新的未知函数,x 为自变量,并注意 $x\dfrac{dy}{dx} + y = \dfrac{du}{dx},$ 原方程化为

$$\frac{du}{dx} = \frac{u}{x} \ln u.$$

上方程为变量可分离方程,可求得其通解为

$$\ln u = Cx.$$

将 u 用 xy 代替,得原方程的通解为

$$\ln(xy) = Cx.$$

形如

$$\frac{\mathrm{d}y}{\mathrm{d}x}=g\left(\frac{y}{x}\right) \quad 或 \quad \frac{\mathrm{d}x}{\mathrm{d}y}=h\left(\frac{x}{y}\right) \quad 或 \quad M(x,y)\mathrm{d}x+N(x,y)\mathrm{d}y=0 \tag{12.9}$$

其中 $M(x,y)$,$N(x,y)$ 为同次齐次函数的方程,称为**齐次方程**,其中 f,g,M,N 为已知的连续函数. 方程(12.9)是能化为变量可分离方程的一类.

事实上,令 $u=\frac{y}{x}$,用新未知函数 $u(x)$ 代替原来的未知函数 $y(x)$,式(12.9)中第一个方程变为

$$u+x\frac{\mathrm{d}u}{\mathrm{d}x}=g(u),$$

分离变量

$$\frac{\mathrm{d}u}{g(u)-u}=\frac{1}{x}\mathrm{d}x \quad (g(u)-u\neq0),$$

两边积分得

$$\int\frac{\mathrm{d}u}{g(u)-u}=\ln|x|+C.$$

代回变量得原方程的通解. 注意,若 u_0 使得 $g(u_0)-u_0=0$,则 $y=u_0x$ 也是式(12.9)中第一个方程的解.

例 12.10 求解方程 $\frac{\mathrm{d}y}{\mathrm{d}x}=\frac{y}{x}+\tan\frac{y}{x}$.

解 令 $u=\frac{y}{x}$,原方程变为

$$u+x\frac{\mathrm{d}u}{\mathrm{d}x}=u+\tan u.$$

分离变量得

$$\cot u\mathrm{d}u=\frac{1}{x}\mathrm{d}x \quad (\tan u\neq0),$$

两边积分,得

$$\ln|\sin u|=\ln|x|+\ln C,$$

亦即

$$\sin u=Cx.$$

上式让 $C=0$ 可包含由 $\tan u=0$ 所得到的原方程解,故原方程的通解为 $\sin\frac{y}{x}=Cx$.

例 12.11 求解微分方程 $(y^2-3x^2)\mathrm{d}y+2xy\mathrm{d}x=0$.

解 方程中 $\mathrm{d}x$,$\mathrm{d}y$ 的系数均为二次齐次函数,所给方程为齐次方程.

令 $\frac{y}{x}=u\left(或令\frac{x}{y}=v\,也可\right)$,代入原方程得

$$(u^2x^2-3x^2)(u\mathrm{d}x+x\mathrm{d}u)+2ux^2\mathrm{d}x=0,$$

亦即

$$\frac{u^2-3}{u-u^3}\mathrm{d}u=\frac{1}{x}\mathrm{d}x \quad (u-u^3\neq0),$$

两边积分得

$$\ln\left|\frac{u^2-1}{u^3}\right|=\ln|x|+C,$$

原方程的解为

$$y^2-x^2=Cy^3 \text{ 及 } y=0.$$

同理,不是齐次方程,也可作代换化为齐次方程. 如方程

$$\frac{\mathrm{d}y}{\mathrm{d}x}=\frac{ax+by+c}{a_1x+b_1y+c_1} \tag{12.10}$$

分三种情况讨论:

（ⅰ）当 $c=c_1=0$,方程(12.10)已为齐次方程.

（ⅱ）当 $\dfrac{a}{a_1}=\dfrac{b}{b_1}=k$（$x,y$ 的对应系数成比例）或写为 $\begin{vmatrix} a & b \\ a_1 & b_1 \end{vmatrix}=0$，

此时方程变为

$$\frac{\mathrm{d}y}{\mathrm{d}x}=\frac{k(a_1x+b_1y)+c}{a_1x+b_1y+c_1}=f(a_1x+b_1y). \tag{12.11}$$

作代换 $a_1x+b_1y=u$，变为可分离变量的方程 $\dfrac{\mathrm{d}u}{\mathrm{d}x}=a_1+b_1f(u)$，求解之，代回变量.

（ⅲ）当 $\begin{vmatrix} a & b \\ a_1 & b_1 \end{vmatrix}\neq0$，及 c,c_1 不全为 0. 此时作代换 $x=X+\alpha,y=Y+\beta\Rightarrow\mathrm{d}x=\mathrm{d}X,\mathrm{d}y=\mathrm{d}Y$，方程(12.10)变为

$$\frac{\mathrm{d}Y}{\mathrm{d}X}=\frac{aX+bY+a\alpha+b\beta+c}{a_1X+b_1Y+a_1\alpha+b_1\beta+c_1}.$$

要使上方程为齐次方程，只需

$$\begin{cases} a\alpha+b\beta+c=0, \\ a_1\alpha+b_1\beta+c_1=0. \end{cases}$$

由于 $\begin{vmatrix} a & b \\ a_1 & b_1 \end{vmatrix}\neq0$，$\alpha,\beta$ 有唯一解，所作代换将式(12.10)化为齐次方程.

由推导过程知第ⅲ情况的微分方程的求解步骤为：

①求解方程组 $\begin{cases} a\alpha+b\beta+c=0, \\ a_1\alpha+b_1\beta+c_1=0. \end{cases}$

②作代换 $x=X+\alpha,y=Y+\beta$.

③方程(12.10)变为 $\dfrac{\mathrm{d}Y}{\mathrm{d}X}=\dfrac{aX+bY}{a_1X+b_1Y}$，这是一个齐次方程，求解之，代回变量.

此法也适用于一般形 $\dfrac{\mathrm{d}y}{\mathrm{d}x}=f\left(\dfrac{ax+by+c}{a_1x+b_1y+c_1}\right)$.

例 12.12　求解 $y'=\dfrac{x+y+1}{x-y-3}$.

解　令 $\begin{cases} x+y+1=0 \\ x-y-3=0 \end{cases}$，解之得 $\begin{cases} x=1 \\ y=-2 \end{cases}$. 作变换 $\begin{cases} x=X+1 \\ y=Y-2 \end{cases}$ 代入原方程得

$$\frac{\mathrm{d}Y}{\mathrm{d}X}=\frac{X+Y}{X-Y}.$$

再令 $\dfrac{Y}{X}=u,Y=uX$ 可将方程化为

$$X\frac{\mathrm{d}u}{\mathrm{d}X}=\frac{1+u^2}{1-u}，即\frac{1-u}{1+u^2}\mathrm{d}u=\frac{\mathrm{d}X}{X}.$$

积分

$$\int\frac{1}{1+u^2}\mathrm{d}u-\int\frac{u}{1+u^2}\mathrm{d}u=\int\frac{1}{X}\mathrm{d}X，或\ \arctan u-\frac{1}{2}\ln(1+u^2)=\ln X+\ln\frac{1}{C}.$$

即

$$\frac{\mathrm{e}^{\arctan u}}{\sqrt{1+u^2}}=\frac{X}{C}，或\ X=\frac{C\mathrm{e}^{\arctan u}}{\sqrt{1+u^2}}.$$

用 $u=\dfrac{Y}{X}$ 代入上式得

$$\sqrt{X^2+Y^2}=C\mathrm{e}^{\arctan\frac{Y}{X}},$$

再用 $X=x-1$，$Y=y+2$ 代入上式得方程的通解为

$$\sqrt{(x-1)^2+(y+2)^2}=C\mathrm{e}^{\arctan\frac{y+2}{x-1}}.$$

例 12.13 在制造探照灯的反射镜时，总是要求将点光源射出的光线平行地反射出去，以保证探照灯有良好的方向性，试求反射镜面的几何形状.

解 取光源所在处为坐标原点，而 x 轴平行于光的反射方向，如图 12.1 所示.

设所求曲面由曲线

$$L:\begin{cases}y=f(x)\\z=0\end{cases}$$

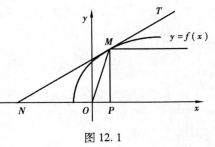

图 12.1

绕 x 旋转而成，则求反射镜面的问题归结为求 xOy 平面上的曲线 $y=f(x)$ 的问题.

过曲线 L 上任意一点 $M(x,y)$ 作切线 NT，则由光的反射定律：入射角等于反射角，容易推得

$$\angle NMO=\angle MNO,$$

从而

$$\overline{OM}=\overline{ON}.$$

注意到

$$\frac{\mathrm{d}y}{\mathrm{d}x}=\tan\angle MNO=\frac{\overline{MP}}{\overline{NP}},$$

$$\overline{MP}=y,\overline{NP}=\overline{NO}+\overline{OP}=\overline{OM}+\overline{OP}=\sqrt{x^2+y^2}+x.$$

函数 $y=f(x)$ 满足的微分方程为

$$\frac{\mathrm{d}y}{\mathrm{d}x}=\frac{y}{x+\sqrt{x^2+y^2}}\quad\text{或}\quad\frac{\mathrm{d}x}{\mathrm{d}y}=\frac{x+\sqrt{x^2+y^2}}{y}.$$

这是齐次方程，令 $\dfrac{x}{y}=v$，上方程可化为可分离变量的微分方程

$$y\frac{\mathrm{d}v}{\mathrm{d}y}=\sqrt{1+v^2}\,\mathrm{sgn}\ y.$$

求解方程并代回变量，化简整理，最后得

$$y^2=C(C\pm2x),$$

其中 C 为任意常数. 因此所求反射镜的形状为旋转抛物面

$$y^2+z^2=C(C\pm2x).$$

习题 12.2

1. 求下列微分方程的解：

（1）$y' = \dfrac{2xy}{1+x^2}$；

（2）$y' = \dfrac{1+y}{1-x}$；

（3）$(1+y^2)\,\mathrm{d}x - (xy + x^3 y)\,\mathrm{d}y = 0$；

（4）$(e^{x+y} - e^x)\,\mathrm{d}x + (e^{x+y} + e^y)\,\mathrm{d}y = 0$；

（5）$e^y y' = x + x^3$，$y\,|_{x=1} = 1$；

（6）$x^2 y' - \cos 2y = 1$，$y(+\infty) = \dfrac{\pi}{4}$.

2. 求下列微分方程的解：

（1）$(x^3 + y^3)\,\mathrm{d}x - 3xy^2\,\mathrm{d}y = 0$；

（2）$(x^2 + y^2)\,\mathrm{d}x - xy\,\mathrm{d}y = 0$；

（3）$\left(1 + e^{\frac{x}{y}}\right)\mathrm{d}x + e^{\frac{x}{y}}\left(1 - \dfrac{x}{y}\right)\mathrm{d}y = 0$；

（4）$y' = \dfrac{x+y}{x-y}$；

（5）$xy' = y - x\cos^2\dfrac{y}{x}$；

（6）$xy' - y = x\tan\dfrac{y}{x}$.

3. 求下列微分方程的解：

（1）$y' = \dfrac{x-y+1}{x+y-3}$；

（2）$(x+y)\,\mathrm{d}x + (3x+3y-4)\,\mathrm{d}y = 0$；

（3）$y' = \cos x \cos y + \sin x \sin y$；

（4）$x\mathrm{d}y + y\mathrm{d}x = (x^3 y^2 - x)\,\mathrm{d}x$；

（5）$\dfrac{\mathrm{d}y}{\mathrm{d}x} = \dfrac{1}{(x+y)^2}$；

（6）$\dfrac{\mathrm{d}y}{\mathrm{d}x} = (x+1)^2 + (4y+1)^2 + 8xy + 1$.

4. 验证形如 $yf(xy)\,\mathrm{d}x + xg(xy)\,\mathrm{d}y = 0$ 的微分方程经变换 $u = xy$ 可化为变量分离方程，并求其通解.

5. 已知 $f(x)\displaystyle\int_0^x f(t)\,\mathrm{d}t = 1$，$x \neq 0$，试求函数 $f(x)$ 的一般表达式.

6. 设 $f(x)$ 对任意 $x, y \in (-\infty, +\infty)$ 均有 $f(x+y) = f(x) + f(y) + xy$，且 $f'(0) = 1$，求 $f(x)$.

7. 设函数 $\varphi(t)$ 在 $(-\infty, +\infty)$ 上连续，$\varphi'(0)$ 存在且满足关系式 $\varphi(t+s) = \varphi(t)\varphi(s)$，试求

此函数.

8. 已知 $\int_0^1 \varphi(tx)\,\mathrm{d}t = n\varphi(x)$，求 $\varphi(x)$.

9. 人工繁殖细菌,其增长速度和当时的细菌数成正比.(1)若在 4 小时的细菌数即为原细菌数的 2 倍,问在 12 小时的细菌数应有多少倍?(2)若在 3 小时的时候,有细菌 10^4 个,问在开始时有多少个细菌?

10. 在某一个群中推广新技术是通过其中已掌握新技术的人进行的。设该人群的总人数为 N,在 $t=0$ 时刻已掌握新技术的人数为 x_0,在任意时刻 t 已掌握新技术的人数为 $x(t)$(将 $x(t)$ 视为连续可微变量),其变化率与已掌握新技术人数和未掌握新技术人数之积成正比,比例常数 $k>0$,求 $x(t)$.

11. 质量为 1 g 的质点受外力作用作直线运动,该外力和时间成正比,和质点运动的速度成反比. 在 $t=10$ s 时,速度等于 50 cm/s,外力为 4 g·cm/s^2,问从运动开始经过了 1 分钟后的速度是多少?

12.3 一阶线性微分方程

12.3.1 一阶线性微分方程与常数变易法

微分方程中关于未知函数及其各阶导数是一次的有理整式,这样的方程称为**线性微分方程**,否则称为**非线性微分方程**. 一般地,n 阶线性微分方程的一般形式为

$$y^{(n)} + a_1(x)y^{(n-1)} + \cdots + a_n(x)y = f(x) \tag{12.12}$$

其中 $a_k(x)(k=1,2,\cdots,n)$ 在某区间上连续. 当自由项 $f(x) \neq 0$ 时,称式(12.12)为 n 阶**非齐次线性微分方方程**;当自由项 $f(x)=0$ 时,称式(12.12)为 n 阶**齐次线性微分方程**,也称为非齐次线性方程所对应的齐次方程.

一阶非齐次线性微分方程可写为

$$y' + p(x)y = q(x), \tag{12.13}$$

其对应的齐次线性微分方程可写为

$$y' + p(x)y = 0. \tag{12.14}$$

方程(12.14)是可分离变量的方程,分离变量得

$$\frac{\mathrm{d}y}{y} = -p(x)\,\mathrm{d}x$$

两边积分

$$\ln|y| = -\int p(x)\,\mathrm{d}x + \ln C, \text{即} \quad y = Ce^{-\int p(x)\,\mathrm{d}x}$$

不论常数 C 取何值,$y = Ce^{-\int p(x)\,\mathrm{d}x}$ 不可能是非齐次线性方程(12.13)的解. 为此,将其常数 C 变易为函数 $C(x)$,设 $y = C(x)^{-\int p(x)\,\mathrm{d}x}$ 是方程(12.13)的解(其中 $C(x)$ 为待定函数),将

$$y = C(x)^{-\int p(x)\,\mathrm{d}x}, y' = C'(x)e^{-\int p(x)\,\mathrm{d}x} - C(x)p(x)e^{-\int p(x)\,\mathrm{d}x}$$

代入非齐次线性次方程(12.13),化简整理,得

$$C'(x) = q(x) e^{\int p(x)dx},$$

两边积分

$$C(x) = \int q(x) e^{\int p(x)dx} dx + C.$$

可以验证非齐次线性方程(12.13)的通解为

$$y = e^{-\int p(x)dx} \left[C + \int q(x) e^{\int p(x)dx} dx \right]. \tag{12.15}$$

若把上式改写为两项之和,得

$$y = C e^{-\int p(x)dx} + e^{-\int p(x)dx} \int q(x) e^{\int p(x)dx} dx.$$

易知右端第一项是齐次方程的通解,可验证第二项是非齐次方程的一个特解,由此得到:一阶非齐次线性方程的通解等于对应的齐次方程的通解与其本身的一个特解之和. 这个结论对高阶线性微分方程仍然成立.

上述利用非齐次线性方程所对应齐次方程的通解,将通解中的常数变易成待定函数来求非齐线性方程的通解或特解的方法,称为**常数变易法**,此种方法对高阶非齐次线性方程也适用. 公式(12.15)也称为非齐次线性微分方程的**常数变易公式**.

在微分方程中,由于变量 x, y 具有同等地位,所以关于 $\dfrac{dx}{dy}$ 和 x 一阶非齐次线性方程为

$$\frac{dx}{dy} + p(y)x = q(y),$$

相应的通解为

$$x = e^{-\int p(y)dy} \left[C + \int q(y) e^{\int p(y)dy} dy \right].$$

例 12.14　求微分方程 $(x+1)\dfrac{dy}{dx} - ny = e^x(x+1)^{n+1}$ 的通解.

解　题设方程可化为非齐次线性方程

$$\frac{dy}{dx} - \frac{n}{x+1} y = e^x(x+1)^n.$$

代入常数变易公式(12.15),可得通解

$$y = e^{\int \frac{n}{x+1}dx} \left[C + \int e^x(x+1)^n e^{-\int \frac{n}{x+1}dx} dx \right] = (x+1)^n (e^x + C).$$

例 12.15　求微分方程 $(y^3 + xy)y' = 1$ 满足 $y(0) = 0$ 的特解.

解　原方程不是关于 $\dfrac{dy}{dx}$ 和 y 的一阶线性方程,但它是关于 $\dfrac{dx}{dy}$ 和 x 的一阶线性方程

$$\frac{dx}{dy} = yx + y^3, \quad 即 \frac{dx}{dy} - yx = y^3.$$

所以其通解为

$$x = e^{-\int p(y)dy} \left[C + \int q(y) e^{\int p(y)dy} dy \right]$$

$$= e^{\int y dy} \left[C + \int y^3 e^{\int -y dy} dy \right]$$

$$= C e^{\frac{y^2}{2}} - y^2 - 2.$$

利用初始条件 $y(0)=0$,可得 $C=2$,原方程满足初始条件的特解为

$$x=2\mathrm{e}^{\frac{y^2}{2}}-y^2-2.$$

12.3.2 可化为一阶线性微分方程的方程

某些方程虽不是线性方程,但可作变量代换化为线性方程.

例 12.16 求解方程 $(1+x^2)\sin 2y \cdot \dfrac{\mathrm{d}y}{\mathrm{d}x}+x\cos^2 y+2x\sqrt{1+x^2}=0.$

解 注意到 $\dfrac{\mathrm{d}}{\mathrm{d}y}\cos^2 y=-\sin 2y$,原方程可化为

$$-(1+x^2)\frac{\mathrm{d}\cos^2 y}{\mathrm{d}x}+x\cos^2 y+2x\sqrt{1+x^2}=0.$$

令 $\cos^2 y=z$,该方程进一步变为

$$-(1+x^2)\frac{\mathrm{d}z}{\mathrm{d}x}+xz+2x\sqrt{1+x^2}=0,$$

即

$$\frac{\mathrm{d}z}{\mathrm{d}x}-\frac{x}{1+x^2}z=\frac{2x}{\sqrt{1+x^2}}.$$

该一阶线性非齐方程通解为

$$z=\sqrt{1+x^2}\left[C+\ln(1+x^2)\right].$$

代回变量,得原方程的通解为

$$\cos^2 y=\sqrt{1+x^2}\left[C+\ln(1+x^2)\right].$$

形如

$$y'+p(x)y=q(x)y^n$$

称为**贝努利方程**(James Bernoulli),其中 $n\neq 0,1$. 当 $n=0$ 时,为一阶线性微分方程;当 $n=1$ 时,为可分离变量的微分方程.

贝努利方程是一类非线性微分方程,但它可以通过作变量代换化为一阶线性微分方程.

事实上,将方程两端同时除以 y^n,得到

$$y^{-n}y'+p(x)y^{1-n}=q(x)$$

或

$$\frac{1}{1-n}(y^{1-n})'+p(x)y^{1-n}=q(x).$$

于是,作变量代换 $z=y^{1-n}$ 代入上式得

$$\frac{\mathrm{d}z}{\mathrm{d}x}+(1-n)p(x)z=(1-n)q(x).$$

这是一个关于 z 的一阶非齐次线性方程,求解之,再代回变量,便可得到贝努利方程的解.

类似地,可得到贝努利方程

$$\frac{\mathrm{d}x}{\mathrm{d}y}+p(y)x=q(y)x^n(n\neq 0,1)$$

的解.

例 12.17　求微分方程 $y' = \dfrac{y}{2x} + \dfrac{x^2}{2y}$ 的通解.

解　原方程为 $n = -1$ 的贝努利方程, 令 $z = y^2$, 原方程变为

$$z' - \frac{1}{x}z = x^2.$$

此方程的通解为

$$z = x\left(\frac{x^2}{2} + C\right) = Cx + \frac{x^3}{2},$$

故原方程的通解为

$$y^2 = Cx + \frac{x^3}{2}.$$

例 12.18　求微分方程 $(y^4 - 3x^2)\dfrac{\mathrm{d}y}{\mathrm{d}x} + xy = 0$ 满足 $y(1) = 1$ 的特解.

解　原方程可变形为

$$\frac{\mathrm{d}x}{\mathrm{d}y} = -\frac{y^4 - 3x^2}{xy}, \text{ 即} \frac{\mathrm{d}x}{\mathrm{d}y} - \frac{3}{y}x = -y^3 x^{-1}.$$

令 $x^2 = z$, 上面方程可变为

$$\frac{\mathrm{d}z}{\mathrm{d}y} - \frac{6z}{y} = -2y^3.$$

此方程为一阶非齐次线性微分方程, 其通解为

$$z = \mathrm{e}^{-\int p(y)\mathrm{d}y}\left[C + \int q(y)\mathrm{e}^{\int p(y)\mathrm{d}y}\mathrm{d}y\right] = Cy^6 + y^4,$$

即 $x^2 = Cy^6 + y^4$ 为原方程的通解.

习题 12.3

1. 求下列微分方程的解:

$(1)\dfrac{\mathrm{d}y}{\mathrm{d}x} - \dfrac{n}{x}y = \mathrm{e}^x x^n$;

$(2)\dfrac{\mathrm{d}x}{\mathrm{d}t} + 3x = \mathrm{e}^{2t}$;

$(3)\dfrac{\mathrm{d}y}{\mathrm{d}x} = y + \sin x$;

$(4)\dfrac{\mathrm{d}y}{\mathrm{d}x} = \dfrac{y}{x + y^2}$;

$(5) y\mathrm{d}x + (x - \ln y)\mathrm{d}y = 0$;

$(6) xy' + y - \mathrm{e}^x = 0, y(1) = \mathrm{e}$;

$(7) xy' + (1 - x)y = \mathrm{e}^{2x} (0 < x < +\infty), \lim\limits_{x \to +0} y(x) = 1$;

$(8) y = \mathrm{e}^x + \displaystyle\int_0^x y(t)\mathrm{d}t$.

2. 求下列微分方程的解:

$(1) \dfrac{\mathrm{d}y}{\mathrm{d}x} - y = xy^5$;

$(2) \dfrac{\mathrm{d}x}{\mathrm{d}y} + x = x^2(\cos y - \sin y)$;

$(3) (2x+1)y' - 4\mathrm{e}^{-y} + 2 = 0$;

$(4) \dfrac{y}{\sqrt{y^2+1}} \dfrac{\mathrm{d}y}{\mathrm{d}x} + \sqrt{y^2+1} = x^2 + 1$;

$(5) \mathrm{e}^{-x} \dfrac{\mathrm{d}y}{\mathrm{d}x} - \mathrm{e}^{-x} = \mathrm{e}^y$;

$(6) (\mathrm{e}^y - y')x = 2$.

3. 求一曲线的方程,该曲线通过原点,且它在点(x,y)处的切线斜率等于$2x+y$.

4. 设有一质量为 m 的质点做直线运动,从速度等于零的时刻起,有一个与运动方向一致、大小与时间成正比(比例系数为 k_1)的力作用于它. 此外,它还受一与速度成正比(比例系数为 k_2)的阻力作用,求质点运动的速度与时间的函数关系.

5. 证明:如果已知黎卡提(Riccati)方程

$$\frac{\mathrm{d}y}{\mathrm{d}x} = P(x)y^2 + Q(x)y + R(x)$$

的一个特解 $\bar{y}$,则可作变换 $y = z + \bar{y}$ 化为贝努里方程,并求解方程

$$y'\mathrm{e}^{-x} + y^2 - 2y\mathrm{e}^x = 1 - \mathrm{e}^{2x}.$$

12.4 全微分方程

12.4.1 全微分方程

给定微分方程

$$M(x,y)\mathrm{d}x + N(x,y)\mathrm{d}y = 0 \tag{12.16}$$

其中 M, N 在某个矩形区域内是 x, y 的连续函数,且具有连续的一阶偏导数.

若方程(12.16)的左端恰好是某个二元函数 $u(x,y)$ 的全微分,即

$$\mathrm{d}u(x,y) = M(x,y)\mathrm{d}x + N(x,y)\mathrm{d}y,$$

则称方程(12.16)为**全微分方程**或**恰当方程**,$u(x,y)$ 称为 $M(x,y)\mathrm{d}x + N(x,y)\mathrm{d}y$ 的**原函数**. 由全微分方程及二元函数全微分的定义,容易得到

$$M(x,y)\mathrm{d}x + N(x,y)\mathrm{d}y = 0 \text{ 为全微分方程} \Leftrightarrow \exists u(x,y), \text{使} \frac{\partial u}{\partial x} = M, \frac{\partial u}{\partial y} = N.$$

当式(12.16)是全微分方程时,则其通解为 $u(x,y) = C$.

例 12.19 求解方程 $(x^3+y)\mathrm{d}x + (x-y)\mathrm{d}y = 0$.

解 原方程变形为

$$x^3\mathrm{d}x + (y\mathrm{d}x + x\mathrm{d}y) - y\mathrm{d}y = 0,$$

亦即

$$d\left(\frac{1}{4}x^4\right)+\mathrm{d}(xy)-\mathrm{d}\left(\frac{1}{2}y^2\right)=0,$$

原方程的通解为

$$\frac{1}{4}x^4+xy-\frac{1}{2}y^2=C.$$

上例的解法是一个特例,它有一个前提条件,这就是所给的方程必须是全微分方程,否则,方程的左端不可能是某个二元函数的全微分. 在一般情况下,摆在我们面前需解决的问题有三个:

①如何判断方程(12.16)是否为全微分方程?

②若方程(12.16)是全微分方程,如何求出方程左端的原函数 $u(x,y)$?

③若方程(12.16)不是全微分方程,能否将它转化为全微分方程?

下面的定理及证明过程回答了前两个问题.

定理 12.1　设 $M(x,y),N(x,y)$ 在单连通区域 D 内连续,且关于 x,y 具有一阶连续偏导数,则方程(12.16)为全微分方程的充要条件是在 D 内有

$$\frac{\partial M}{\partial y}=\frac{\partial N}{\partial x}. \tag{12.17}$$

证　设方程(12.16)为全微分方程,则存在 $u(x,y)$ 使

$$\frac{\partial u}{\partial x}=M,\frac{\partial u}{\partial y}=N.$$

由假设 M,N 在 D 内具有一阶连续的偏导数,从而 u 在 D 内具有二阶连续的偏导数,所以

$$\frac{\partial M}{\partial y}=\frac{\partial^2 u}{\partial x\partial y}=\frac{\partial^2 u}{\partial y\partial x}=\frac{\partial N}{\partial x}.$$

另一方面,设式(12.17)在 D 内成立,需找 u 使 $\frac{\partial u}{\partial x}=M,\frac{\partial u}{\partial y}=N.$

由 $\frac{\partial u}{\partial x}=M$,知

$$u=\int M(x,y)\,\mathrm{d}x+\varphi(y).$$

这里 $\varphi(y)$ 是 y 的任意可微函数,下面选择 $\varphi(y)$ 使 u 满足 $\frac{\partial u}{\partial y}=N$,即有

$$\frac{\partial u}{\partial y}=\frac{\partial}{\partial y}\int M(x,y)\,\mathrm{d}x+\varphi'(y)=N$$

由此

$$\varphi'(y)=N-\frac{\partial}{\partial y}\int M(x,y)\,\mathrm{d}x.$$

当式(12.17)成立时,上式右端与 x 无关,事实上

$$\frac{\partial}{\partial x}\left[N-\frac{\partial}{\partial y}\int M(x,y)\,\mathrm{d}x\right]=\frac{\partial N}{\partial x}-\frac{\partial}{\partial x}\left[\frac{\partial}{\partial y}\int M(x,y)\,\mathrm{d}x\right]$$

$$=\frac{\partial N}{\partial x}-\frac{\partial}{\partial y}\left[\frac{\partial}{\partial x}\int M(x,y)\,\mathrm{d}x\right]=\frac{\partial N}{\partial x}-\frac{\partial M}{\partial y}=0,$$

故

$$\varphi(y) = \int \left[N - \frac{\partial}{\partial y} \int M(x,y)\,dx \right] dy,$$

进一步得到

$$u = \int M(x,y)\,dx + \int \left[N - \frac{\partial}{\partial y} \int M(x,y)\,dx \right] dy.$$

上面定理给出了判别一个方程为全微分方程的条件，其证明过程提供了找全微分方程通解的方法. 事实上，方程(12.16)为全微分方程时，由证明过程知其通解为

$$\int M(x,y)\,dx + \int N(x,y)\,dy - \int \left[\frac{\partial}{\partial y} \int M(x,y)\,dx \right] dy = C,$$

同理可得，另一形式的通解为

$$\int M(x,y)\,dx + \int N(x,y)\,dy - \int \left[\frac{\partial}{\partial x} \int N(x,y)\,dy \right] dx = C.$$

利用第二型曲线积分理论，还可将全微方程(12.16)的通解写为

$$\int_{(x_0,y_0)}^{(x,y)} M(x,y)\,dx + N(x,y)\,dy = \int_{x_0}^x M(x,y)\,dx + \int_{y_0}^y N(x_0,y)\,dy = C,$$

或

$$\int_{(x_0,y_0)}^{(x,y)} M(x,y)\,dx + N(x,y)\,dy = \int_{x_0}^x M(x,y_0)\,dx + \int_{y_0}^y N(x,y)\,dy = C,$$

其中(x_0,y_0)为区域D内任意一固定点.

对于具体的全微分方程，求解过程往往采用凑微分法，即通过观察把全微分方程的左端$M\mathrm{d}x + N\mathrm{d}y$凑成一个全微分. 熟记一些常见的微分公式，对求解全微分分方程或把非全微分方程转化全微分方程是有益的.

$$\mathrm{d}x \pm \mathrm{d}y = \mathrm{d}(x \pm y); \qquad x\mathrm{d}x \pm y\mathrm{d}y = \frac{1}{2}\mathrm{d}(x^2 \pm y^2);$$

$$y\mathrm{d}x + x\mathrm{d}y = \mathrm{d}(xy); \qquad \frac{y\mathrm{d}x - x\mathrm{d}y}{y^2} = \mathrm{d}\left(\frac{x}{y}\right);$$

$$\frac{-y\mathrm{d}x + x\mathrm{d}y}{x^2} = \mathrm{d}\left(\frac{y}{x}\right); \qquad \frac{y\mathrm{d}x - x\mathrm{d}y}{xy} = \mathrm{d}\left(\ln\left|\frac{x}{y}\right|\right);$$

$$\frac{y\mathrm{d}x - x\mathrm{d}y}{x^2 + y^2} = \mathrm{d}\left(\arctan\frac{x}{y}\right); \qquad \frac{y\mathrm{d}x - x\mathrm{d}y}{x^2 - y^2} = \frac{1}{2}\mathrm{d}\left(\ln\left|\frac{x-y}{x+y}\right|\right).$$

例 12.20 求解微分方程$(3x^2 + 6xy^2)\,\mathrm{d}x + (6x^2y + 4y^3)\,\mathrm{d}y = 0$.

解法 1(偏积法) 这里$M = 3x^2 + 6xy^2$，$N = 6x^2y + 4y^3$，容易验证

$$\frac{\partial M}{\partial y} = 12xy = \frac{\partial N}{\partial x},$$

因此方程是全微分方程. 现在求u，使它同时满足下面两个方程：

$$\frac{\partial u}{\partial x} = 3x^2 + 6xy^2, \tag{12.18}$$

$$\frac{\partial u}{\partial y} = 6x^2y + 4y^3. \tag{12.19}$$

式(12.18)对x积分，得

$$u = x^3 + 3x^2y^2 + \varphi(y) \tag{12.20}$$

为了确定 $\varphi(y)$，式(12.20)对 y 求导，并利用式(12.19)，得

$$\frac{\partial u}{\partial y}=6x^2y+\varphi'(y)=6x^2y+4y^3,$$

于是可取 $\varphi(y)=y^4$，将 $\varphi(y)$ 代入式(12.20)得

$$u=x^3+3x^2y^2+y^4,$$

方程的通解为

$$x^3+3x^2y^2+y^4=C.$$

解法 2(线积法) 由于所给方程为全微分方程，所以存在 u 使

$$du=(3x^2+6xy^2)\,dx+(6x^2y+4y^3)\,dy=Mdx+Ndy,$$

故

$$u=\int_{(0,0)}^{(x,y)}Mdx+Ndy.$$

该第二型曲线积分与路径无关，取平行于坐标轴的折线路径，于是有

$$u=\int_0^x M(x,0)\,dx+\int_0^y N(x,y)\,dy=\int_0^x 3x^2dx+\int_0^y(6x^2y+4y^3)\,dy=x^3+3x^2y^2+y^4.$$

故方程通解为

$$x^3+3x^2y^2+y^4=C.$$

解法 3(凑微分法) 将恰当方程凑成

$$3x^2dx+(6xy^2dx+6x^2ydy)+4y^3dy=0,$$

或者写成

$$d(x^3)+d(3x^2y^2)+d(y^4)=C,$$

方程的通解为

$$x^3+3x^2y^2+y^4=C.$$

12.4.2 可化为全微分方程的方程与积分因子

由上一部分的例子可以看到，全微分方程的求解是比较容易的，人们自然希望通过某种方法，把非全微分方程转化为全微分方程。首先，我们考察方程

$$ydx-xdy=0 \tag{12.21}$$

容易知道

$$\frac{\partial M}{\partial y}=1,\frac{\partial N}{\partial x}=-1.$$

所给方程(12.21)不是全微分方程。将方程(12.21)两端同乘 $\frac{1}{y^2}$，变为

$$\frac{1}{y}dx-\frac{x}{y^2}dy=0,$$

易验证该方程为全微分方程。方程(12.21)两端同乘 $\frac{1}{x^2},\frac{1}{xy},\frac{1}{x^2\pm y^2},\cdots$，均可变为全微分方程。为此，我们引入积分因子的概念。

定义 12.1 对于非全微分方程

$$M(x,y)dx+N(x,y)dy=0 \tag{12.22}$$

若存在连续可微函数 $\mu(x,y) \neq 0$，使方程

$$\mu(x,y)M(x,y)\mathrm{d}x + \mu(x,y)N(x,y)\mathrm{d}y = 0 \qquad (12.23)$$

变为全微分方程，则称函数 $\mu(x,y)$ 为方程(12.23)的**积分因子**.

从上面例子可以看到，积分因子只要存在就不唯一. 可以证明，只要方程有解存在，则必有积分因子. 因此，在具体解题过程中，由于求出的积分因子不同从而通解可能具有不同的形式.

性质 12.1 设 $\mu(x,y)$ 是方程(12.22)的积分因子，$u(x,y)$ 是方程(12.23)左端的原函数，$\varphi(u)$ 是 u 的任何不恒等于零的连续可微函数，则 $\tilde{\mu}(x,y) = \mu(x,y)\varphi(u)$ 也是方程(12.22)的积分因子. 事实上，

$$\tilde{\mu}(M\mathrm{d}x + N\mathrm{d}y) = \mu\varphi(u)(M\mathrm{d}x + N\mathrm{d}y) = \varphi(u)(\mu M\mathrm{d}x + \mu N\mathrm{d}y) = \varphi(u)\mathrm{d}u = \mathrm{d}\!\int\varphi(u)\mathrm{d}u.$$

从上面的讨论知，如何求积分因子对解非全微分方程是十分重要的. 下面介绍积分因子的求法.

由于方程(12.23)是全微分方程，所以

$\mu(x,y)$ 为 $M(x,y)\mathrm{d}x + N(x,y)\mathrm{d}y = 0$ 的积分因子 $\Leftrightarrow \mu(x,y)$ 满足 $\dfrac{\partial(\mu M)}{\partial y} = \dfrac{\partial(\mu N)}{\partial x}$.

整理得

$$N\frac{\partial\mu}{\partial x} - M\frac{\partial\mu}{\partial y} = \left(\frac{\partial M}{\partial y} - \frac{\partial N}{\partial x}\right)\mu \qquad (12.24)$$

这是一个以 $\mu(x,y)$ 为未知函数的一阶偏微分方程，要想通过解此偏微分方程得到(12.22)的积分因子，在一般情况下将比求解方程(12.22)本身更困难. 尽管如此，条件(12.24)还是为我们提供了寻找某些特殊形式积分因子的途径.

(1) 积分因子只是 x 的函数

若方程(12.22)存在只与 x 有关的积分因子 $\mu = \mu(x)$，则 $\dfrac{\partial\mu}{\partial y} = 0$，等式(12.24)变为

$$N\frac{\partial\mu}{\partial x} = \left(\frac{\partial M}{\partial y} - \frac{\partial N}{\partial x}\right)\mu, \quad 即 \quad \frac{1}{\mu}\frac{\partial\mu}{\partial x} = \frac{M_y - N_x}{N} \qquad (12.25)$$

上式左端只是 x 的函数，要使上式有解其充要条件是式(12.25)右端也只为 x 的函数，即当 $\dfrac{M_y - N_x}{N} = F(x)$ 时，式(12.25)变为 $\dfrac{1}{\mu}\mathrm{d}\mu = F(x)\mathrm{d}x$ 可求出 μ，即方程(12.22)有积分因子 $\mu = C\mathrm{e}^{\int F(x)\mathrm{d}x}$.

例 12.21 用积分因子法求解微分方程 $y' + p(x)y = f(x)$.

解 方程变形为 $[p(x)y - f(x)]\mathrm{d}x + \mathrm{d}y = 0$. 易验证

$$\frac{M_y - N_x}{N} = \frac{p(x) - 0}{1} = p(x),$$

原方程有积分因子 $\mu = \mathrm{e}^{\int p(x)\mathrm{d}x}$.

从而

$$y'\mathrm{e}^{\int p(x)\mathrm{d}x} + p(x)y\mathrm{e}^{\int p(x)\mathrm{d}x} = f(x)\mathrm{e}^{\int p(x)\mathrm{d}x}$$

为全微分方程，即有

$$\frac{d}{dx}[\,y e^{\int p(x)\,dx}\,] = f(x)\,e^{\int p(x)\,dx}$$

故方程的通解为

$$y = e^{-\int p(x)\,dx}\left[\,C + \int f(x)\,e^{\int p(x)\,dx}\,dx\,\right].$$

例 12.22　求解微分方程 $(e^x + 3y^2)\,dx + 2xy\,dy = 0$.

解　因为

$$\frac{M_y - N_x}{N} = \frac{6y - 2y}{2xy} = \frac{2}{x},$$

所以,方程有积分因子

$$\mu = e^{\int \frac{2}{x} dx} = x^2.$$

从而方程

$$x^2(e^x + 3y^2)\,dx + 2x^3 y\,dy = 0$$

为全微分方程,可用前面所介绍的三种方法之一求其通解. 比如,用凑微分法

$$x^2 e^x\,dx + (3x^2 y^2\,dx + 2x^3 y\,dy) = 0,$$

$$d\int x^2 e^x\,dx + d(x^3 y^2) = 0.$$

通解为

$$\int x^2 e^x\,dx + x^3 y^2 = C,$$

或

$$(x^2 - 2x + 2)e^x + x^3 y^2 = C.$$

(2)积分因子只是 y 的函数

类似可得,若 $\dfrac{M_y - N_x}{-M} = G(y)$,则方程(12.22)有积分因子 $\mu = e^{\int G(y)\,dy}$.

例 12.23　求解微分方程 $(2xy^2 - y)\,dx + (y^2 + x + y)\,dy = 0$.

解　因为

$$\frac{M_y - N_x}{-M} = \frac{(4xy - 1) - 1}{-(2xy^2 - y)} = -\frac{2}{y},$$

所以,方程有积分因子

$$\mu = e^{\int -\frac{2}{y} dy} = \frac{1}{y^2}.$$

从而方程

$$\frac{1}{y^2}(2xy^2 - y)\,dx + \frac{1}{y^2}(y^2 + x + y)\,dy = 0$$

为全微分方程,可用前面所介绍的三种方法之一求其通解. 比如用线积法,方程的通解可表为

$$\int_{(0,1)}^{(x,y)}\left(2x - \frac{1}{y}\right)dx + \left(1 + \frac{x}{y^2} + \frac{1}{y}\right)dy = C,$$

即

$$\int_0^x (2x-1)\,dx + \int_1^y \left(1 + \frac{x}{y^2} + \frac{1}{y}\right) dy = C,$$

亦即

$$x^2 + y - \frac{x}{y} + \ln|y| - 1 = C.$$

习题 12.4

1. 判别下列方程中哪些是全微分方程，并求其通解：

(1) $(3x^2 + 6xy^2)\,dx + (6x^2y + 4y^3)\,dy = 0$；

(2) $(5x^4 + 3xy^2 - y^3)\,dx + (3x^2y - 3xy^2 + y^2)\,dy = 0$；

(3) $xy\,dx + \left(\frac{1}{2}x^2 + \frac{1}{y}\right)dy = 0$；

(4) $\left(\cos x + \frac{1}{y}\right)dx + \left(\frac{1}{y} - \frac{x}{y^2}\right)dy = 0$；

(5) $3x^2 - 2y^2 + (1 - 4xy)\frac{dy}{dx} = 0$；

(6) $(a^2 - 2xy - y^2)\,dx - (x+y)^2\,dy = 0$；

2. 通过积分因子法求下列微分方程的通解：

(1) $(e^x + 3y^2)\,dx + 2xy\,dy = 0$；

(2) $\left(1 + \frac{y}{x^2}\right)dx + \left(\frac{1}{x} + \frac{2y}{x^2}\right)dy = 0$；

(3) $y^2(x - 3y)\,dx + (1 - 3xy^2)\,dy = 0$；

(4) $y\,dx - (x + y^3)\,dy = 0$；

(5) $y\,dx - x\,dy = (x^2 + y^2)\,dx$；

(6) $(x - y^2)\,dx + 2xy\,dy = 0$.

3. 试求可分离变量方程

$$M(x)N(y)\,dx + P(x)Q(y)\,dy = 0$$

的积分因子.

4. 验证 $\mu = \dfrac{1}{xM(x,y) + yN(x,y)}$ 是齐次微分方程 $M(x,y)\,dx + N(x,y)\,dy = 0$ 的积分因子，其中 $xM + yN \neq 0$. 并求齐次微分方程 $(x^2 + y^2)\,dx - xy\,dy = 0$ 的通解.

5. 设 $f(x,y)$ 及 $\frac{\partial f}{\partial y}$ 连续，试证方程 $dy - f(x,y)\,dx = 0$ 为线性方程的充要条件是它有仅依赖于 x 的积分因子.

12.5 可降阶的高阶微分方程

对于一般的高阶方程没有普遍的解法，一般地，低阶方程比高阶方程容易求解. 因此，对于高阶方程,可通过适当的变量代换化为低阶方程.本节主要讨论几种特殊形式的二阶微分方程.

12.5.1　直接积分二阶微分方程 $y''=f(x)$

这是最简单的二阶微分方程,逐次积分即可得通解.

在方程 $y''=f(x)$ 中两边积分,得

$$y' = \int f(x)\,\mathrm{d}x + C_1,$$

再次积分,得原微分方程的通解为

$$y = \int \left[\int f(x)\,\mathrm{d}x + C_1 \right] \mathrm{d}x + C_2 = \int \left[\int f(x)\,\mathrm{d}x \right] \mathrm{d}x + C_1 x + C_2.$$

例 12.24　求方程 $y''=\mathrm{e}^{3x}+x$ 满足 $y(0)=0, y'(0)=1$ 的特解.

解　对所给方程连续积分两次,得

$$y' = \frac{1}{3}\mathrm{e}^{3x} + \frac{1}{2}x^2 + C_1,$$

$$y = \frac{1}{9}\mathrm{e}^{3x} + \frac{1}{6}x^3 + C_1 x + C_2,$$

利用初始条件 $y(0)=0, y'(0)=1$ 得 $C_1=\dfrac{2}{3}, C_2=-\dfrac{1}{9}$. 故所特解为

$$y = \frac{1}{9}\mathrm{e}^{3x} + \frac{1}{6}x^3 + \frac{2}{3}x - \frac{1}{9}.$$

12.5.2　不显含未知函数 y 的二阶微分方程 $f(x,y',y'')=0$

该方程的特点是不显含未知函数 y,可作变量代换将二阶微分方程降为一阶微分方程.

令 $y'=u(x)$,则 $y''=u'(x)$,原方程化为以 $u(x)$ 为未知函数的一阶微分方程

$$f(x,u,u')=0.$$

求解该方程,不妨设该方程的通解为 $\varphi(x,u,C_1)=0$,然后再根据关系 $y'=u(x)$,又得到一个一阶微分方程

$$\varphi(x,y',C_1)=0.$$

解此微分方程,即可得到原微分方程的解.

例 12.25　求解方程 $\begin{cases} (1+x^2)y''=2xy', \\ y(0)=1, y'(0)=3. \end{cases}$

解　该方程不显含未知函数 y,令 $y'=u(x)$,则 $y''=u'(x)$,原方程变为

$$(1+x^2)u'=2xu,$$

分离变量、两端积分、化简得

$$\int \frac{1}{u}\mathrm{d}u = \int \frac{2x}{1+x^2}\mathrm{d}x,$$

$$\ln|u| = \ln(1+x^2) + \ln|c_1|,$$

$$u = C_1(1+x^2),$$

即

$$y' = C_1(1+x^2).$$

又 $y'(0)=3$,所以 $C_1=3$,从而 $y'=3(1+x^2)$,进一步地,

$$y=\int 3(1+x^2)\mathrm{d}x=3\left(x+\frac{x^3}{3}\right)+C_2=3x+x^3+C_2.$$

又 $y(0)=1$,所以 $1=C_2$,从而 $y=3x+x^3+1$,故原初值问题的解为

$$y=x^3+3x+1.$$

例 12.26 求解方程 $xy''=y'\ln\dfrac{y'}{x}$.

解 令 $u=y'$,方程变为 $xu'=u\ln\dfrac{u}{x}$,这是一个一阶齐次微分方程.

令 $z=\dfrac{u}{x}$ 可变为变量已分离的微分方程

$$\frac{\mathrm{d}z}{z(\ln z-1)}=\frac{1}{x}\mathrm{d}x.$$

其解为 $z=\mathrm{e}^{C_1x+1}$ 即 $y'=x\mathrm{e}^{C_1x+1}$,故原方程的通解为

$$y=\frac{\mathrm{e}^{C_1x+1}}{C_1}\left(x-\frac{1}{C_1}\right)+C_2.$$

此外,在分离变量时失去一解 $z=\mathrm{e}$,即 $y=\dfrac{1}{2}\mathrm{e}x^2+C$.

12.5.3 不显含自变量 x 的二阶微分方程 $f(y,y',y'')=0$

该方程的特点是不显含自变量 x,可作变量代换将二阶微分方程降为一阶微分方程. 令 $y'=u(y)$,于是,由复合函数的求导法则有

$$y''=\frac{\mathrm{d}y'}{\mathrm{d}x}=\frac{\mathrm{d}u}{\mathrm{d}x}=\frac{\mathrm{d}u}{\mathrm{d}y}\cdot\frac{\mathrm{d}y}{\mathrm{d}x}=u\,\frac{\mathrm{d}u}{\mathrm{d}y}.$$

原方程化为关于 y,u 的一阶微分方程

$$f\left(y,u,u\,\frac{\mathrm{d}u}{\mathrm{d}y}\right)=0.$$

求解该方程,不妨设该方程的通解为 $\varphi(y,u,C_1)=0$,然后再根据关系 $y'=u(y)$ 得到一个一阶微分方程

$$\varphi(y,y',C_1)=0.$$

解此微分方程,即可得到原微分方程的解.

例 12.27 求 $(2y+1)y''+2y'^2=0$ 的通解.

解 此方程不显含自变量 x,故令 $y'=u(y)$,从而 $y''=u\cdot\dfrac{\mathrm{d}u}{\mathrm{d}y}$.

代入原方程得

$$(2y+1)\frac{\mathrm{d}u}{\mathrm{d}y}u+2u^2=0,\quad 即\quad \frac{1}{u}\mathrm{d}u=-\frac{2}{2y+1}.$$

两边积分、化简,得

$$\int\frac{1}{u}\mathrm{d}u=-\int\frac{2}{2y+1}\mathrm{d}y,$$

$$\ln|u|=-\ln|2y+1|+\ln|c_1|,$$

$$u = \frac{c_1}{2y+1}.$$

再由 $u = y'$，得

$$\frac{\mathrm{d}y}{\mathrm{d}x} = \frac{c_1}{2y+1}.$$

这是一个可分离变量的微分方程，分离变量，两边积分，得

$$(2y+1)\mathrm{d}y = c_1\mathrm{d}x,$$

$$\int (2y+1)\mathrm{d}y = \int c_1\mathrm{d}x.$$

从而，原方程的通解为

$$y^2 + y = c_1 x + c_2.$$

例 12.28　求解方程 $yy'' = y'^2 - y'^3$.

解　引入新的未知函数 $u = y'$，取 y 为自变量，则有 $y'' = u\dfrac{\mathrm{d}u}{\mathrm{d}y}$，代入方程得

$$yu\frac{\mathrm{d}u}{\mathrm{d}y} = u^2 - u^3.$$

由 $u = 0$ 得 $y = C$. 由 $y\dfrac{\mathrm{d}u}{\mathrm{d}y} = u - u^2$ 得

$$\frac{\mathrm{d}u}{u - u^2} = \frac{1}{y}\mathrm{d}y, \quad 即 \quad u = \frac{y}{C_1 + y}.$$

将 u 换成 y'，分离变量再积分得通解

$$x = C_1 \ln|y| + y + C_2.$$

综上，原方程的解为 $x = C_1 \ln|y| + y + C_2$　及 $y = C$.

12.5.4　全导数方程

若 $f(x, y, y', y'') = 0$ 的左端恰为某一函数 $\psi(x, y, y')$ 对 x 的导数，具有这种性质的方程称为**全导数方程**. 此时，方程 $f(x, y, y', y'') = 0$ 可改写 $\dfrac{\mathrm{d}}{\mathrm{d}x}\psi(x, y, y') = 0$，两边积分得一阶微分方程 $\psi(x, y, y') = c$，再求解该一阶微分方程得 $f(x, y, y', y'') = 0$ 的通解.

例 12.29　求解微分方程 $yy'' + y'^2 = 0$.

解　原方程可改写为 $(yy')' = 0$.

积分得　　　　　　　　　　　　　　$yy' = c_1$,

分离变量　　　　　　　　　　　　$y\mathrm{d}y = c_1\mathrm{d}x$,

再积分后得原方程的通解　　　　$y^2 = c_1 x + c_2$.

例 12.30　求解微分方程 $yy'' - y'^2 = 0$.

解　先将两端同乘以积分因子 $\dfrac{1}{y^2}$，则有

$$\frac{yy'' - y'^2}{y^2} = 0, 即 \quad \mathrm{d}\left(\frac{y'}{y}\right) = 0,$$

于是 $y' = c_1 y$，故原方程的通解为　$y = c_2 \mathrm{e}^{c_1 x}$.

例 12.31 设 $f(x)$ 有二阶连续导数,且满足 $\oint_C\left[\ln x-f'(x)\right]\dfrac{y}{x}dx+f'(x)dy=0$,其中 C 为实平面上第一象限内的任意一条闭曲线. 已知 $f(1)=0$,$f'(1)=0$,求 $f(x)$.

解 由题意知:曲线积分与路径无关,故有

$$\frac{\partial}{\partial y}\left[\frac{y}{x}(\ln x-f'(x))\right]=\frac{\partial f'(x)}{\partial x}\Rightarrow xf''(x)+f'(x)=\ln x.$$

令 $p(x)=f'(x)$,原方程可变为 $p'+\dfrac{1}{x}p=\dfrac{\ln x}{x}$,解此方程得

$$p(x)=\frac{C_1}{x}+\ln x-1,$$

由 $f'(1)=p(1)=0$ 知 $C_1=1$,所以

$$p(x)=f'(x)=\frac{1}{x}+\ln x-1,$$

积分得

$$f(x)=\ln x+x(\ln x-2)+C_2,$$

由 $f(1)=0$ 得 $C_2=2$,于是

$$f(x)=\ln x+x(\ln x-2)+2.$$

习题 12.5

1. 求下列方程的通解:

(1) $y''=x+\sin x$;

(2) $xy''=y'+x^2$;

(3) $y^3y''-1=0$;

(4) $yy''-(y')^2-y^2y'=0$;

(5) $y''=-\sqrt{1-(y')^2}$;

(6) $y^{(5)}-\dfrac{1}{x}y^{(4)}=0$.

2. 试求 $y''=x$ 的经过点 $M(0,1)$ 且在此点与直线 $y=\dfrac{x}{2}+1$ 相切的积分曲线.

3. 设非负函数 $y=y(x)$ $(x\geq 0)$ 满足微分方程 $xy''-y'+2=0$. 当曲线 $y=y(x)$ 过原点时,其与直线 $x=1$ 及 $y=0$ 围成的平面区域 D 的面积为 2,求 D 绕 y 轴旋转所得旋转体的体积.

12.6 二阶变系数线性微分方程

本节主要讨论二阶变系数线性微分方程,其主要原因是:一方面,线性微分方程的一般理论已被研究得十分清楚;另一方面,它是研究非线性微分方程的基础,在研究非线性微分方程时常常化为线性微分方程来研究.

二阶变系数线性微分方程的一般形式是
$$y''+p(x)y'+q(x)y=f(x),$$
$$\tag{12.26}$$
其中 $p(x),q(x)$ 及 $f(x)$ 是自变量 x 的已知函数,函数 $f(x)$ 称为方程(12.26)的**自由项**.

当 $f(x)=0$ 时,方程(12.26)成为
$$y''+p(x)y'+q(x)y=0.$$
$$\tag{12.27}$$
这个方程称为**二阶变系数齐次线性微分方程**,相应地,方程(12.26)称为**二阶变系数非齐线性微分方程**.

12.6.1　二阶变系数齐次线性微分方程

容易验证二阶变系数齐次线性微分方程满足解的叠加原理,即有下述定理.

定理 12.2　如果函数 $y_1(x),y_2(x)$ 是方程(12.27)的两个解,则
$$y=C_1y_1(x)+C_2y_2(x)$$
也是方程(12.27)的解,其中 C_1,C_2 是任意常数.

该定理说明,齐次线性方程(12.27)任意两解的线性组合仍然是方程(12.27)的解,且形式上也含有两个任意常数 C_1 与 C_2,但它却不一定是方程(12.27)的通解. 这是因为定理的条件中并没有保证 $y_1(x),y_2(x)$ 这两个函数是相互独立的. 为了解决这个问题,我们引入函数组的线性相关与线性无关的概念.

定义 12.2　设函数组 $y_1(x),y_2(x)\cdots,y_n(x)$ 在区间 I 内有定义,如果存在一组不全为零的常数 $k_1,k_2\cdots,k_n$,使得 $\forall x\in I$ 有
$$k_1y_1(x)+k_2y_2(x)+\cdots+k_ny_n(x)=0$$
成立,则称函数组 $y_1(x),y_2(x)\cdots,y_n(x)$ 在区间 I 内是**线性相关**的. 否则,称函数组 $y_1(x),y_2(x)\cdots,y_n(x)$ 在 I 内是**线性无关**的. 如函数组 $1,\cos^2x,\sin^2x$ 在 $(-\infty,+\infty)$ 内是线性相关的;而函数组 $1,x,x^2,x^3$ 在任何区间 (a,b) 内是线性无关的.

根据定义可知,函数 $y_1(x)$ 和 $y_2(x)$ 在 (a,b) 内线性无关的充要条件是 $\dfrac{y_1(x)}{y_2(x)}\neq$ 常数. 例如,$y_1(x)=\mathrm{e}^{2x},y_2(x)=\mathrm{e}^{3x}$ 是两个线性无关函数.

有了函数线性无关的概念后,进一步地,我们可得到齐次线性微分方程(12.27)的通解结构定理.

定理 12.3　如果函数 $y_1(x),y_2(x)$ 是方程(12.27)的两个线性无关的解,则
$$y=C_1y_1(x)+C_2y_2(x)$$
是方程(12.27)的通解,其中 C_1,C_2 是任意常数.

容易验证 $y_1=\cos x,y_2=\sin x$ 是 $y''+y=0$ 的两个解,且 y_1,y_2 线性无关. 故方程的通解为 $y=C_1\cos x+C_2\sin x$.

定理(12.3)告诉我们,求二阶齐次线性方程的通解可转化为求它的两个线性无关的特解,但对于变系数的二阶齐次线性方程来说,要找这两个特解也并非易事;如果知道方程(12.27)的一个非零特解,可采用下述方法来确定另一个与之线性无关的特解.

设 $y_1(x)\neq0$ 为方程(12.27)的一个已知特解,则可设另一个与之线性无关的特解 $y_2(x)=u(x)y_1(x)$,其中 $u(x)$ 为待定的函数,则
$$y_2'=u'y_1+uy_1',$$

$$y_2'' = u''y_1 + u'y_1' + u'y_1' + uy_1'' = u''y_1 + 2u'y_1' + uy_1''.$$

将 y_2, y_2', y_2'' 代入方程(12.27),并整理得

$$(y_1'' + py_1' + qy_1)u + (2y_1' + py_1)u' + y_1u'' = 0. \tag{12.28}$$

注意 $y_1(x)$ 是齐次方程(12.27)的解,于是方程(12.28)变成不显含未知函数 u 二阶方程

$$(2y_1' + py_1)u' + y_1u'' = 0, \quad 即 \quad \frac{u''}{u'} = -\left(\frac{2y_1'}{y_1} + p(x)\right).$$

两边积分

$$\ln u' = -2\ln y_1 - \int p(x)\,dx + \ln C_1, \quad 即 \quad u' = \frac{C_1}{y_1^2}e^{\int -p(x)\,dx}. \tag{12.29}$$

由于只需找一个确定的 $u(x)$ 即可,故可取 $C_1 = 1$,方程(12.29)变为

$$u'(x) = \frac{1}{y_1^2}e^{-\int p(x)\,dx}. \tag{12.30}$$

方程(12.30)两端再积分,得

$$u(x) = \int \frac{1}{y_1^2}e^{-\int p(x)\,dx}\,dx + C_2,$$

取 $C_2 = 0$,得

$$u(x) = \int \frac{1}{y_1^2}e^{-\int p(x)\,dx}\,dx,$$

故

$$y_2(x) = y_1(x)u(x) = y_1\int \frac{1}{y_1^2}e^{-\int p(x)\,dx}\,dx. \tag{12.31}$$

式(12.31)称为**刘维尔公式**.

因此方程(12.27)的通解为

$$y = C_1y_1 + C_2y_2 = C_1y_1 + C_2y_1\int \frac{1}{y_1^2}e^{-\int p(x)\,dx}\,dx.$$

找方程(12.27)的一个非零特解,对于简单的方程可由观察得到,如

(ⅰ)若 $1 + p(x) + q(x) = 0$,则方程(12.27)有一特解 $y = e^x$;

(ⅱ)若 $p(x) + xq(x) = 0$,则方程(12.27)有一特解 $y = x$;

(ⅲ)若存在常数 m,使得 $m^2 + mp(x) + q(x) = 0$,则方程(12.27)有一特解 $y = e^{mx}$.

例 12.32 求方程 $(x-1)y'' - xy' + y = 0$ 的通解.

解 将方程化为

$$y'' - \frac{x}{x-1}y' + \frac{1}{x-1}y = 0.$$

记 $p(x) = -\dfrac{x}{x-1}$, $q(x) = \dfrac{1}{x-1}$. 因

$$1 + p(x) + q(x) = 1 - \frac{x}{x-1} + \frac{1}{x-1} = \frac{x}{x-1} - \frac{x}{x-1} = 0,$$

故方程有一个特解 $y_1 = e^x$. 又

$$p(x) + xq(x) = -\frac{x}{x-1} + \frac{x}{x-1} = 0,$$

故方程有另一个特解 $y_2 = x$. 显然 y_1 与 y_2 线性无关,故原方程的通解为 $y = C_1x + C_2e^x$.

例 12.33　解方程$(1-x^2)y''-2xy'+2y=0$.

解　将方程化为

$$y''-\frac{2x}{1-x^2}y'+\frac{2}{1-x^2}y=0.$$

这里 $p(x)=-\dfrac{2x}{1-x^2},q(x)=\dfrac{2}{1-x^2}$.

因为

$$p(x)+xq(x)=-\frac{2x}{1-x^2}+\frac{2x}{1-x^2}=0,$$

所以方程有一个特解 $y_1=x$. 由刘维尔公式

$$
\begin{aligned}
y_2 &= y_1\int\frac{1}{y_1^2}\mathrm{e}^{-\int p(x)\mathrm{d}x}\mathrm{d}x=x\int\frac{1}{x^2}\mathrm{e}^{\int\frac{2x}{1-x^2}\mathrm{d}x}\mathrm{d}x \\
&= x\int\frac{1}{x^2}\cdot\frac{1}{1-x^2}\mathrm{d}x=x\int\left(\frac{1}{x^2}+\frac{1}{1-x^2}\right)\mathrm{d}x \\
&= x\left[-\frac{1}{x}+\frac{1}{2}\ln\left|\frac{1+x}{1-x}\right|\right]=\frac{x}{2}\ln\left|\frac{1+x}{1-x}\right|-1,
\end{aligned}
$$

于是,原方程的通解为

$$y=C_1x+C_2\left(\frac{x}{2}\ln\left|\frac{1+x}{1-x}\right|-1\right).$$

12.6.2　二阶变系数非齐次线性微分方程

在一阶线性微分方程的讨论中,我们已经看到,一阶非齐次线性微分方程的通解可以表为对应齐次方程的通解与一个非齐次方程的特解之和. 实际上,不仅一阶非齐次线性微分方程的通解具有这样的结构,而二阶甚至更高阶的非齐次线性微分方程的通解也具有同样的结构. 容易验证下面两个性质成立.

性质 12.2　如果 $\bar{y}(x)$ 是非齐次方程(12.26)的解,$y(x)$ 是对应齐次方程(12.27)的解,则 $y(x)+\bar{y}(x)$ 是方程(12.26)的解.

性质 12.3　非齐线性方程(12.26)的任意两解 $y_1(x),y_2(x)$ 之差 $y_1(x)-y_2(x)$ 必为对应齐线性方程(12.27)的解.

定理 12.4　设 $y_1(x),y_2(x)$ 是齐次方程(12.27)的两个线性无关的解,$\bar{y}(x)$ 为非齐次方程(12.26)的一个特解,则方程(12.27)的任意解可表示为 $y(x)=C_1y_1(x)+C_2(x)y_2(x)+\bar{y}(x)$.

证明　设 $y(x)$ 是方程(12.26)的任意一个解,由性质 12.3 知 $y(x)-\bar{y}(x)$ 是方程(12.27)的解,再由齐次线性方程的通解结构定理知:必存在常数 C_1,C_2 使

$$y(x)-\bar{y}(x)=C_1y_1+C_2y_2,$$

从而,方程(12.26)的任意一个解

$$y(x)=C_1y_1(x)+C_2(x)y_2(x)+\bar{y}(x).$$

定理 12.4 称为非齐次方程(12.26)的**通解结构定理**,由此定理可以看出,求非齐次线性方程的通解问题转化为求对应齐次方程的通解和非齐次方程本身的一个特解的问题.

定理 12.5　设 $\bar{y}_1,\bar{y}_2$ 分别是方程

$$y''+p(x)y'+q(x)y=f_1(x)$$

与

$$y''+p(x)y'+q(x)y=f_2(x)$$

的特解,则 $\bar{y}_1+\bar{y}_2$ 是方程

$$y''+p(x)y'+q(x)y=f_1(x)+f_2(x)$$

的特解.

这个定理通常称为非齐次线性微分方程的解的**叠加原理**.

定理 12.6 设 y_1+iy_2 是方程

$$y''+p(x)y'+q(x)y=f_1(x)+if_2(x)$$

的解,其中 $p(x),q(x),f_1(x),f_2(x)$ 实值函数,i 为纯虚数,则 y_1 与 y_2 分别是方程

$$y''+p(x)y'+q(x)y=f_1(x) \text{ 与 } y''+p(x)y'+q(x)y=f_2(x)$$

的解.

推论 设 y_1+iy_2 是方程

$$y''+p(x)y'+q(x)y=0$$

的解,则 y_1 与 y_2 分别是方程

$$y''+p(x)y'+q(x)y=0 \text{ 与 } y''+p(x)y'+q(x)y=0$$

的解.

例 12.34 已知二阶线性非齐次微分方程的两个特解为 $\bar{y}_1=1+x+x^3$, $\bar{y}_2=2-x+x^3$,对应的齐次方程的一个特解为 $\tilde{y}_1=x$,求该方程满足初始条件 $y(0)=5$, $y'(0)=-2$ 的解.

解 由已知对应齐次方程的两个线性无关的特解为

$$\tilde{y}_1=x, \tilde{y}_2=\bar{y}_1-\bar{y}_2=2x-1,$$

所以方程的通解为

$$y=C_1\tilde{y}_1+C_2\tilde{y}_2+\bar{y}_1=C_1x+C_2(2x-1)+1+x+x^3.$$

利用初始条件 $y(0)=5$, $y'(0)=-2$ 得 $C_1=5$, $C_2=-4$.

故原方程满足初始条件的特解为

$$y=x^3-2x+5.$$

习题 12.6

1. 验证 $y_1=e^{x^2}$, $y_2=xe^{x^2}$ 都是方程 $y''-4xy'+(4x^2-2)y=0$ 解,并写出该方程的通解.

2. 验证 $y_1=\cos\omega x$, $y_2=\sin\omega x$ 都是方程 $y''+\omega^2 y=0$ 的解,并写出该方程的通解.

3. 通过找特解的方法,求下列微分方程的通解:

(1) $x^2y''-xy'+y=0$;

(2) $y''+2y'+y=0$;

(3) $y''+y'-12y=0$;

(4) $xy''-y'-(x-1)y=0$.

4. 已知 $y_1=3$, $y_2=3+x^2$, $y_3=3+x^2+e^x$ 都是微分方程

$$(x^2-2x)y''-(x^2-2)y'+(2x-2)y=6x-6$$

的解,求此方程的通解.

5. 已知二阶微分方程 $y''+p(x)y'+q(x)y=f(x)$ 的三个解为 $y_1=x,y_2=e^x,y_3=e^{2x}$. 试求此方程满足条件 $y(0)=1,y'(0)=3$ 的特解.

6. 已知二阶齐次线性微分方程的两个解是 x 和 x^2,求此方程并写出通解.

7. 设 $y_1=e^x\cos 2x,y_2=e^x\sin 2x$ 是二阶常系数齐次方程 $y''+py'+qy=0(p,q$ 为常数$)$ 的两个解,求此方程并写出通解.

8. 求微分方程 $y''+y'+y=e^x+x^2$ 的一个特解.

12.7　二阶常系数线性微分方程

根据二阶变系数线性微分方程解的结构,二阶线性方程的求解问题关键在于如何求得二阶齐次方程的通解和非齐次方程的一个特解. 本节主要讨论二阶变系数线性微分方程的一种特殊情形,即二阶常系数线性微分方程及其解法,先讨论二阶常系线性齐次微分方程及其解法.

12.7.1　二阶常系数齐次线性微分方程

设给定二阶常系数齐次线性方程为

$$y''+py'+qy=0. \tag{12.32}$$

其中 p,q 为常数. 根据齐次线性微分方的通解结构定理 12.3 知,只要求出其任意两个线性无关的特解 y_1,y_2 就可以了. 如何求该方程的特解呢? 我们的思路是这样的:假设某个函数是方程(12.32)的解,当然这个函数不完全确定,将其代入方程(12.32)时最终确定该函数. 假定一个怎样的函数的呢? 我们注意到一阶常系数方程 $y'+py=0$ 的解中含指数函数 e^{-px},且指数函数的各阶导数之间只相差一个常数,因此,我们假设 $y=e^{rx}(r$ 为待定常数$)$ 是方程(12.32)的尝试解. 于是有

$$(e^{rx})''+p(e^{rx})'+qe^{rx}=0,$$

从而

$$(r^2+pr+q)e^{rx}=0,$$

也即

$$r^2+pr+q=0 \tag{12.33}$$

上面过程显然是可逆的,于是我们得到结论:

$y=e^{rx}$ 是方程 $y''+py'+qy=0$ 的解的充要条件是常数 r 为方程 $r^2+pr+q=0$ 的根.

这样,齐次方程(12.32)的求解问题就转化为代数方程(12.33)的求根问题,称代数方程(12.33)为微分方程(12.32)的**特征方程**,并称特征方程的根为**特征根**. 由初等数学知道,特征根有三种可能的情况,下面分别讨论之.

(1)特征方程有两个不相等的实根

当 $p^2-4q>0$ 时,实根 $r_1\neq r_2$,方程(12.32)的两个线性无关的解为 e^{r_1x},e^{r_2x},故方程(12.32)的通解为

$$y = C_1 \mathrm{e}^{r_1 x} + C_2 \mathrm{e}^{r_2 x}.$$

其中 C_1, C_2 为任意常数.

（2）特征方程有两个相等的实根

当 $p^2 - 4q = 0$ 时，实根 $r_1 = r_2 = -\dfrac{p}{2}$，方程（12.32）有一个解 $y_1 = \mathrm{e}^{r_1 x}$，由刘维尔公式可得另一个解 $y_2 = x \mathrm{e}^{r_1 x}$，从而方程（12.32）的通解为

$$y = (C_1 + C_2 x) \mathrm{e}^{r_1 x}.$$

其中 C_1, C_2 为任意常数.

（3）特征方程有两个共轭虚根

当 $p^2 - 4q < 0$ 时，共轭虚根 $r_1 = \alpha + \mathrm{i}\beta, r_2 = \alpha - \mathrm{i}\beta$，方程（12.32）的一个解为

$$y = \mathrm{e}^{(\alpha + \mathrm{i}\beta)x} = \mathrm{e}^{\alpha x}(\cos \beta x + \mathrm{i}\sin \beta x).$$

由本章定理 12.6 的推论知 $y_1 = \mathrm{e}^{\alpha x}\cos \beta x, y_2 = \mathrm{e}^{\alpha x}\sin \beta x$ 也是微分方程（12.32）的解，且两解线性无关，故方程（12.32）的通解为

$$y = \mathrm{e}^{\alpha x}(C_1 \cos \beta x + C_2 \sin \beta x),$$

其中 C_1, C_2 为任意常数.

综上所述，求二阶常系数线性微分方程（12.32）的通解，只需先求出其特征方程（12.33）的根，再根据特征根的不同情况写出其通解. 这种根据二阶常系数齐次线性方程的特征方程的根直接确定其通解的方法称**特征方程法**.

例 12.35 求方程 $y'' - 2y' - 3y = 0$ 的通解.

解 所给微分方程的特征方程为

$$r^2 - 2r - 3 = 0.$$

它有两个不同的特征根 $r_1 = -1, r_2 = 3$，故所求通解为

$$y = C_1 \mathrm{e}^{-x} + C_2 \mathrm{e}^{3x}.$$

例 12.36 求方程 $y'' + 4y' + 4y = 0$ 的通解.

解 所给微分方程的特征方程为

$$r^2 + 4r + 4 = 0.$$

它有两个相等的实根 $r_1 = r_2 = -2$，故所求通解为

$$y = (C_1 + C_2 x) \mathrm{e}^{-2x}.$$

例 12.37 求方程 $y'' + 2y' + 5y = 0$ 的通解.

解 所给微分方程的特征方程为

$$r^2 + 2r + 5 = 0.$$

它有一对共轭虚根 $r_{1,2} = -1 \pm 2\mathrm{i}$，故所求通解为

$$y = \mathrm{e}^{-x}(C_1 \cos 2x + C_2 \sin 2x).$$

12.7.2 二阶常系数非齐次线性微分方程

二阶常系数非齐次线性微分方程的一般形式为

$$y'' + py' + qy = f(x). \tag{12.34}$$

根据线性微分方程的通解结构定理可知，要求方程（12.34）的通解，只要求出它的一个特解和其对应齐次方程的通解，两个解相加就得到了方程（12.34）的通解. 本节前一部分已经解

决了如何求方程(12.34)对应的齐次方程的通解的方法,因此,本部分只需求出方程(12.34)的一个特解 $\bar{y}$ 即可.

方程(12.34)的特解的形式与右端的自由项 $f(x)$ 有关,在一般情形下,要求方程(12.34)的一个特解是困难的,所以,下面仅仅就 $f(x)$ 的几种常见情形进行讨论.

（ⅰ）$f(x) = P_m(x)\mathrm{e}^{\lambda x}$,其中 λ 为常数,$P_m(x)$ 是 x 的一个 m 次多项式;

（ⅱ）$f(x) = P_m(x)\mathrm{e}^{\alpha x}\cos \beta x$,或 $f(x) = P_m(x)\mathrm{e}^{\alpha x}\sin \beta x$,

更一般地,

$$f(x) = \mathrm{e}^{\alpha x}[P_m(x)\cos \beta x + P_n(x)\sin \beta x].$$

（1）自由项为多项式与指数函数乘积

要求方程(12.34)的一个特解 $\bar{y}$ 就是找一个满足方程(12.34)的函数. 在 $f(x) = P_m(x)\mathrm{e}^{\lambda x}$ 的情况下,方程(12.34)的右端是多项式 $P_m(x)$ 与指数函数 $\mathrm{e}^{\lambda x}$ 的乘积,而多项式与指数函数乘积的导数仍为同类型的函数,因此,我们可推测方程(12.34)具有如下形式的特解:

$$\bar{y} = Q(x)\mathrm{e}^{\lambda x},$$

其中,$Q(x)$ 为某个待定多项式. 将

$$\bar{y} = Q(x)\mathrm{e}^{\lambda x},$$
$$\bar{y}' = [Q'(x) + \lambda Q(x)]\mathrm{e}^{\lambda x},$$
$$\bar{y}'' = [Q''(x) + 2\lambda Q'(x) + \lambda^2 Q(x)]\mathrm{e}^{\lambda x}$$

代入方程(12.34),并消去非零因子 $\mathrm{e}^{\lambda x}$,化简整理,得

$$Q''(x) + (2\lambda + p)Q'(x) + (\lambda^2 + p\lambda + q)Q(x) = P_m(x). \tag{12.35}$$

于是,可以根据 λ 是否为方程(12.34)对应齐次方程的特征方程

$$r^2 + pr + q = 0 \tag{12.36}$$

的根来确定多项式 $Q(x)$ 的次数. 分三种情况讨论:

（ⅰ）若 λ 不是特征方程(12.36)的根,即 $\lambda^2 + p\lambda + q \neq 0$. 由于 $P_m(x)$ 是 m 次多项式,为使方程(12.35)成立,可以假设

$$Q(x) = Q_m(x) = a_0 x^m + a_1 x^{m-1} + \cdots + a_m$$

为另一个 m 次多项式,将其代入(12.35),比较两端 x 的同次幂的系数,可得到以 $a_0, a_1, \cdots, a_m$ 为未知数的 $m+1$ 方程的联立方程组. 该联立方程组可以唯一确定 $Q_m(x)$ 中系数 $a_0, a_1, \cdots,$ a_m,从而得到特解

$$\bar{y} = Q_m(x)\mathrm{e}^{\lambda x}.$$

（ⅱ）若 λ 是特征方程(12.36)的单根,即 $\lambda^2 + p\lambda + q = 0$,但 $2\lambda + p \neq 0$. 由于 $P_m(x)$ 是 m 次多项式,为使方程(12.35)成立,$Q(x)$ 可为 $m+1$ 次多项式,可以假设

$$Q(x) = xQ_m(x),$$

将该 $Q(x)$ 代入方程(12.35),可用同样的方法确定 $Q_m(x)$ 中的待定系数 $a_k(k = 0, 1, 2, \cdots,$ $m)$. 于是所求特解为

$$\bar{y} = xQ_m(x)\mathrm{e}^{\lambda x}.$$

（ⅲ）若 λ 是特征方程(12.36)的二重根,即 $\lambda^2 + p\lambda + q = 0$,且 $2\lambda + p = 0$. 由于 $P_m(x)$ 是 m 次多项式,为使方程(12.35)成立,$Q(x)$ 可为 $m+2$ 次多项式,可以假设

$$Q(x) = x^2 Q_m(x),$$

将该 $Q(x)$ 代入方程(12.35),可用同样的方法确定 $Q_m(x)$ 中的待定系数 $a_k(k=0,1,2,\cdots,m)$. 于是所求特解为

$$\bar{y} = x^2 Q_m(x) e^{\lambda x}.$$

综上所述,方程

$$y'' + py' + qy = P_m(x) e^{\lambda x}$$

的特解形式为

$$\bar{y} = x^k Q_m(x) e^{\lambda x}.$$

其中 $Q_m(x)$ 是与 $P_m(x)$ 同次的多项式,而 k 按 λ 不是特征方程的根、是特征方程的单根或是特征方程的二重根分别取 $0,1$ 或 2.

例 12.38 求方程 $y'' - 5y' = -5x^2 + 2x$ 的通解.

解 对应齐次方程的特征方程为

$$r^2 - 5r = 0.$$

其特征根为 $r_1 = 0, r_2 = 5$,于是,齐次方程的通解为 $Y = c_1 + c_2 e^{5x}$.

由于 $\lambda = 0$ 是特征方程的单根,故原非齐次方程有下列形式的特解:

$$\bar{y} = x(Ax^2 + Bx + C).$$

把它代入原方程或将 $Q(x) = Ax^3 + Bx^2 + Cx$ 代入式(12.35),并比较等式两端 x 的同次幂系数,得

$$A = \frac{1}{3}, B = C = 0,$$

所以原方程的一个特解为

$$\bar{y} = \frac{1}{3} x^3.$$

从而,原方程的通解为

$$y = c_1 + c_2 e^{5x} + \frac{1}{3} x^3.$$

例 12.39 求方程 $y'' - 2y' + y = 4x e^x$ 的通解.

解 所给方程对应齐次方程的特征方程为

$$r^2 - 2r + 1 = 0,$$

特征根为 $r_1 = r_2 = 1$,于是,该齐次方程的通解为

$$Y = (c_1 + c_2 x) e^x.$$

又因 $\lambda = 1$ 是特征方程的二重根,所以非齐次方程有如下形式的特解:

$$\bar{y} = x^2 (Ax + B) e^x.$$

把它代入原方程或将 $Q(x) = Ax^3 + Bx^2$ 代入式(12.35),比较等式两端 x 的同次幂系数,得 $A = \frac{2}{3}, B = 0$,于是,非齐次方程的特解为

$$\bar{y} = \frac{2}{3} x^3 e^x.$$

从而,所求原方程的通解为

$$y = (c_1 + c_2 x) e^x + \frac{2}{3} x^3 e^x.$$

例 12.40　求解 $y''-2y'-3y=3x+1+e^{-x}$ 的通解.

解　对应齐次方程的特征方程为

$$r^2-2r-3=0,$$

特征根为 $r_1=-1$，$r_2=3$，对应齐次通解为

$$Y=c_1e^{-x}+c_2e^{3x}.$$

在求非齐次方程的特解时，由于 $f(x)=3x+1+e^{-x}$ 不属于 $p_m(x)e^{\alpha x}$ 的形式，但根据本章定理 12.5，可先分别求出

$$y''-2y'-3y=3x+1 \text{ 和 } y''-2y'-3y=e^{-x}$$

的特解 $\bar{y}_1$ 与 $\bar{y}_2$，则 $\bar{y}_1+\bar{y}_2$ 就是原方程的一个特解. 不难求出

$$\bar{y}_1=-x+\frac{1}{3},\bar{y}_2=-\frac{1}{4}xe^{-x},$$

从而

$$\bar{y}=\bar{y}_1+\bar{y}_2=-x+\frac{1}{3}-\frac{1}{4}xe^{-x}$$

是原方程的一个特解. 故原方程的通解为

$$y=c_1e^{-x}+c_2e^{3x}-x+\frac{1}{3}-\frac{1}{4}xe^{-x}.$$

（2）自由项为多项式或指数函数与正弦或余弦函数的乘积

我们求方程

$$y''+py'+qy=P_m(x)e^{\alpha x}\cos\beta x \tag{12.37}$$

或

$$y''+py'+qy=P_m(x)e^{\alpha x}\sin\beta x \tag{12.38}$$

的特解.

由欧拉公式知

$$P_m(x)e^{(\alpha+i\beta)x}=P_m(x)e^{\alpha x}(\cos\beta x+i\sin\beta x),$$

因此，我们先考虑方程

$$y''+py'+qy=P_m(x)e^{(\alpha+i\beta)x}. \tag{12.39}$$

若已经求出方程（12.39）的一个特解，则由本章定理 12.6 知，方程（12.39）的特解的实部是方程（12.37）的一个特解，而方程（12.39）的特解的虚部是方程（12.38）的一个特解.

方程（12.39）对应齐次方程的特征方程是实系数的二次方程，所以 $\lambda=\alpha+i\beta$ 或者不是特征方程的根，或者是特征方程的单根. 因此方程（12.39）的特解具有如下形式：

$$\bar{y}=x^kQ_m(x)e^{(\alpha+i\beta)x}.$$

其中 $Q_m(x)$ 是与 $P_m(x)$ 同次的多项式，而 k 是按 $\lambda=\alpha+i\beta$ 不是特征方程的根或是特征方程的单根分别取 0 或 1.

若求方程

$$y''+py'+qy=e^{\alpha x}[P_m(x)\cos\beta x+P_n(x)\sin\beta x] \tag{12.40}$$

的特解，利用欧拉公式可得

$$\cos\beta x=\frac{e^{i\beta x}+e^{-i\beta x}}{2},\sin\beta x=\frac{e^{i\beta x}-e^{-i\beta x}}{2i},$$

将它代入方程（12.40）中的自由项，其自由项可化为

$$f(x) = e^{\alpha x}\left[P_m(x)\cos\beta x + P_n(x)\sin\beta x\right] = P_s(x)e^{(\alpha+i\beta)x} + \overline{P}_s(x)e^{(\alpha-i\beta)x}.$$

其中 $P_s(x) = \dfrac{P_m(x)}{2} - \dfrac{P_n(x)}{2}i$，$\overline{P}_s(x) = \dfrac{P_m(x)}{2} + \dfrac{P_n(x)}{2}i$，$s = \max(m,n)$，$P_s(x)$，$\overline{P}_s(x)$ 是互为共轭的复多项式.

由前一部分的知识知：

$$y'' + py' + qy = P_s(x)e^{(\alpha+i\beta)x} \text{ 的特解形式为 } \overline{y}_1 = x^k Q_s(x)e^{(\alpha+i\beta)x};$$

$$y' + py' + qy = \overline{P}_s(x)e^{(\alpha-i\beta)x} \text{ 的特解形式为 } \overline{y}_2 = x^k \overline{Q}_s(x)e^{(\alpha-i\beta)x}.$$

其中，若 $\alpha \pm i\beta$ 不是特征方程 $r^2 + pr + q = 0$ 的根，则 $k = 0$；若 $\alpha \pm i\beta$ 是特征方程 $r^2 + pr + q = 0$ 的单根，则 $k = 1$. 故

$$\overline{y} = \overline{y}_1 + \overline{y}_2 = x^k Q_s(x)e^{(\alpha+i\beta)x} + x^k \overline{Q}_s(x)e^{(\alpha-i\beta)x}$$
$$= x^k e^{\alpha x}(R_s(x)\cos\beta x + W_s(x)\sin\beta x)$$

是方程（12.40）的特解.

综上所述，方程

$$y'' + py' + qy = e^{\alpha x}\left[P_m(x)\cos\beta x + P_n(x)\sin\beta x\right]$$

的特解形式为

$$\overline{y} = x^k e^{\alpha x}(R_s(x)\cos\beta x + W_s(x)\sin\beta x).$$

其中 $s = \max\{m,n\}$，k 按 $\alpha \pm i\beta$ 不是特征方程的根、是特征方程的单根分别取 0 或 1，而 $R_s(x)$，$W_s(x)$ 是 s 次的待定多项式.

例 12.41 求方程 $y'' + y = 2\sin x$ 的通解.

解 所给方程对应齐次方程的特征方程为

$$r^2 + 1 = 0,$$

特征根为 $r_{1,2} = \pm i$，于是齐次方程的通解为

$$Y = c_1\cos x + c_2\sin x.$$

由于 $\pm i$ 是特征方程的单根，$P_m(x) = 0$，$P_n(x) = 2$ 均为零次多项式，故所求特解具有形式

$$\overline{y} = x(A\cos x + B\sin x).$$

将它代入原方程，化简整理，得

$$2B\cos x - 2A\sin x = 2\sin x,$$

故 $A = -1$，$B = 0$，即原方程的一个特解为

$$\overline{y} = -x\cos x,$$

故原方程的通解为

$$y = c_1\cos x + c_2\sin x - x\cos x.$$

方程特解的另一种求法：先求方程

$$y'' + y = 2e^{ix}$$

的一个特解. 因 $\lambda = i$ 是特征方程的单根，可设该方程的特解形式为

$$\overline{y} = Axe^{ix},$$

将它代入上方程，解得 $A = -i$，所以特解

$$\overline{y} = -ixe^{ix} = -ix\cos x - x\sin x$$

的虚部 $-x\cos x$ 是原方程的一个特解.

例 12.42　求方程 $y''+y'-2y=\mathrm{e}^x(\cos x-7\sin x)$ 的通解.

解　该方程对应齐次方程的特征方程为
$$r^2+r-2=0,$$
特征根为 $r_1=1,r_2=-2$，于是，齐次方程的通解为
$$Y=c_1\mathrm{e}^x+c_2\mathrm{e}^{-2x}。$$

又因为 $\alpha\pm\mathrm{i}\beta=1\pm\mathrm{i}$ 不是特征方程的根，$P_m(x)=1,P_n(x)=-7$ 均为零次多项式，故原方程的特解形式可设为
$$\overline{y}=\mathrm{e}^x(A\cos x+B\sin x).$$

将
$$\overline{y}'=\mathrm{e}^x((A+B)\cos x+(B-A)\sin x),\overline{y}''=\mathrm{e}^x(2B\cos x-2A\sin x)$$
代入原方程，消去 e^x，化简整理得
$$(3B-A)\cos x-(3A+B)\sin x=\cos x-7\sin x.$$
由 $3B-A=1$ 及 $3A+B=7$ 解之得 $A=2,B=1$. 故原方程的通解为
$$y=c_1\mathrm{e}^x+c_2\mathrm{e}^{-2x}+\mathrm{e}^x(2\cos x+\sin x).$$

方程特解的另一种求法：先求方程
$$y''+y'-2y=(1+7i)\mathrm{e}^{(1+i)x} \tag{12.41}$$
的一个特解 $\overline{y}$，由于
$$f(x)=(1+7\mathrm{i})\mathrm{e}^{(1+i)x}=\mathrm{e}^x(\cos x-7\sin x)+\mathrm{i}\mathrm{e}^x(7\cos x+\sin x),$$
故 $\overline{y}$ 的实部即为原方程的一个特解.

因 $\lambda=1+\mathrm{i}$ 不是特征方程的根，故该方程的特解可设为
$$\overline{y}=A\mathrm{e}^{(1+\mathrm{i})x}.$$
将其代入式（12.41），得
$$\left[(1+\mathrm{i})^2+(1+\mathrm{i})-2\right]A=1+7\mathrm{i},即(-1+3\mathrm{i})A=1+7\mathrm{i}.$$
从而 $A=2-\mathrm{i}$，所以
$$\overline{y}=A\mathrm{e}^{(1+\mathrm{i})x}=(2-\mathrm{i})(\cos x+\mathrm{i}\sin x)\mathrm{e}^x=\mathrm{e}^x(2\cos x+\sin x)+\mathrm{i}\mathrm{e}^x(-\cos x+2\sin x).$$
于是，$\overline{y}$ 的实部 $\mathrm{Re}\overline{y}=\mathrm{e}^x(2\cos x+\sin x)$ 为原方程的一个特解.

欧拉方程是一类可化为常系数的线性微分方程. 形如
$$x^ny^{(n)}+p_1x^{n-1}y^{(n-1)}+\cdots+p_{n-1}xy'+p_ny=f(x)$$
的方程称为**欧拉方程**，其中 $p_1,p_2,\cdots,p_n$ 为常数.

例 12.43　求欧拉方程 $x^2y''-4xy'+6y=2\ln x$ 的通解.

解　作代换 $x=\mathrm{e}^t$ 或 $t=\ln x$，则
$$\frac{\mathrm{d}y}{\mathrm{d}x}=\frac{\mathrm{d}y}{\mathrm{d}t}\frac{\mathrm{d}t}{\mathrm{d}x}=\frac{1}{x}\frac{\mathrm{d}y}{\mathrm{d}t},\frac{\mathrm{d}^2y}{\mathrm{d}x^2}=\frac{\mathrm{d}y}{\mathrm{d}t}\left(\frac{1}{x}\frac{\mathrm{d}y}{\mathrm{d}t}\right)\frac{\mathrm{d}t}{\mathrm{d}x}=\frac{1}{x^2}\left(\frac{\mathrm{d}^2y}{\mathrm{d}t^2}-\frac{\mathrm{d}y}{\mathrm{d}t}\right).$$
代入原方程，整理得
$$\frac{\mathrm{d}^2y}{\mathrm{d}t^2}-5\frac{\mathrm{d}y}{\mathrm{d}t}+6y=2t.$$

该方程的通解为
$$y=C_1\mathrm{e}^{2t}+C_2\mathrm{e}^{3t}+\frac{1}{3}t+\frac{5}{18},$$

题设方程的通解为

$$y = C_1 x^2 + C_2 x^3 + \frac{1}{3} \ln x + \frac{5}{18}.$$

习题 12.7

1. 求下列微分方程或微分方程初值问题的解：

$(1)\, y'' + 9y' + 20y = 0$；

$(2)\, y'' - 2y' + y = 0$；

$(3)\, y'' + 6y' + 13y = 0$；

$(4)\, y'' - 3y' + 2y = 0, y(0) = 2, y'(0) = -3$；

$(5)\, y'' + 4y' + 4y = 0, y(2) = 4, y'(2) = 0$；

$(6)\, y'' - 4y' + 13y = 0, y(0) = 0, y'(0) = 3.$

2. 求下列微分方程的通解：

$(1)\, y'' - y' - 2y = 3x$；

$(2)\, y'' + a^2 y = e^x$；

$(3)\, y'' - 6y' + 9y = (x+1) e^{3x}$；

$(4)\, y'' - y = 2e^x - x^2$；

$(5)\, y'' - 3y' + 2y = \sin x$；

$(6)\, y'' + 4y = x \cos x$；

$(7)\, y'' + y' = e^x + \cos x$；

$(8)\, y'' - 2y' = 2 \cos^2 x.$

3. 写出下列方程含有待定系数的特解形式：

$(1)\, y'' - 2y' + 2y = e^x + x \cos x$；

$(2)\, y'' + 6y' + 10y = 3xe^{-3x} - 2e^{3x} \cos x$；

$(3)\, y'' - 4y' + 5y = e^{2x} \sin^2 x$；

$(4)\, y'' + y = \sin x \cos 2x.$

4. 设二阶常系数线性微分方程 $y'' + \alpha y' + \beta y = \gamma e^x$ 的一个特解为

$$y = e^{2x} + (1+x) e^x.$$

试确定 α, β, γ. 试求该方程的通解.

5. 求下列欧拉方程的通解：

$(1)\, x^2 y'' + xy' = 6 \ln x - \dfrac{1}{x}$；

$(2)\, x^2 y'' - 2y = 2x \ln x$；

$(3)\, y'' - \dfrac{y'}{x} + \dfrac{y}{x^2} = \dfrac{2}{x}$；

$(4)\, (x+1)^2 y'' - 2(x+1) y' + 2y = 0.$

12.8　微分方程的幂级数解法

微分方程的解可用函数表示. 在一定条件下, 函数可用幂级数表示, 我们自然地想到微分方程也可用幂级数方法求解. 特别地, 当微分方程的解不能用初等函数或积分式表达时, 幂级数解法就显示出它的优势.

例 12.44　求方程 $\dfrac{\mathrm{d}y}{\mathrm{d}x}=y-x$ 满足初始条件 $y(0)=0$ 的解.

解　设所给微分方程的解 $y(x)$ 可展开成幂级数

$$y(x)=\sum_{n=0}^{\infty}a_n x^n=a_0+a_1 x+a_2 x^2+\cdots+a_n x^n+\cdots$$

这里 $a_n(n=0,1,2,\cdots)$ 是待定常数. 将 $y(x),y'(x)$ 代入题设方程, 得

$$a_1+2a_2 x+3a_3 x^2+\cdots+na_n x^{n-1}+\cdots=(a_0+a_1 x+a_2 x^2+\cdots+a_n x^n+\cdots)-x.$$

比较 x 的同次幂的系数, 得

$$a_1=a_0,2a_2=a_1-1,3a_3=a_2,\cdots,na_n=a_{n-1},\cdots$$

由初始条件可得 $a_0=0$, 进一步有

$$a_1=0,a_2=-\frac{1}{2},a_3=-\frac{1}{3!},\cdots,a_n=-\frac{1}{n!},\cdots$$

故原初值问题的解为

$$y(x)=-\left(\frac{1}{2!}x^2+\frac{1}{3!}x^3+\cdots+\frac{1}{n!}x^n+\cdots\right)=1+x-\mathrm{e}^x.$$

例 12.45　求方程 $\dfrac{\mathrm{d}y}{\mathrm{d}x}=x+y^2$ 满足初始条件 $y(0)=0$ 的解.

解　设所给微分方程的解 $y(x)$ 可展开成幂级数

$$y(x)=a_0+a_1 x+a_2 x^2+\cdots+a_n x^n+\cdots$$

由 $y(0)=0$ 知 $a_0=0$. 将 $y(x),y'(x)$ 代入题设方程, 得

$$\begin{aligned}a_1+2a_2 x+3a_3 x^2+\cdots+na_n x^{n-1}+\cdots&=x+(a_1 x+a_2 x^2+\cdots+a_n x^n+\cdots)^2\\&=x+a_1^2 x^2+2a_1 a_2 x^3+(a_2^2+2a_1 a_3)x^4+\cdots\end{aligned}$$

比较恒等式两端 x 的同次幂的系数, 得

$$a_1=0,a_2=\frac{1}{2},a_3=0,a_4=0,a_5=\frac{1}{20},\cdots$$

原初值问题解的前几项为

$$y=\frac{1}{2}x^2+\frac{1}{20}x^5+\cdots$$

例 12.46　求方程 $y''-2xy'-4y=0$ 满足初始条件 $y(0)=0,y'(0)=1$ 的解.

解　设所给微分方程的解 $y(x)$ 可展开成幂级数

$$y(x)=a_0+a_1 x+a_2 x^2+\cdots+a_n x^n+\cdots$$

利用初始条件, 可得 $a_0=0,a_1=1$.

因而

$$y(x) = x + a_2 x^2 + a_3 x^3 + \cdots + a_n x^n + \cdots$$
$$y'(x) = 1 + 2a_2 x + 3a_3 x^2 + \cdots + na_n x^{n-1} + \cdots$$
$$y''(x) = 2a_2 + 3 \cdot 2a_3 x + \cdots + n(n-1)a_n x^{n-2} + \cdots$$

将 $y(x), y'(x), y''(x)$ 代入原方程，合并 x 的各同次幂的项，并令各项系数等于零，得

$$2a_2 = 0;$$
$$3 \cdot 2a_3 - 2 - 4 = 0;$$
$$4 \cdot 3a_4 - 4a_2 - 4a_2 = 0;$$
$$\cdots\cdots$$
$$n(n-1)a_n - 2(n-2)a_{n-2} - 4a_{n-2} = 0;$$
$$\cdots\cdots$$

即

$$a_2 = 0, a_3 = 1, a_4 = 0, \cdots, a_n = \frac{2}{n-1}a_{n-2}, \cdots$$

因而

$$a_{2k} = 0, a_{2k+1} = \frac{1}{k!}.$$

故原初值问题的解为

$$y = x + x^3 + \frac{1}{2!}x^5 + \cdots + \frac{1}{k!}x^{2k+1} + \cdots$$
$$= x\left(1 + x^2 + \frac{1}{2!}x^4 + \cdots + \frac{1}{k!}x^{2k} + \cdots\right) = xe^{x^2}.$$

习题 12.8

用幂级数解法求下列微分方程初值问题的解：

(1) $y' = y^2 + x^3, y(0) = \dfrac{1}{2}$；

(2) $(1-x)y' + y = 1 + x, y(0) = 0$；

(3) $y'' + y\cos x = 0, y(0) = a, y'(0) = 0$；

习题 12

1. 填空题

(1) 若 $M(x,y)\,dx + N(x,y)\,dy = 0$ 为全微分方程，则函数 $M(x,y), N(x,y)$ 应满足

_____．

(2) 已知 $y_1 = 1, y_2 = x, y_3 = x^2$ 是某二阶非齐次线性微分方程的三个解，则该方程的通解为

_____．

（3）已知曲线 $y=f(x)$ 过点 $\left(0,-\dfrac{1}{2}\right)$，且其上任一点 (x,y) 处的切线斜率为 $x\ln(1+x^2)$，则 $f(x)=$ _____．

（4）若函数 $f(x)$ 满足方程 $f''(x)+f'(x)-2f(x)=0$ 及 $f''(x)+f(x)=2\mathrm{e}^x$，则 $f(x)=$ _____．

（5）已知 $y_1=\mathrm{e}^{3x}-x\mathrm{e}^{2x}$，$y_2=\mathrm{e}^x-x\mathrm{e}^{2x}$，$y_3=-x\mathrm{e}^{2x}$ 是某二阶常系数非齐次线性微分方程的 3 个解，则该方程通解为 _____，该方程满足条件 $y\big|_{x=0}=0$，$y'\big|_{x=0}=1$ 的解为 $y=$ _____．

（6）微分方程 $xy'+y(\ln x-\ln y)=0$ 满足条件 $y(1)=\mathrm{e}^3$ 的解为 $y=$ _____．

2. 单项选择题

（1）设 y_1,y_2 是一阶线性非齐次微分方程 $y'+p(x)y=q(x)$ 的两个特解，若常数 λ,μ 使 $\lambda y_1+\mu y_2$ 是该方程的解，$\lambda y_1-\mu y_2$ 是该方程对应的齐次方程的解，则（　　）．

A. $\lambda=\dfrac{1}{2},\mu=\dfrac{1}{2}$ 　　　　　　　　B. $\lambda=-\dfrac{1}{2},\mu=-\dfrac{1}{2}$

C. $\lambda=\dfrac{2}{3},\mu=\dfrac{1}{3}$ 　　　　　　　　D. $\lambda=\dfrac{2}{3},\mu=\dfrac{2}{3}$

（2）设 $y=f(x)$ 是方程 $y''-2y'+4y=0$ 的一个解，若 $f(x_0)>0$，$f'(x_0)=0$，则 $f(x)$（　　）．

A. 在 x_0 处取得极大值 　　　　　　B. 在 x_0 处取得极小值

C. 在 x_0 的某邻域单增 　　　　　　D. 在 x_0 的某邻域单减

（3）若 $f(x)$ 满足 $f(x)=\displaystyle\int_0^{2x} f\left(\dfrac{t}{2}\right)\mathrm{d}t+\ln 2$，则 $f(x)=$（　　）．

A. $\mathrm{e}^x\ln 2$ 　　　　B. $\mathrm{e}^{2x}\ln 2$ 　　　　C. $\mathrm{e}^x+\ln 2$ 　　　　D. $\mathrm{e}^2+\ln 2x$

（4）微分方程 $y''-\lambda^2 y=\mathrm{e}^{\lambda x}+\mathrm{e}^{-\lambda x}$ $(\lambda>0)$ 的特解形式为（　　）．

A. $a(\mathrm{e}^{\lambda x}+\mathrm{e}^{-\lambda x})$ 　　　　　　　B. $ax(\mathrm{e}^{\lambda x}+\mathrm{e}^{-\lambda x})$

C. $x(a\mathrm{e}^{\lambda x}+b\mathrm{e}^{-\lambda x})$ 　　　　　　D. $x^2(a\mathrm{e}^{\lambda x}+b\mathrm{e}^{-\lambda x})$

（5）微分方程 $y''+y=5\sin 2x$ 的特解形式为（　　）．

A. $ax\cos 2x+bx\sin 2x$ 　　　　　　B. $a\cos 2x+b\sin 2x$

C. $a(\cos 2x+\sin 2x)$ 　　　　　　　D. $(ax+b)\cos 2x+(cx+d)\sin 2x$

（6）设常系数方程 $y''+by'+cy=0$ 的两个解为 $y_1=\mathrm{e}^x\cos 2x$，$y_2=\mathrm{e}^x\sin 2x$，则有（　　）．

A. $b=2,c=5$ 　　　B. $b=-2,c=5$

C. $b=-3,c=2$ 　　　D. $b=3,c=2$

3. 设 $u=u(\sqrt{x^2+y^2})$ 满足微分方程 $\dfrac{\partial^2 u}{\partial x^2}+\dfrac{\partial^2 u}{\partial y^2}=x^2+y^2$，证明 $u=u(r)$ 满足常微分方程 $\dfrac{\mathrm{d}^2 u}{\mathrm{d}r^2}+\dfrac{1}{r}\dfrac{\mathrm{d}u}{\mathrm{d}r}=r^2$，并求出 $u(r)$．

4. 设 $f(x)$ 具有二阶连续导数，$f(0)=0$，$f'(0)=1$，且
$$[xy(x+y)-yf(x)]\mathrm{d}x+[(f'(x)+x^2 y)]\mathrm{d}y=0$$
为一全微分方程，求 $f(x)$ 及此全微分方程的解．

5. 设函数 $f(u)$ 具有 2 阶连续导数，$z=f(\mathrm{e}^x\cos y)$ 满足
$$\dfrac{\partial^2 z}{\partial x^2}+\dfrac{\partial^2 z}{\partial y^2}=(4z+\mathrm{e}^x\cos y)\mathrm{e}^{2x}$$

若 $f(0)=0$，$f'(0)=0$，求 $f(u)$ 的表达式．

6. 设 $y(x)$ 在 $0 \leqslant x < +\infty$ 上连续可微,且 $\lim\limits_{x \to +\infty}[y'(x) + y(x)] = 0$,求证 $\lim\limits_{x \to +\infty} y(x) = 0$.

7. 设函数 $\varphi(x)$ 连续,且满足 $\varphi(x) = e^x + \int_0^x t\varphi(t)\,dt - x\int_0^x \varphi(t)\,dt$,求 $\varphi(x)$.

8. 设函数 $y(x)$ 具有二阶导数,且曲线 $l: y = y(x)$ 与直线 $y = x$ 相切于原点. 记 α 为曲线 l 在点 (x, y) 处切线的倾角,若 $\dfrac{d\alpha}{dx} = \dfrac{dy}{dx}$,求 $y(x)$ 的表达式.

9. 设函数 $f(x)$ 在 $x = 0$ 处导数存在,且满足 $f(x+y) = \dfrac{f(x) + f(y)}{1 - f(x)f(y)}$,求函数 $f(x)$.

10. 已知 $f(x)$ 是定义在 $(0, +\infty)$ 内的连续函数,当 $x>0, y>0$ 时,有关系式

$$\int_1^{xy} f(t)\,dt = y\int_1^x f(t)\,dt + x\int_1^y f(t)\,dt,\ \text{且}\ f(1) = 3,$$

求 $f(x)$.

11. 一个容器内盛有 200 L 溶液,含溶质 α_0 kg. 设 $t=0$ 时开始以 4 L/s 的速度向容器内注入浓度为 0.5 kg/L 的溶液,经搅拌均匀后又以同样的速度流出容器,试求时刻 $t>0$ 时容器内溶液的浓度,并求当时间趋于无穷大时溶液的浓度.

12. 某种飞机在机场降落时,为了减少滑行距离,在触地的瞬时,飞机尾部张开减速伞,以增大阻力,使飞机迅速停下. 现有质量为 9 000 kg 的飞机,着陆时水平速度为 700 km/h. 经测试,减速伞打开后,飞机所受的总阻力与飞机的速度成正比(比例系数 $k = 6 \times 10^6$). 从着陆点算起,飞机滑行最长距离是多少?

习题答案

第 7 章

习题 7.1

1. $(-3,2,1),(3,2,-1),(-3,-2,-1),(-3,-2,1),(3,2,1),(3,-2,-1)$.

2. $(-4,3,0),(0,3,5),(-4,0,5),(-4,0,0),(0,3,0),(0,0,5)$.

3. $F=20i+9j+12k$.

5. $\lambda=-10,\mu=\dfrac{1}{5}$.

7. $(18,17,-17)$.

8. $2,0,2$.

9. $(1)\cos\alpha=\cos\beta=\cos\gamma=\dfrac{1}{\sqrt{3}}$; $(2)\alpha$ 不是单位向量.

10. $\left(\dfrac{\sqrt{2}}{2},\dfrac{\sqrt{2}}{2},0\right)$.

习题 7.2

1. $a\cdot b=1,a\times b=(1,1,3),\cos\theta=\dfrac{1}{2\sqrt{3}},\sin\theta=\sqrt{\dfrac{11}{12}}$.

2. $|a-b|=\sqrt{17}$.

4. 74.

5. 12.

6. $\sqrt{6},\sqrt{11},\sqrt{3}$.

7. $,-3\sqrt{3},5\sqrt{3}$.

8. $\sqrt{14}$, $\arccos\dfrac{\sqrt{14}}{7}$.

9. ±30.

11. 24.

习题 7.3

1. （1）$x+y-2z=0$；（2）$11x-48y+34z+252=0$；（3）$5x-6y-7z-52=0$；

（4）$\dfrac{x}{1/2}+\dfrac{y}{3}+\dfrac{z}{-1}=1$；（5）$2x-5y-3z+44=0$ 和 $2x-5y-3z-32=0$.

3. $\theta=\arccos\dfrac{4}{21}$.

4. 17/7.

5. $\dfrac{x+3}{1}=\dfrac{y-5}{-2}=\dfrac{z-1}{-1}$，$\begin{cases}x=-3+t\\y=5-2t\\z=1-t\end{cases}$.

6. $\dfrac{x-1}{11}=\dfrac{y-1}{7}=\dfrac{z-1}{5}$.

7. 5/4.

8. 0.

9. $\dfrac{x}{-2}=\dfrac{y+1}{3}=\dfrac{z}{-1}$.

10. $\dfrac{x-2}{2}=\dfrac{y+3}{\sqrt{6}}=\dfrac{z+1}{\sqrt{6}}$.

11. $\dfrac{5}{3}\sqrt{5}$.

12. $\left(-\dfrac{17}{11},\dfrac{16}{11},-\dfrac{18}{11}\right)$.

13. $(0,-1,0)$.

14. 相交，$16x-15y+13z+14=0$.

15. $8x-9y-22z-59=0$.

16. $x-z+4=0$ 或 $x+20y+7z-12=0$.

17. $\begin{cases}x+y+z=0,\\x-2y+z+2=0.\end{cases}$

习题 7.4

1. $(x+1)^2+(y+3)^2+(z-2)^2=9$.

2. （1）母线平行于 y 轴的圆柱面；（2）转轴为 y 轴定点在原点的圆锥；

（3）母线平行于 x 轴的抛物柱面；（4）母线平行于 z 轴的圆柱面；

（5）转轴为 z 轴定点在 z 轴上的圆锥；（6）母线平行于 y 轴的双曲柱面；

（7）母线平行于 y 轴的椭圆柱面.

3. (1)直线、柱面(平面); (2)圆周、圆柱面;

(3)两条直线、柱面; (4)直线、平面.

4. (1) $\dfrac{x^2}{4}+\dfrac{y^2}{9}=1$ 绕 x 轴旋转; (2) $x^2-\dfrac{y^2}{4}=1$ 绕 y 轴旋转;

(3) $x^2-y^2=1$ 绕 x 轴旋转; (4) $(z-a)^2=x^2$ 绕 z 轴旋转;

6. (1) $\begin{cases} x=\sqrt{2}\sin t \\ y=\sqrt{2}\sin t,0\leqslant t\leqslant 2\pi; \\ z=2\cos t \end{cases}$ (2) $\begin{cases} x=1+\sqrt{3}\cos t \\ y=1+\sqrt{3}\sin t,0\leqslant t\leqslant 2\pi; \\ z=0 \end{cases}$

8. $\begin{cases} 3x^2+2z^2=16 \\ y=0 \end{cases}$; $\begin{cases} 3y^2-z^2=16 \\ x=0 \end{cases}$.

9. $\begin{cases} x^2+y^2\leqslant \dfrac{3R^2}{4} \\ z=0 \end{cases}$.

习题 7.5

1. B C B B C C B B A C B.

2. (1) $\dfrac{1}{2}a$; (2)2; (3)14; (4)12; (5) $\sqrt{3}$; (6)12; (7) -25; (8) $(4,3,0)$; (9) $\dfrac{1}{\sqrt{17}}(-3,2,2)$;

(10) $\dfrac{1}{4}$; (11) $\pm\dfrac{1}{\sqrt{30}}(5,-2,1)$; (12) -1.

4. $\overrightarrow{EO}=\dfrac{1}{2}(a-b-c)$; $\overrightarrow{OP}=\dfrac{1}{2}(c-a)$.

5. $3x-y=0$, 或 $x+3y=0$.

6. (1) $k=0$; (2) $k=\pm1$; (3) $k=1$.

7. $33x-18y+16z+3=0$.

8. $\begin{cases} 3x-y+2z-17=0 \\ 17x-28y-12z+67=0 \end{cases}$.

9. $\begin{cases} 2x-3y+5z+21=0 \\ x-y-z-17=0 \end{cases}$.

10. $\begin{cases} x-z=0 \\ x+5y+2z-1=0 \end{cases}$.

11. $a=-5,b=-2$.

12. $\begin{cases} 16x+27y+17z-90=0 \\ 58x+6y+31z-20=0 \end{cases}$ 或 $\dfrac{x-1}{3}=\dfrac{y-4}{2}=\dfrac{z+2}{-6}$.

13. $\dfrac{x^2}{\left(\dfrac{2}{\sqrt{17}}\right)^2}+\dfrac{z^2}{\left(\dfrac{2}{\sqrt{17}}\right)^2}-\dfrac{\left(y-\dfrac{1}{17}\right)^2}{\left(\dfrac{4}{17}\right)^2}=1$.

14. $y^2+z^2=1+\left(\dfrac{x-1}{2}\right)^2$, $\dfrac{13}{12}\pi$.

15. $x^2+y^2-13z^2-4x+6y-18z+3=0$.

16. $\begin{cases}2x^2+y-2x=7\\z=0\end{cases}$, $\begin{cases}y^2+2z^2-2z=7\\x=0\end{cases}$, $\begin{cases}x+z=1\\y=0\end{cases}\left(\dfrac{1}{2}-\dfrac{\sqrt{15}}{2}\leqslant x\leqslant\dfrac{1}{2}+\dfrac{\sqrt{15}}{2}\right)$.

第 8 章

习题 8.1

1. (1) 开集、无界集, 边界: $\{(x,y)\mid x=0\}$.

    (2) 既非开集又非闭集, 有界集, 边界: $\{(x,y)\mid x^2+y^2=1\}\cup\{(x,y)\mid x^2+y^2=4\}$.

    (3) 开集、区域、无界集, 边界: $\{(x,y)\mid y=x^2\}$.

    (4) 闭集、有界集, 边界: $\{(x,y)\mid x^2+(y-1)^2=1\}\cup\{(x,y)\mid x^2+(y-1)^2=4\}$.

2. (1) $D=\left\{(x,y):\dfrac{x^2}{a^2}+\dfrac{y^2}{b^2}\leqslant 1\right\}$;   (2) $D=\{(x,y):xy>0\}$;

    (3) $D=\{(x,y):x\neq 0\}$;   (4) $D=\{(x,y,z):x^2+y^2\leqslant z^2\}$.

3. $f(x,y)=\dfrac{1}{8}(x+y)^2(x-y)+\dfrac{1}{4}(x-y)^2$.

4. $f(x)=\sqrt{1+x^2}$.

5. $f(x)=\sqrt{1+x^2}$, $z=x\sqrt{1+\left(\dfrac{y}{x}\right)^2}=\dfrac{x}{|x|}\sqrt{x^2+y^2}$.

6. (1) 0; (2) -8; (3) 0; (4) 0; (5) 0;

    (6) 4; (7) e^{2e}; (8) 1; (9) $-\dfrac{1}{2}$; (10) 0.

8. $(a,0)$, $a\neq 0$.

9. 不连续.

习题 8.2

1. 1.

3. (1) $\dfrac{\partial u}{\partial x}=yz(xy)^{z-1}$, $\dfrac{\partial u}{\partial y}=xz(xy)^{z-1}$, $\dfrac{\partial u}{\partial z}=(xy)^z\ln(xy)$;

    (2) $\dfrac{\partial u}{\partial x}=\dfrac{z(x-y)^{z-1}}{1+(x-y)^{2z}}$, $\dfrac{\partial u}{\partial y}=\dfrac{z(x-y)^{z-1}}{1+(x-y)^{2z}}$, $\dfrac{\partial u}{\partial z}=\dfrac{(x-y)^z\ln(x-y)}{1+(x-y)^{2z}}$;

    (3) $\dfrac{\partial u}{\partial x}=\sqrt{yz}-\dfrac{y}{3x\sqrt[3]{zx}}$, $\dfrac{\partial u}{\partial y}=\dfrac{x}{2}\sqrt{\dfrac{z}{y}}+\dfrac{1}{\sqrt[3]{zx}}$, $\dfrac{\partial u}{\partial z}=\dfrac{x}{2}\sqrt{\dfrac{y}{z}}-\dfrac{y}{3z\sqrt[3]{zx}}$;

    (4) $\dfrac{\partial u}{\partial x}=y^y\cdot y(\sin x)^{y-1}\cdot\cos x$.

4. (1) $u_x(0,0,0)=3$, $u_y(0,0,0)=4$, $u_z(0,0,0)=0$;

    (2) $z_x(1,0)=-1$, $z_y(1,0)=1$.

5. $f_x(0,0)=-1$, $f_y(0,0)=-1$.

6. $f_x(x,y) = \begin{cases} \dfrac{(3x^2y-y^3)(x^2+y^2)-(x^3y-xy^3)\cdot 2x}{(x^2+y^2)^2} & (x,y)\neq(0,0) \\ 0 & (x,y)=(0,0) \end{cases}$;

$f_y(x,y) = \begin{cases} \dfrac{(x^3y-3xy^2)(x^2+y^2)-(x^3y-xy^3)\cdot 2y}{(x^2+y^2)^2} & (x,y)\neq(0,0) \\ 0 & (x,y)=(0,0) \end{cases}$.

7. $\dfrac{\pi}{4}$.

9. $f_{xy}(0,0)=-1$, $f_{yx}(0,0)=1$.

10. $(1) z_{xx}=-2\cos(2x+4y)$, $z_{xy}=-4\cos(2x+4y)$, $z_{yy}=-8\cos(2x+4y)$;

　　$(2) z_{xx}=\mathrm{e}^x\sin y$, $z_{xy}=\mathrm{e}^x\cos y$, $z_{yy}=-\mathrm{e}^x\sin y$.

习题 8.3

1. $(1) \mathrm{d}z=\mathrm{e}^{\frac{y}{x}}\left(-\dfrac{y}{x^2}\mathrm{d}x+\dfrac{1}{x}\mathrm{d}y\right)$; $(2) \mathrm{d}u=\dfrac{-2z(x\mathrm{d}x+y\mathrm{d}y)+(x^2+y^2)\mathrm{d}z}{(x^2+y^2)^2}$.

3. 连续、可偏导、不可微.

4. 连续、不可偏导、不可微.

5. 不可微.

9. $(1)2.95$；　$(2)0.005$；　$(3)2.0532$；　$(4)0.5023$.

10. 55.29.

11. 0.023.

习题 8.4

1. $(1)\dfrac{\partial u}{\partial x}=3x^2\sin y\cos y(\cos y-\sin y)$, $\dfrac{\partial u}{\partial y}=-2x^3\sin y\cos y(\sin y+\cos y)+x^3(\sin^3 y+\cos^3 y)$;

　　$(2)\dfrac{\partial u}{\partial x}=\dfrac{-y}{u^2+y^2}$, $\dfrac{\partial u}{\partial y}=\dfrac{x}{x^2+y^2}$;

　　$(3)\dfrac{\mathrm{d}u}{\mathrm{d}x}=\dfrac{\mathrm{e}^x+3x^2\mathrm{e}^{x^3}}{\mathrm{e}^x+\mathrm{e}^{x^3}}$;

　　$(4)\dfrac{\mathrm{d}z}{\mathrm{d}y}=\dfrac{1+x}{1+x^2y^2}$.

　　$(5)2r$、0、0.

2. $(1)\dfrac{\partial u}{\partial x}=2xf_1'+y\mathrm{e}^{xy}f_2'$; $\dfrac{\partial u}{\partial y}=-2yf_1'+x\mathrm{e}^{xy}f_2'$.

　　$(2)\dfrac{\partial u}{\partial x}=\dfrac{1}{y}f_1'$; $\dfrac{\partial u}{\partial y}=-\dfrac{x}{y^2}f_1'+\dfrac{1}{z}f_2'$; $\dfrac{\partial u}{\partial z}=-\dfrac{y}{z^2}f_2'$.

　　$(3)\dfrac{\partial u}{\partial x}=f_1'+yf_2'+yzf_3'$; $\dfrac{\partial u}{\partial y}=xf_2'+xzf_3'$; $\dfrac{\partial u}{\partial z}=xyf_3'$.

3. $\mathrm{d}u=\dfrac{1}{y}f_1'\mathrm{d}x+\left(\dfrac{1}{z}f_2'-\dfrac{x}{y^2}f_1'\right)\mathrm{d}y-\dfrac{y}{z^2}f_2'\mathrm{d}z$.

5. （1）$\dfrac{\partial^2 z}{\partial x^2}=\dfrac{2x^2+3y^2+2xy}{x^2+y^2}e^{-\arctan\frac{y}{x}}$,

　　$\dfrac{\partial^2 z}{\partial y^2}=\dfrac{3x^2+2y^2-2xy}{x^2+y^2}e^{-\arctan\frac{y}{x}}$,

　　$\dfrac{\partial^2 z}{\partial x\partial y}=\dfrac{y^2-xy^2-xy}{x^2+y^2}e^{-\arctan\frac{y}{x}}$.

（2）$\dfrac{\partial^2 u}{\partial x^2}=2f+4x^2f''$, $\dfrac{\partial^2 u}{\partial x\partial y}=4xyf''$, $\dfrac{\partial^3 u}{\partial x\partial y\partial z}=8xyzf''$.

（3）$\dfrac{\partial^2 u}{\partial x\partial y}=e^x\cos yf_1'+e^{2x}\sin y\cos yf_{11}''+2e^x(y\sin y+x\cos y)f_{12}''+4xyf_{22}''$.

（4）$\dfrac{\partial u}{\partial x}=3x^2f+x^3yf_1'$, $\dfrac{\partial u}{\partial y}=x^4f_1'+\dfrac{x^3}{z}f_2'$,

　　$\dfrac{\partial^2 u}{\partial x\partial y}=4x^3f_1'+\dfrac{x^3}{z}f_2'+x^4yf_{11}''+\dfrac{x^3y}{z}f_{12}''$.

（5）$\dfrac{\partial^2 z}{\partial x\partial y}=-\varphi'(x)F_{11}''+\varphi'(x)\phi'(y)F_{12}''-F_{21}''+\phi'(y)F_{22}''$.

习题 8.5

1. （1）$\dfrac{\mathrm{d}y}{\mathrm{d}x}=\dfrac{y^2-e^x}{\cos y-2xy}$;

（2）$\dfrac{\mathrm{d}y}{\mathrm{d}x}=-\dfrac{F_x}{F_y}=\dfrac{x+y}{x-y}$;

（3）$\dfrac{\partial z}{\partial x}=\dfrac{yz-\sqrt{xyz}}{\sqrt{xyz}-xy}$, $\dfrac{\partial z}{\partial y}=\dfrac{xz-2\sqrt{xyz}}{\sqrt{xyz}-xy}$;

（4）$\dfrac{\partial z}{\partial x}=\dfrac{yz}{z^2-xy}$, $\dfrac{\partial z}{\partial y}=\dfrac{xz}{z^2-xy}$, $\dfrac{\partial^2 z}{\partial y^2}=\dfrac{2x^3yz}{(xy-z^2)^3}$;

（5）$\dfrac{\partial^2 z}{\partial x^2}=0$, $\dfrac{\partial^2 z}{\partial x\partial y}=0$.

3. $\dfrac{\partial^2 z}{\partial x\partial y}=-2f''(2x-y)+xg_{12}''(x,xy)+g_2'(x,xy)+xyg_{22}''(x,xy)$.

4. $\dfrac{\partial^2 u}{\partial x\partial y}=f_{12}''+g_2'f_{13}''+g_1'g_2'f_{32}''+g_{12}''f_3'$.

5. （1）$\dfrac{\mathrm{d}y}{\mathrm{d}x}=\dfrac{1-e^z}{2ye^z-1}$, $\dfrac{\mathrm{d}z}{\mathrm{d}x}=\dfrac{1-2y}{2ye^z-1}$;

（2）$\dfrac{\mathrm{d}x}{\mathrm{d}z}=0$, $\dfrac{\mathrm{d}y}{\mathrm{d}z}=-1$;

（3）$\mathrm{d}u=\dfrac{(\sin v+x\cos v)\mathrm{d}x+(x\cos v-\sin u)\mathrm{d}y}{x\cos v+y\cos u}$;

　　$\mathrm{d}v=\dfrac{(y\cos u-\sin v)\mathrm{d}x+(\sin u+y\cos u)\mathrm{d}y}{x\cos v+y\cos u}$;

（4）$\mathrm{d}v=\dfrac{yu-xv}{(x^2+y^2)^2}\mathrm{d}x-\dfrac{xu+yv}{(x^2+y^2)^2}\mathrm{d}y$;

$(5) \dfrac{\partial u}{\partial x} = \dfrac{-uf_1'(2yvg_2'-1)-f_2'g_1'}{(xf_1'-1)(2yvg_2'-1)-f_2'g_1'}, \quad \dfrac{\partial v}{\partial x} = \dfrac{g_1'(xf_1'+uf_1'-1)}{(xf_1'-1)(2yvg_2'-1)-f_2'g_1'}.$

6. $\dfrac{\partial z}{\partial x} = \dfrac{v\cos v - u\sin v}{e^u}, \quad \dfrac{\partial z}{\partial y} = \dfrac{v\sin v + u\cos v}{e^u}.$

习题 8.6

1. （1）切线方程为 $\dfrac{x-\dfrac{a}{2}}{a} = \dfrac{y-\dfrac{b}{2}}{0} = \dfrac{z-\dfrac{c}{2}}{-c}$,

   法平面方程为 $ax - cz - \dfrac{a^2}{2} + \dfrac{c^2}{2} = 0.$

   （2）故切线方程为 $\dfrac{x-1}{1} = \dfrac{y+2}{0} = \dfrac{z-1}{-1}$,

   法平面方程为 $x - z = 0.$

   （3）切线方程为 $\dfrac{x-x_0}{1} = \dfrac{y-y_0}{\dfrac{m}{y_0}} = \dfrac{z-z_0}{-\dfrac{1}{2z_0}}$,

   法平面方程为 $(x-x_0) + \dfrac{m}{y_0}(y-y_0) - \dfrac{1}{2z_0}(z-z_0) = 0.$

2. $t = \dfrac{\pi}{2}$,

   切线方程为 $\dfrac{x-\dfrac{\pi}{2}+1}{1} = \dfrac{y-1}{1} = \dfrac{z-2\sqrt{2}}{\sqrt{2}}$,

   法平面方程为 $x + y + \sqrt{2}z - \left(4 + \dfrac{\pi}{2}\right) = 0.$

4. $-\dfrac{2}{\sqrt{41}}.$

5. 1.

6. （1）切平面方程为 $2x + 4y - z = 5$;

   法线方程为 $\dfrac{x-1}{2} = y\dfrac{y-2}{4} = \dfrac{z-5}{-1}.$

   （2）切平面方程为 $z - \dfrac{\pi}{4} = -\dfrac{1}{2}(x-1) + \dfrac{1}{2}(y-1)$;

   法线方程为 $\dfrac{x-1}{-\dfrac{1}{2}} = \dfrac{y-1}{\dfrac{1}{2}} = \dfrac{z-\dfrac{\pi}{4}}{-1}.$

7. $\sqrt{3}.$

8. $\theta = \dfrac{\pi}{2}.$

9. $\theta = \dfrac{\pi}{3}.$

10. $(2,-1,-2)$ 处曲面的法线垂直于平面,

　　法线方程为 $\dfrac{x-2}{-1}=\dfrac{y+1}{2}=\dfrac{z+2}{-1}$,

　　切平面方程为 $x-2y+z-2=0$.

11. $2x+y-3z+6=0$ 和 $2x+y-3z-6=0$.

12. 法线方程 $2(x-1)+\sqrt{2}(y-2\sqrt{2})+2(z+1)=0$,投影直线方程 $\begin{cases}2y+\sqrt{2}z=3\sqrt{2} \\ x=0\end{cases}$.

习题 8.7

1. $1+2\sqrt{3}$.

2. $\pm\dfrac{12}{\sqrt{2}}$.

3. $\dfrac{12}{\sqrt{10}}$.

4. $\pm\sqrt{5}$.

5. $\dfrac{2e^{-2}+6-e^{-3}}{|\overline{n}|}$.

6. $\dfrac{6}{7}\sqrt{14}$.

7. $\pm\dfrac{31}{13\sqrt{2}}$.

8. $\pm4\sqrt{2}$.

11. $\pm\sqrt{69}$.

12. $(5,4,3)$.

13. $\dfrac{\partial u}{\partial l}\Big|_{(1,1,1)}=\cos a+\cos b+\cos c$, $|\mathbf{grad}u|=\sqrt{1^2+1^2+1^2}=\sqrt{3}$, $\mathbf{grad}u$ 的三个方向余弦为

$\cos\alpha=\dfrac{1}{\sqrt{3}},\cos\beta=\dfrac{1}{\sqrt{3}},\cos\gamma=\dfrac{1}{\sqrt{3}}$.

14. $|a|=|b|=|c|$.

15. $(-4,-6)$.

习题 8.8

1. (1)在点 $\left(\dfrac{1}{2},-1\right)$ 处,函数有极小值 $z\left(\dfrac{1}{2},-1\right)=-\dfrac{e}{2}$;

　　(2)在点 $(3,2)$ 处,函数有极大值 $z(3,2)=36$;

　　(3)在点 $(2,-2)$ 处,函数取得极大值 $f(2,-2)=8$;

　　(4)$a<0$ 时,$\left(\dfrac{a}{3},\dfrac{a}{3}\right)$ 是 z 的极小值点,且 $z\left(\dfrac{a}{3},\dfrac{a}{3}\right)=\dfrac{a^3}{27}$;

　　当 $a>0$ 时,$\left(\dfrac{a}{3},\dfrac{a}{3}\right)$ 是 z 的极大值点,且 $z\left(\dfrac{a}{3},\dfrac{a}{3}\right)=\dfrac{a^3}{27}$.

2. （1）最小值 $z(0,0)=0$ 最大值 $z(2,0)=z(-2,0)=8$；

（2）最小值 $z(5,2)=30$、最大值

4. $x_k^2=x_{k-1}x_{k+1}(k=1,2,\cdots n,x_0=a,x_{n+1}=b)$.

5. $\left(\dfrac{a}{\sqrt{2}},\dfrac{b}{\sqrt{2}}\right)$.

6. $\left(\dfrac{8}{5},\dfrac{16}{5}\right)$.

7. $\dfrac{\sqrt{3}}{6}$.

8. 切点为 $\left(\dfrac{a}{\sqrt{3}},\dfrac{b}{\sqrt{3}},\dfrac{c}{\sqrt{3}}\right)$，此时最小体积为 $\dfrac{\sqrt{3}}{2}abc$.

9. $3x+2y+z=18$，$V_{\min}=162$.

10. 最长距离是 $\sqrt{9+5\sqrt{3}}$，最短距离是 $\sqrt{9-5\sqrt{3}}$

11. $\left(\dfrac{1}{n}\sum\limits_{i=1}^{n}x_i,\dfrac{1}{n}\sum\limits_{i=1}^{n}y_i,0\right)$.

12. 圆柱体的底圆半径与高取相等值 $\left(\dfrac{V}{\pi}\right)^{1/3}$ 时，用料最省.

习题 8

1. B A D C D B A C.

2. （1）$\dfrac{\pi}{4}$；（2）$3\cos 5$；（3）e^{-2x}；（4）0；

（5）$\dfrac{\mathrm{d}x}{\sqrt{x^2+y^2}}+\dfrac{y\mathrm{d}y}{x^2+y^2+x\sqrt{x^2+y^2}}$；（6）$0$；（7）$4$；（8）$\dfrac{\pi}{6}$；

（9）$-\dfrac{1}{2}\left(x-\dfrac{\pi}{6}\right)+\left(-1+\dfrac{\sqrt{2}}{2}\right)\left(y-\dfrac{\pi}{4}\right)+\dfrac{3\sqrt{2}}{2}\left(z+\dfrac{\pi}{6}\right)=0$；（10）$a=0,b=4$.

3. $D=\{(x,y)\mid 0\leqslant x\leqslant 2a,\sqrt{2ax-x^2}\leqslant y\leqslant\sqrt{2ax}\}$.

4. 0.

5. $f(x,y)$ 在 $(0,0)$ 点连续，但不可微.

6. （1）当 $\varphi(0,0)=0$ 时，$f_x(0,0)$、$f_y(0,0)$ 存在，且 $f_x(0,0)=0,f_y(0,0)=0$；

（2）当 $\varphi(x,y)$ 在点 $(0,0)$ 处连续时，$f(x,y)$ 在 $(0,0)$ 处可微分，且 $\mathrm{d}z|_{(0,0)}=0$.

7. $\dfrac{\partial z}{\partial x}=(\varphi_1'+\varphi_2')\phi+\left(y\phi_1'-\dfrac{y}{x^2}\phi_2'\right)\varphi$.

8. $\dfrac{\mathrm{d}u}{\mathrm{d}x}=f_1+\dfrac{y e^{xy}}{1-x e^{xy}}f_2+\dfrac{e^x-z}{x}f_3$.

9. $a=-5$、$b=-2$.

10. $\sqrt{6}x+\sqrt{6}y+2z-20=0$.

11. （1）当 $\varphi=\dfrac{\pi}{4}$ 时，方向导数取得最大值 1；

（2）当 $\varphi = \dfrac{5\pi}{4}$ 时, 方向导数取得最小值 -1;

（3）当 $\dfrac{3\pi}{4}$ 或 $\dfrac{7\pi}{4}$ 时, 方向导数等于 0.

12. $a = 3$.

13. 点 $(-2,0)$ 处函数有极小值 $z = 1$, 在点 $\left(\dfrac{16}{7}, 0\right)$ 处函数有极大值 $Z = -\dfrac{8}{7}$.

14. $f\left(\dfrac{1}{2}, -\dfrac{1}{2}\right) = \dfrac{1}{2}$.

第 9 章

习题 9.1

3. 34.

4. （1）$\dfrac{2}{3}\pi R^3$,（2）$\dfrac{2}{3}\pi ab$,（3）$\dfrac{\pi}{3}$.

5. （1）（a）$\iint\limits_{D}(x+y)^2\mathrm{d}\sigma \geqslant \iint\limits_{D}(x+y)^3\mathrm{d}\sigma$,（b）$\iint\limits_{D}(x+y)^2\mathrm{d}\sigma \leqslant \iint\limits_{D}(x+y)^3\mathrm{d}\sigma$;

  （2）（a）$\iint\limits_{D}\ln(x+y)\mathrm{d}\sigma \geqslant \iint\limits_{D}[\ln(x+y)]^2\mathrm{d}\sigma$,（b）$\iint\limits_{D}\ln(x+y)\mathrm{d}\sigma < \iint\limits_{D}[\ln(x+y)]^2\mathrm{d}\sigma$.

6. （1）$0 \leqslant I \leqslant \pi^2$,（2）$36\pi \leqslant I \leqslant 100\pi$.

7. $f(0,0)$.

习题 9.2

1. （1）$\dfrac{20}{3}$;（2）1;（3）$-\dfrac{3\pi}{2}$;（4）$\dfrac{64}{15}$;（5）0;（6）$\dfrac{4}{9}(2\sqrt{2}-1)$;（7）$\dfrac{1}{3}(2\sqrt{2}-1)$;（8）$\dfrac{2}{3}$;

（9）3.

2. （1）$\displaystyle\int_{-2}^{1}\mathrm{d}y\int_{y^2}^{2-y}f(x,y)\,\mathrm{d}x$, 或 $\displaystyle\int_{0}^{1}\mathrm{d}x\int_{-\sqrt{x}}^{\sqrt{x}}f(x,y)\,\mathrm{d}y + \int_{1}^{4}\mathrm{d}x\int_{-\sqrt{x}}^{2-x}f(x,y)\,\mathrm{d}y$

  （2）$\displaystyle\int_{0}^{1}\mathrm{d}x\int_{x-1}^{x^2}f(x,y)\,\mathrm{d}y + \int_{1}^{2}\mathrm{d}x\int_{x-1}^{2}f(x,y)\,\mathrm{d}y$, 或 $\displaystyle\int_{-1}^{0}\mathrm{d}y\int_{0}^{y+1}f(x,y)\,\mathrm{d}x + \int_{0}^{1}\mathrm{d}y\int_{\sqrt{y}}^{y+1}f(x,y)\,\mathrm{d}x$.

3. （1）$\displaystyle\int_{0}^{4}\mathrm{d}x\int_{\frac{x}{2}}^{\sqrt{x}}f(x,y)\,\mathrm{d}y$.

  （2）$\displaystyle\int_{-\frac{1}{4}}^{0}\mathrm{d}y\int_{-\frac{1}{2}-\sqrt{y+\frac{1}{4}}}^{\sqrt{y+\frac{1}{4}}-\frac{1}{2}}f(x,y)\,\mathrm{d}x + \int_{0}^{2}\mathrm{d}y\int_{y-1}^{\sqrt{y+\frac{1}{4}}-\frac{1}{2}}f(x,y)\,\mathrm{d}x$.

  （3）$\displaystyle\int_{0}^{1}\mathrm{d}y\int_{2-y}^{1+\sqrt{1-y^2}}f(x,y)\,\mathrm{d}x$.

  （4）$\displaystyle\int_{0}^{2}\mathrm{d}y\int_{y}^{\sqrt{8-y^2}}f(x,y)\,\mathrm{d}x$.

5. $(1)\ \pi(e^{b^2}-e^{a^2})$; $(2)\dfrac{1}{2}\pi a^2$; $(3)\dfrac{3\pi^2}{64}$; $(4)\dfrac{2}{9}a^3$.

6. $(1)\dfrac{5}{3}+\dfrac{\pi}{2}$; $(2)\dfrac{\pi}{2}$; $(3)-\dfrac{4}{15}+\dfrac{\pi}{8}$; $(4)\ \pi\left(\sqrt{1-a^2}+2\ \arcsin\sqrt{\dfrac{1+a^2}{2}}-1-\dfrac{\pi}{2}\right)$.

7. $\dfrac{3}{8}e-\dfrac{1}{2}\sqrt{e}$.

8. $(1)\dfrac{15}{8}a^2-2a^2\ln 2$; $(2)\left(\sqrt{3}-\dfrac{\pi}{3}\right)a^2$; $(3)\dfrac{3}{2}\pi a^2$.

9. $(1)\dfrac{128}{3}$; $(2)\dfrac{32}{9}a^3$; $(3)\dfrac{1}{24}$.

11. $k\pi a^3$.

12. $\dfrac{4}{3}\pi(64-15\sqrt{15})$.

习题 9.3

1. $(1)\ \displaystyle\int_0^1 dx\int_0^{2(1-x)} dy\int_0^{3\left(1-x-\frac{y}{2}\right)} f(x,y,z)\,dz$.

$(2)\ \displaystyle\int_{-1}^1 dx\int_{-\sqrt{1-x^2}}^{\sqrt{1-x^2}} dy\int_{x^2+y^2}^1 f(x,y,z)\,dz$.

$(3)\ \displaystyle\int_{-1}^1 dx\int_{-\sqrt{1-x^2}}^{\sqrt{1-x^2}} dy\int_{x^2+2y^2}^{2-x^2} f(x,y,z)\,dz$.

$(4)\ \displaystyle\int_0^a dx\int_0^{b\sqrt{1-\frac{x^2}{a^2}}} dy\int_0^{\frac{xy}{c}} f(x,y,z)\,dz$.

2. $(1)\dfrac{a^9}{36}$; $(2)\dfrac{1}{2}\left(\ln 2-\dfrac{5}{8}\right)$; $(3)\ 0$; $(4)\dfrac{\pi^2}{16}-\dfrac{1}{2}$; $(5)\ 2\pi e^2$; $(6)\dfrac{59}{480}\pi R^5$.

3. $\dfrac{1}{16}\pi R^4$.

4. $(1)\dfrac{\pi}{12}$; $(2)\dfrac{\pi}{2}\left(\dfrac{8}{3}-\sqrt{3}\right)$.

5. $(1)\dfrac{54}{3}\pi$; $(2)\dfrac{486}{5}\pi(\sqrt{2}-1)$.

6. $(1)\dfrac{16}{3}\pi$; $(2)\dfrac{32}{15}\pi$; $(3)\ 8\pi$; $(4)\dfrac{\pi}{2}(1-\cos 1)$; $(5)\dfrac{4\pi}{15}(b^5-a^5)$; $(6)\dfrac{13}{4}\pi$; $(7)\dfrac{7}{6}\pi a^4$.

7. $(1)\dfrac{32}{3}\pi$; $(2)\dfrac{2}{3}\pi(5\sqrt{5}-4)$; $(3)\dfrac{17}{12}-2\ln 2$; $(4)\dfrac{2-\sqrt{2}}{3}\pi(b^3-a^3)$.

习题 9.4

1. $\sqrt{2}\,\pi$.

2. $\dfrac{\sqrt{2}}{6}$.

3. $16R^2$.

4. (1) $\left(\dfrac{3}{5}x_0,\dfrac{3}{8}y_0\right)$；(2) $\left(0,\dfrac{4b}{3\pi}\right)$；(3) $\left(\dfrac{a^2+ab+b^2}{2(a+b)},0\right)$.

5. (1) $\left(0,0,\dfrac{3}{4}\right)$；(2) $\left(0,0,\dfrac{5a}{6\sqrt{3}-5}\right)$；(3) $\left(\dfrac{2}{5}a,\dfrac{2}{5}a,\dfrac{7}{60}a^2\right)$.

6. $I_x=\dfrac{7}{64}e^8-\dfrac{1}{64}$，$I_y=\dfrac{7}{16}e^4-\dfrac{3}{16}$.

7. $\dfrac{8}{3}\pi\rho$.

8. $\boldsymbol{F}=\left(2\mu G\left(\dfrac{R_1}{\sqrt{R_1^2+a^2}}-\dfrac{R_2}{\sqrt{R_2^2+a^2}}+\ln\dfrac{R_2+\sqrt{R_2^2+a^2}}{R_1+\sqrt{R_1^2+a^2}}\right),0,\pi a\mu G\left(\dfrac{1}{\sqrt{R_2^2+a^2}}-\dfrac{1}{\sqrt{R_1^2+a^2}}\right)\right)$.

习题 9.5

1. (1) $\dfrac{\pi}{4}$；(2) 1；(3) $\dfrac{8}{3}$.

2. (1) $\dfrac{1}{3}\cos x(\cos x-\sin x)(1+2\sin 2x)$；

(2) $\dfrac{2}{x}\ln(1+x^2)$；

(3) $\ln\sqrt{\dfrac{x^2+1}{x^4+1}}+3x^2\arctan x^2-2x\arctan x$；

(4) $2xe^{-x^5}-e^{-x^3}-\displaystyle\int_x^{x^2}y^2e^{-xy^2}\mathrm{d}y$.

3. $3f(x)+2xf'(x)$.

4. (1) $\pi\arcsin a$；(2) $\pi\ln\dfrac{1+a}{2}$.

提示：设 $\varphi(\alpha)=\displaystyle\int_0^{\frac{\pi}{2}}\ln(\cos^2x+\alpha^2\sin^2x)\mathrm{d}x$，$I=\varphi(a)$

5. (1) $\dfrac{\pi}{2}\ln(1+\sqrt{2})$；提示：利用公式 $\dfrac{\arctan x}{x}=\displaystyle\int_0^1\dfrac{1}{1+x^2y^2}\mathrm{d}y$.

(2) $\arctan(1+b)-\arctan(1+a)$；利用公式 $\dfrac{x^b-x^a}{\ln x}=\displaystyle\int_0^1 x^y\mathrm{d}y$.

习题 9

1. $F(t)=\begin{cases}1, & t\geqslant 2\\ t-\dfrac{1}{3}(t-1)^3-\dfrac{2}{3}, & 1\leqslant t\leqslant 2\\ \dfrac{t^3}{3}, & 0\leqslant t\leqslant 1\\ 0, & t\leqslant 0.\end{cases}$

2. $-\dfrac{2}{5}$.

3. $\dfrac{1}{2}A^2$.

6. 切平面方程为 $2x-z=0$，$V_{\min}=\dfrac{\pi}{2}$.

7. $\dfrac{H}{3}$.

8. $(1)\dfrac{33}{840}$；$(2)\dfrac{1}{6}a^2b^2c^2$.

10. $\dfrac{\mathrm{d}F(t)}{\mathrm{d}t}=\dfrac{\pi}{2}t^4\ln(1+r^2)$.

11. $\dfrac{\mathrm{d}F(t)}{\mathrm{d}t}=\dfrac{\pi h^3}{3}t+2\pi htf(t^2)$，$\lim\limits_{t\to0^+}\dfrac{\mathrm{d}F(t)}{\mathrm{d}t}=\dfrac{\pi h^3}{3}t+\pi hf(0)$.

13. $\left(0,0,\dfrac{\pi}{4}k\rho\pi R\right)$.

14. $t=\dfrac{9h_0}{12\alpha}(5\sqrt{5}+1)$.

15. $a\%=\sqrt[3]{\dfrac{V}{32\pi h^3}+1}-1$.

第 10 章

习题 10.1

1. $(1)\dfrac{1}{3}(5\sqrt{5}-1)$；$(2)2\pi a^{2n+1}$；$(3)1+\sqrt{2}$；$(4)\dfrac{1}{12}(5\sqrt{5}-1)+\dfrac{\sqrt{2}}{2}$；$(5)\mathrm{e}^a\left(\dfrac{\pi}{4}a+2\right)-2$；

$(6)\dfrac{\sqrt{3}}{2}(1-\mathrm{e}^{-2})$；$(7)9$；$(8)4a^2\left(1-\dfrac{\sqrt{2}}{2}\right)$；$(9)\dfrac{2ka^2\sqrt{1+k^2}}{4k^2+1}$.

2. $3\pi R^2$.

3. $(1)I_z=\dfrac{2}{3}\pi a^2(3a^2+4k^2\pi^2)\sqrt{a^2+k^2}$；

$(2)\left(\dfrac{6ak^2}{3a^2+4\pi^2k^2},\dfrac{-6\pi ak^2}{3a^2+4\pi^2k^2},\dfrac{3k(\pi a^2+2\pi^3 k^2)}{3a^2+4\pi^2 k^2}\right)$.

习题 10.2

3. $mg(z_2-z_1)$.

4. $(1)\dfrac{14}{15}$；$(2)\dfrac{1}{3},\dfrac{17}{30},-\dfrac{1}{20}$；$(3)2\pi ab$；$(4)10$；$(5)\dfrac{1}{6}$；$(6)\dfrac{k^3\pi^3}{3}-a^2\pi$；$(7)\dfrac{1}{2}$.

5. -2π.

6. $(1)\dfrac{a^2-b^2}{2}$；$(2)0$.

习题 10.3

1. (1) 12π；(2) $\dfrac{3\pi}{4}$.

2. (1) $\dfrac{\pi R^4}{2}$；(2) $-\dfrac{140}{3}$；(3) $\dfrac{4(e^\pi-1)}{5}$；(4) $\dfrac{\pi^2}{4}$；(5) $-\dfrac{7}{6}+\dfrac{\sin 2}{4}$.

4. $2S$（其中 S 为闭曲线所谓面积）.

5. (1) -2；(2) 9；(3) $\dfrac{1}{2}(e-1)$.

6. (1) $u(x,y)=\dfrac{x^2}{2}+2xy+\dfrac{y^2}{2}+c$；(2) $u(x,y)=x^2y+c$.

习题 10.4

1. (1) $\dfrac{13}{3}\pi$；(2) $\dfrac{149}{30}\pi$；(3) $\dfrac{111}{10}\pi$.

2. (1) $\dfrac{1+\sqrt{2}}{2}\pi$；(2) $\dfrac{1+1\,961\sqrt{37}}{4\,860}\pi$.

3. (1) $4\sqrt{61}$；(2) $\pi a(a^2-h^2)$；(3) $\dfrac{64}{15}\sqrt{2}a^4$.

4. $\dfrac{2+12\sqrt{3}}{15}\pi$.

5. $\dfrac{4}{3}\pi\mu a^4$.

6. (1) $\sqrt{2}\pi$；(2) $\dfrac{\sqrt{2}}{6}$.

7. $\dfrac{1}{12}(\sqrt{3}-\sqrt{2})\pi R^2$.

8. $\dfrac{12}{5}\pi a^2$.

习题 10.5

1. (1) $-2e\pi(e-1)$；(2) 1；(3) $\dfrac{3}{2}\pi$；(4) $\dfrac{1}{8}$.

2. (1) $2\pi ha^2$；(2) $3\pi ha^2$.

3. $4\pi a^3$.

习题 10.6

1. (1) $3a^4$；(2) $\dfrac{12}{5}\pi R^5$；(3) 81π；(4) $\pi ab(1+2c)$；(5) $\pi a^2(e^{2a}-1)$.

2. (1) 0；(2) 108π.

3. (1) 6；(2) 8；(3) 36.

5. $f(r) = \dfrac{c_1}{r} + c_2.$

习题 10.7

1. (1) $-\sqrt{3}\pi a^2$; (2) $-2\pi a(a+b)$; (3) $\dfrac{h^3}{3}.$

2. 0.

4. (1) 0; (2) 0.

5. $(-16z + 4xz^2)\boldsymbol{j} + (3x^2 y)\boldsymbol{k}.$

习题 10

1. $-\dfrac{\pi}{4}R^3.$

2. (1) $\dfrac{\pi^2}{2}R$; (2) $\dfrac{4}{3}\pi abc.$

4. $-2\pi R.$

5. $\dfrac{7}{8}\pi.$

6. $\dfrac{93}{5}\pi(2 - \sqrt{2}).$

7. $4\pi.$

9. $\pm ms + \varphi(y_2)\mathrm{e}^{x_1} - \varphi(y_1)\mathrm{e}^{x_1} - \dfrac{m}{2}(x_2 - x_1)(y_1 + y_2) - m(y_2 - y_1).$

10. $\dfrac{\pi}{6}.$

第 11 章

习题 11.1

1. (1) 收敛, $\dfrac{1}{2}$;收敛,3;(3) 发散;(4) 发散;(5) 收敛, $\dfrac{1}{4}$;(6) 收敛, $1-\sqrt{2}$;(7) 收敛, $\dfrac{1}{a}$;
(8) 收敛,1.

2. (1) 发散;(2) 收敛;(3) 发散;(4) 发散;(5) 发散;(6) 发散;(7) 收敛;(8) 发散.

习题 11.2

1. (1) 发散;(2) 收敛;(3) 发散;(4) 收敛;(5) 发散;(6) 收敛;(7) 发散;(8) 收敛.

2. (1) 发散;(2) 收敛;(3) 收敛;(4) 收敛;(5) 发散;(6) $0 < a < 1$ 时收敛, $a > 1$ 时发散, $a = 1, k > 1$ 时收敛, $a = 1, k \leq 1$ 时发散;(7) 收敛;(8) 收敛.

3. (1) 收敛;(2) $0 < a \leq 1$ 时发散, $a > 1$ 时收敛;(3) 收敛;(4) 发散;(5) 收敛;(6) 发散.

4. (1)绝对收敛;(2)绝对收敛;(3)条件收敛;(4)条件收敛;(5)发散;(6)发散.

7. 当 $b<a$ 时收敛,当 $b>a$ 时发散,当 $b=a$ 时不能确定.

8. 当 $\sum\limits_{n=1}^{\infty} a_n$ 与 $\sum\limits_{n=1}^{\infty} b_n$ 都为正项级数时,$\sum\limits_{n=1}^{\infty} b_n$ 收敛;当 $\sum\limits_{n=1}^{\infty} a_n$ 不为正项级数时,$\sum\limits_{n=1}^{\infty} b_n$ 可能收敛,可能发散.

习题 11.3

1. $(1) R=3,[-3,3);(2) R=2,[-2,2];(3) R=1,[4,6);(4) R=+\infty,(-\infty,+\infty);$

$(5) R=\dfrac{1}{3},\left[-\dfrac{4}{3},-\dfrac{2}{3}\right);(6) |r|<1,R=+\infty;|r|=1,R=1,(-1,1);|r=|>1,R=0.$

2. $(1) \dfrac{1}{2}\ln\dfrac{1+x}{1-x}(-1<x<1);(2) \dfrac{1+x}{(1-x)^3}(-1<x<1);$

$(3) \dfrac{1}{(1-x)^2}-\ln(1-x),(-1<x<1);(4) -\ln(2-x)(-2\leqslant x<2).$

3. $(1)\dfrac{\pi}{4};(2)3;(3)-\dfrac{8}{27};(4)1-2\ln 2.$

4. $\dfrac{a}{(a-1)^2}.$

习题 11.4

1. $(1) \sum\limits_{n=0}^{\infty}\dfrac{(x\ln a)^n}{n!},(-\infty,+\infty);(2) \sum\limits_{n=1}^{\infty}\dfrac{(-1)^{n+1}2^{2n}x^{2n}}{(2n)!},(-\infty,+\infty);$

$(3) -\sum\limits_{n=0}^{\infty}\dfrac{1}{4}\left[\dfrac{1}{3^n}+(-1)^{n-1}\right]x^n,(-1,1);(4) \dfrac{1}{3}\sum\limits_{n=0}^{\infty}\left[1-(-2)^n\right]x^n,\left(-\dfrac{1}{2},\dfrac{1}{2}\right);$

$(5) \sum\limits_{n=0}^{\infty}\dfrac{x^{2n+1}}{2n+1},(-1,1);(6) \sum\limits_{n=1}^{\infty}(n+1)x^n,(-1,1);(7) \sum\limits_{n=1}^{\infty}\dfrac{(-1)^{n+1}x^{2n-1}}{(2n-1)!\ (2n-1)},(-\infty,+\infty);$

$(8) x+\sum\limits_{n=1}^{\infty}\dfrac{(-1)^{n-1}x^{n+1}}{n(n+1)},[-1,1]$

2. $\dfrac{1}{\ln 10}\sum\limits_{n=1}^{\infty}\dfrac{(-1)^{n-1}(x-1)^n}{n},(0,2].$

3. $\dfrac{1}{3}\sum\limits_{n=1}^{\infty}\dfrac{(-1)^n(x-3)^n}{3^n},(0,6).$

4. $\arctan 2+\sum\limits_{n=1}^{\infty}\dfrac{(-1)^n 2^{2n-1}}{2n-1}x^{2n-1},\left[-\dfrac{1}{2},\dfrac{1}{2}\right].$

5. $e^{-1}.$

6. $\dfrac{1}{2}(e^x+e^{-x}).$

7. $xe^{x^2},3e.$

8. $\sum\limits_{n=1}^{\infty}(-1)^{n-1}\left(1+\dfrac{1}{2}+\dfrac{1}{3}+\cdots+\dfrac{1}{n}\right)x^n,(-1,1).$

9. $-\sum\limits_{n=0}^{\infty}\dfrac{a^n}{x^{n+1}},|x|>|a|;-\sum\limits_{n=0}^{\infty}\dfrac{(a-b)^n}{(x-b)^{n+1}},|x-b|>|a-b|.$

习题 11.5

1. $f(x)=\pi^2+1+12\sum\limits_{n=1}^{\infty}\dfrac{(-1)^n}{n^2}\cos nx,x\in(-\infty,+\infty)$

2. $f(x)\sim\dfrac{1}{2}+\dfrac{2}{\pi}\sum\limits_{k=}^{\infty}\dfrac{\sin(2k-1)x}{2k-1}=\begin{cases}f(x), & x\in(-\pi,0)\cup(0,\pi)\\ 1/2 & x=0,\pm\pi\end{cases}$

3. $f(x)=\dfrac{18\sqrt{3}}{\pi}\sum\limits_{n=1}^{\infty}(-1)^{n-1}\dfrac{n\sin nx}{9n^2-1},x\in(-\pi,\pi)$

4. $f(x)=2\sum\limits_{n=1}^{\infty}(-1)^{n-1}\dfrac{\sin nx}{n},x\in(-\pi,\pi)$

5. $f(x)=\sum\limits_{n=1}^{\infty}\dfrac{\sin nx}{n},x\in(0,\pi]$

6. $f(x)=\dfrac{2}{3}\pi^2+8\sum\limits_{n=1}^{\infty}\dfrac{(-1)^n}{n^2}\cos nx,x\in(0,\pi]$

7. $f(x)=\dfrac{4l}{\pi^2}\sum\limits_{n=1}^{\infty}\dfrac{1}{(2k-1)^2}\sin\dfrac{(2k-1)\pi}{2}\sin\dfrac{(2k-1)\pi x}{2},x\in[0,l]$

$f(x)=\dfrac{l}{4}+\dfrac{2l}{\pi^2}\sum\limits_{n=1}^{\infty}\dfrac{1}{n^2}\left[2\cos\dfrac{n\pi}{2}-1-(-1)^n\right]\cos\dfrac{n\pi x}{l},x\in[0,l]$

8. $f(x)\sim\pi-2\sum\limits_{n=1}^{\infty}\dfrac{\sin nx}{n}=\begin{cases}x,0<x<2\pi\\ \pi,x=0,2\pi\end{cases}$

9. $f(x)=\dfrac{e^{2\pi a}-1}{\pi}\left[\dfrac{1}{2a}+\sum\limits_{n=1}^{\infty}\dfrac{a\cos nx-n\sin nx}{a^2+n^2}\right],0\le x\le2\pi;\sum\limits_{n=1}^{\infty}\dfrac{1}{1+n^2}=\dfrac{\pi}{2}\cdot\dfrac{e^{2\pi}+1}{e^{2\pi}-1}-\dfrac{1}{2}.$

习题 11

1. (1)$(-1,1).$　(2)$f^{(n)}(0)=\begin{cases}0, & \text{当 }n\text{ 为奇数时}\\ 2(n-1)!, & \text{当 }n\text{ 为偶数时}\end{cases}.$　(3)$[0,2).$

　(4)$\sqrt{R}.$　(5)$\dfrac{\pi^2}{2}.$　(6)8.

2. (1)B;(2)C;(3)B;(4)D;(5)D;(6)A.

3. $\sum\limits_{n=1}^{\infty}\dfrac{(-1)^{n-1}}{2n-1}x^{2n}=x\arctan x,x\in[-1,1].$

4. $\dfrac{1}{2},1-\ln 2.$

5. (1)提示:$0<a_n<b_n<\dfrac{\pi}{2}$,(II)$\sum\limits_{n=1}^{\infty}\dfrac{a_n}{b_n}$与$\sum\limits_{n=1}^{\infty}b_n$用比较判别法的极限形式.

6. 提示:利用已知及极限的定义.

7. 提示:用泰勒展式.

8. $(1)\dfrac{x(1-x)}{(1+x)^3}, -1<x<1$; $\quad(2)2x\arctan x-\ln(1+x^2)+\dfrac{x^2}{1+x^2}, -1<x<1$.

9. $(1)2e$; $(2)\dfrac{1}{2}(\cos 1+\sin 1)$.

10. $(1)f(x)=\ln 3+\displaystyle\sum_{n=0}^{\infty}(-1)^n\dfrac{x^{n+1}}{3^{n+1}(n+1)}-\sum_{n=0}^{\infty}\dfrac{x^{n+1}}{n+1}, -1\le x<1$;

$\quad(2)f(x)=\displaystyle\sum_{n=1}^{\infty}\dfrac{n}{2^{n+1}}x^{n-1}, -2<x<2$.

11. $f(x)=\dfrac{2}{\pi}\displaystyle\sum_{n=1}^{\infty}\dfrac{1-\cos nh}{n}\sin nx, x\in(0,h)\cup(h,\pi]$;

$\quad f(x)=\dfrac{h}{\pi}+\dfrac{2}{\pi}\displaystyle\sum_{n=1}^{\infty}\dfrac{1-\sin nh}{n}\cos nx, x\in(0,h)\cup(h,\pi]$.

12. $(\text{II})y(x)=xe^{x^2}$.

第 12 章

习题 12.1

2. $y=-\cos x$. $\quad$ 3. $u(x)=\dfrac{1}{2}x^2+x+c$

4. $(1)y'=\dfrac{y+x\tan\theta}{x-y\tan\theta}$; $\quad(2)xy'+y=0$; $\quad(3)y-xy'=\dfrac{x+y}{2}$;

$\quad(4)y'=kx(k>0$ 为常数$)$.

5. $\dfrac{\mathrm{d}P}{\mathrm{d}T}=k\dfrac{P}{T^2}, k$ 为比例系数.

习题 12.2

1. $(1)y=c(1+x^2)$. $\quad(2)y=\dfrac{c}{1-x}-1$. $\quad(3)(1+x^2)(1+y^2)=cx^2$. $\quad(4)(e^x+1)(e^y-1)=c$.

$\quad(5)y=\ln\left(\dfrac{1}{2}x^2+\dfrac{1}{4}x^4+e-\dfrac{3}{4}\right)$. $\quad(6)y=\arctan\left(1-\dfrac{2}{x}\right)$.

2. $(1)x^3-2y^3=cx$. $\quad(2)y^2=x^2(2\ln x+c)$. $\quad(3)x+ye^{\frac{x}{y}}=c$.

$\quad(4)\sqrt{x^2+y^2}=c\exp\arctan\dfrac{y}{x}$. $\quad(5)\ln x+\tan\dfrac{y}{x}=c$. $\quad(6)\sin\dfrac{y}{x}=cx$.

3. $(1)y^2+2xy-x^2-6y-2x=c$. $\quad(2)x+3y+2\ln(2-x-y)=c$.

$\quad(3)y=x+2\operatorname{srctan}(x+c)$. $\quad(4)xy-1=ce^{x^2}(xy+1)$.

$\quad(5)y=\arctan(x+y)+c$. $\quad(6)\tan(6x+c)=\dfrac{2}{3}(x+4y+1)$.

4. $\ln x+\displaystyle\int\dfrac{g(u)}{u[f(u)-g(u)]}\mathrm{d}u=c, u=xy$

5. $f(x) = \pm\dfrac{1}{\sqrt{2x}}$.　　6. $f(x) = x + \dfrac{1}{2}x^2$.　　7. $\varphi(t) = e^{\varphi'(0)t}$.　　8. $\varphi(x) = xc^{\frac{1-n}{n}}$.

9. (1) 8 倍, (2) $\dfrac{10^4}{8}$.　　10. $x = \dfrac{Nx_0 e^{kNt}}{N - x_0 + x_0 e^{kNt}}$.　　11. $v = \sqrt{72\,500}\,(\text{cm/s})$.

习题 12.3

1. (1) $y = x^n(e^x + c)$; (2) $x = \dfrac{1}{5}e^{2t} + ce^{-3t}$; (3) $y = -\dfrac{\sin x + \cos x}{2} + ce^x$;

　(4) $x - \dfrac{1}{2}y^3 + cy = 0$ 及 $y = 0$; (5) $x = \ln y - 1 + \dfrac{c}{y}$; (6) $y = \dfrac{1}{x}e^x$;

　(7) $y = \dfrac{1}{x}e^x(e^x - 1)$; (8) $y = e^x(x + 1)$.

2. (1) $y^{-4} = ce^{-4x} - x + \dfrac{1}{4}$;　(2) $\dfrac{1}{x} = ce^y - \sin y$

　(3) $(2x + 1)e^y = 4x + c$;　(4) $\sqrt{y^2 + 1} = x^2 - 3x + 3 + ce^{-x}$

　(5) $e^{-y} = ce^{-x} - \dfrac{1}{2}e^x$;　(6) $y = -\ln(x + cx^2)$

3. $y = 2(e^x - x - 1)$.　4. $v = \dfrac{k_1}{k_2} - \dfrac{k_1 m}{k_2^2}\left(1 - e^{-\frac{k_2}{m}t}\right)$.　5. $\bar{y} = e^x$, $y = e^x + \dfrac{1}{c + e^x}$.

习题 12.4

1. (1) $x^4 + 3x^2y^2 + y^4 = c$.　　(2) $x^5 + \dfrac{3}{2}x^2y^2 - xy^3 + \dfrac{1}{3}y^3 = c$.

　(3) $x^2y + \ln y^2 = c$.　　(4) $\sin x + \dfrac{x}{y} + \ln|y| = c$.

　(5) $x^3 - 2xy^2 + y = c$.　　(6) $a^2x - x^2y - xy^2 - \dfrac{1}{3}y^3 = c$

2. (1) $(x^2 - 2x + 2)e^x + x^3y^2 = c$.　　(2) $x^3 + 3xy + 3y^3 = c$.

　(3) $\dfrac{1}{2}x^2 - 3xy - \dfrac{1}{y} = c, y = 0$　(4) $2x = y(x + y^2), y = 0$

　(5) $\arctan\dfrac{x}{y} = x + c$.　　(6) $\ln|x| + \dfrac{y^2}{x} = c$.

3. $\mu(x, y) = \dfrac{1}{N(y)P(x)}$.　　4. $\ln|x| - \dfrac{y^2}{2x^2} = c$.

习题 12.5

1. (1) $y = \dfrac{1}{6}x^3 - \sin x + c_1 x + c_2$.　　(2) $y = \dfrac{1}{3}x^3 + \dfrac{c_1}{2}x^2 + c_2$

　(3) $c_1 y^2 = (c_1 x + c_2)^2 + 1$　(4) $\dfrac{y}{y + c_1} = c_2 e^{c_1 x}$

　(5) $y = \cos(c_1 - x) + c_2$.　　(6) $y = c_1 x^5 + c_2 x^3 + c_3 x^2 + c_4 x + c_5$.

2. $y = \dfrac{1}{6}x^3 + \dfrac{x}{2} + 1$　3. $\dfrac{17}{6}\pi$.

习题 12.6

1. $y_1 = c_1 e^{x^2} + c_2 x e^{x^2}$. 2. $y = c_1 \cos \omega x + c_2 \sin \omega x$.

3. （1）$y = c_1 x + c_2 x \ln x$; （2）$y = c_1 e^{-x} + c_2 x e^{-x}$;

（3）$y = c_1 e^{-4x} + c_2 e^{3x}$; （4）$y = c_1 e^x + c_2 \left(-\dfrac{1}{2}x - \dfrac{1}{4} \right) e^x$.

4. $y = c_1 e^x + c_2 x + 3$. 5. $y = 2e^{2x} - e^x$.

6. $x^2 y'' - 2xy' + 2y = 0, y = c_x x + c_2 x^2$.

7. $y'' - 2y' + 5y = 0, y = e^x (c_1 \cos 2x + c_2 \sin 2x)$.

8. $\bar{y} = \dfrac{1}{3} e^x + x^2 - 2x$.

习题 12.7

1. （1）$y = c_1 e^{-5x} + c_2 e^{-4x}$; （2）$y = (c_1 + c_2 x) e^x$;

（3）$y = e^{3x} (c_1 \cos 2x + c_2 \sin 2x)$; （4）$y = 7e^x - 5e^{2x}$;

（5）$y = -12e^{-2(x-2)} + 8x e^{-2(x-2)}$; （6）$y = e^{2x} \sin 3x$.

2. （1）$y = c_1 e^{2x} + c_2 e^{-x} - \dfrac{3}{2}x + \dfrac{3}{4}$; （2）$c_1 \cos ax + c_2 \sin ax + \dfrac{e^x}{1 + a^2}$;

（3）$y = (c_1 + c_2 x) e^{3x} + \left(\dfrac{1}{6}x^3 + \dfrac{1}{2}x^2 \right) e^{3x}$; （4）$y = c_1 e^x + c_2 e^{-x} + x e^x + x^2 + 2$;

（5）$y = c_1 e^x + c_2 e^{2x} + \dfrac{3}{10} \cos x + \dfrac{1}{10} \sin x$;

（6）$y = c_1 \cos 2x + c_2 \sin 2x + \dfrac{1}{3} x \cos x + \dfrac{2}{9} \sin x$;

（7）$y = c_1 \cos x + c_2 \sin x + \dfrac{1}{2} e^x + \dfrac{1}{2} x \sin x$;

（8）$y = c_1 + c_2 e^{2x} - \dfrac{1}{2}x - \dfrac{1}{8} (\cos 2x + \sin 2x)$.

3. （1）$\bar{y} = a_0 e^x + (a_1 x + a_2) \cos x + (b_1 x + b_2) \sin x$;

（2）$\bar{y} = (a_1 x + a_2) e^{-3x} + (b_1 \cos x + b_2 \sin x) e^{3x}$;

（3）$\bar{y} = (a_1 + b_1 \cos 2x + b_2 \sin 2x) e^{2x}$;

（4）$\bar{y} = a_1 \cos 3x + a_2 \sin 3x + x (b_1 \cos x + b_2 \sin x)$.

4. $\alpha = -3, \beta = 2, \gamma = -1, y = c_1 e^x + c_2 e^{2x} + x e^x$.

5. （1）$y = c_1 + c_2 \ln x + (\ln x)^3 - \dfrac{1}{x}$;

（2）$y = \dfrac{c_1}{x} + c_2 x^2 - x \left(\ln x + \dfrac{1}{2} \right)$;

（3）$y = (c_1 + c_2 \ln x) x + x \ln^2 x$;

（4）$y = c_1 (x + 1)^2 + c_2 (x + 1)$.

习题 12.8

$(1) y = \dfrac{1}{2} + \dfrac{1}{4}x + \dfrac{1}{8}x^2 + \dfrac{1}{16}x^3 + \dfrac{9}{32}x^4 + \cdots.$

$(2) y = x + \dfrac{1}{1 \cdot 2}x^2 + \dfrac{1}{2 \cdot 3}x^3 + \cdots$

$(3) y = a\left(1 - \dfrac{1}{2!}x^2 + \dfrac{1}{4!}x^4 - \dfrac{9}{6!}x^6 + \dfrac{55}{8!}x^8 - \cdots\right)$

习题 12

1. $(1) \dfrac{\partial M}{\partial y} = \dfrac{\partial N}{\partial x}.$ $\quad (2) y = C_1(x-1) + C_2(x^2-1) + 1.$

$\quad (3) f(x) = \dfrac{1}{2}\ln(1+x^2)\left[\ln(1+x^2) - 1\right].$ $\quad (4) f(x) = e^x$

$\quad (5) y = C_1 e^x + C_2 e^{3x} - x e^{2x};\ y = -e^x + e^{3x} - x e^{2x}.$ $\quad (6) y = x e^{2x+1}$

2. $(1) A;(2) A;(3) C;(4) C;(5) B;(6) B$

3. $u = c_1 \ln r + \dfrac{1}{16}r^4 + c_2$

4. $f(x) = 2\cos x + \sin x + x^2 - 2;\ -2y\sin x + y\cos x + 2xy + \dfrac{1}{2}x^2 y^2 = C.$

5. $f(u) = \dfrac{1}{16}(e^{2u} - e^{-2u} - 4u).$

6. 提示：由已知 $y'(x) + y(x) = \varepsilon(x)$，其中 $\lim\limits_{x\to\infty}\varepsilon(x) = 0$，解此线性微分方程.

7. $\varphi(x) = \dfrac{1}{2}(\cos x + \sin x + e^x).$

8. 提示：$\tan\alpha = y',\ \alpha = \arctan y'$，由已知得微分方程 $\dfrac{y''}{1+(y')^2} = y'.$

$\qquad y = \arctan\left(\dfrac{\sqrt{2}}{2}e^x\right) - \dfrac{\pi}{4}$

9. 提示：$f(0) = 0$，利用导数定义得方程 $f'(x) = f'(0)[1 + f^2(x)].\ f(x) = \tan[f'(0)x].$

10. 提示：令 $g(u) = \displaystyle\int_1^u f(t)\mathrm{d}t$，已知关系式变为 $g(xy) = xg(y) + yg(x),\ g(1) = 0, g'(1) = 3.$

利用导数的定义得微分方程 $g'(x) - \dfrac{1}{x}g(x) = 3.\ f(x) = 3(\ln x + 1).$

11. 提示：设 t 刻容器内的溶液质量为 $y(t)$，则 $y'(t) =$ 注入溶质速度－流出溶质速度.

微分方程为 $y' = 0.5 \times 4 - \dfrac{y}{200} \times 4,\ y(0) = \alpha_0.\ t$ 时刻的溶液的浓度为 $\dfrac{y(t)}{200} = \dfrac{\alpha_0}{200}e^{-\frac{1}{50}t} + \dfrac{1}{2}(1 - e^{-\frac{1}{50}t}),\ \lim\limits_{t\to+\infty}\dfrac{y(t)}{200} = 0.5(\mathrm{kg/L}).$

12. 提示：设飞机滑行距离为 $x(t)$，速度为 $v(t)$，则 $m\dfrac{\mathrm{d}v}{\mathrm{d}t} = -kv \Rightarrow \mathrm{d}x = -\dfrac{m}{k}\mathrm{d}v.$

最大滑行距离为 $1.05\ \mathrm{km}.$